Bohner
Ihlenburg
Ott
Deusch

# Mathematisches Grundgerüst

*Ein Mathematikbuch
für die Eingangsklasse*

Bohner
Ihlenburg
Ott
Deusch

# Mathematisches Grundgerüst

## Ein Mathematikbuch für die Eingangsklasse

Beschränktes Wachstum:
$f(t) = S - b \cdot e^{-kt}; t > 0; k > 0; b > 0$

Ausklammern: $e^x(1 - e^x) = 0$
Satz vom Nullprodukt: $e^x = 0 ; 1 - e^x = 0$
Einzige Lösung wegen $e^x \neq 0; x = \ln(1) = 0$

Merkur
Verlag Rinteln

# Wirtschaftswissenschaftliche Bücherei für Schule und Praxis
Begründet von Handelsschul-Direktor Dipl.-Hdl. Friedrich Hutkap †

Die Verfasser:

**Roland Ott**
Studium der Mathematik an der Universität Tübingen

**Kurt Bohner**
Lehrauftrag Mathematik am BSW Wangen
Studium der Mathematik und Physik an der Universität Konstanz

**Ronald Deusch**
Lehrauftrag Mathematik am BSZ Bietigheim-Bissingen
Studium der Mathematik an der Universität Tübingen

Die in diesem Buch zitierten Internetseiten wurden vor der Veröffentlichung auf rechtswidrige Inhalte untersucht. Rechtswidrige Inhalte wurden nicht gefunden.
Stand: Juni 2016

Umschlag: © frhuynh – Fotolia.com, kleines Bild oben: © Picture-Factory – Fotolia.com,
        kleines Bild unten: Africa Studio – Fotolia.com

* * * * * * * *

7. Auflage 2016
© 1995 by MERKUR VERLAG RINTELN

Gesamtherstellung: MERKUR VERLAG RINTELN Hutkap GmbH & Co. KG, 31735 Rinteln
E-Mail: info@merkur-verlag.de; lehrer-service@merkur-verlag.de
Internet: www.merkur-verlag.de

ISBN 978-3-8120-**0206-6**

# Vorwort

## Vorbemerkungen

Der vorliegende Band „Mathematisches Grundgerüst – Ein Mathematikbuch für die Eingangs-klasse" ist ein Arbeitsbuch für alle beruflichen Gymnasien in Baden-Württemberg.
Das Lehrbuch richtet sich exakt nach dem neuen Bildungsplan für die gymnasiale Oberstufe, Mathematik, in Baden-Württemberg vom Juni 2014.

Dabei berücksichtigt das Autorenteam sowohl die im Lehrplan geforderten inhalts- als auch die prozessbezogenen Kompetenzen (modellieren, Werkzeuge und mathematische Darstellungen nutzen, kommunizieren, innermathematische Probleme lösen, Umgang mit formalen und symbolischen Elementen, argumentieren).

Von den Autoren wurde bewusst darauf geachtet, dass die im Bildungsplan aufgeführten Kompetenzen und Zielformulierungen inhaltlich vollständig und umfassend thematisiert werden. Dabei bleibt den Lehrkräften genügend didaktischer Freiraum, eigene Schwerpunkte zu setzen.

Hinweise und Anregungen, die zur Verbesserung beitragen, werden dankbar aufgegriffen.

Die Verfasser

## Der Aufbau dieses Buches

Der Stoff in den einzelnen Kapiteln wird schrittweise anhand von Musterbeispielen mit ausführlichen Lösungen erarbeitet. Dabei legen die Autoren großen Wert auf die Verknüpfung von Anschaulichkeit und sachgerechter mathematischer Darstellung. Die übersichtliche Präsentation und die methodische Aufarbeitung beeinflusst den Lernerfolg positiv und bietet dem Schüler die Möglichkeit, Unterrichtsinhalte selbst-ständig zu erschließen bzw. sich anzueignen.

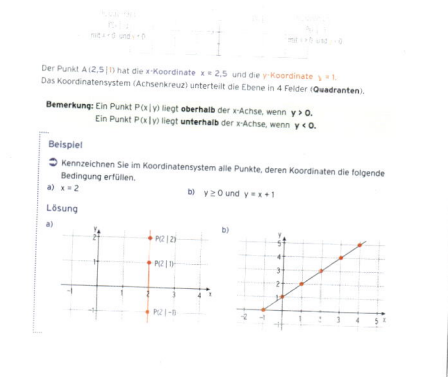

Jede Lerneinheit schließt mit einer ausreichenden Anzahl von **Aufgaben** ab. Diese sind zur Ergebnissicherung und Übung gedacht, aber auch als Hausaufgaben geeignet. Kompetenzorientierte Aufgaben mit unterschiedlichem Schwierigkeitsgrad ermöglichen es dem Schüler, den Stoff zu festigen und zu vertiefen. Beispiele und Aufgaben aus dem Alltag und aus der Wirtschaft stellen einen praktischen Bezug her.

Die **Heftklammer** im Lehrbuch mit Seitenangabe weist auf einen entsprechenden Abschnitt im Kapitel Grundwissen hin.

**Aufgaben,** zu deren Lösung der Einsatz von zusätzlichen **elektronischen Hilfsmitteln sinnvoll oder notwendig ist,** sind gesondert gekennzeichnet.

Die Aufgaben **„Modellierung einer Situation"** und **„Test zur Überprüfung Ihrer Grundkenntnisse"** werden im Anhang ausführlich gelöst.

Für **Aufgaben mit dem Download-Logo** stehen **ausführliche Lösungen zum Download** bereit. Sie finden diese in der Mediathek zum Buch auf unserer Website http://www.merkur-verlag.de.

**Definitionen, Festlegungen, Merksätze** und mathematisch wichtige **Grundlagen** sind in Rot gekennzeichnet.

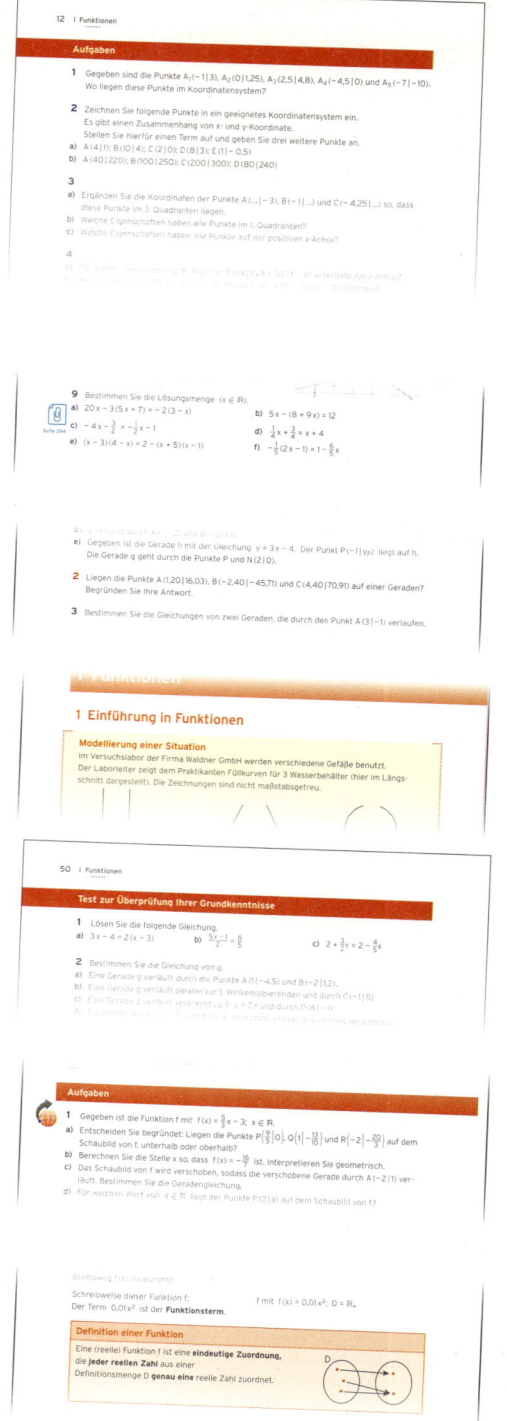

# Inhaltsverzeichnis

## II Stochastik 1     220

## III Grundwissen     287

## Anhang     302

# I Funktionen

## 1 Einführung in Funktionen

### Modellierung einer Situation

Im Versuchslabor der Firma Waldner GmbH werden verschiedene Gefäße benutzt.
Der Laborleiter zeigt dem Praktikanten Füllkurven für 3 Wasserbehälter (hier im Längs-
schnitt dargestellt). Die Zeichnungen sind nicht maßstabsgetreu.

Zylindrischer Eimer
(mit kreisförmiger Grundfläche)

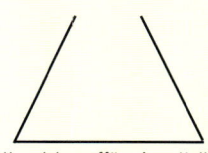
Kegelstumpfförmiger Kolben
(mit kreisförmiger Grundfläche)

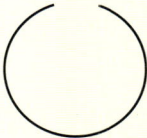
Kugel

Jeder dieser drei Behälter wird gleichmäßig mit einem Liter Wasser pro Sekunde vollständig gefüllt. Die Wasserhöhe in cm in Abhängigkeit von der Zeit t in s wird für jeden Behälter
auf eine andere Weise beschrieben, und zwar

- durch das Schaubild A

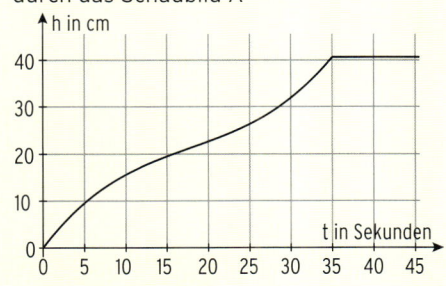

- durch das Schaubild B

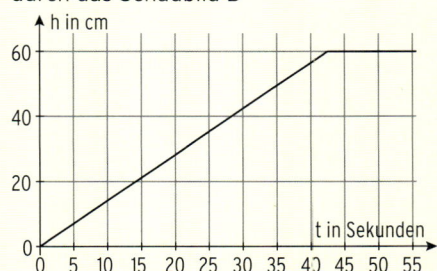

- durch die Tabelle

| Zeit | 0 | 2,3 | 10,8 | 20,3 | 28,5 | 35,7 | 41,8 | 46,9 | 51,1 | 54,6 | 60 |
|------|---|-----|------|------|------|------|------|------|------|------|----|
| Wasserhöhe | 0 | 1 | 5 | 10 | 15 | 20 | 25 | 30 | 35 | 40 | 40 |

Der Praktikant soll eine Zuordnung finden und
diese begründen. Wie hoch ist der Eimer?
Welcher Behälter hat das kleinste Volumen?

Bearbeiten Sie diese Situation, nachdem
Sie die rechts aufgeführten **Qualifikationen
und Kompetenzen** erworben haben.

### Qualifikationen & Kompetenzen

- Funktionale Zusammenhänge
  erkennen
- Zuordnungen beschreiben
- Realitätsbezogene
  Zusammenhänge darstellen

## 1.1 Das rechtwinklige Koordinatensystem

In Natur und Alltag hängt eine Größe sehr oft von einer anderen Größe ab, z.B. Preis und Menge, Temperatur und Zeitpunkt, Weg und Zeit, Bremsweg und Geschwindigkeit, Zinsen und Zeit. In vielen Fällen lassen sich die Zusammenhänge und Abhängigkeiten mathematisch erfassen.

### Beispiel 1

In einer Krankenstation wurden über 5 Tage die Körpertemperaturen eines an *Malaria tertiana* erkrankten Kindes gemessen.

Die Daten wurden grafisch dargestellt, nach rechts ist die Zeit in Stunden abgetragen.

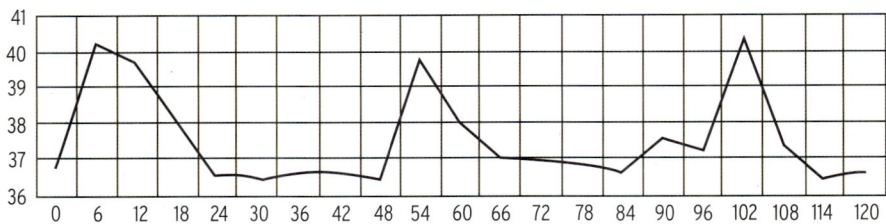

Was lässt sich ablesen?

- Zu jeder Stunde die Körpertemperatur.
- Das Fieber erreicht einen höchsten Wert von 40,5 °C.
- Die Fieberspitzen treten im Abstand von ca. 48 Std. auf.
- Das fieberfreie Intervall beträgt jeweils etwa einen Tag.

### Beispiel 2

Das Glas in der Abbildung wird gleichmäßig mit Wasser gefüllt.
In einem Koordinatensystem ist die Veränderung der Füllhöhe in Abhängigkeit von der Zeit aufgetragen. Für jeden Zeitpunkt erhält man die zugehörige Füllhöhe. Im **Wertepaar** (x | y) entspricht x der Ausprägung des Merkmals Zeit und y der Ausprägung des Merkmals Füllhöhe. Eine solche **Zuordnung** (*Zeit ↦ Füllhöhe*) lässt sich in einem **rechtwinkligen Koordinatensystem** übersichtlich darstellen.

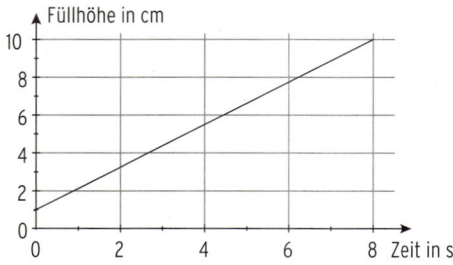

Durch das **rechtwinklige Koordinatensystem** lassen sich Punkte in der Ebene eindeutig festlegen.

Zur Festlegung eines Punktes in der Ebene braucht man die **x-Koordinate (Abszisse)** und die **y-Koordinate (Ordinate).**

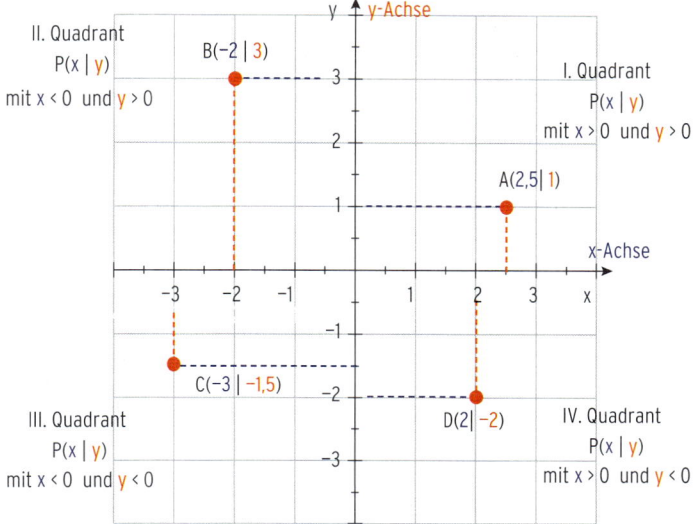

Der Punkt A$(2,5\,|\,1)$ hat die **x-Koordinate** $x = 2,5$ und die **y-Koordinate** $y = 1$.
Das Koordinatensystem (Achsenkreuz) unterteilt die Ebene in 4 Felder (**Quadranten**).

> **Bemerkung:** Ein Punkt P$(x\,|\,y)$ liegt **oberhalb** der x-Achse, wenn $y > 0$.
> Ein Punkt P$(x\,|\,y)$ liegt **unterhalb** der x-Achse, wenn $y < 0$.

### Beispiel

➡ Kennzeichnen Sie im Koordinatensystem alle Punkte, deren Koordinaten die folgende Bedingung erfüllen.

a) $x = 2$            b) $y \geq 0$ und $y = x + 1$

### Lösung

a)

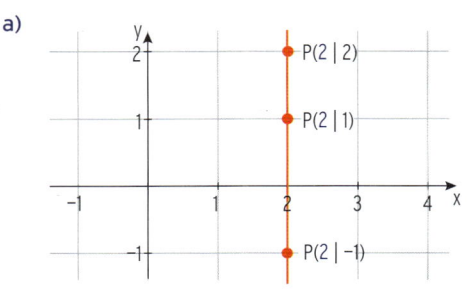

b)

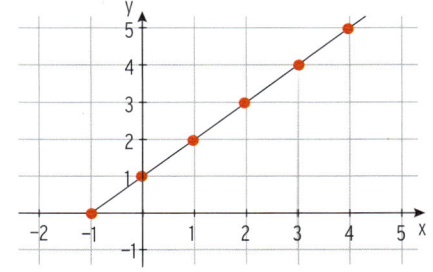

## Aufgaben

**1** Gegeben sind die Punkte $A_1(-1|3)$, $A_2(0|1,25)$, $A_3(2,5|4,8)$, $A_4(-4,5|0)$ und $A_5(-7|-10)$. Wo liegen diese Punkte im Koordinatensystem?

**2** Zeichnen Sie folgende Punkte in ein geeignetes Koordinatensystem ein.
Es gibt einen Zusammenhang von x- und y-Koordinate.
Stellen Sie hierfür einen Term auf und geben Sie drei weitere Punkte an.

**a)** $A(4|1)$; $B(10|4)$; $C(2|0)$; $D(8|3)$; $E(1|-0,5)$

**b)** $A(40|220)$; $B(100|250)$; $C(200|300)$; $D(80|240)$

**3**

**a)** Ergänzen Sie die Koordinaten der Punkte $A(\ldots|-3)$, $B(-1|\ldots)$ und $C(-4,25|\ldots)$ so, dass diese Punkte im 3. Quadranten liegen.

**b)** Welche Eigenschaften haben alle Punkte im 1. Quadranten?

**c)** Welche Eigenschaften haben alle Punkte auf der positiven x-Achse?

**4**

**a)** Für welche Werte von $t \in \mathbb{R}$ liegt der Punkt $P_t(t+5|2t-6)$ unterhalb der x-Achse?

**b)** Für welche Werte von $t \in \mathbb{R}$ liegt der Punkt $Q_t(t-1|8-2t)$ im 1. Quadranten?

**5** Gegeben ist die Punktmenge $A = \left\{ (1|3); \left(2\left|\frac{3}{2}\right.\right); (3|1); \left(4\left|\frac{3}{4}\right.\right); \ldots \right\}$.
Geben Sie drei weitere Elemente von A an. Tragen Sie die Punkte in ein Achsenkreuz ein.
Beschreiben Sie den Zusammenhang von x- und y-Koordinate.

**6** Gegeben ist der Punkt $P\left(t\left|\frac{t}{2}+3\right.\right)$ mit $t \in \mathbb{R}$.
Wählen Sie für t einige Werte und tragen Sie die zugehörigen Punkte in ein Koordinatensystem ein. Wie liegen die Punkte im Koordinatensystem?
Für welche t-Werte gilt: x-Koordinate ist gleich y-Koordinate?

**7** Beschreiben Sie die rot gekennzeichnete Strecke bzw. Fläche.

**a)**

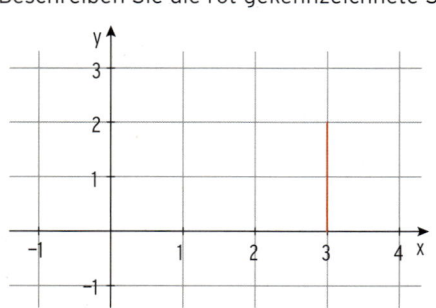

**b)**

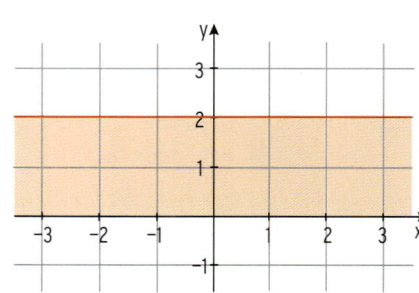

## 1.2 Abhängigkeiten und grafische Darstellung

### Beispiel

➲ In der deutschen Botschaft wird die Flagge gehisst. Die drei Diagramme beschreiben die Höhe der Flagge in Abhängigkeit von der Zeit.
Interpretieren Sie die drei Diagramme. Wie ist die Flagge jeweils gehisst worden?

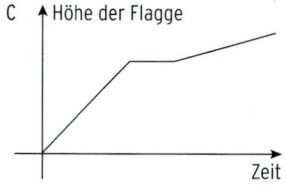

### Lösung

Bei allen drei Diagrammen nimmt die Höhe mit der Zeit zu.

Diagramm A: In der doppelten Zeit verdoppelt sich die Höhe.
Höhe und Zeit sind proportional.
Die Flagge wird mit konstanter Geschwindigkeit hochgezogen.
$\frac{\text{Höhe}}{\text{Zeit}}$ ist konstant.
Wird die Flagge mit einem Motor bei konstanter Drehzahl gehisst, kann das Hissen mit diesem Diagramm beschrieben werden.

Diagramm B: Der Höhenzuwachs pro Zeiteinheit (die Geschwindigkeit) nimmt ab und ist am Ende null.

Diagramm C: Die Flagge wird mit konstanter Geschwindigkeit hochgezogen.
Dann macht man eine Pause. Anschließend zieht man die Flagge wieder mit konstanter, aber verminderter Geschwindigkeit weiter hoch.

## Aufgaben

**1** Stellen Sie folgende Zuordnungen grafisch dar.

a)

| x | −1 | −0,5 | 1 | 1,5 | 2 |
|---|----|------|---|-----|---|
| y | 2 | −1 | 2 | −0,5 | 3 |

b)

| x | −1 | −0,5 | 0 | 0,5 | 1 | 1,5 |
|---|----|------|---|-----|---|-----|
| y | −2 | 0 | −2 | −1 | 3 | 7 |

**2** Drücken Sie die Zuordnung als Wertetabelle aus.

a)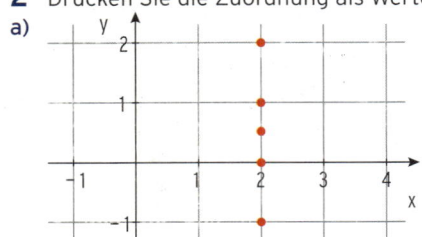

b)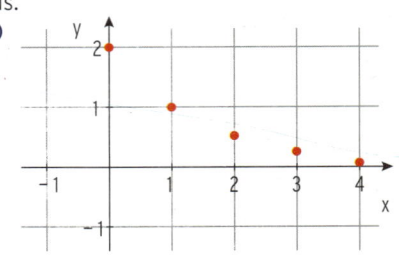

**3** Drücken Sie die Zuordnung in Form einer Wertetabelle aus.
Finden Sie zu jeder Zuordnung eine Vorschrift.

a) Jedem x-Wert wird ein um 3 größerer y-Wert zugeordnet.

b) Jedem positiven x-Wert wird sein Wurzelwert zugeordnet.

c) Dem Radius x eines Kreises wird der Umfang zugeordnet.

**4** Gegeben ist die Punktmenge $A = \left\{(1\,|\,3); \left(2\,\middle|\,\frac{3}{2}\right); (3\,|\,0); \ldots\right\}$.
Tragen Sie die Punkte in ein Achsenkreuz ein. Geben Sie drei weitere Punkte an.
Der Zusammenhang von x- und y-Koordinate ist festgelegt durch $3x + 2y = 9$.
Überprüfen Sie diese Behauptung.
Lösen Sie den Term nach y auf.

**5** Aus den Daten eines Fahrtenschreibers ergibt sich folgendes Schaubild.
Schreiben Sie eine Geschichte zu diesem Schaubild.

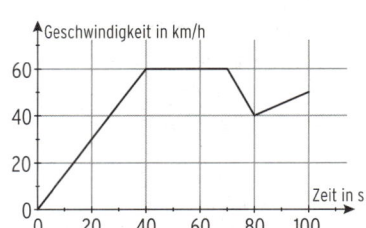

**6** Eine Verbraucherumfrage nach Einkommen Y und Konsumausgaben C ergab folgende Daten:

| Einkommen in € | 550 | 720 | 1000 | 1260 | 1420 | 1730 | 1950 | 3000 |
|----------------|-----|-----|------|------|------|------|------|------|
| Konsum in € | 520 | 670 | 900 | 1115 | 1250 | 1500 | 1690 | 2200 |

Ein Forscher hat die Zuordnungsvorschrift $C = 100 + 0{,}75\,Y$ aufgestellt. Die Wertepaare aus der Tabelle ergeben eine Punktwolke, Wertepaare mithilfe der Vorschrift ergeben eine Gerade in einem Koordinatensystem. Interpretieren Sie die Zuordnungsvorschrift.

**7** Jedem Diagramm kann einer der folgenden Sachverhalte zugeordnet werden.
Begründen Sie Ihre Wahl. Geben Sie eine Zuordnungsvorschrift an.

**a)** Kosten eines Mietwagens bei einer Pauschale von 25 € und einem Preis von 0,2 € pro gefahrenem km.

**b)** Tankinhalt (Volumen 11 500 Liter) eines Flugzeugs in Abhängigkeit vom Verbrauch (für 100 km 180 Liter).

**c)** Herstellungskosten einer Ware, deren Stückkosten 120 € betragen. Bei der Produktion rechnet man mit Fixkosten von 1250 €.

**d)** Kapital nach x Jahren mit Zins und Zinseszins.

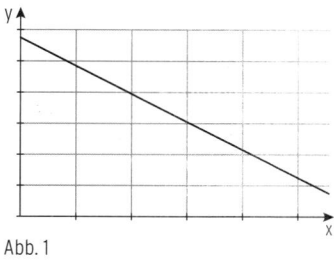

Abb. 1

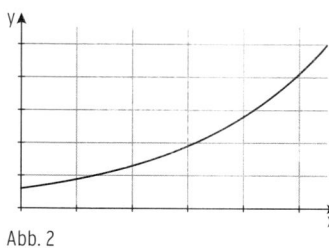

Abb. 2

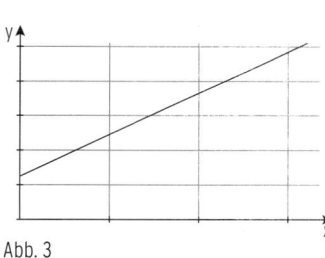

Abb. 3

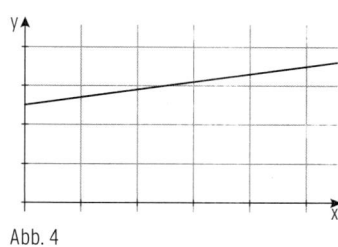

Abb. 4

**8**

**a)** Die Abbildung 5 zeigt den Querschnitt einer Vase mit 25 cm hohem Innenraum.
Sie wird gleichmäßig gefüllt. Wie hängt die Füllhöhe von der Zeit ab?
Stellen Sie diesen Vorgang in einem Koordinatensystem dar.

**b)** Die Abbildung 6 zeigt für ein anderes Gefäß den Graphen der Zuordnung
*Zeit (x) ⟼ Füllhöhe (y)*. Interpretieren Sie.

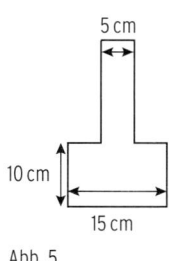

Abb. 5

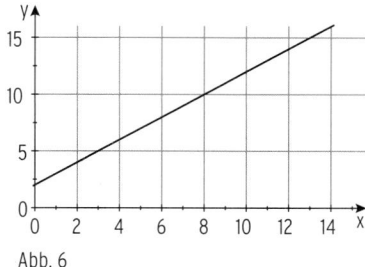

Abb. 6

**9** Das Volumen eines senkrechten Kreiszylinders lässt sich bestimmen mit $V = \pi r^2 \cdot h$.
Machen Sie Aussagen über den Zusammenhang von Volumen V und Radius r für
eine feste Höhe $h = 6$.

## 1.3 Definition einer Funktion

Bei der Modellierung einer Situation erhält man oft **Zuordnungen** zwischen Größen, die einen Wert der einen Größe **genau einem Wert** der anderen Größe zuordnen. So kann z. B. bei der Bevölkerung einer Stadt jedem Tag genau eine Bevölkerungszahl zugeordnet werden. Dagegen ist die Zuordnung *Körpergröße* ↦ *Schuhgröße* nicht eindeutig, weil einer Körpergröße verschiedene Schuhgrößen zugeordnet werden können. **Eindeutige Zuordnungen** spielen eine herausragende Rolle.

### Beispiel

In der Fahrschule lernt man eine Faustregel zur Berechnung des Bremsweges in m:

„Dividiere die Geschwindigkeit $\left(\text{in } \frac{km}{h}\right)$ durch 10 und multipliziere das Ergebnis mit sich selbst."

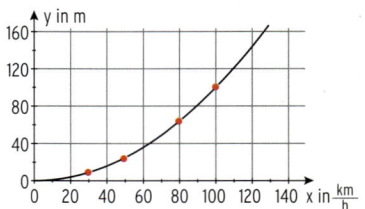

a) Vervollständigen Sie die Tabelle.

| Geschwindigkeit in $\frac{km}{h}$ | 30 | 50 | 80 | 100 | 120 |
|---|---|---|---|---|---|
| Bremsweg in m | | | | | |

Übertragen Sie diese Werte in ein Achsenkreuz.

b) Erfassen Sie diese Zuordnung durch eine Vorschrift.

Dabei sei x die Geschwindigkeit in $\frac{km}{h}$ und y der Bremsweg in m.

### Lösung

a) Bremsweg in m bei $30\,\frac{km}{h}$: $\qquad \left(\frac{30}{10}\right)^2 = 9$

Der Bremsweg bei $30\,\frac{km}{h}$ beträgt nach dieser Regel 9 m.

Anwendung der Fahrschulregel:

| Geschwindigkeit in $\frac{km}{h}$ | 30 | 50 | 80 | 100 | 120 |
|---|---|---|---|---|---|
| Bremsweg in m | 9 | 25 | 64 | 100 | 144 |

b) **Aufstellen der Vorschrift**

Geschwindigkeit x dividiert durch 10: $\qquad \frac{x}{10}$

Mit sich selbst multiplizieren: $\qquad \frac{x}{10} \cdot \frac{x}{10} = \frac{x^2}{100} = 0{,}01\,x^2$

Vorschrift für den Bremsweg: $\qquad y = 0{,}01\,x^2$ (Term)

Die Punkte werden zu einer **Parabel** verbunden und $y = 0{,}01\,x^2$ ist die Gleichung der Parabel.

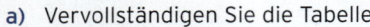

Im Beispiel „Bremsweg" ordnet man mit der Vorschrift $y = 0,01\,x^2$ jeder Geschwindigkeit x mit $x > 0$ genau einen Bremsweg y zu.

Eine solche **eindeutige Zuordnung** nennt man in der Mathematik **Funktion**.

### Funktionen

**Funktionen** dienen zur Beschreibung von Zusammenhängen, bei denen eine Größe in **eindeutiger** Weise eine andere Größe festlegt.

Am Beispiel „Bremsweg" soll der Begriff **Funktion** näher erläutert werden.

Gleichung:                            $y = 0,01\,x^2$

Wertetabelle:

| x | 0 | 30 | 50 | 80 | 100 | 120 | 150 |
|---|---|----|----|----|-----|-----|-----|
| y | 0 | 9 | 25 | 64 | 100 | 144 | 225 |

Die Menge, die alle zugelassenen x-Werte enthält, nennt man **Definitionsmenge D**.

Für die Definitionsmenge D der „Bremsweg"-Funktion gilt: $D = \mathbb{R}_+$

Die Funktion (wir bezeichnen sie mit f) ordnet jeder Zahl aus der Definitionsmenge D mithilfe der **Funktionsvorschrift** $f(x) = 0,01\,x^2$ genau eine reelle Zahl zu.

Aus der Tabelle liest man ab:

Für $x = 30$:                         $y = f(30) = 9$

für $x = 120$:                        $y = f(120) = 144$

Für jedes x aus D gilt:               $y = f(x)$

**y ist der Funktionswert an der Stelle x.**
Wir übertragen die Werte in ein Koordinatensystem mit x-Achse und y-Achse und erhalten das **Schaubild der Funktion f.**

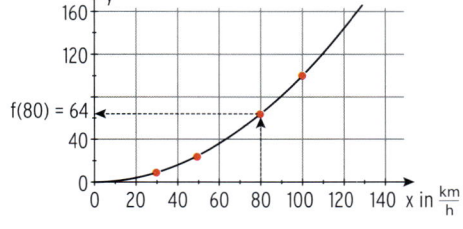

Es besteht ein **funktionaler Zusammenhang** von Geschwindigkeit und Bremsweg.
Jeder Geschwindigkeit x wird genau ein Bremsweg $f(x)$ zugeordnet.

Schreibweise dieser Funktion f:       f mit $f(x) = 0,01\,x^2$; $D = \mathbb{R}_+$

Der Term $0,01\,x^2$ ist der **Funktionsterm**.

### Definition einer Funktion

Eine (reelle) Funktion f ist eine **eindeutige Zuordnung,** die **jeder reellen Zahl** aus einer Definitionsmenge D **genau eine** reelle Zahl zuordnet.

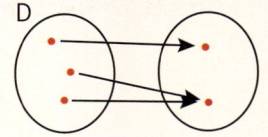

2 Bohner, Ihlenburg, Ott, Deusch - ISBN 978-3-8120-0206-6

## Bezeichnungen

| x | Element von D ($x \in D$), Stelle, Argument oder Abszisse, **unabhängige Variable** |
|---|---|
| $f(x)$ | **Funktionswert** von x (Funktionswert an der Stelle x) |
| D | **Definitionsmenge**, Menge aller x-Werte, auf die f angewandt werden soll. |
| $K, K_f$ | **Schaubild von f**, enthält alle Punkte P(x\|y), deren Koordinaten $y = f(x)$ erfüllen. y hängt von x ab, y heißt **abhängige Variable**. |

## Darstellungsmöglichkeiten einer Funktion

**Beispiele**

- Wertetabelle

| x | −2 | −1 | 0 | 0,5 | 1 | 2 | 3 |
|---|---|---|---|---|---|---|---|
| y | 6 | 2 | 0 | −0,25 | 0 | 2 | 6 |

- Funktionsterm
- Funktionsgraph $K_f$
  (Schaubild der Funktion f)

$f(x) = x^2 - x; \ x \in \mathbb{R}$

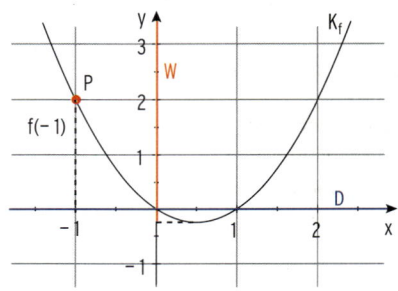

**Unterscheiden Sie:**

Die **Funktion f** mit $f(x) = x^2 - x$ beschreibt die Zuordnung.

Das Schaubild $K_f$ von f hat die Gleichung $y = x^2 - x$.

**Hinweise:**

1)                          Bedeutungen von $f(-1) = 2$

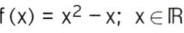

Für den x-Wert −1 erhält man          Der Punkt P(−1|2) liegt auf
durch Einsetzen in f(x) den y-Wert     dem Schaubild von f.
(Funktionswert) 2.                     $P(-1|2) \in K_f$

2) Für den Funktionswert $y = f(x)$ gilt $f(x) \geq -\frac{1}{4}$ (s. Abb.).

Die Menge $W = \left\{ y \,\middle|\, y \geq -\frac{1}{4} \right\}$ heißt **Wertemenge**.

## Definitionsbereich D und Wertebereich W einer Funktion

Seite 287

Im Beispiel:  D = [1; 3]
 W = [2; 4]

Intervall
Wertebereich

Intervall
Definitionsbereich

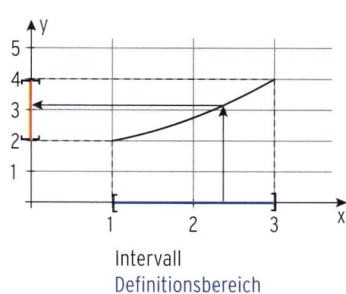

---

### Definition

**Der Wertebereich von f** ist die Menge aller y-Werte, für die gilt:
W = {y | y = f(x);  x ∈ D}.

---

### Beispiele für Funktionen

**Eindeutige Zuordnung**
Quadrieren Sie jede Zahl x.
15 % der Einnahmen x sind Steuern.
Erlös bei einem Stückpreis von 5 GE
und maximaler Verkaufszahl 11.

**Funktionsvorschrift**
$f(x) = x^2$;  $x \in D$
$f(x) = 0,15\,x$;  $x \geq 0$

$E(x) = 5\,x$;  $x \in [0; 11]$

**Der Graph einer Funktion** wird im

Allgemeinen von links
nach rechts,
also für wachsende x, betrachtet.

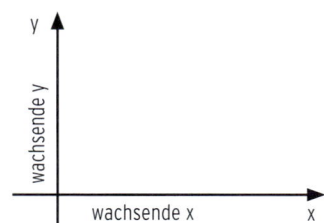

Der Graph einer Funktion enthält **niemals**
mehrere Punkte, die **„übereinander"** liegen.

**Begründung:**
Bei einer Funktion wird **jedem** x-Wert
**genau ein** y-Wert zugeordnet.

**Hinweis:**
Die Abbildung zeigt den **Graphen einer
Relation**.

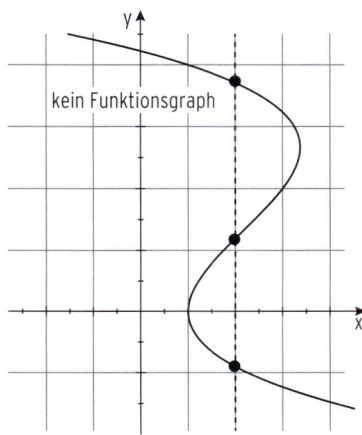

kein Funktionsgraph

## Aufgaben

**1** Gegeben ist die Funktion f. Zeichnen Sie das zugehörige Schaubild.
Bestimmen Sie $f(-1{,}5)$ und einen x-Wert für $f(x) = 1$.
Geben Sie den Wertebereich von f an.

**a)** $f(x) = \frac{1}{2}x + 1$     **b)** $f(x) = 6 - 2x$     **c)** $f(x) = 0{,}25\,x^2$     **d)** $f(x) = 4 - x^2$

**2** Überlegen Sie, ob eine eindeutige Zuordnung $x \mapsto y$ vorliegt: $x^2 + y^2 = 1$
Zeichnen Sie Punkte in ein Koordinatensystem ein, deren Koordinaten die Gleichung $x^2 + y^2 = 1$ erfüllen.

**3** Welches Schaubild gehört zu einer Funktion $f: x \mapsto f(x)$? Begründen Sie.

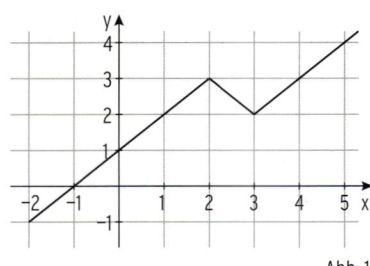
Abb. 1

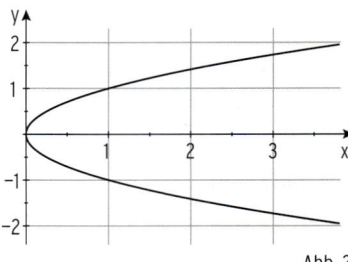
Abb. 2

**4** Formulieren Sie mithilfe der mathematischen Kurzschreibweise.
**a)** An der Stelle 3 hat die Funktion f den Funktionswert 12.
**b)** Durch die Funktion f wird dem x-Wert die Zahl $-4$ zugeordnet.
**c)** Der Punkt $P(2\,|\,5)$ liegt auf dem Schaubild von f.
**d)** Für welches Argument hat f den Funktionswert 4?
**e)** Der Funktionswert von f ist größer als 7 für alle $x \in \mathbb{R}$.
**f)** Die Funktion f nimmt an der Stelle $-17$ den Funktionswert 9 an.
**g)** $K_f$ schneidet die x-Achse in $x = 3$.
**h)** Der Funktionswert der Funktion f ist gleich 5 für alle $x \in \mathbb{R}$.
**i)** Die Koordinaten eines Kurvenpunktes von $K_f$ stimmen überein.

**5** Beschreiben Sie in Worten: $f(5) = 0$; $f(1) = f(-1)$; $f(x) \geq 0$.

**6** Gehört die Wertetabelle zu einer Funktion? Begründen Sie Ihre Antwort.

**a)**

| x | −1 | 0 | 1 | 2 | 3 |
|---|----|---|----|---|---|
| y | 4 | 0 | −2 | 4 | 4 |

**b)**

| x | −1 | 0 | 3 | 3 | 4 |
|---|----|---|---|---|---|
| y | 8 | 7 | 2 | 4 | 5 |

**7** Nennen Sie ein alltägliches Beispiel für eine Zuordnung, die eine bzw. keine Funktion ist.

# 2 Polynomfunktionen (Ganzrationale Funktionen)

## 2.1 Lineare Funktionen

### Modellierung einer Situation

A) Die Abteilung Einkauf der Firma Weber Metallbau GmbH prüft für die monatliche Bestellung von Stahlblech die Preissituation auf dem Markt. Es werden Angebote von drei Lieferanten eingeholt.

**Stahlhandel Gruber:**
Der Preis für je 100 kg beträgt 30 € bei freier Lieferung.

**Blime Stahl:**
Der Preis für je 100 kg beträgt 25 € bei Lieferkosten von 80 €.

**Metall und Eisen GmbH:**
Der Preis für je 100 kg beträgt 25 € bei Lieferkosten von 120 €.

Stellen Sie die Situation geeignet dar. Beraten Sie die Abteilung Einkauf in ihrer Wahl des Lieferanten bei verschiedenen Bestellmengen.

B) Auf dem Verwaltungsgebäude der Firma Weber Metallbau GmbH muss eine Antenne montiert werden.
Die Antenne soll mit einem Stahlseil zusätzlich befestigt werden (s. Skizze).
Wo muss das Seil am Dach befestigt werden?

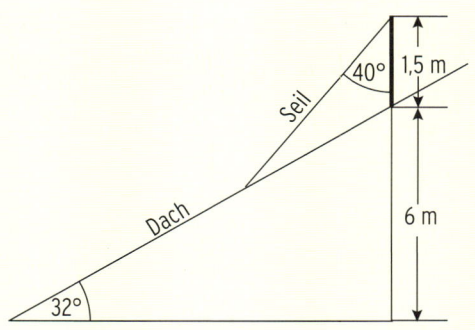

Bearbeiten Sie diese Situation, nachdem Sie die rechts aufgeführten **Qualifikationen und Kompetenzen** erworben haben.

### Qualifikationen & Kompetenzen

- Realitätsbezogene Zusammenhänge mit linearen Funktionen beschreiben, darstellen und deuten
- Schnittpunkte berechnen
- Bedeutung der Koordinaten erfassen

## 2.1.1 Einführung

### Beispiel

➜ In einer Stadt wird der Müll verwogen.

a) Die Jahresabrechnung weist für 365 kg Hausmüll eine Betrag von 83,95 € (ohne MwSt.) aus. Wie hoch ist der Betrag, wenn durch Einsparungen nur 300, 250, 200 kg Müll anfallen?

b) Ab 1. Januar wird eine Grundgebühr von 40 € eingeführt. Bestimmen Sie einen Term für den Rechnungsbetrag (ohne MwSt.) in € in Abhängigkeit von der Müllmenge in kg.

### Lösung

a) Preis pro kg in €: $\frac{83,95}{365} = 0,23$

Wertetabelle

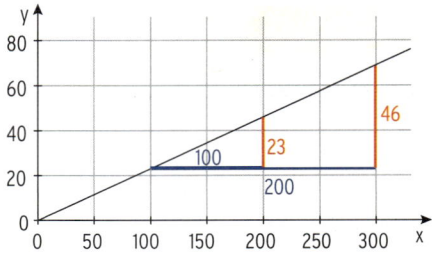

| x in kg | 200 | 250 | 300 |
|---|---|---|---|
| p (x) in € | 46 | 57,5 | 69 |

Durch $p(x) = 0,23\,x$ wird jedem $x \geq 0$ genau ein y-Wert (Preis) zugeordnet.

Erhöht sich das Gewicht um 100 bzw. 200 kg, erhöhen sich die Kosten um 23 bzw. 46 €. $\frac{23}{100} = \frac{46}{200} = 0,23$ beschreibt den Anstieg der Kostengerade. Dieser Anstieg heißt **Steigung** und wird mit **m** bezeichnet, somit ist **m = 0,23**.

**Hinweis: y = m x** ist die Gleichung einer Ursprungsgeraden mit der Steigung m.

b) Die Grundgebühr erhöht für jeden x-Wert die Kosten p(x) um 40 €.

Funktionsterm: $p_1(x) = 0,23\,x + 40$

Der Anstieg m = 0,23 verändert sich nicht.

Die Gerade mit der Gleichung $y = 0,23\,x + 40$ ist das Schaubild der linearen Funktion $p_1$ mit $p_1(x) = 0,23\,x + 40$; $x \in \mathbb{R}$.

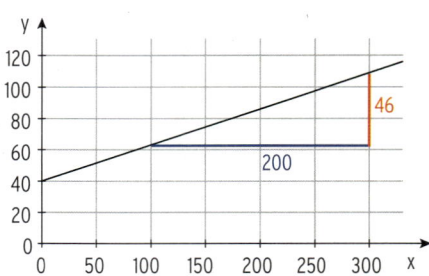

---

### Definition:

Eine Funktion der Form f mit $f(x) = m x + b$; $x \in \mathbb{R}$, heißt lineare Funktion.

Das Schaubild von f ist eine **Gerade.**

$y = m x + b$ ist die Geradengleichung in **Hauptform.**

### Beispiel

➲ Die Abbildung zeigt Geraden als Schaubilder von linearen Funktionen.
Beschreiben Sie die Lage der Geraden.

### Lösung

Die Geraden verlaufen alle durch den Punkt
$S(0|2)$.
Die Geraden $g_1$ und $g_2$ sind **steigend**,
$g_3$ ist eine **fallende** Gerade;
$g_4$ verläuft **parallel zur x-Achse: y = 2**

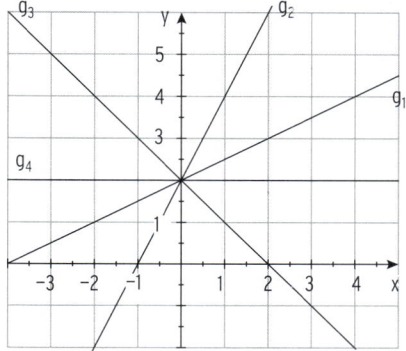

## Aufgaben

**1**  Zeichnen Sie das Schaubild der linearen Funktion f.

**a)**  $f(x) = 0,5x - 3$          **b)**  $f(x) = -\frac{1}{8}x + 4$          **c)**  $f(x) = -4x + 1,5$

**2**  Gegeben ist die lineare Funktion f mit  $f(x) = 6 - 1,5x;\ x \in \mathbb{R}$.

**a)**  Zeichnen Sie das Schaubild K von f in ein geeignetes Koordinatensystem ein.

**b)**  Kennzeichnen Sie in Ihrer Zeichnung $f(0)$ und $f(3,5)$.

**c)**  Bestimmen Sie mithilfe Ihrer Zeichnung  $f(x) = 0$.  Deuten Sie dies geometrisch.

**d)**  Bestimmen Sie den Punkt $P(\ldots|2)$ auf K.

**3**  G ist das Schaubild der Funktion g mit  $g(x) = \frac{2}{3}x - 2;\ x \in \mathbb{R}$.

**a)**  Lösen Sie mithilfe einer Zeichnung:  $g(x) = 1$.

**b)**  Bestimmen Sie alle x-Werte, für die gilt:  $g(x) > 0$.  Beschreiben Sie Ihren Lösungsweg.

**c)**  Die Gerade K verläuft durch $A(3|4)$ und $B(-3|0)$. Wie liegen K und G zueinander?

**4**

**a)**  Welche Gerade in nebenstehender Abbildung ist fallend, welche steigend?
Wie verläuft die Gerade e?

**b)**  Eine Parallele  zu e schneidet die y-Achse
in $-4$. Wie lautet die Gleichung dieser
Geraden?

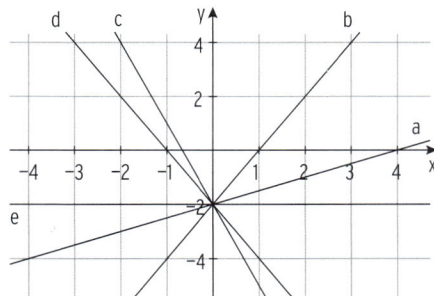

**5**  f ist eine lineare Funktion. Was bedeuten  $f(3) = 0$  und  $f(1) > 0$?

## 2.1.2 Die Steigung einer Geraden

Das Verkehrsschild „10 % Steigung" bedeutet:
Die Straße steigt auf 100 m horizontaler Strecke 10 m an.

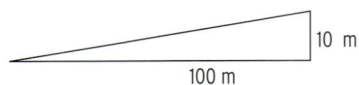

Man sagt, die Straße hat eine **Steigung** von $m = \frac{10}{100} = 0{,}1 = 10\%$.

m ist das **Längenverhältnis von vertikaler Strecke zu horizontaler Strecke.**

### Beispiel

➲ Die Abbildung stellt den Verlauf einer Straße K im Koordinatensystem dar.

a) Welche Steigung hat die Straße?
   Was würde auf dem Verkehrsschild stehen?

b) Bestimmen Sie die Geradengleichung.

### Lösung

a) Aus dem Schaubild lässt sich ablesen:

   Das **Verhältnis** von y-Koordinate zur x-Koordinate eines Geradenpunktes ist **konstant.**

   Dieses Verhältnis heißt **Steigung der Geraden m.**

   $$m = \frac{1}{2} = \frac{2}{4} = \text{konstant}$$

   Auf dem Verkehrsschild steht 50 % Steigung, da $\frac{1}{2} = 50\%$.

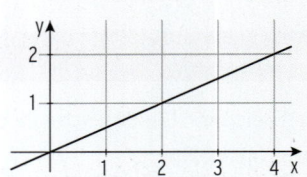

b) Aus $\frac{y}{x} = \frac{1}{2}$ folgt $y = \frac{1}{2}x$, die Gerade hat die Gleichung $y = \frac{1}{2}x$.

   Das Schaubild K der linearen Funktion f mit $f(x) = \frac{1}{2}x$; $x \in \mathbb{R}$, verläuft durch den **Ursprung O.** K ist eine **Ursprungsgerade.**

### Beispiel

➲ Zeichnen Sie das Schaubild der Funktion f mit $f(x) = -0{,}4x$ mithilfe der Steigung.

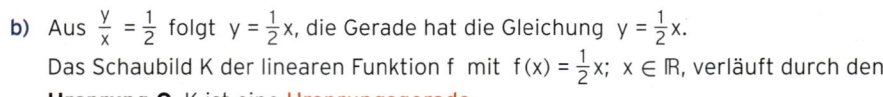

### Lösung

Steigung $m = -0{,}4 = -\frac{2}{5}$ bedeutet:
Man geht vom Ursprung 5 Einheiten
nach **rechts** und anschließend
2 Einheiten nach **unten.**

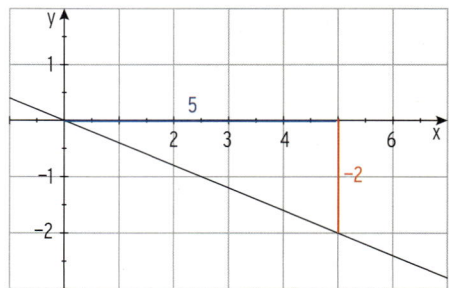

## Ursprungsgerade und Steigung

2. Winkelhalbierende: $y = -x$

$y = -0,5x$

**Ursprungsgeraden:**

$y = m\,x$

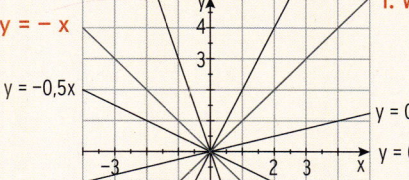

1. Winkelhalbierende: $y = x$

$y = 0,25x$

$y = 0$

$y = 2x$          $y = -3x$

Für $m > 0$ ist eine Gerade steigend, für $m < 0$ ist eine Gerade fallend.

Für $m = 0$ liegt die Gerade auf der x-Achse.

### Beispiel

➲ K ist das Schaubild der linearen Funktion f.
Bestimmen Sie eine Gleichung der Geraden G.

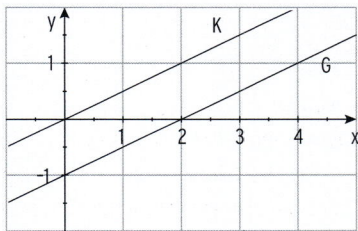

### Lösung

Durch Ablesen: $f(x) = 0,5\,x$

Die Ursprungsgerade K wird um 1

nach unten verschoben.

Die **Steigung** bleibt erhalten.

Die **Geradengleichung** lautet also $y = 0,5\,x - 1$.

G schneidet die y-Achse in $S\,(0\,|-1)$.

$b = -1$ heißt **y-Achsenabschnitt.**

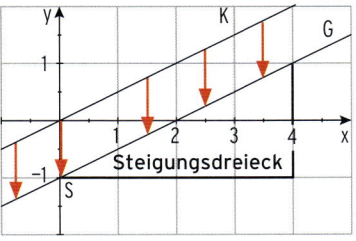

## Beachten Sie:

Die allgemeine **Geradengleichung in Hauptform** lautet:

$$y = m \cdot x + b$$

      ↑         ↑

**Steigung**     **y-Achsenabschnitt**

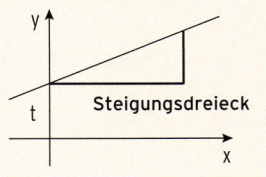

## Beispiel

➲ K ist das Schaubild der Funktion f mit  f(x) = 2x.  K wird um 1 nach rechts verschoben.
Bestimmen Sie die Gleichung der verschobenen Geraden.

### Lösung

Beim Verschieben ändert sich die Steigung nicht.
Der Punkt O(0|0) wird auf P(1|0) verschoben.
Geradengleichung:  $y = 2(x-1)$

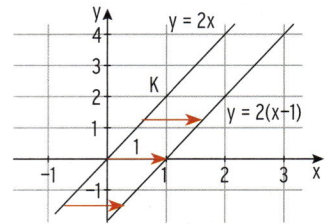

## Beachten Sie:

Die Gerade K mit der Gleichung  $y = mx$  wird verschoben

um b in y-Richtung

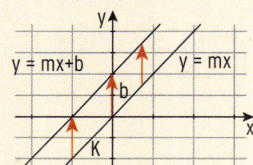

um c in x-Richtung

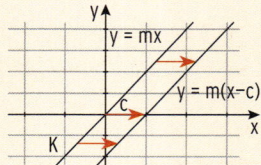

## Aufgaben

**1** Zeichnen Sie die Geraden g und h in ein geeignetes Koordinatensystem ein.

a)  g: $y = -\frac{3}{2}x - 2$;   h: $y = 2(x + 1)$

b)  g: $y = \frac{3}{5}x - 3$;    h: $y = -\frac{7}{6}x + 2$

c)  g: $x - 2y = 1$;       h: $y = -\frac{2}{7}x - 1$

d)  g: $y = 95x$;        h: $y = 20x + 400$

**2** K ist das Schaubild der linearen Funktion f  mit  $f(x) = \frac{5}{4}x - 4$;  $x \in \mathbb{R}$.
Zeichnen Sie K.
Verschieben Sie K um 3 nach oben.
Verschieben Sie K um 3 nach rechts. Geben Sie jeweils den Funktionsterm an.

**3** Abbildung 1 zeigt drei Geraden.
Bestimmen Sie jeweils die zugehörige
Geradengleichung.

**4** Verschieben Sie die Gerade K mit  $y = \frac{3}{4}x$.
Geben Sie die zugehörige Gleichung an.

a)  5 nach rechts

b)  2 nach links und 4 nach unten

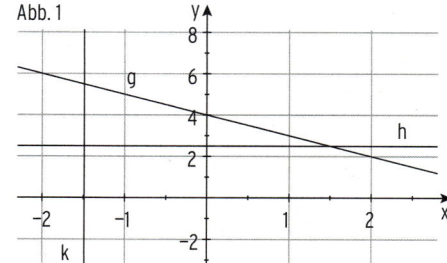

Abb. 1

## 2.1.3 Punktprobe

### Beispiel

➲ Gegeben ist die Funktion f mit $f(x) = \frac{3}{7}x - 2;\ x \in \mathbb{R}$.

Liegen die Punkte $P\left(\frac{14}{3}\,\middle|\,0\right)$ und $Q(8\,|\,2)$ auf dem Schaubild K von f?

### Lösung

Das Schaubild K von f ist eine **Gerade.**

Punktprobe mit $P\left(\frac{14}{3}\,\middle|\,0\right)$

**Einsetzen der Koordinaten** in den

Funktionsterm:    $0 = \frac{3}{7} \cdot \frac{14}{3} - 2$

$0 = 0$   w. A.

P liegt auf dem Schaubild von f.

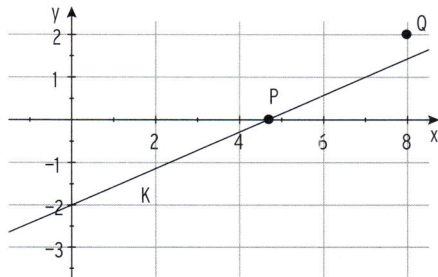

**Bemerkung:** Liegt ein **Punkt auf einer Geraden,** ergibt das **Einsetzen** der Koordinaten des Punktes in die Geradengleichung **eine wahre Aussage** (Punktprobe).

**Punktprobe** mit $Q(8\,|\,2)$

**Einsetzen der Koordinaten** in den Funktionsterm:    $2 = \frac{3}{7} \cdot 8 - 2$

$2 = \frac{10}{7}$   f. A.

Q liegt **nicht** auf dem Schaubild von f.

**Hinweis:** Vergleich der y-Werte $y_Q = 2$ und $f(8) = \frac{10}{7}$ ergibt: $y_Q > f(8)$,

d. h., Q liegt oberhalb der Geraden K.

## Aufgaben

**1** Gegeben ist die Funktion f mit $f(x) = \frac{5}{3}x - 3;\ x \in \mathbb{R}$.

**a)** Entscheiden Sie begründet: Liegen die Punkte $P\left(\frac{9}{5}\,\middle|\,0\right)$, $Q\left(1\,\middle|\,-\frac{13}{10}\right)$ und $R\left(-2\,\middle|\,-\frac{20}{3}\right)$ auf dem Schaubild von f, unterhalb oder oberhalb?

**b)** Berechnen Sie die Stelle x so, dass $f(x) = -\frac{16}{7}$ ist. Interpretieren Sie geometrisch.

**c)** Das Schaubild von f wird verschoben, sodass die verschobene Gerade durch $A(-2\,|\,1)$ verläuft. Bestimmen Sie die Geradengleichung.

**d)** Für welchen Wert von $a \in \mathbb{R}$ liegt der Punkte $P(2\,|\,a)$ auf dem Schaubild von f?

**2** Liegt der Punkt $P(-5,5\,|\,-5)$ oberhalb oder unterhalb der 1. Winkelhalbierenden? Begründen Sie Ihre Antwort.

**3** Für eine lineare Funktion f gilt $f(0) = -6$ und $f(3) = 0$. Machen Sie Aussagen über das Schaubild von f.

## 2.1.4 Aufstellen von Geradengleichungen

### Aufstellen von Geradengleichungen mithilfe der Hauptform

**Beispiel**

➲ Eine Gerade g hat die Steigung $m = -\frac{5}{2}$ und verläuft durch den Punkt $A(3|2)$. Bestimmen Sie die Gleichung der Geraden g.

**Lösung**

| | |
|---|---|
| Ansatz für die Geradengleichung: | $y = mx + b$ |
| Einsetzen von $m = -\frac{5}{2}$: | $y = -\frac{5}{2}x + b$ |
| **Punktprobe** mit $A(3|2)$ | $2 = -\frac{5}{2} \cdot 3 + b$ |
| Umformen nach b liefert: | $b = \frac{19}{2}$ |
| **Geradengleichung:** | $y = -\frac{5}{2}x + \frac{19}{2}$ |

**Beispiel**

➲ Eine Gerade g verläuft durch den Punkt $A(-1|8)$ und ist parallel zur Geraden h mit der Gleichung $y = 6x + 3$. Bestimmen Sie eine Gleichung der Geraden g.

**Lösung**

| | |
|---|---|
| Ansatz für die Geradengleichung: | $y = mx + b$ |
| **Parallel** heißt gleiche Steigung: | $m_g = m_h = 6$ |
| Einsetzen von $m = 6$: | $y = 6x + b$ |
| **Punktprobe** mit $A(-1|8)$ | $8 = 6 \cdot (-1) + b$ |
| Umformen nach b liefert: | $b = 14$ |
| **Geradengleichung:** | $y = 6x + 14$ |

**Beispiel**

➲ Von den Herstellungskosten ist bekannt: Die variablen Stückkosten betragen 1,25 GE/ME und bei der Herstellung von 20 ME entstehen Kosten von 65 GE. Bestimmen Sie die lineare Gesamtkostenfunktion.

**Lösung**

| | |
|---|---|
| Ansatz für die Geradengleichung: | $y = mx + b$ |
| Die variablen Stückkosten entsprechen der Steigung $m = 1{,}25$: | $y = 1{,}25x + b$ |
| $P(20|65)$ liegt auf der Kostengeraden: | $65 = 1{,}25 \cdot 20 + b \Rightarrow b = 40$ |
| **Gesamtkosten:** | $y = K(x) = 1{,}25x + 40$ |

### Beispiel

➜ Eine Gerade g verläuft durch die Punkte A (1 | −4,5) und B (−2 | 1,2).
   Bestimmen Sie eine Gleichung der Geraden g.

### Lösung

| | |
|---|---|
| Ansatz für die Geradengleichung: | $y = m\,x + b$ |
| Punktprobe mit A (1 | −4,5): | $-4,5 = m\ + b$ |
| Punktprobe mit B (−2 | 1,2): | $1,2 = m \cdot (-2) + b$ |
| Die Punktproben ergeben 2 Gleichungen | $m + b = -4,5 \qquad (1)$ |
| mit 2 Unbekannten: | $-2\,m + b = 1,2 \qquad (2)$ |

Lösung dieses **linearen Gleichungssystems** mit dem **Additionsverfahren**:

Gleichung (1) mit (−1) multiplizieren: $\quad m + b = -4,5 \ \ | \cdot (-1)$

$$-2\,m + b = 1,2$$

Seite 296

| | |
|---|---|
| | $-m - b = 4,5$ |
| | $-2\,m + b\ = 1,2$ |
| Addition | |
| ergibt eine Gleichung mit m: | $-3\,m\qquad = 5,7$ |
| Auflösung nach m: | $m = -1,9$ |
| Einsetzen von  m = −1,9  in z. B.  m + b = − 4,5 | $-1,9 + b = -4,5$ |
| ergibt: | $b = -2,6$ |
| **Geradengleichung:** | $y = -1,9\,x - 2,6$ |

**Hinweis:** Das LGS kann auch mit dem **Gleichsetzungsverfahren** oder **Einsetzungs-verfahren** gelöst werden.

Hier bietet sich auch der Einsatz eines zusätzlichen elektronischen Hilfsmittels an.
Stichworte: **Lineare Regression, Matrix**

## Aufgaben

**1** Bestimmen Sie die Gleichung der Geraden g.

a) g hat die Steigung  m = −4,5  und verläuft durch A (0 | − 3).

b) g hat die Steigung  m = 3  und verläuft durch A (1 | 1,5).

c) g verläuft durch A (−6 | 1) und ist parallel zur Geraden h mit der Gleichung  y = −x + 2.

d) g verläuft durch A (1 | −2) und B (−2 | 10).

e) Gegeben ist die Gerade h mit der Gleichung  y = 3 x − 4.  Der Punkt P (−1 | $y_P$)  liegt auf h.
   Die Gerade g geht durch die Punkte P und N (2 | 0).

**2** Liegen die Punkte A (1,20 | 16,03), B (−2,40 | − 45,71) und C (4,40 | 70,91) auf einer Geraden?
   Begründen Sie Ihre Antwort.

**3** Bestimmen Sie die Gleichungen von zwei Geraden, die durch den Punkt A (3 | −1) verlaufen.

**4** Für eine lineare Funktion f gilt  $f(2) = -3$  und  $f(0) = 5$.
Bestimmen Sie einen Funktionsterm.
Berechnen Sie $f(0,25)$; $f(\sqrt{2})$ und $f(2t)$.

**5** Die Abbildung 1 zeigt die Schaubilder
von zwei linearen Funktionen.
Bestimmen Sie die zugehörigen
Funktionsterme.

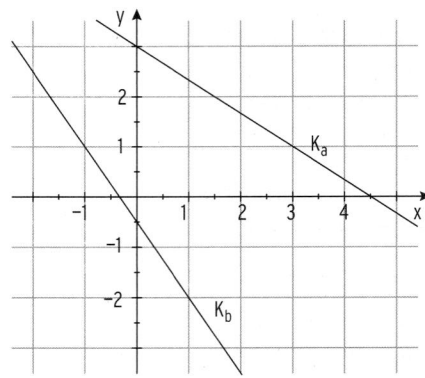

Abb. 1

**6** Die Abbildung 2 zeigt u. a. die Geraden
a: $y = 2x + 5$  und  b: $y = 0,5x + 1,5$.
Ordnen Sie die Gleichung der jeweiligen
Geraden zu.
Bestimmen Sie die Gleichungen der wei-
teren Geraden.
Wie hängen die anderen Geraden mit den
Geraden a und b zusammen?

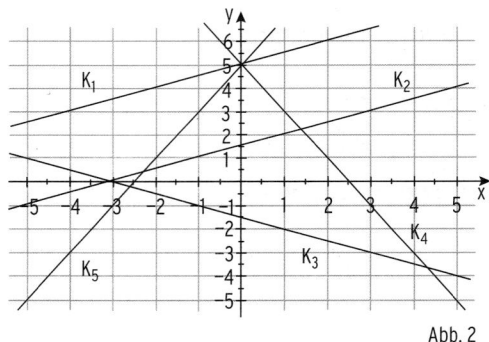

Abb. 2

**7** $B(3 \,|\, y_B)$ liegt auf der Geraden durch $P(0 \,|\, 6)$ und $Q(5 \,|\, 0)$.
Bestimmen Sie $y_B$.

**8** f mit  $f(x) = 8 - 2x$; $x \in \mathbb{R}$,  ist eine lineare Funktion.
**a)** Das Schaubild von f wird um 1 nach rechts und 2 nach unten verschoben.
Bestimmen Sie den zugehörigen Funktionsterm. Erläutern Sie.
**b)** Welche Gerade g verläuft durch $A(1 \,|\, f(4))$ und $B(4 \,|\, f(0))$?

**9** Für einen Betrieb lässt sich der Gewinn durch eine lineare Funktion beschreiben.
Bei einer Produktion von 2 ME beträgt der Gewinn 350 GE.
Der Gewinn pro ME beträgt 275 GE. Bestimmen Sie die lineare Gewinnfunktion.
Für welche Produktionsmenge beträgt der Gewinn 1075 GE?

# Berechnung der Steigung aus zwei gegebenen Punkten

## Beispiel

➥ Eine Gerade g verläuft durch die Punkte $S(0|1)$ und $A(3|2)$.

Zeichnen Sie die Gerade g.

Bestimmen Sie die Steigung von g aus den Koordinaten der zwei Geradenpunkte.

## Lösung

Wir lesen die Steigung m aus dem **Steigungsdreieck** ab:

$$m = \frac{2-1}{3-0} = \frac{1}{3}$$

**Verallgemeinerung**

Berechnung der Steigung m:

**Differenz der y-Werte:**

$$2 - 1 = y_2 - y_1$$

**Differenz der x-Werte:**

$$3 - 0 = x_2 - x_1$$

**Steigung m:**

$$m = \frac{y_2 - y_1}{x_2 - x_1} = \frac{2-1}{3-0} = \frac{1}{3}$$

**Steigung der Geraden:** $m = \frac{1}{3}$

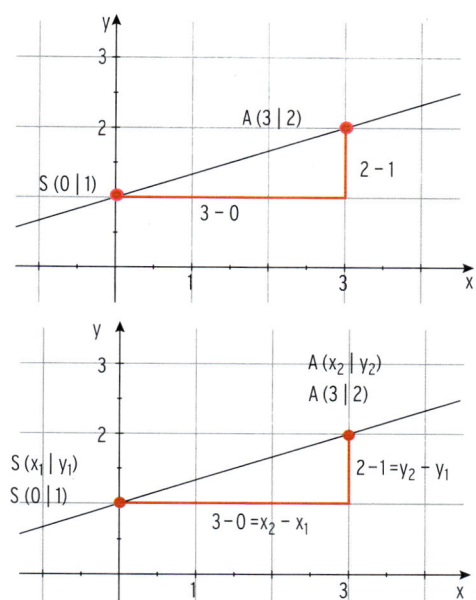

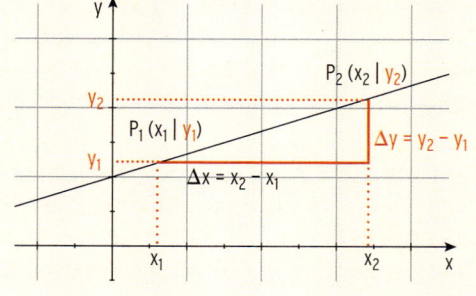

## Beachten Sie:

Für die **Steigung m einer Geraden** gilt:

$$m = \frac{\text{Differenz der y-Werte}}{\text{Differenz der x-Werte}} = \frac{y_2 - y_1}{x_2 - x_1} = \frac{\Delta y}{\Delta x}.$$

Dabei sind $x_1$ und $y_1$ bzw. $x_2$ und $y_2$ die Koordinaten von 2 Geradenpunkten, die frei gewählt werden dürfen.

### Beispiel

➲ Eine Gerade g verläuft durch die Punkte A(3|−2) und B(1|0,5).

a) Bestimmen Sie die Geradengleichung.

b) Die Gerade h verläuft parallel zu g durch den Punkt P(0|1).
   Wie lautet die Gleichung von h?

### Lösung

a) Bestimmung der Steigung aus den Punkten A und B. Man wählt

$A(3|−2) = A(x_1|y_1)$

$B(1|0,5) = B(x_2|y_2)$

und berechnet die Steigung m:

$$m = \frac{y_2 - y_1}{x_2 - x_1} = \frac{0,5 - (-2)}{1 - 3} = \frac{2,5}{-2} = -\frac{5}{4}$$

**Steigung der Geraden:** $m = -\frac{5}{4}$

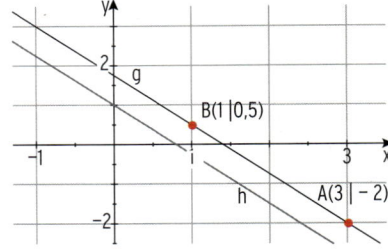

**Ansatz** für die Gleichung von g: $\qquad y = mx + b$

Mit $m = -\frac{5}{4}$ erhält man: $\qquad y = -\frac{5}{4}x + b$

**Punktprobe** mit z.B. A(3|−2) liefert b: $\quad -2 = -\frac{5}{4} \cdot 3 + b \Rightarrow b = \frac{7}{4}$

**Hinweis:** Die Punktprobe mit dem Punkt B(1|0,5) liefert den gleichen Wert für b.

Geradengleichung: $\qquad y = -\frac{5}{4}x + \frac{7}{4}$

b) **Parallel bedeutet gleiche Steigung.**

Wegen $m_g = m_h$ und $m_g = -\frac{5}{4}$ folgt: $\qquad y = -\frac{5}{4}x + b$

P(0|1) liegt auf h: $\qquad b = 1$

Geradengleichung von h: $\qquad y = -\frac{5}{4}x + 1$

## Aufgaben

**1** Die Gerade g verläuft durch die Punkte A und B.
Bestimmen Sie die Gleichung der Geraden g.

a) $A(0|−2); B(−1|−5)$   b) $A(−3|−1,5); B(1|1)$   c) $A\left(2\left|\frac{1}{2}\right.\right); B\left(4\left|\frac{3}{4}\right.\right)$   d) $A\left(−2\left|−\frac{5}{2}\right.\right); B\left(−1\left|\frac{3}{2}\right.\right)$

**2** Eine Gerade verläuft durch A(1|a + 5) und B(0|5). Geben Sie eine Gleichung an.
Für welches a schneidet die Gerade die x-Achse in x = 8?
Gibt es ein a, sodass die Gerade die x-Achse nicht schneidet? Begründen Sie.

**3** Maike erreicht bei ihrem 100-m-Lauf nach 11 Sekunden die 75-m-Marke.
Nach 14,2 Sekunden läuft sie durch das Ziel. Vergleichen Sie ihre Durchschnittsgeschwindigkeit über 100 Meter mit der über die letzten 25 Meter.

**4** Die Gesamtkosten für eine Ausbringungsmenge von 5 ME betragen 255 GE, für eine
Ausbringungsmenge von 11 ME betragen sie 543 GE.
Berechnen Sie den mittleren Kostenzuwachs.

## 2.1.5  Schnittpunkte

### Schnittpunkte einer Geraden mit den Koordinatenachsen

#### Beispiel

➲ Gegeben ist die Funktion f mit $f(x) = -\frac{1}{3}(7x - 4);\ x \in \mathbb{R}$. $K_f$ ist das Schaubild von f.

a) Bestimmen Sie zeichnerisch die Schnittpunkte von $K_f$ mit den Koordinatenachsen.

b) Berechnen Sie die Koordinaten der Schnittpunkte von $K_f$ mit den Koordinatenachsen.

c) Für welche x-Werte gilt $f(x) > 0$?

#### Lösung

a) Zeichnung von $K_f$

   Schnittpunkt mit der x-Achse: $N(0{,}6 \mid 0)$

   Schnittpunkt mit der x-Achse: $S_y(0 \mid 1{,}3)$

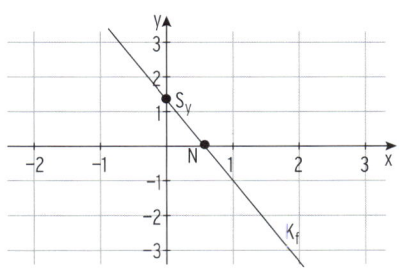

b) **Schnittpunkt von $K_f$ mit der x-Achse**

   Der Schnittpunkt mit der x-Achse hat immer die y-Koordinate null, d.h., man sucht den x-Wert unter der Bedingung $f(x) = 0$.

   **Bedingung: $f(x) = 0$**          $-\frac{1}{3}(7x - 4) = 0$

   Lineare Gleichung nach x auflösen:          $7x - 4 = 0$

   Man erhält die x-Koordinate des Schnittpunktes:          $x = \frac{4}{7}$   **(Nullstelle)**

   **Schnittpunkt mit der x-Achse:**          $N\left(\frac{4}{7} \mid 0\right)$ bzw. $S_x\left(\frac{4}{7} \mid 0\right)$

   **Schnittpunkt von $K_f$ mit der y-Achse:**

   Der Schnittpunkt mit der y-Achse hat immer die x-Koordinate null, d.h., um den y-Wert zu erhalten, setzt man $x = 0$ in den Funktionsterm ein:          $y = f(0) = -\frac{1}{3}(7 \cdot 0 - 4) = \frac{4}{3}$

   **Schnittpunkt mit der y-Achse:**          $S_y\left(0 \mid \frac{4}{3}\right)$

---

**Beachten Sie:**

Bedingung für die

- x-Koordinate des **Schnittpunktes** von $K_f$ **mit der x-Achse:**          $f(x) = 0$
- y-Koordinate des **Schnittpunktes** von $K_f$ **mit der y-Achse:**          $x = 0$

Die x-Koordinate des Schnittpunktes von $K_f$ mit der x-Achse heißt **Nullstelle von f** bzw. Schnittstelle von $K_f$ mit der x-Achse.

---

c) $f(x) > 0$ bedeutet: Die Gerade $K_f$ verläuft oberhalb der x-Achse.

   Mithilfe der Nullstelle und der Zeichnung erkennt man: $f(x) > 0$ für $x < \frac{4}{7}$.

**Hinweis:** $x < \frac{4}{7}$ ist die Lösung der **Ungleichung** $-\frac{1}{3}(7x - 4) > 0$.

3 Bohner, Ihlenburg, Ott, Deusch - ISBN 978-3-8120-0206-6

## Aufgaben

**1** Gegeben ist die Gerade g durch ihre Gleichung.
Berechnen Sie die Koordinaten der Schnittpunkte von g mit den Koordinatenachsen.

a) $y = -x + 5$

b) $y = -4x - 3{,}5$

c) $y = 2x - \frac{7}{3}$

d) $y = -\frac{8}{3}x + \frac{5}{4}$

e) $y = -2 + 5x$

f) $y = -\frac{4}{5}x + \frac{3}{4}$

g) $y = -1{,}5x + 4$

h) $y = 2x + b$

i) $y = -\frac{129}{151}\left(x - \frac{147}{84}\right) + \frac{17}{12}$

**2** Gegeben ist die lineare Funktion f mit $f(x) = 0{,}25x - 1{,}2$; $x \in \mathbb{R}$. G ist das Schaubild der Funktion g mit $g(x) = f(x + 3)$. Wo schneidet G die x-Achse?

**3** Bestimmen Sie die Gleichungen von zwei Geraden, die

a) die x-Achse in $-2{,}5$ schneiden.

b) die y-Achse in $-5$ schneiden.

**4** Skizzieren Sie den Graph von f mit $f(x) = -0{,}4x + 80$; $x \geq 0$.
Bestimmen Sie a so, dass $f(a) = 0{,}5 \cdot f(0)$ bzw. b mit $f(b) = 0$.

**5** Bestimmen Sie die Schnittpunkte von $K_f$ mit den Koordinatenachsen.

a)

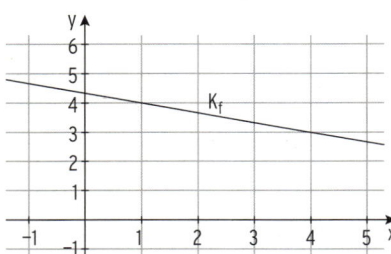

b)

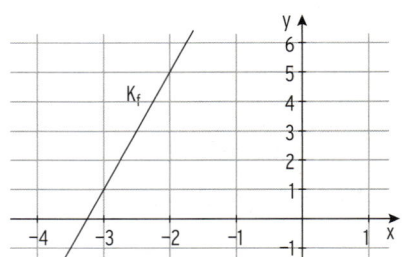

**6** Gegeben ist eine Wertetabelle für eine lineare Funktion f. Wo schneidet der Graph von f die Achsen?
Bestimmen Sie einen Funktionsterm.

| x | −1 | 0 | 1 | 2 |
|---|----|---|---|---|
| y | −3 | −1 | 1 | 3 |

**7** Der Gewinn eines Betriebes lässt sich beschreiben durch G mit $G(x) = 0{,}25x - 1{,}2$; $x \geq 0$.
x ist die Produktionsmenge in ME, $G(x)$ der Gewinn in Geldeinheiten (GE).
Für welche x-Werte gilt: $G(x) > 0$? Interpretieren Sie ökonomisch.
Erläutern Sie die mathematische und ökonomische Bedeutung von 0,25 bzw. $-1{,}2$.
Bei welcher Produktionsmenge beträgt der Gewinn 5 GE?

## Schnittpunkt von zwei Geraden

### Beispiel

➲ Gegeben sind die Funktionen f mit $f(x) = \frac{3}{2}x + 3$ und g mit $g(x) = 5 - \frac{1}{2}x$.
Die zugehörigen Geraden heißen $K_f$ und $K_g$.
$K_f$ und $K_g$ schneiden sich im Punkt S.

a) Bestimmen Sie zeichnerisch die Koordinaten von S.

b) Berechnen Sie die Koordinaten von S.

### Lösung

a) Zeichnung von $K_f$ und $K_g$

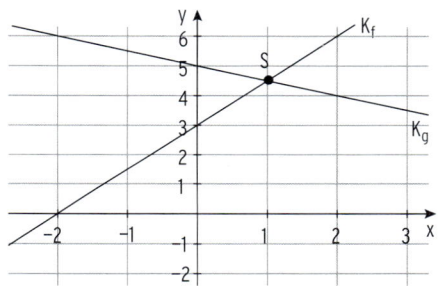

Schnittpunkt von $K_f$ und $K_g$: $S(1|4,5)$

b) Besitzen die Geraden $K_f$ und $K_g$ einen gemeinsamen Punkt $S(x|y)$, müssen für diesen x-Wert auch die zugehörigen y-Werte übereinstimmen.
Den x-Wert kann man also ermitteln, indem man die **y-Werte gleichsetzt.**

**Berechnung** durch Gleichsetzen:

$$f(x) = g(x)$$
$$\frac{3}{2}x + 3 = 5 - \frac{1}{2}x \quad | + \frac{1}{2}x$$
$$2x + 3 = 5$$

Auflösen nach x liefert den gesuchten
Wert:                                                   $x = 1$ **(Schnittstelle)**

Einsetzen des x-Wertes in einen
(von beiden) Funktionsterm ergibt
den y-Wert des Schnittpunktes:       $y = f(1) = \frac{3}{2} \cdot 1 + 3$ oder $y = g(1) = 5 - \frac{1}{2} \cdot 1$
                                                         **y = 4,5**                          **y = 4,5**

Schnittpunkt der beiden Geraden: $S(1|4,5)$

---

**Beachten Sie:**

Gleichsetzen der y-Werte $(f(x) = g(x))$ liefert den x-Wert des Schnittpunktes
(**Schnittstelle** von $K_f$ und $K_g$).

## Beispiel

➲ Gegeben ist die Funktion f durch $f(x) = \frac{3}{2}(x + 1)$ und n durch $n(x) = -\frac{1}{2}x - 2$; $x \in \mathbb{R}$.
Die Schaubilder von f und n sind die Geraden $K_f$ und $K_n$.

**a)** Die Geraden $K_f$, $K_n$ und die x-Achse bilden ein Dreieck.
Berechnen Sie den Inhalt dieses Dreiecks.

**b)** Bestimmen Sie $f(1) - n(1)$. Interpretieren Sie geometrisch.

**c)** Für welche x-Werte gilt: $f(x) > 3$?

## Lösung

**a)** **Bedingung für die Schnittstelle:** $f(x) = n(x)$

$$\frac{3}{2}(x + 1) = -\frac{1}{2}x - 2$$

$$2x = -\frac{7}{2} \Leftrightarrow x = -\frac{7}{4}$$

**Schnittstelle** von $K_f$ und $K_n$: $x = -\frac{7}{4}$
Einsetzen ergibt den Schnittpunkt von
$K_f$ und $K_n$: $S_1\left(-\frac{7}{4} \mid -\frac{9}{8}\right)$

$K_f$ schneidet die x-Achse in $S_2(-1 \mid 0)$.
$K_n$ schneidet die x-Achse in $S_3(-4 \mid 0)$.

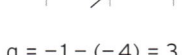

**Grundseite** des Dreiecks: $\qquad g = -1 - (-4) = 3$

**Höhe** des Dreiecks: $\qquad h = \frac{9}{8}$ wegen $y_{S_1} = -\frac{9}{8}$

**Inhalt des Dreiecks:** $\qquad A = \frac{1}{2} \cdot 3 \cdot \frac{9}{8} = \frac{27}{16}$

**b)** $f(1) - n(1) = 3 - (-2{,}5) = 5{,}5$
Die Punkte $P(1 \mid 3)$ (auf $K_f$) und $Q(1 \mid -2{,}5)$ (auf $K_n$) haben einen **Abstand** von 5,5.

**c)** Man schneidet $K_f$ mit der Geraden h mit $y = 3$.
Schnittstelle von $K_f$ und h:
Bedingung: $\qquad f(x) = 3$
$\qquad\qquad \frac{3}{2}(x + 1) = 3$
Schnittstelle: $\quad x = 1$
Schaubilder $K_f$ und h skizzieren
Ablesen: $f(x) > 3$ für $x > 1$

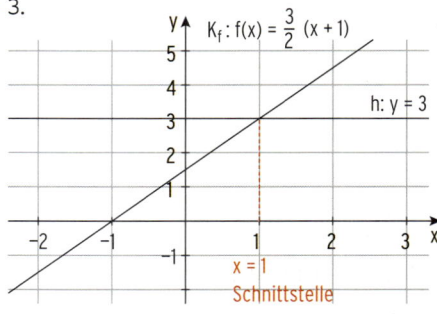

**Hinweis:** $f(x) > 3$ bedeutet: Die Gerade $K_f$
verläuft oberhalb der Geraden mit $y = 3$.

---

### Vorgehensweise zum Lösen der Ungleichung $f(x) > g(x)$

1. Schnittstelle von $K_f$ und $K_g$ bestimmen
2. $K_f$ und $K_g$ skizzieren und Lösung ablesen.

## Aufgaben

**1** Gegeben sind die Funktionen g und h. Zeichnen Sie die zugehörigen Geraden in ein Koordinatensystem ein. Die beiden Geraden schneiden sich in S. Bestimmen Sie S.

a) $g(x) = -3x + \frac{5}{4}$     b) $g(x) = 0{,}5x + 1{,}5$     c) $g(x) = -\frac{2}{3}x - 1$

    $h(x) = -x - 1$          $h(x) = -0{,}5x + 4$         $h(x) = \frac{1}{6}x - 4$

**2** Lösen Sie folgende Ungleichung:

a) $-3x - 2 < 0$     b) $3(x - 1) \geq 0$     c) $x \leq \frac{2}{3}x + 1$

**3** $K_f$ ist das Schaubild der Funktion f mit $f(x) = -\frac{72}{17}x + \frac{83}{8}$ und $K_g$ ist das Schaubild der Funktion g mit $g(x) = \frac{2}{23}x - \frac{113}{7}$. Bestimmen Sie den Schnittpunkt von $K_f$ und $K_g$.

**4** K ist das Schaubild der linearen Funktion f mit $f(x) = 4x - 3$; $x \in \mathbb{R}$.

a) G entsteht durch Verschiebung von K in y-Richtung. G schneidet die x-Achse in 4. Bestimmen Sie eine Gleichung von G.

b) K wird um den Punkt $P(1|1)$ gedreht und es entsteht die Gerade H. Welche Gerade H schneidet die x-Achse in $x = -3$?

**5** Gegeben sind die Funktionen f mit $f(x) = \frac{1}{5}(x - 2)$ und g mit $g(x) = 3 - 1{,}5x$; $x \in \mathbb{R}$.

a) Für welche x gilt $f(x) > g(x)$? Bestimmen Sie x, sodass $f(x) - g(x) = 4$ ist. Interpretieren Sie geometrisch.

b) Die Gerade K entsteht aus dem Schaubild von g durch Verschiebung in y-Richtung. K schneidet das Schaubild von f in $x = 10$. Wie lautet die Gleichung von K?

**6** Die Gerade g hat die Gleichung $y = 0{,}4x + 2$. Zwei Geraden $h_1$ und $h_2$ schneiden die Gerade g in $x = -2{,}5$. Bestimmen Sie ihre Gleichungen.

**7** Die Geraden $K_f$ und $K_g$ schneiden sich in $S(-1|3)$.

a) Beide Geraden werden um 6 nach oben bzw. um 6 nach rechts verschoben. Wo schneiden sich jeweils die beiden Geraden?

b) Beide Geraden werden an der y-Achse gespiegelt. Wo schneiden sich die gespiegelten Geraden?

**8** Die nebenstehende Abbildung zeigt die Geraden g und h. Die beiden Geraden bilden mit der x-Achse und mit der y-Achse jeweils ein Dreieck. Berechnen Sie die beiden Inhalte.

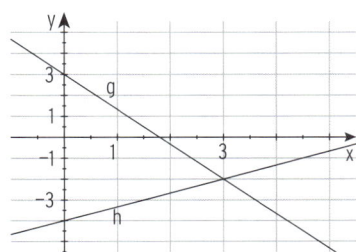

**9** Bestimmen Sie die Lösungsmenge $(x \in \mathbb{R})$.

a) $20x - 3(5x + 7) = -2(3 - x)$     b) $5x - (8 + 9x) = 12$

Seite 294

c) $-4x - \frac{3}{2} = -\frac{1}{2}x - 1$     d) $\frac{1}{4}x + \frac{3}{4} = x + 4$

e) $(x - 3)(4 - x) = 2 - (x + 5)(x - 1)$     f) $-\frac{1}{5}(2x - 1) = 1 - \frac{6}{5}x$

## Besondere Lage von zwei Geraden

### a) Parallele Geraden

**Beispiel**

➲ Gegeben sind die Geraden g mit $y = 0{,}5\,(x + 3)$ und h mit $y = 0{,}5\,x - 1$.
Machen Sie eine Aussage über die gegenseitige Lage der Geraden g und h.

**Lösung**

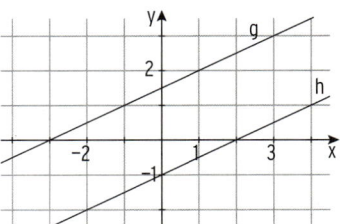

g: $y = 0{,}5\,(x + 3) = 0{,}5\,x + 1{,}5$

h: $y = 0{,}5\,x - 1$

Die Steigungen stimmen überein: $m_g = m_h$

g und h verlaufen **parallel:** $g \parallel h$

g und h besitzen **keine gemeinsamen Punkte.**

**Beachten Sie:**

Zwei Geraden sind **parallel,** wenn sie die gleiche Steigung haben.

### b) Aufeinander senkrecht stehende (orthogonale) Geraden

**Beispiel**

➲ Gegeben ist die Gerade g mit $y = 2\,x - 1$.
Eine Gerade h schneidet die Gerade g senkrecht. Bestimmen Sie die Steigung von h.

**Lösung**

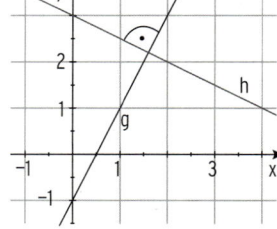

Die Geraden g und h stehen **senkrecht aufeinander,** sie schließen einen **rechten Winkel** ein.

Wir lesen die Steigung von h ab: $\quad m_h = -0{,}5$

Vergleich mit $m_g = 2$ ergibt: $\quad 2 = -\dfrac{1}{-0{,}5}$

**Allgemein:** $\qquad m_g = -\dfrac{1}{m_h}$

**Beachten Sie:**

Zwei Geraden haben die Steigungen $m_1$ und $m_2$ ($\neq 0$).

Ist $m_1$ der **negative Kehrwert** von $m_2$, so stehen die Geraden **senkrecht** aufeinander.

Es gilt: $m_1 = -\dfrac{1}{m_2}$ oder $m_1 \cdot m_2 = -1$. Die Geraden sind **zueinander orthogonal.**

| Steigung von g | h senkrecht zu g | Steigung von h |
|---|---|---|
| $m_g = -4$ | $m_g = -\dfrac{1}{m_h}$ | $m_h = -\dfrac{1}{-4} = \dfrac{1}{4}$ |
| $m_g = \dfrac{3}{5}$ | negativer Kehrwert | $m_h = -\dfrac{1}{\frac{3}{5}} = -\dfrac{5}{3}$ |
| $m_g = 0{,}4$ | | $m_h = -\dfrac{1}{0{,}4} = -2{,}5$ |

## Aufgaben

**1** Die Gerade h steht senkrecht auf der Geraden g. Bestimmen Sie $m_h$.

a) $m_g = 4$      b) $m_g = -3$      c) $m_g = \frac{2}{5}$      d) $m_g = -\frac{1}{7}$

e) $m_g = -\frac{7}{3}$      f) $m_g = 0{,}5\pi$      g) $m_g = \sqrt{2}$      h) $m_g = -\frac{2}{t}$; $t \neq 0$

**2** Wie liegen die Geraden g und h zueinander?
a) g: $y = 0{,}75\,x - 3$; h: $y = -\frac{4}{3}x - 3$
b) g: $y = -\frac{9}{20}x + 4$; h: $y = -0{,}45\,x - 1$

**3** Bestimmen Sie die Gleichung einer Geraden, die senkrecht auf der Geraden mit $y = 2$ steht.

**4** Gegeben ist eine Gerade g mit der Gleichung $y = -\frac{2}{3}x + 2$.
Eine zweite Gerade h steht senkrecht auf g und verläuft durch den Punkt $P(-2|5{,}5)$.
a) Berechnen Sie die Koordinaten der Schnittpunkte von g mit den Koordinatenachsen.
b) Bestimmen Sie die Gleichung der Geraden h.
c) Berechnen Sie die Koordinaten des Schnittpunktes von g und h.
d) In welchem Bereich verläuft die Gerade g oberhalb der Geraden h?

**5** Die Gerade g in Abbildung 1 hat die Gleichung $y = \frac{3}{7}x + 1$.
Bestimmen Sie die Gleichungen der Geraden h und k.
Begründen Sie Ihre Antwort.

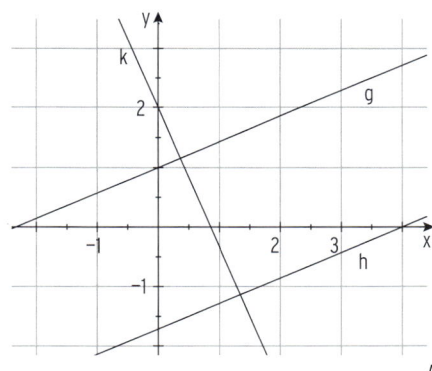

Abb. 1

**6** Gegeben ist die lineare Funktion f mit $f(x) = 1{,}75\,x + 8$; $x \in \mathbb{R}$.
a) Zeichnen Sie das Schaubild K von f in ein geeignetes Koordinatensystem ein.
b) Eine Gerade G schneidet die y-Achse in $S(0|1{,}5)$.
Die Gerade wird um S gedreht, bis sie die Gerade K senkrecht schneidet.
Bestimmen Sie die Koordinaten des gemeinsamen Punktes von K und G.
c) K wird um 2 nach rechts verschoben und es entsteht die Gerade H.
Wo schneidet H die y-Achse?

**7** $A(-3|t)$, $B(3|t)$ und $C(0|3t)$ sind für $t > 0$ die Eckpunkte eines Dreiecks.
Für welche Werte von t ist das Dreieck rechtwinklig?

**8** Zwei aufeinander senkrecht stehende Geraden schneiden sich in $S(-2|-1)$.
Geben Sie mögliche Geradengleichungen an.

## 2.1.6 Die Strecke AB

### Beispiel

→ Gegeben sind die Punkte A$(-2|2)$ und B$(2|-1)$ und C$(1|4)$.

**a)** Berechnen Sie die Länge der Strecke AB.

**b)** Bestimmen Sie den Mittelpunkt der Strecke AC.

### Lösung

**a)** Man wählt:

A$(-2|2)$ = A$(x_1|y_1)$;  B$(2|-1)$ = B$(x_2|y_2)$

**Mit dem Satz des Pythagoras:**

$\overline{AB} = \sqrt{(x_2 - x_1)^2 + (y_2 - y_1)^2}$

Einsetzen ergibt die Länge:

$\overline{AB} = \sqrt{4^2 + (-3)^2} = 5$

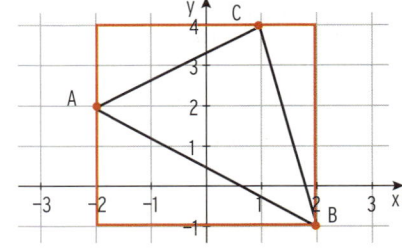

**b)** Wir wählen:   A$(-2|2)$ = A$(x_1|y_1)$; C$(1|4)$ = C$(x_2|y_2)$

Einsetzen ergibt:   $x_M = \frac{x_1 + x_2}{2} = -0{,}5$;  $y_M = \frac{y_1 + y_2}{2} = 3$

Mittelpunkt der Strecke AC:   M$(-0{,}5|3)$

---

### Beachten Sie:

Für zwei Punkte A$(x_1|y_1)$ und B$(x_2|y_2)$ gilt:

**Länge** der Strecke AB:   $\overline{AB} = \sqrt{(x_2 - x_1)^2 + (y_2 - y_1)^2}$

**Mittelpunkt** der Strecke AB:   $M\left(\frac{x_1 + x_2}{2} \Big| \frac{y_1 + y_2}{2}\right)$

---

## Aufgaben

**1** Bestimmen Sie den Mittelpunkt M und die Länge der Strecke AB.

**a)** A$(2|3)$; B$(5|10)$   **b)** A$(-4|-7)$; B$(9|-12)$   **c)** A$(-4{,}56|5{,}65)$; B$(0{,}75|-3{,}32)$

**2** M ist der Mittelpunkt der Stecke AB. Berechnen Sie die fehlenden Koordinaten.

**a)** A$(-1|3)$; B$(-5|6)$; M$(?|?)$   **b)** A$(?|-7)$; B$(1|-1)$; M$(5|?)$

**3** Gegeben sind die Punkte P$(4|2{,}5)$ und Q$(-1{,}5|-1{,}25)$.

**a)** Welche Gerade mit Steigung $-\frac{2}{3}$ verläuft durch den Mittelpunkt der Strecke PQ?

**b)** Geben Sie eine Gleichung für die Strecke PQ an.

**4** Gegeben ist die Gerade g: $0 = 6x + 10y - 51$. Bestimmen Sie die Koordinaten des Geradenpunktes auf g, der vom Ursprung die kürzeste Entfernung hat.

**5** Die Bahnen zweier Fahrzeuge A und B lassen sich beschreiben durch $y_A = \frac{2}{3}x + 1$; $x \geq 0$ und $y_B = \frac{3}{4}(x - 3)$; $x \geq 3$, x in 100 m. Fahrzeug A startet in P$(0|1)$, Fahrzeug B startet in Q$(3|0)$. Stoßen sie zusammen, wenn sie stets mit der gleichen Geschwindigkeit fahren?

## 2.1.7  Winkel bei Geraden

**Steigungswinkel einer Geraden**

### Beispiel

⮕ $K_f$ ist das Schaubild der linearen Funktion f mit $f(x) = \frac{1}{2}x - 1$; $x \in \mathbb{R}$.
Unter welchem Winkel schneidet $K_f$ die x-Achse?

### Lösung

Aus $m = \frac{\Delta y}{\Delta x} = \tan(\alpha)$ folgt für den

**Steigungswinkel $\alpha$**

$\tan(\alpha) = \frac{1}{2} \Rightarrow \alpha = 26{,}57°$

**Hinweis:** $\alpha = 45°$ entspricht der Steigung $m = 1$.

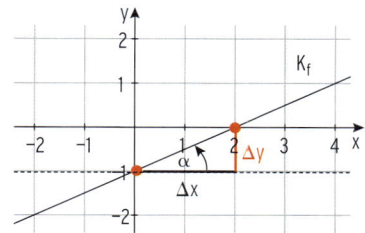

**Beachten Sie:**

Unter dem **Steigungswinkel $\alpha$** einer Geraden g versteht man den Winkel
zwischen 0° und 180°, den sie mit der x-Achse bildet.  $\alpha = \angle(\text{x-Achse; g})$

**Schnittwinkel zweier Geraden**

### Beispiel

⮕ Gegeben sind die Geraden  g: $y = \frac{5}{2}x - \frac{1}{2}$ und  h: $y = \frac{1}{3}x + \frac{5}{3}$.
Bestimmen Sie den Schnittwinkel der Geraden g und h.

### Lösung

$\tan(\alpha_g) = m_g = \frac{5}{2} \Rightarrow \alpha_g = 68{,}2°$

$\tan(\alpha_h) = m_h = \frac{1}{3} \Rightarrow \alpha_h = 18{,}4°$

**Schnittwinkel**  $\alpha = \angle(\text{h; g})$

$\alpha = \alpha_g - \alpha_h = 68{,}2° - 18{,}4° = 49{,}8°$

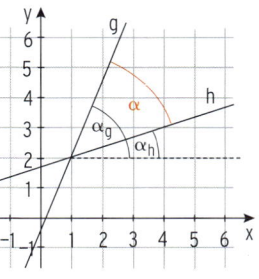

**Hinweis:** Die Geraden g und h schließen zwei Winkel ein.
Den kleineren der beiden Winkel, der zwischen 0° und 90°
liegt, nennt man den **Schnittwinkel von g und h.**

**Beachten Sie:**

**Formel** zur Berechnung des Schnittwinkels: $\tan(\alpha) = \left| \frac{m_2 - m_1}{1 + m_1 \cdot m_2} \right|$

Dabei sind $m_1$ und $m_2$ die Steigungen der beiden Geraden g und h.

Mit $m_1 = m_g = \frac{5}{2}$ und $m_2 = m_h = \frac{1}{3}$ erhält man: $\tan(\alpha) = \left| \frac{\frac{5}{2} - \frac{1}{3}}{1 + \frac{5}{2} \cdot \frac{1}{3}} \right| = \left| \frac{13}{11} \right| = \frac{13}{11} \Rightarrow \alpha = 49{,}8°$

**Bemerkung:** Der **Betrag einer Zahl** ist größer oder gleich null.  $|-3| = 3$; $|3| = 3$

## Aufgaben

**1** Die Gerade g verläuft durch die Punkte A und B. Bestimmen Sie die Steigung von g.
Geben Sie die Geradengleichung und den Steigungswinkel an.

**a)** $A(-1|3)$; $B(2|-2)$ 

**b)** $A\left(-\frac{2}{3}\left|\frac{3}{2}\right.\right)$; $B(3|-1)$ 

**c)** $A(-428|-217)$; $B(57|-118)$

**2** Bestimmen Sie die Geradengleichung.

**a)** Die Gerade h schneidet die x-Achse unter 45° und verläuft durch $Q\left(\frac{4}{5}\left|-\frac{3}{2}\right.\right)$.

**b)** $P(-1|-3)$ liegt auf der Geraden g. Diese steigt bezüglich der positiven x-Achse unter dem Winkel 135° an.

**3** Gegeben sind die Punkte $A(-1|-2)$, $B(1|-3)$, $C(6|1)$ und $D(3|3)$.

**a)** Berechnen Sie die Länge einer Diagonalen des Vierecks ABCD.

**b)** In welchem Punkt schneiden sich die Diagonalen? Bestimmen Sie den Schnittwinkel.

**c)** Berechnen Sie den Flächeninhalt dieses Vierecks.

**4** Die Abbildung zeigt die Schaubilder $K_f$ und $K_g$ von linearen Funktionen f und g.

**a)** Entnehmen Sie den jeweiligen Funktionsterm aus der Abbildung.

**b)** Bestimmen Sie den Schnittpunkt S von
$K_f$ und $K_g$.

**c)** Die drei Punkte S, P und Q sind die
Eckpunkte eines Dreiecks. Berechnen Sie
den Flächeninhalt des Dreiecks.

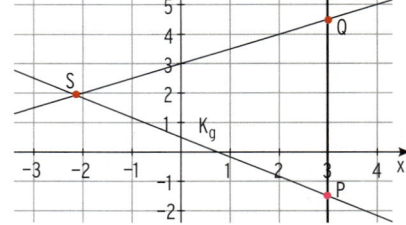

**d)** Bestimmen Sie den Winkel $\alpha = \angle PSQ$.

**e)** Der Punkt $T(x_1|-3)$ liegt auf $K_f$. Berechnen Sie die x-Koordinate von T.

**5** Ein Boot fährt vom Punkt $P(0|100)$ auf den Punkt $Q(400|700)$ einer vorgelagerten Insel
zu. Unter welchem Winkel (gegen die Nordrichtung) muss das Boot ablegen?

**6** Für welche Werte von t verläuft die Gerade g durch $A(3|4t)$ und $B(0|0,5)$ parallel zur
x-Achse?

**7** Gegeben ist die Funktion f mit $f(x) = tx + 2t$; $x, t \in \mathbb{R}$.
Welche Geraden gehören zur Funktion f, welche nicht? Begründen Sie Ihre Entscheidung
und ermitteln Sie gegebenenfalls den zugehörigen Wert für t.

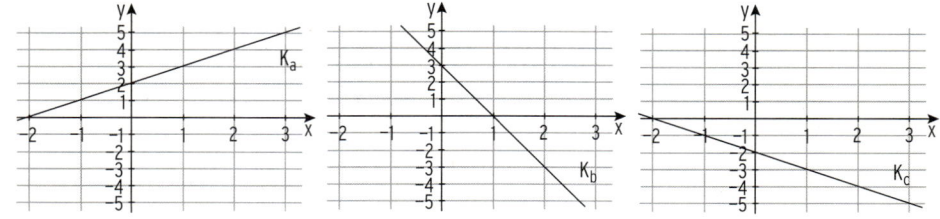

## Was man wissen sollte – über lineare Funktionen

**Das Schaubild einer linearen Funktion f mit  f (x) = m x + b;  $x \in \mathbb{R}$  ist eine Gerade.**

**Allgemeine Gleichung einer Geraden**
in der **Hauptform:**

$y = m x + b$

b: y-Achsenabschnitt
m: Steigung der Geraden

$m = \dfrac{y_2 - y_1}{x_2 - x_1} = \dfrac{\Delta y}{\Delta x}$

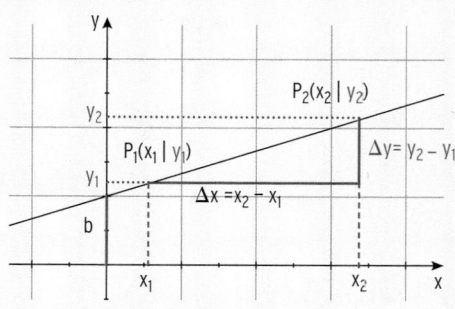

**Sonderfälle:**

- Gleichung einer **Ursprungsgeraden:**

  $y = m x$

- Gleichung der **Winkelhalbierenden:**

  1. Winkelhalbierende   $y = x$
  2. Winkelhalbierende   $y = -x$

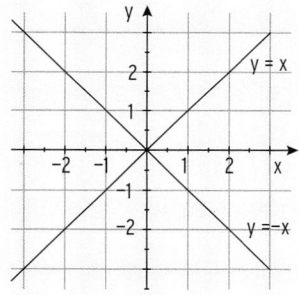

- **Parallele zur y-Achse:**

  Gleichung  $x = a;\ a \in \mathbb{R}$

- **Parallele zur x-Achse:**

  Gleichung  $y = b;\ b \in \mathbb{R}$

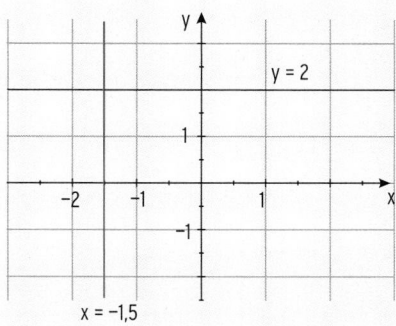

**Parallele Geraden**
Bedingung für die Steigungen: $m_g = m_h$

**Zueinander senkrechte Geraden**
Bedingung für die Steigungen: $m_g = -\dfrac{1}{m_k}$

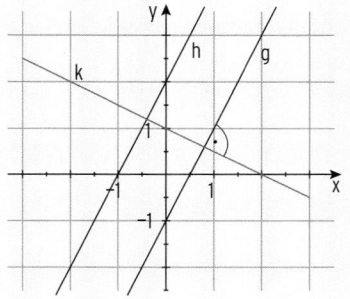

## Was man wissen sollte – über lineare Funktionen

**K und G sind die Schaubilder von f und g.**

**Schnittpunkt der Geraden K**
- **mit der x-Achse:**
  Bedingung: $f(x) = 0$
- **mit der y-Achse:**
  Bedingung: $x = 0$

**Schnittpunkt von K und G**
Bedingung: $f(x) = g(x)$

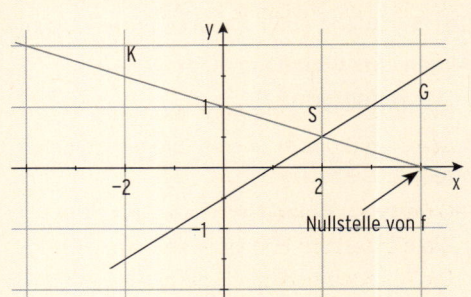

**Verschiebung um b in y-Richtung**
$g(x) = f(x) + b$

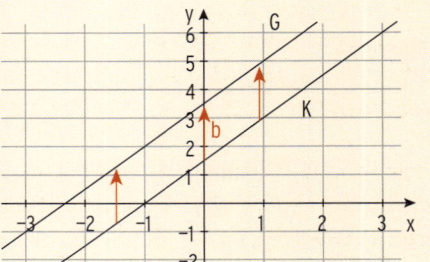

**Verschiebung um c in x-Richtung**
$g(x) = f(x - c)$

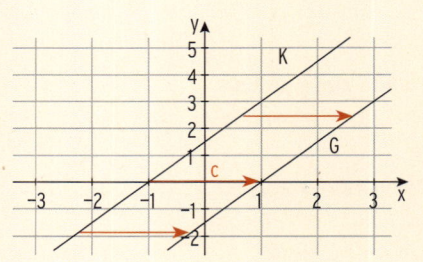

## Aufgaben

**1** Die Geraden $g_1$, $g_2$ und $g_3$ sind durch folgende Gleichungen festgelegt:
$g_1: y = 2x - 2$; $\quad g_2: y = -\frac{2}{3}x + 8$; $\quad g_3: y = 3$.
Die Geraden bilden mit der x-Achse ein Trapez mit Inhalt $A = 24$.
Überprüfen Sie diese Behauptung.

**2** K ist der Graph der Funktion f mit $f(x) = 0{,}3x - 1{,}5$; $x \in \mathbb{R}$.
Skizzieren Sie den Graphen der Funktion g.

**a)** $g(x) = f(x) + 2$       **b)** $g(x) = 2f(x)$       **c)** $g(x) = -f(x)$

**d)** $g(x) = f(-x)$       **e)** $g(x) = f(x - 1)$
Beschreiben Sie den Zusammenhang der beiden Graphen.

**3** Die Abbildung zeigt die Wertetabelle einer linearen Funktion f. Begründen Sie diese Aussage. Wo liegt die Nullstelle von f?

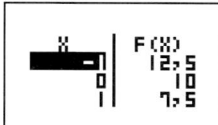

**4** Die nebenstehende Abbildung zeigt die Graphen G und H zweier Funktionen g und h.

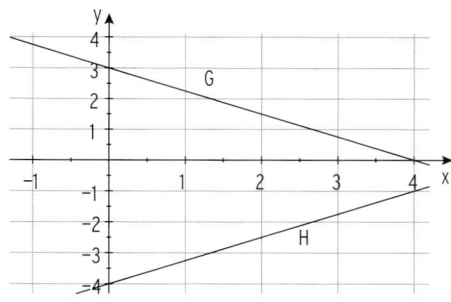

a) G und H schneiden sich in S. Berechnen Sie die exakten Koordinaten von S.

b) Die Geraden bilden mit der x-Achse und der y-Achse jeweils ein Dreieck. Untersuchen Sie, ob die folgende Behauptung stimmt: Der eine Flächeninhalt ist 49-mal so groß wie der andere.

c) Berechnen Sie $g(1,5) - h(1,5)$. Interpretieren Sie Ihr Ergebnis.

**5** Gegeben ist die lineare Funktion f mit $f(x) = \frac{2}{3} x + 1$; $x \in \mathbb{R}$. Eines der dargestellten Schaubilder gehört zu f. Welche Schaubilder können nicht zu f gehören? Begründen Sie Ihre Entscheidung, indem Sie bei jedem nicht zutreffenden Schaubild mindestens eine Eigenschaft nennen, die mit den Funktionseigenschaften von f nicht vereinbar ist.

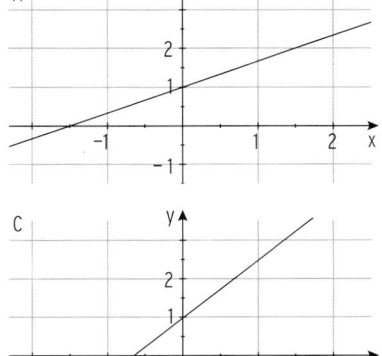

**6** Die Abbildung zeigt Schaubilder der Funktion f mit $f(x) = 0,5\,t\,x - (t - 1)$; $x, t \in \mathbb{R}$, für verschiedene Werte von t. Ordnen Sie jeder Geraden einen Parameterwert zu.

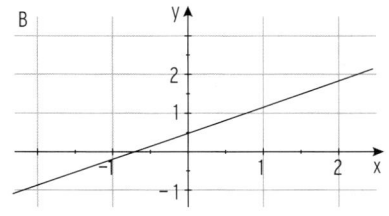

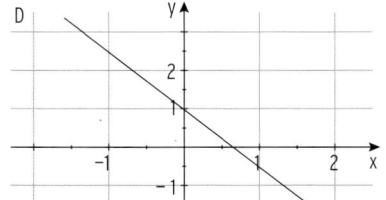

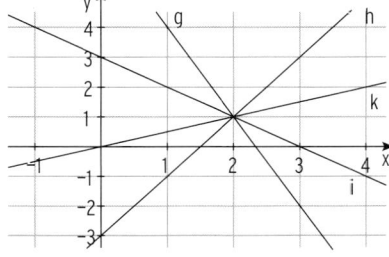

## 2.1.8 Modellierung und anwendungsorientierte Aufgaben

### Beispiel

➲ Ein Energieversorger bietet seinen Kunden Stromlieferung zu folgenden Bedingungen an: Eine kWh kostet 0,28 € bei einer monatlichen Grundgebühr von 4,50 €.

➲ Eine Kaufhauskette verkauft Strom für 0,23 € pro kWh bei einer monatlichen Grundgebühr von 7,50 €. Bewerten Sie die Situation.

Lösung

- **Reale Situation**
  Energieversorger bieten ihre Stromlieferungen unter bestimmten Bedingungen an.
- **Reales Modell**
  Man versucht ein vereinfachtes mathematisches Modell zu entwerfen.
  Annahme: Der Preis pro kWh ist konstant.
  Modell (Idee): Kosten durch eine Gerade beschreiben.
- **Mathematisches Modell**
  Die Variable x beschreibt die Anzahl der verbrauchten kWh.
  $y = f(x)$ sind die monatlichen Stromkosten in Abhängigkeit vom Verbrauch.

  **Wertetabelle:**
  z.B.: $x = 10$; $y = 0,28 \cdot 10 + 4,5 = 7,3$

  | x in kWh | 0 | 10 | 50 | 100 |
  |---|---|---|---|---|
  | y in € | 4,50 | 7,30 | 18,50 | 32,50 |

  **Funktionsterm:** $f(x) = 0,28x + 4,5$
  Term für das **Angebot der Kaufhauskette:**
  $g(x) = 0,23x + 7,5$
  (Grundgebühr pro Monat $g(0) = 7,5$; Verbrauchskosten für x kWh: $0,23 \cdot x$)
- **Mathematische Lösung**
  Für die Bewertung bestimmt man den Schnittpunkt der beiden Geraden.

  Berechnung der **Schnittstelle** durch
  **Gleichsetzen:** $f(x) = g(x)$
  $$0,28x + 4,5 = 0,23x + 7,5$$
  $$0,05x = 3$$
  $$\Rightarrow x = 60$$
  Mithilfe der Abbildung:
  Für $x < 60$ gilt: $f(x) < g(x)$,
  für $x > 60$ gilt: $f(x) > g(x)$.

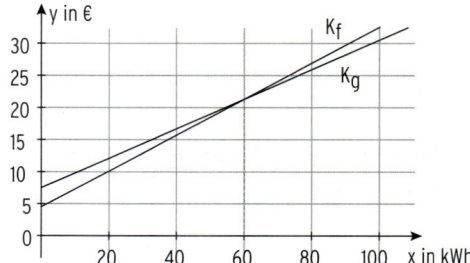

**Bewertung:** Das Angebot der Kaufhauskette ist günstiger, wenn der Verbrauch im Monat mehr als 60 kWh beträgt.

## Modellierung

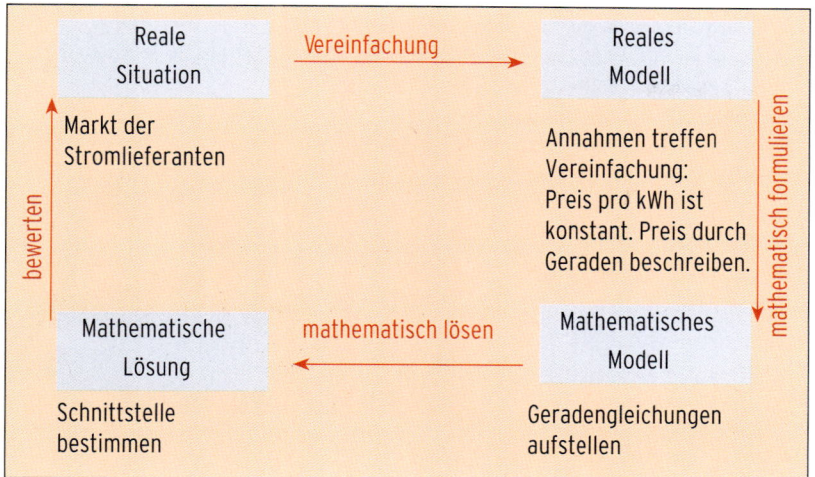

### Beispiel

⮕ Gegeben sind die Angebotsfunktion mit $p_A(x) = 0{,}5\,x + 4$ und die Nachfragefunktion mit $p_N(x) = 12 - 1{,}5\,x$; $1 \leq x \leq 5{,}5$.
Zeigen Sie, $x = 4$ ist die Gleichgewichtsmenge.
Bestimmen Sie den Gleichgewichtspreis.

### Lösung

Für die Gleichgewichtsmenge gilt: $p_A(4) = p_N(4)$
Einsetzen von $x = 4$ in $p_A(x)$ ergibt $p_A(4) = 6$.
Einsetzen von $x = 4$ in $p_N(x)$ ergibt $p_N(4) = 6$.
Gleichgewichtspreis: $p_G = 6$
Marktgleichgewicht: $M_G\,(4\,|\,6)$

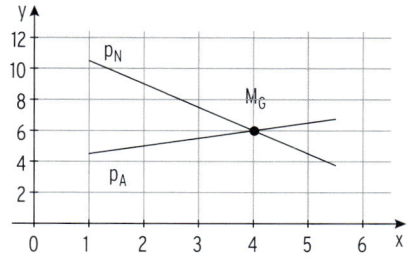

**Bemerkungen:**

– Die Nachfragefunktion **(Preis-Absatz-Funktion)** $p_N$ beschreibt den **Zusammenhang** von **Stückpreis p und nachgefragter Stückzahl x:** der Stückpreis sinkt, wenn die Absatzmenge zunimmt.

– Die Angebotsfunktion $p_A$ gibt die Abhängigkeit der angebotenen Menge von dem dafür verlangten Preis an. Je höher der Verkaufspreis, desto mehr sind die Hersteller bereit zu produzieren. Mit steigenden Preisen nimmt dann die angebotene Menge zu.

– Das Marktgleichgewicht $M_G$ ist erreicht, wenn **Angebot und Nachfrage übereinstimmen.**

## Aufgaben

**1** Nach einer Geburtstagsfeier hat ein Freund einen Alkoholspiegel von 1,2 Promille. Im Falle einer Polizeikontrolle muss ein Autofahrer bereits bei 0,3 Promille mit einer Strafe rechnen. Beraten Sie Ihren Freund.

**2** Eine Brauerei berechnet für die Auslieferung ihrer Getränkekisten mit dem eigenen Verkaufsfahrzeug 0,80 € pro Kiste bei monatlichen Fixkosten von 840 €.

**a)** Erstellen Sie einen Term für die Kosten der Auslieferung von x Kisten.

**b)** Ein Logistikunternehmen bietet die Auslieferung von Getränkekisten für 1,15 € pro Kiste an.
Um welchen Betrag lassen sich dadurch die Kosten bei einem monatlichen Absatz von 2500 Kisten senken?
Bis zu welcher Kistenzahl sollte das Logistikunternehmen die Auslieferung übernehmen?

**c)** Unterbreiten Sie der Brauerei zwei Angebote, sodass sich die Kosten bei einem Absatz von 4000 Kisten um 680 € reduzieren.

**3** Eine Wochenzeitschrift hat eine verkaufte Auflage von 120000 Exemplaren. Der Verkaufspreis für eine Zeitschrift beträgt 2,20 €. Mithilfe der Marktforschung stellt der Verlag fest, dass sich bei einer Preissenkung um 0,20 € die Auflage um 5000 Exemplare erhöhen lässt. Bei einer Preiserhöhung um 0,20 € verliert man 5000 Käufer.

**a)** Berechnen Sie den Preis bei einer Auflage von 140 000 Exemplaren.
Welcher Stückpreis ergibt sich bei einer Auflage von x Exemplaren?

**b)** Welche Auflage kann der Verlag erwarten, wenn er den Preis der Zeitschrift auf 1,50 € senkt?

**4** In eine zylinderförmige Regentonne mit 1 m² Grundfläche fließen 80 Liter pro Stunde. Beschreiben Sie die Füllhöhe h in Abhängigkeit von der Zeit t, wenn zu Beginn (t = 0) 150 Liter in der Tonne waren. Ist der Zusammenhang zwischen h und t linear, wenn die Tonne gebaucht oder kegelförmig ist?

**5** Die Gesamtkosten eines Autozulieferers verhalten sich linear. Bei einer Produktion von 100 ME betragen die Gesamtkosten 2050 GE, bei 250 ME betragen sie 3850 GE. Eine ME wird für 20 GE am Markt abgegeben.
Für welche Produktionsmenge wird ein Gewinn von über 1000 GE erzielt?

**6** Die Kosten K für die Herstellung von Tennisbällen hängen linear von der produzierten Stückzahl x ab.

**a)** Wie viel kosten 1000 bzw. 3000 Bälle? Geben Sie einen Term für die Kostenfunktion K an. Wie hoch sind die fixen Kosten und die variablen Stückkosten?

**b)** Für den Erlös gilt bis 2500 Stück ein Pauschalbetrag. Ab 2500 Stück steigt der Erlös linear mit der Anzahl der verkauften Bälle.
Bestimmen Sie die Erlösfunktion für $x > 2500$ und die Schnittpunkte $S_1$ und $S_2$. Kommentieren Sie die x-Werte zwischen $S_1$ und $S_2$.

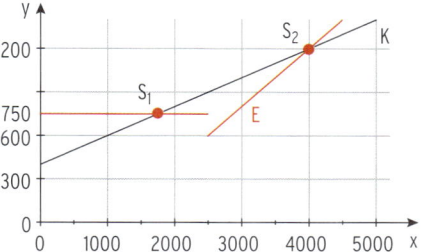

**7** In einem volkswirtschaftlichen Modell sind die Konsumausgaben linear vom verfügbaren Einkommen abhängig. Bei einem Einkommen von 1000 € betragen die Konsumausgaben 900 €, bei 1800 € betragen sie 1460 €.

**a)** Ermitteln Sie einen Funktionsterm für die Konsumfunktion K. Welche Bedeutung hat die Steigung der zugehörigen Geraden?

**b)** Berechnen Sie die Höhe der Konsumausgaben, wenn das Einkommen 800; 2500; bzw. 4000 € beträgt?

**c)** Die Konsumquote ist der Anteil des Einkommens, das für den Konsum aufgewendet wird. Bestimmen Sie die Konsumquote für die Einkommen aus b).
Welcher Zusammenhang besteht zwischen Konsumquote und Einkommen?

**d)** Welche Funktion S beschreibt die Sparleistung in Abhängigkeit vom Einkommen? Welche Bedeutung hat die Nullstelle von S?

**8** Um eine Schraubenfeder als Federkraftwaage benutzen zu können, wird der Zusammenhang zwischen der an der Feder wirkenden Gewichtskraft $F_G$ (in N) und der Federauslenkung s (in cm) festgestellt.

**a)** Bestimmen Sie die Federkonstante D. Welche Bedeutung hat D?

**b)** Bestimmen Sie einen Term, der die Abhängigkeit der Kraft $F_G$ von der Auslenkung s beschreibt.

**c)** Ist es möglich, mit dieser Formel die für 1m Auslenkung benötigte Gewichtskraft $F_G$ zu bestimmen?

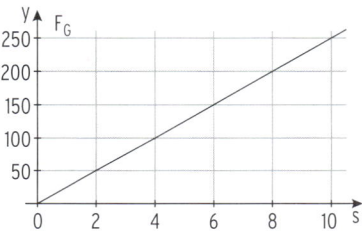

4  Bohner, Ihlenburg, Ott, Deusch - ISBN 978-3-8120-0206-6

## Test zur Überprüfung Ihrer Grundkenntnisse

**1** Lösen Sie die folgende Gleichung.

a) $3x - 4 = 2(x - 3)$     b) $\dfrac{5x - 1}{2} = \dfrac{6}{5}$     c) $2 + \dfrac{3}{2}x = 2 - \dfrac{4}{5}x$

**2** Bestimmen Sie die Gleichung von g.

a) Eine Gerade g verläuft durch die Punkte $A(1|-4{,}5)$ und $B(-2|1{,}2)$.

b) Eine Gerade g verläuft parallel zur 1. Winkelhalbierenden und durch $C(-1|5)$

c) Eine Gerade g verläuft senkrecht zu h: $y = 2x$ und durch $D(4|-1)$

d) Die Gerade h mit $y = -3x$ wird um 2 nach oben und um 3 nach links verschoben. Dadurch entsteht die Gerade g.

**3**

a) Bestimmen Sie die Geradengleichungen

b) Interpretieren Sie die Wertetabelle.

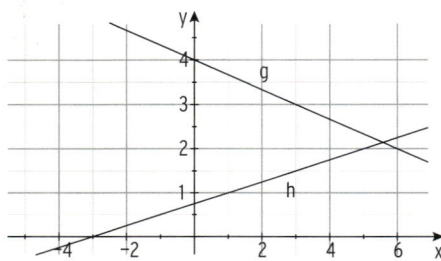

| X | Y1 |
| --- | --- |
| -1 | 3.5 |
| 1 | 2.5 |
| 4 | 1 |
| 6 | 0.5 |

**4** Gegeben sind die Funktionen f mit $f(x) = \dfrac{7}{12}x + 1$ und g mit $g(x) = -x - 1$; $x \in \mathbb{R}$.

a) Berechnen Sie die exakte Nullstelle von f. Unter welchem Winkel schneidet das Schaubild von f die x-Achse?

b) Für welche x-Werte gilt: $f(x) < g(x)$?

**5** Die Gerade $K_f$ ist das Schaubild der Funktion f mit $f(x) = 3 - \dfrac{3}{4}x$; $x \in \mathbb{R}$.

$K_f$ wird an der y-Achse gespiegelt und es entsteht $K_g$.

Jan behauptet: $K_g$ schneidet $K_f$ senkrecht. Nehmen Sie Stellung.

**6** Herr Krug ist Vertreter der Europa-Versicherungen. Er erhält von seinem Chef ein monatliches Grundgehalt von 2200 € und eine Provision von 5 % der abgeschlossenen Versicherungssumme.

Stellen Sie die Funktion g: Versicherungssumme $\mapsto$ Gehalt in einem geeigneten Koordinatensystem dar.

Interpretieren Sie $g(120\,000)$ und $g(x) = 3500$ im Sachkontext.

## 2.2 Quadratische Funktionen

### Modellierung einer Situation

Die Firma Waldner stellt unter anderem ein medizinisches Gerät her.
Die Herstellungskosten sind in der Tabelle aufgelistet.

| Menge in Stück | 10 | 30 | 40 |
|---|---|---|---|
| Herstellungskosten K (x) in 1000 € | 18,25 | 98,75 | 169 |

Eine Marktuntersuchung ergibt einen mittleren Verkaufspreis von 2425 € pro Stück.
Überraschend meldet sich ein chinesischer Konkurrent mit einem vergleichbar leistungsfähigen Gerät auf dem Markt und bietet das Gerät für 1825 € an.
Die Geschäftsleitung erwartet von Ihnen eine fundierte Analyse der Situation und Aufschluss über die Produktionszahl.

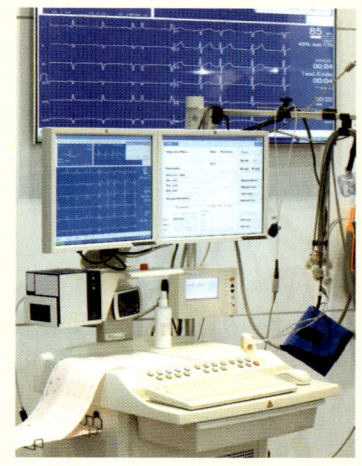

Ein weiteres Anliegen der Geschäftsleitung ist es, den Eingang der Produktionshalle mit einem rechteckigen Firmenschild zu versehen.
Dies soll möglichst groß in eine dreiecksförmige Fläche (siehe Skizze) eingepasst werden.
Ein Betrag von 4000 € ist eingeplant.
Reicht der Betrag aus, wenn das Schild pro m² 900 € kostet?

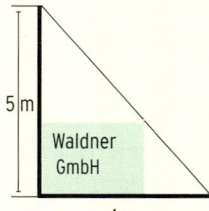

5 m

Waldner GmbH

4 m

Bearbeiten Sie diese Situation, nachdem Sie die rechts aufgeführten **Qualifikationen und Kompetenzen** erworben haben.

### Qualifikationen & Kompetenzen

- Realitätsbezogene Zusammenhänge mit quadratischen Funktionen beschreiben, darstellen und deuten
- Schnittpunkte berechnen
- Lineare Gleichungssysteme lösen
- Bedeutung der Koordinaten erfassen

## 2.2.1 Einführungsbeispiel

### Beispiel

➲ Das Gestüt Allgäu will eine rechteckige Pferdekoppel einzäunen. Es hat 150 m Zaunmaterial zur Verfügung, um eine möglichst große Fläche einzuzäunen.

### Lösung

- **Reale Situation**

  Pferdekoppel einzäunen bei vorgegebener Zaunlänge.

- **Reales Modell**

  Man berechnet den Flächeninhalt verschiedener Rechtecke mit den Seiten a und b.
  Seitenlängen (in m): Flächeninhalt (in m²):

  | | |
  |---|---|
  | a + b = 75 | A = a·b |
  | a = 10;  b = 65 | A = 650 |
  | a = 20;  b = 55 | A = 1100 |
  | a = 30;  b = 45 | A = 1350 |
  | a = 40;  b = 35 | A = 1400 |
  | a = 50;  b = 25 | A = 1250 |

  Punkte in ein Koordinatensystem eintragen.
  Die Punkte könnten auf einer Parabel liegen.

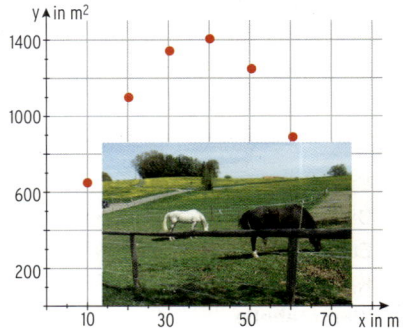

- **Mathematisches Modell**

  Parabelgleichung bestimmen
  Es gilt:  $a + b = 75 \Rightarrow b = 75 - a$
  Durch Einsetzen erhält man den **Flächeninhalt**
  $A(a) = a \cdot (75 - a) = 75a - a^2$.
  Die Variable a kann alle reellen Zahlen
  von 0 bis 75 annehmen.
  Verbindet man die Punkte, so erhält man das
  Schaubild der quadratischen Funktion A
  mit  $A(x) = 75x - x^2$;  $0 \leq x \leq 75$.

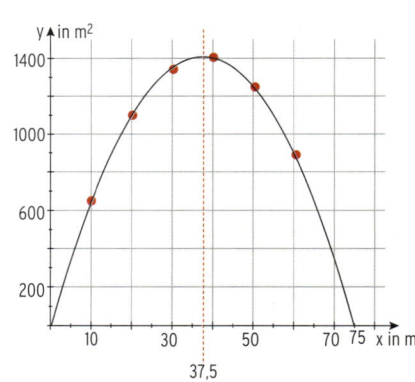

- **Mathematische Lösung**

  **Maximaler Flächeninhalt:**

  Symmetrieachse:  $x = \dfrac{75}{2} = 37,5$        $A_{max} = A(37,5) = 1406,25$

  **Der größte Flächeninhalt** von 1406,25 m² wird erreicht bei einem Quadrat mit der Seitenlänge 37,5 m.

### Bemerkung:

1. Das Rechteck mit größtem Flächeninhalt ist ein Quadrat.
2. Betrachtet man die **Funktion** A mit  $A(x) = 75x - x^2$;  $x \in \mathbb{R}$,  lässt also alle x-Werte zu $(x \in \mathbb{R})$, nennt man das zugehörige Schaubild von A eine Parabel.

## 2.2.2 Von der Normalparabel zur allgemeinen Parabel

### Normalparabel

Das Schaubild $K_f$ der Funktion f mit $f(x) = x^2$; $x \in \mathbb{R}$, ist eine „gekrümmte Kurve".

Man nennt diese Kurve Normalparabel.

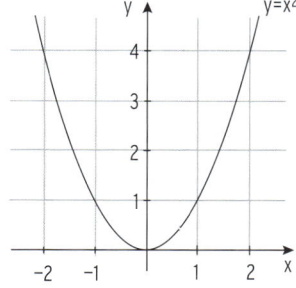

> **$y = x^2$ ist die Gleichung der Normalparabel.**

### Eigenschaften

- **Globales Verhalten**

  $K_f$ verläuft vom 2. in das 1. Feld.

  Für $x \to -\infty$ gilt: $f(x) \to \infty$.

  Für $x \to \infty$ gilt: $f(x) \to \infty$.

  Kurzschreibweise: Für $x \to \pm\infty$ gilt: $f(x) \to \infty$.

- **Symmetrie**

  Die Normalparabel ist **symmetrisch zur y-Achse.**

  Erläuterung der Symmetrie am Beispiel von

  $K_f$: $f(x) = x^2$.

  **Wertetabelle**

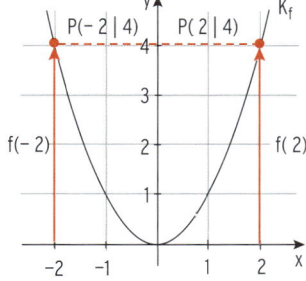

| x    | −2 | −1 | 0 | 1 | 2 |
|------|----|----|---|---|---|
| f(x) | 4  | 1  | 0 | 1 | 4 |

Man stellt fest:     $f(-2) = f(2) = 4$

  $f(-1) = f(1) = 1$

Für jeden Wert $x \in \mathbb{R}$ gilt: $f(-x) = f(x)$.

Das Schaubild $K_f$ ist **symmetrisch zur y-Achse.**

---

**Beachten Sie:**

Gegeben ist eine Funktion f mit der Definitionsmenge D.

Gilt $f(-x) = f(x)$ für alle $x \in D$, ist das Schaubild von f symmetrisch zur y-Achse.

Eine Funktion mit dieser Eigenschaft nennt man eine gerade Funktion.

---

- **Scheitelpunkt**

  Der Parabelpunkt mit dem **kleinsten** y-Wert liegt auf der **Symmetrieachse** und heißt **Scheitelpunkt** $S(0|0)$.

## Verschiebung in y-Richtung

Die Abbildung zeigt eine Parabel, die durch
**Verschiebung** der Normalparabel **in y-Richtung**
entstanden ist.
Der Graph von f mit $f(x) = x^2$ wird um 2
nach **oben verschoben.**
Der Funktionsterm ändert sich zu $g(x) = x^2 + 2$.
Der Punkt P(1|1) wird verschoben auf Q(1|3).
Der y-Wert des verschobenen Punktes Q ist um 2
größer als der y-Wert von P.

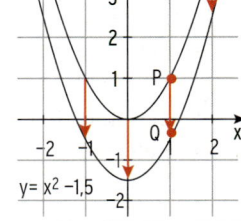

Der Graph von f mit $f(x) = x^2$ wird um 1,5
nach **unten verschoben.**
Der Funktionsterm ändert sich zu $g(x) = x^2 - 1,5$.
Der Punkt P(1|1) wird verschoben auf
Q(1|−0,5). Der y-Wert des verschobenen Punktes Q
ist um 1,5 kleiner als der y-Wert von P.
Der Funktionsterm hat die Form $g(x) = x^2 + c$.
**c > 0: Verschiebung nach oben.**
**c < 0: Verschiebung nach unten.**

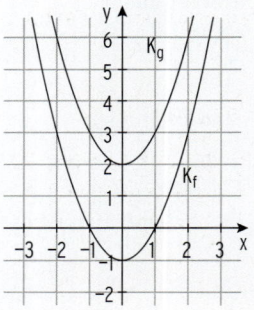

### Beispiel
a) Wie entsteht das Schaubild $K_g$ aus dem Schaubild $K_f$?
b) Welcher Zusammenhang besteht zwischen den
   Funktionstermen g(x) und f(x)?

### Lösung
a) $K_g$ ensteht aus $K_f$ durch Verschiebung um 3 in y-Richtung.
b) $g(x) = f(x) + 3$

---

**Beachten Sie:**

Bei der **Verschiebung** von $K_f$ **in y-Richtung** um c gilt: $g(x) = f(x) + c$

## Streckung in y-Richtung

Die Abbildung zeigt eine Parabel G, die durch **Streckung** der Normalparabel K **in y-Richtung** entstanden ist.

K: $f(x) = x^2$;  $g(1) = 2f(1)$;  $g(1,5) = 2f(1,5)$

Der y-Wert von Q ist doppelt so groß wie der y-Wert von P:  $g(x) = 2f(x) = 2x^2$

G: $y = 2x^2$  entsteht aus  K: $y = x^2$  durch **Streckung in y-Richtung mit Faktor 2.**

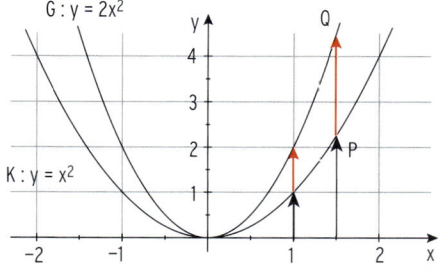

Die Abbildung zeigt drei Parabeln, die durch **Streckung** der Normalparabel **in y-Richtung** entstanden sind.

Der Funktionsterm hat die Form  $g(x) = a \cdot x^2$.

**a > 0:**  Streckung in y-Richtung;
Parabel ist **nach oben** geöffnet.

**a < 0:**  zusätzlich eine Spiegelung an der x-Achse;
Parabel ist **nach unten** geöffnet.

**a = 1:**  **Normal**parabelform

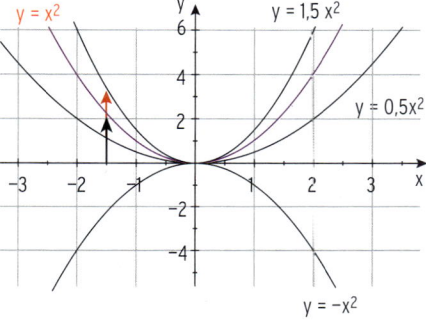

**Bemerkung:** Der Faktor vor $x^2$ bestimmt die Form der Parabel.

### Beispiel

➲ Wie entsteht das Schaubild $K_g$ aus dem Schaubild $K_f$?

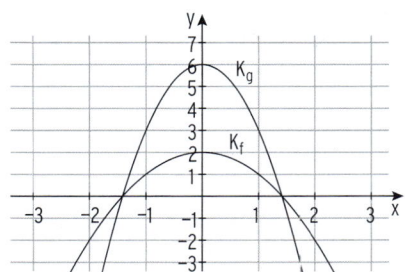

### Lösung

| | |
|---|---|
| $f(0) = 2$;  $g(0) = 6$ | $g(0) = 3 \cdot f(0)$ |
| $f(1) = 1$;  $g(1) = 3$ | $g(1) = 3 \cdot f(1)$ |
| $f(-1) = 1$;  $g(-1) = 3$ | $g(-1) = 3 \cdot f(-1)$ |
| Allgemein: | $g(x) = 3 \cdot f(x)$ |

$K_g$ ensteht aus $K_f$ durch **Streckung in y-Richtung mit dem Faktor 3.**

---

**Beachten Sie:**

Bei der **Streckung** von $K_f$ **in y-Richtung** mit Faktor $a > 0$ gilt: **$g(x) = a \cdot f(x)$**

## Aufgaben

**1** Wie entsteht die Parabel P aus der Normalparabel?

**a)** P: $y = x^2 + 4$ **b)** P: $y = -2x^2$ **c)** P: $y = 0{,}5x^2 - 2{,}5$

**2** Das Schaubild K ist symmetrisch zur y-Achse.
Ergänzen Sie das Schaubild.

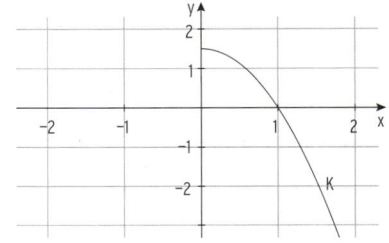

**3** Gegeben ist das Schaubild K von f.
Skizzieren Sie das Schaubild von g.

**a)** $g(x) = 0{,}25\,f(x)$

**b)** $g(x) = -2\,f(x)$

**c)** $g(x) = f(x) + 2$

**d)** $g(x) = [f(x)]^2$

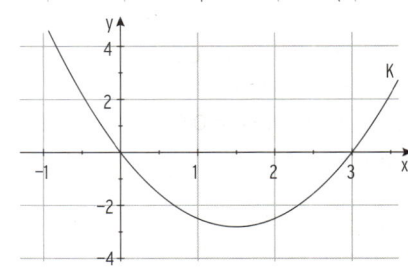

**4** Gegeben ist das Schaubild K der Funktion f mit
$f(x) = x^2 + 1;\ x \in \mathbb{R}$. Wie entsteht der Graph von g aus K?

**a)** $g(x) = 2\,f(x) + 1$ **b)** $g(x) = -0{,}5\,f(x)$ **c)** $g(x) = 1 - f(x)$

**5** Welcher Zusammenhang besteht zwischen den Kurven $K_f$ und $K_g$?

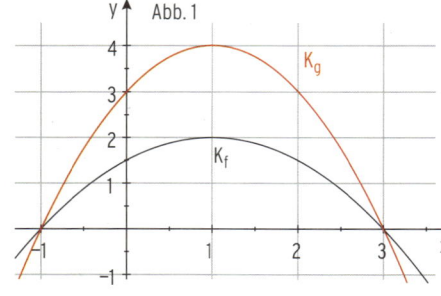
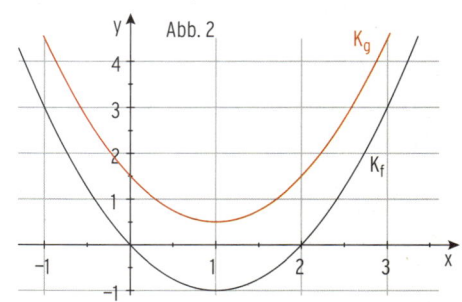

**6** Eine Parabel 2. Ordnung wird in y-Richtung verschoben bzw. gestreckt.
Welche Eigenschaften der Parabel bleiben erhalten, welche ändern sich?

**7** Gegeben ist eine Wertetabelle für eine quadratische Funktion f.
Machen Sie Aussagen über den Verlauf des Graphen.
Ist der Graph enger als die Normalparabel?
Für welche x-Werte fallen die Funktionswerte?

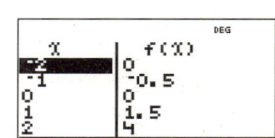

## Verschiebung in x-Richtung

Die Abbildung zeigt eine Parabel G, die durch **Verschiebung** der Normalparabel K **in x-Richtung** (um 3 nach rechts) entstanden ist.

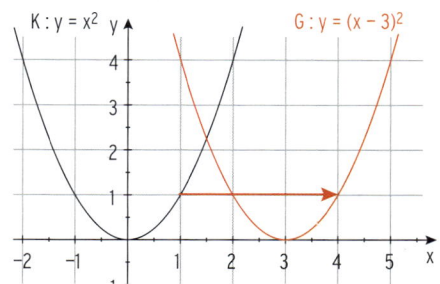

Der Punkt O$(0|0)$ wird auf den Punkt $(3|0)$ verschoben: $g(3) = (3 - 3)^2 = 0$

Der Punkt $(1|1)$ wird auf den Punkt $(4|1)$ verschoben: $g(4) = 1 = (4 - 3)^2$

**Allgemein:** $g(x) = (x - 3)^2 = f(x - 3)$

Die Parabel K mit $y = 0{,}5\,x^2$ wird um 2 nach links verschoben: G: $y = 0{,}5(x + 2)^2$

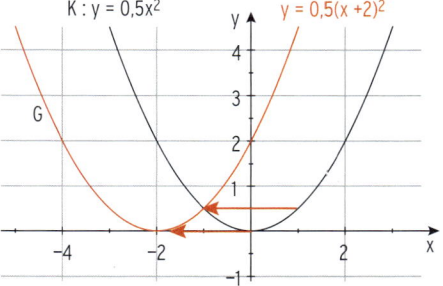

Punkt O$(0|0)$ wird auf den Punkt $(-2|0)$ verschoben: $g(-2) = 0{,}5(-2 + 2)^2 = 0$

Der Punkt $(1|0{,}5)$ wird auf den Punkt $(-1|0{,}5)$ verschoben: $g(-1) = 0{,}5 = 0{,}5\,(-1 + 2)^2$

**Allgemein:** $g(x) = 0{,}5\,(x + 2)^2 = f(x + 2)$

Der Funktionsterm hat die Form

$g(x) = a(x - d)^2$.

Für **d > 0** ergibt sich eine Verschiebung nach rechts, für **d < 0** nach links.

Die Parabel H mit $y = -0{,}25\,x^2$ wird um 1 nach unten (K: $y = -0{,}25\,x^2 - 1$)

**und** um 3 nach links verschoben:

G: $y = -0{,}25\,(x + 3)^2 - 1$

(**Scheitelform** der Parabelgleichung)

Der Scheitelpunkt lässt sich ablesen: S$(-3|-1)$

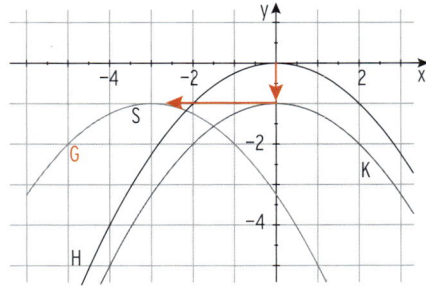

**Ausmultiplizieren** ergibt:

$y = -0{,}25\,x^2 - 1{,}5\,x - 3{,}25$

Der **Scheitelpunkt** ist der **höchste** bzw. der **tiefste Punkt** einer **Parabel (2. Ordnung).**

## Was man wissen sollte – über Parabeln

**Gleichung der Normalparabel**

$y = x^2$

**Gleichung der an der x-Achse gespiegelten Normalparabel**

$y = -x^2$

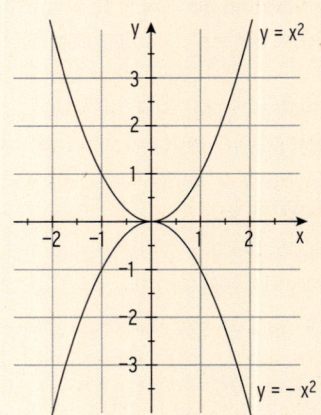

Eine **zur y-Achse symmetrische Parabel** hat die Gleichung:

$y = a x^2 + c$

Die **quadratische** Funktion f erfüllt die **Bedingung: $f(x) = f(-x)$.**

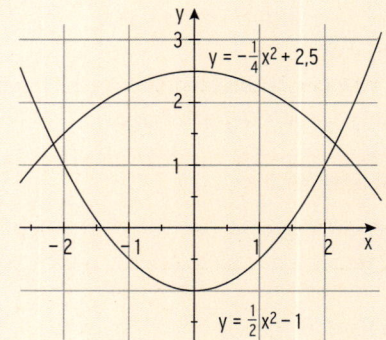

**Allgemeine Parabelgleichung**

$y = a x^2 + b x + c$; $a \neq 0$

**Öffnung:** $a > 0$ nach oben
$\quad\quad\quad a < 0$ nach unten

**Streckung in y-Richtung**
$g(x) = a \cdot f(x)$; $a > 0$

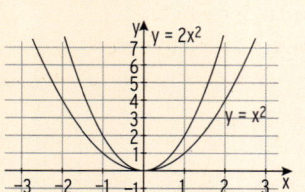

**Verschiebung in y-Richtung**
$g(x) = f(x) + c$

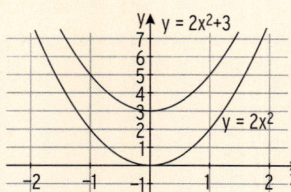

**Verschiebung in x-Richtung**
$g(x) = f(x - d)$

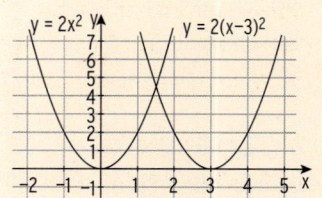

## Aufgaben

**1** Wie entsteht die Parabel P aus der Normalparabel?

**a)** P: $y = (x + 2)^2$        **b)** P: $y = 3(x - 1)^2$        **c)** P: $y = x^2 - 4x + 4$

**2** K ist das Schaubild der quadratischen Funktion f mit $f(x) = -2x^2 + 6x$; $x \in \mathbb{R}$.
K wird so in x-Richtung verschoben, dass die verschobene Kurve

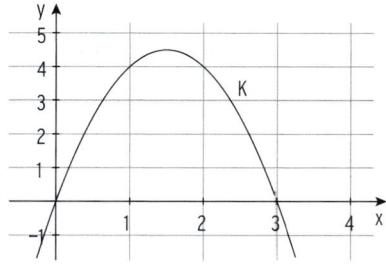

**a)** den Scheitel auf der y-Achse hat.

**b)** durch $(3\,|\,4)$ verläuft.

     Bestimmen Sie den zugehörigen Funktionsterm.

**3** Gegeben ist die Funktion f mit $f(x) = x^2$; $x \in \mathbb{R}$.
Skizzieren Sie den Graph von g.

**a)** $g(x) = 1 - f(x)$        **b)** $g(x) = 3f(x - 1)$        **c)** $g(x) = f(2x)$

**4** Welcher Zusammenhang besteht zwischen den Kurven $K_f$ und $K_g$?

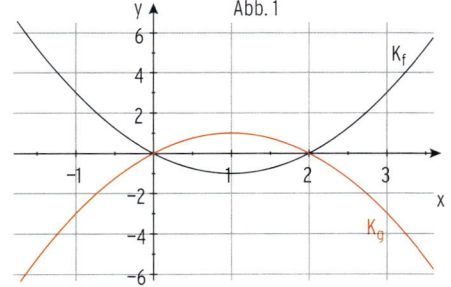
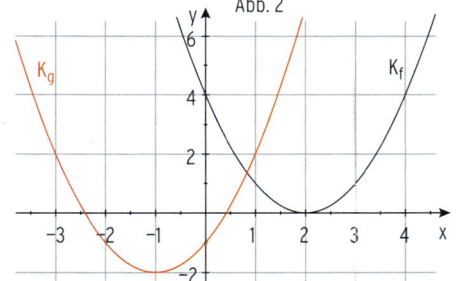

**5** Eine Parabel mit der Gleichung $y = 0{,}1x^2$ wird abgebildet.
Dadurch entsteht eine neue Parabel G.
Geben Sie den zugehörigen Funktionsterm an, wenn es sich um die folgende Abbildung handelt.

**a)** Spiegelung an der x-Achse        **b)** Spiegelung an der y-Achse

**c)** Verschiebung um 3 nach rechts        **d)** Verschiebung um 4 nach unten

**e)** Streckung in y-Richtung mit Faktor 5, Verschiebung um 1 nach links und um 2,5 nach oben.

**6** K ist das Schaubild von f mit $f(x) = 0{,}5(x^2 - 4x - 5)$; $x \in \mathbb{R}$.

**a)** Zeigen Sie: K ist symmetrisch zu $x = 2$.

**b)** K wird 2 nach links verschoben. Die Gleichung der verschobenen Kurve lautet:
$y = 0{,}5(x^2 - 9)$ oder $y = 0{,}5x^2 - x$ oder $y = x^2 - 4{,}5$.
Begründen Sie Ihre Wahl.

## 2.2.3 Quadratische Gleichungen und geometrische Interpretation

### A) Lösung von quadratischen Gleichungen

**Seite 298**

| Wurzelziehen | |
|---|---|
| **Beispiel:** | $x^2 = 9$ |
| Wurzelziehen: | $x_{1|2} = \pm\sqrt{9}$ |
| Lösung: | $x_{1|2} = \pm 3$ |

| Nullprodukt | |
|---|---|
| **Beispiel:** | $(x - 3)(x + 5) = 0$ |
| Satz vom Nullprodukt: | $x - 3 = 0$ oder $x + 5 = 0$ |
| Lösung: | $x_1 = 3;\ x_2 = -5$ |

| Ausklammern | |
|---|---|
| **Beispiel:** | $x^2 - 7x = 0$ |
| Ausklammern: | $x(x - 7) = 0$ |
| Satz vom Nullprodukt: | $x = 0 \ \lor \ x - 7 = 0$ |
| Lösung: | $x_1 = 0;\ x_2 = 7$ |

**abc-Formel**

| **Beispiel:** | $x^2 - 2x - 8 = 0$ |
|---|---|
| abc-Formel: | $x_{1|2} = \dfrac{-b \pm \sqrt{b^2 - 4ac}}{2a}$ |
| Mit $a = 1$, $b = -2$ und $c = -8$: | $x_{1|2} = \dfrac{2 \pm \sqrt{(-2)^2 - 4 \cdot 1 \cdot (-8)}}{2 \cdot 1}$ |
| | $x_{1|2} = \dfrac{2 \pm \sqrt{36}}{2} = \dfrac{2 \pm 6}{2}$ |
| Lösung: | $x_1 = \dfrac{2 + 6}{2} = 4;$ |
| | $x_2 = \dfrac{2 - 6}{2} = -2$ |

---

**Satz vom Nullprodukt:**

Ein Produkt ist null, wenn mindestens ein Faktor null ist:
$u \cdot v = 0 \ \Leftrightarrow \ u = 0 \ \lor \ v = 0$ („$\lor$" bedeutet „oder")

---

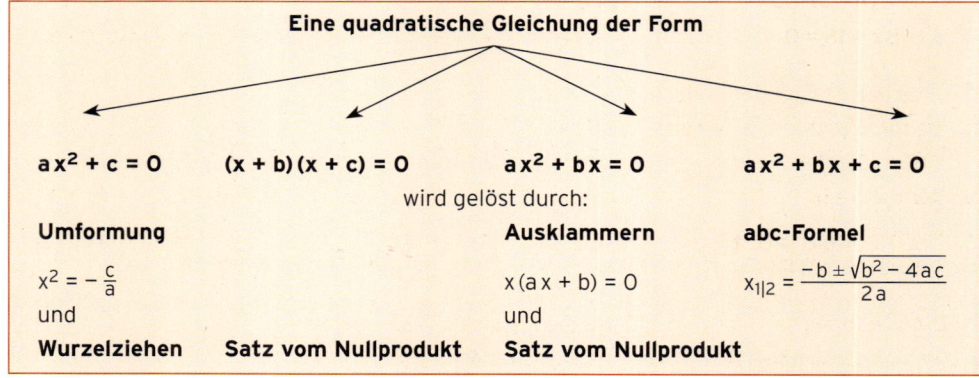

**Eine quadratische Gleichung der Form**

| $ax^2 + c = 0$ | $(x + b)(x + c) = 0$ | $ax^2 + bx = 0$ | $ax^2 + bx + c = 0$ |
|---|---|---|---|
| | wird gelöst durch: | | |
| **Umformung** | | **Ausklammern** | **abc-Formel** |
| $x^2 = -\dfrac{c}{a}$ und | | $x(ax + b) = 0$ und | $x_{1|2} = \dfrac{-b \pm \sqrt{b^2 - 4ac}}{2a}$ |
| **Wurzelziehen** | **Satz vom Nullprodukt** | **Satz vom Nullprodukt** | |

## Aufgaben

**1**   Lösen Sie die quadratische Gleichung.

a) $2x^2 + 2x - 24 = 0$

b) $\frac{1}{2}x^2 + 3x = 5$

c) $3 - 2x + \frac{1}{3}x^2 = 0$

d) $x^2 + 2x + 6 = -2x + 1$

e) $-x^2 - 1{,}5x = 1{,}25$

f) $(x - 3)^2 - 4 = 0$

g) $-3x^2 - 5x + 8 = 0$

h) $\frac{1}{2}x^2 - 4x + 8 = 0$

i) $-x^2 - \frac{3}{2}x - \frac{5}{4} = 0$

j) $0{,}5x(x + 2) = 1{,}5x(x + 2) - 3$

k) $(2x + 5)^2 = 2$

l) $2x^2 + x - 5 = 0$

m) $x^2 - 4x + 1 = 4$

n) $\frac{1}{2}(x^2 - 5) = 0$

o) $-6x^2 + x - 1 = 0$

Seite 298

**2**   Geben Sie die Diskriminante an.

a) $x^2 - 4tx + 3t^2 = 0$

b) $2x^2 - ax + 1 = 4$

c) $\frac{1}{4t}x^2 - t = 0;\ t \neq 0$

d) $ax^2 + ax - 2 = 0;\ a \neq 0$

**3**   Bestimmen Sie die Lösungen der Gleichung in Abhängigkeit von a.

a) $2x^2 + x - 3a = 0$

b) $-x^2 + 1{,}5ax - 0{,}5a^2 = 0$

c) $ax^2 + 2x - 3 = 0;\ a \neq 0$

d) $-ax^2 + 2a^2x + 3a^3 = 0;\ a \neq 0$

**4**   Lösen Sie die quadratische Gleichung nach x auf.

a) $8x^2 + 3x = 0$

b) $x^2 - x = 0$

c) $\frac{3}{2}x = \frac{1}{2}x^2$

d) $-\frac{1}{5}x - \frac{1}{2}x^2 = 0$

e) $\frac{4}{5}(x^2 - 4x) = 0$

f) $\frac{x^2}{2} + \frac{x}{2} = 0$

g) $-\frac{1}{8}x^2 + 2tx = 0$

h) $\frac{x^2}{t} - tx = 0;\ t \neq 0$

i) $\frac{1}{2}x - tx^2 = 0;\ t \neq 0$

**5**   Lösen Sie ohne Formel.

a) $(x + 4)(x - 5) = 0$

b) $(2x + 7)(4x - 1) = 0$

c) $(x + t)(x - 2t) = 0$

d) $x^2 + 8x + 16 = 0$

e) $x^2 = 14x - 49$

f) $3a(2x - x^2) = 0;\ a \neq 0$

**6**   Lösen Sie die quadratische Gleichung ohne Formel.

a) $(x - 5)^2 = 49$

b) $(3x + 4)^2 = 1$

c) $9 - (2x + 5)^2 = 0$

d) $\frac{3}{4}(x - 2)^2 = 12$

e) $\frac{1}{12}x^2 = x$

f) $\frac{4x}{t^2}(2t + x) = 0;\ t \neq 0$

g) $2tx - (t - 1)x^2 = 0;\ t \neq 1$

h) $1{,}5(x - 0{,}5a)^2 = 0$

i) $(x - 1)^2 - t = 0;\ t > 0$

**7**   Die Gleichung $x^2 - \blacksquare \cdot x + 6 = 0$ hat die Lösung $x = 3$.
Bestimmen Sie den Wert $\blacksquare$ und die weitere Lösung.

## B) Schnittpunkte einer Parabel mit der x-Achse

### Beispiel

➲ In einer Unternehmung lässt sich die Gewinnfunktion darstellen durch die Funktion G
mit  $G(x) = -2x^2 + 16x - 24$;  $x \geq 0$,  x in ME,  $G(x)$ in GE.

a) Geben Sie den Bereich an, in dem Gewinn erzielt wird.
Skizzieren Sie die Gewinnkurve.

b) Wie groß ist der maximale Gewinn?

### Lösung

a) Gewinn wird erzielt, wenn  $G(x) > 0$.  Die Ungleichung löst man, indem man  $G(x) = 0$
setzt, d.h. man bestimmt die Nullstellen von G.

**Nullstellen von G**

Bedingung:  $G(x) = 0$

$$-2x^2 + 16x - 24 = 0 \quad |:(-2)$$
$$x^2 - 8x + 12 = 0$$

Lösung der quadratischen Gleichung
mit der abc-Formel:

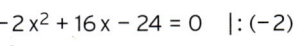
$$x_{1|2} = \frac{-b \pm \sqrt{b^2 - 4ac}}{2a}$$

Mit  $a = 1$,  $b = -8$  und  $c = 12$:

$$x_{1|2} = \frac{8 \pm \sqrt{(-8)^2 - 4 \cdot 1 \cdot 12}}{2 \cdot 1}$$

$$x_{1|2} = \frac{8 \pm \sqrt{16}}{2} = \frac{8 \pm 4}{2}$$

Nullstellen von G:

$$x_1 = \frac{8 + 4}{2} = 6; \quad x_2 = \frac{8 - 4}{2} = 2$$

Skizze:
Die Gewinnkurve ist eine nach unten
geöffnete Parabel, da die Zahl vor $x^2$
negativ ist  $(a < 0)$.

Schnittpunkte mit der x-Achse:
$N_1(6|0)$; $N_2(2|0)$

$G(x) > 0$:
Lösung durch Ablesen:  $2 < x < 6$

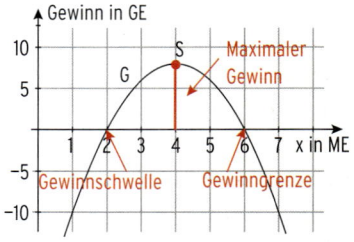

Die Gewinnkurve verläuft oberhalb der x-Achse.
Die Unternehmung erzielt Gewinn für  $2 < x < 6$.

b) Den maximalen Gewinn erhält man mithilfe des Scheitelpunkts.

**Scheitelpunkt der Gewinnkurve**

Der $x_S$-Wert des Scheitelpunkts ist der
Mittelwert der Nullstellen von G.

$$x_S = \frac{x_1 + x_2}{2} = \frac{6 + 2}{2} = 4$$

$y_S$-Wert des Scheitelpunkts:

$$y_S = G(x_S) = G(4) = 8$$

Scheitelpunkt:

$$S(4|8)$$

Der maximale Gewinn beträgt 8 GE.

## Beispiel

➲ Wo schneidet das Schaubild K von f die Koordinatenachsen? Skizzieren Sie K.

a) $f(x) = x^2 - 5$

b) $f(x) = -\frac{1}{2}(x - 3)(x + 4)$

## Lösung

a) **Schnittpunkte von Parabel und x-Achse:**

| | |
|---|---|
| Bedingung: $f(x) = 0$ | $x^2 - 5 = 0$ |
| **Reinquadratische Gleichung:** | $x^2 = 5$ |
| **Wurzelziehen:** | $x_{1\vert2} = \pm\sqrt{5}$ |
| **Nullstellen** von f: | $x_1 = \sqrt{5}$; $x_2 = -\sqrt{5}$ |
| Schnittpunkte mit der x-Achse: | $N_1(\sqrt{5}\vert 0)$; $N_2(-\sqrt{5}\vert 0)$ |

$$\boxed{x^2 = a \qquad x_{1\vert2} = \pm\sqrt{a};\ a \geq 0}$$

**Schnittpunkte von Parabel und y-Achse:**

Bedingung: $x = 0$:  $y = f(0) = -5$

Schnittpunkt:    $S_y(0\vert -5)$

**Skizze:**

Die Parabel ist nach oben geöffnet (a = 1).
Sie hat die Form der Normalparabel.

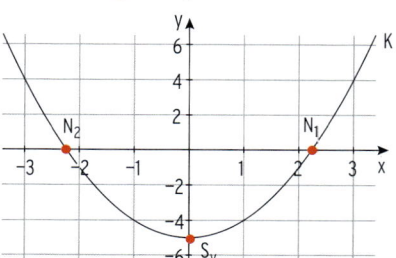

b) **Schnittpunkte von Parabel und x-Achse:**

| | |
|---|---|
| Bedingung: $f(x) = 0$ | $-\frac{1}{2}(x - 3)(x + 4) = 0$ |
| **Satz vom Nullprodukt:** | $x - 3 = 0$ oder $x + 4 = 0$ |
| **Nullstellen** von f: | $x_1 = 3$; $x_2 = -4$ |
| Schnittpunkte mit der x-Achse: | $N_1(3\vert 0)$; $N_2(-4\vert 0)$ |

$$\boxed{u\cdot v = 0 \Leftrightarrow \quad u = 0 \lor v = 0}$$

**Schnittpunkt von Parabel und y-Achse:**

Bedingung: $x = 0$:  $y = f(0) = -\frac{1}{2}\cdot(-3)\cdot 4 = 6$

Schnittpunkt:    $S_y(0\vert 6)$

**Skizze:**

Die Parabel ist nach unten geöffnet
$\left(f(x) = -\frac{1}{2}x^2 - \frac{1}{2}x + 6\right)$.

Sie hat nicht die Form der Normalparabel.

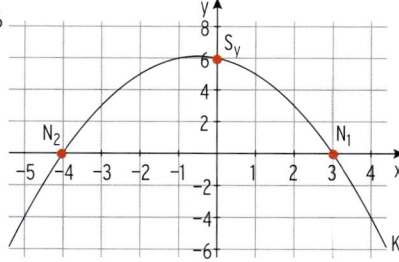

## Beispiel

➡ K ist das Schaubild der Funktion f mit $f(x) = x^2 - 6x + 9$; $x \in \mathbb{R}$.
Welche besondere Lage hat K?

## Lösung

Um die Lage zu bestimmen, berechnet man die Schnittpunkte mit der x-Achse.

Bedingung: $f(x) = 0$

$$x^2 - 6x + 9 = 0$$

Mit $a = 1$, $b = -6$ und $c = 9$:

$$x_{1|2} = \frac{6 \pm \sqrt{(-6)^2 - 4 \cdot 1 \cdot 9}}{2 \cdot 1}$$

$$x_{1|2} = \frac{6 \pm \sqrt{0}}{2} = \frac{6}{2} = 3$$

$D = 0$ bedeutet **eine (doppelte)** Schnittstelle:
$x_{1|2} = 3$ d.h. $x_1 = 3$ und $x_2 = 3$
**Schnittpunkt mit der x-Achse:** $N_{1|2}(3 \mid 0)$
**(Berührpunkt)**
**Die Parabel berührt die x-Achse.**
**Der** Scheitelpunkt **der Parabel liegt auf der**
**x-Achse.**

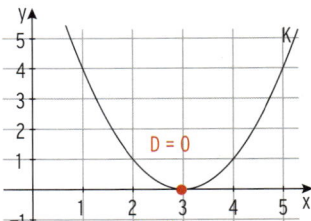

## Beachten Sie:

Diskriminante **D = 0** bedeutet **berühren.**
**Doppelte Nullstelle = Berührstelle**

$$D = b^2 - 4ac = 0$$

## Beispiel

➡ Gegeben ist die Funktion f mit $f(x) = -0,5x^2 + 2x$; $x \in \mathbb{R}$.
Für welche x-Werte gilt $f(x) < 0$?

## Lösung

Bedingung für die Nullstellen von f:

$$ax^2 + bx = 0$$
$$x(ax + b) = 0$$

$f(x) = 0$

$$-0,5x^2 + 2x = 0$$

**Ausklammern** von x:

$$-0,5x(x - 4) = 0$$

**Satz vom Nullprodukt:**

$$-0,5x = 0 \text{ oder } x - 4 = 0$$

**Nullstellen von f:**

$$x_1 = 0; \quad x_2 = 4$$

**Skizze der zugehörigen Parabel:**
Die Parabel K ist nach **unten geöffnet.**
Mithilfe der Skizze kann man die Ungleichung $f(x) < 0$ lösen.
Für $x < 0$ oder $x > 4$ verläuft die Parabel
unterhalb **der x-Achse,** also gilt:
$f(x) < 0$ für $x < 0$ oder $x > 4$.

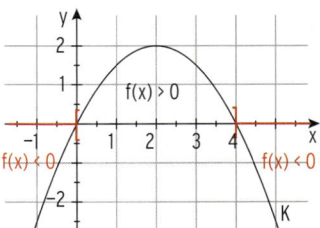

## Beispiel

➲ Gegeben ist die Funktion f mit $f(x) = x^2 - x + c$; $x, c \in \mathbb{R}$.
Für welche Werte von c besitzt f zwei, eine bzw. keine Nullstelle(n)?
Verdeutlichen Sie Ihre Antwort jeweils an einem Beispiel.

## Lösung

### Berechnung der Nullstellen von f

Bedingung: $f(x) = 0$ $\qquad$ $x^2 - x + c = 0$

Lösung mit der abc-Formel: $\qquad$ $x_{1|2} = \dfrac{1 \pm \sqrt{1 - 4c}}{2}$

Die **Anzahl der Nullstellen** hängt ab von der **Diskriminante D = 1 − 4 c.**

Zwei einfache Nullstellen für $D > 0$: $\qquad$ $1 - 4c > 0$ $\quad | -1$

$\qquad\qquad\qquad\qquad\qquad\qquad\qquad -4c > -1$ $\quad | :(-4)$

**Hinweis:** Ungleichheitszeichen „umdrehen": $\quad c < 0{,}25$

Eine doppelte Nullstelle für $D = 0$: $\qquad$ $1 - 4c = 0$

$\qquad\qquad\qquad\qquad\qquad\qquad\qquad c = 0{,}25$

Keine Nullstelle für $D < 0$: $\qquad$ $1 - 4c < 0$

$\qquad\qquad\qquad\qquad\qquad\qquad\qquad c > 0{,}25$

**Hinweis:**

Das Schaubild von f ist eine
verschobene Normalparabel $(a = 1)$.
$x_S$-Wert des Scheitelpunktes:
$$x_S = -\frac{b}{2a} = -\frac{-1}{2 \cdot 1} = \frac{1}{2}$$

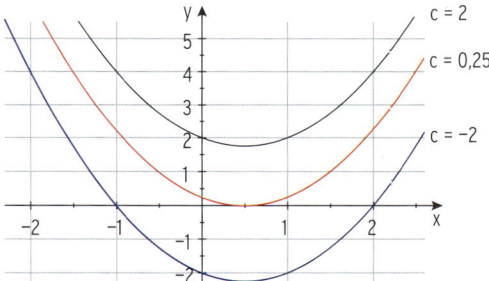

**Beispiele:**
Für $c = 2$ hat f keine Nullstelle.
Für $c = 0{,}25$ hat f eine (doppelte) Nullstelle.
Für $c = -2$ hat f zwei Nullstellen.

**Bemerkung:** Für $c = 0{,}25$ liegt der **Scheitel** der zugehörigen Parabel **auf der x-Achse.**
Diese Parabel **berührt** die x-Achse.

5 Bohner, Ihlenburg, Ott, Deusch - ISBN 978-3-8120-0206-6

## Aufgaben

**1** Gegeben ist die quadratische Funktion f. Zeichnen Sie das Schaubild K von f in einem geeigneten Bereich. Machen Sie Aussagen über Lage und Verlauf von K.

**a)** $f(x) = -\frac{2}{5}x^2$ **b)** $f(x) = 1,5(x + 2)^2$ **c)** $f(x) = 0,5x^2 - 4$

**d)** $f(x) = 3x - \frac{2}{3}x^2$ **e)** $f(x) = -(x - 3)(x + 2)$ **f)** $f(x) = \frac{5}{4}(x^2 - 2x + 2)$

**2** K ist der Graph der Funktion f. Berechnen Sie die Schnittpunkte mit der x-Achse. Bestimmen Sie den Scheitel von K. Fertigen Sie eine Skizze an.

**a)** $f(x) = 2 - x^2$ **b)** $f(x) = \frac{1}{3}(x^2 - x - 6)$ **c)** $f(x) = (x - 1,25)^2$

**d)** $f(x) = -\frac{1}{5}x^2 + x - \frac{5}{4}$ **e)** $f(x) = -\frac{2}{3}x^2 + x$ **f)** $f(x) = 2 - (x + 1)^2$

**3** Gegeben ist die Funktion f mit $f(x) = ax^2 - 1,5x + 2$; $x \in \mathbb{R}$.
Für welche Werte von a $(a \neq 0)$ hat die zugehörige Parabel keinen, einen oder zwei Schnittpunkte mit der x-Achse?

**4** f ist eine ganzrationale Funktion mit $f(x) = x^2 + bx + c$; $x \in \mathbb{R}$.
Welche Bedingung müssen die Koeffizienten erfüllen, damit f keine Nullstellen hat?

**5** Die Parabel K ist das Schaubild der Funktion f mit $f(x) = x^2 - 2x + 2,5$; $x \in \mathbb{R}$.

**a)** Beschreiben Sie den Verlauf der Parabel.

**b)** f(1) ist der minimale Funktionswert. Wie entsteht K aus der Normalparabel?

**c)** Für welche x-Werte gilt $f(x) > 0$?

**d)** Verschieben Sie K so in y-Richtung, dass die verschobene Parabel G den Punkt P(1|0) mit der x-Achse gemeinsam hat. Wie liegt G im Koordinatensystem?

**6** Ordnen Sie jedem Schaubild einen Funktionsterm zu. Begründen Sie Ihre Wahl.

$f(x) = x^2 + 2x + 1;$ $\quad g(x) = x^2 + 1;$ $\quad h(x) = -x^2 - x + 1;$ $\quad k(x) = -x^2 - 4x - 5$

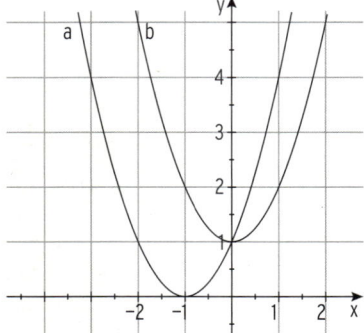
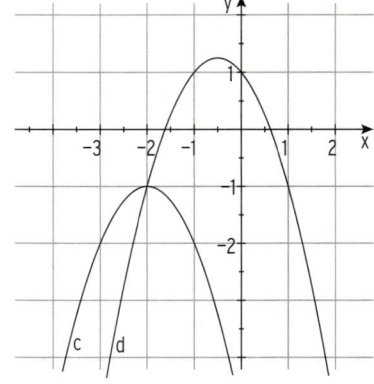

**7** Ordnen Sie jeder Parabel einen Funktionsterm zu.
Bestimmen Sie dabei a, b und c.
$f(x) = a x^2 - 2x$
$g(x) = 0.5 x^2 + b x$
$h(x) = c \cdot x(x - 2)$

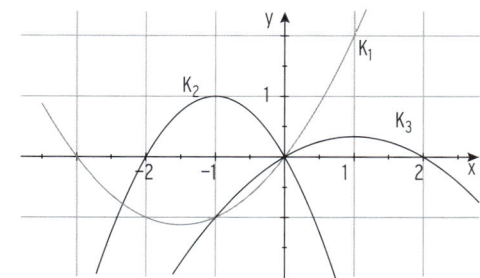

**8** Gegeben ist die Funktion f mit $f(x) = 2 - 2x + \frac{1}{3}x^2$; $x \in \mathbb{R}$.
Zeigen Sie: f hat eine Nullstelle in [1; 1,5], ohne die Nullstelle zu berechnen.

**9** Welche Eigenschaften der zugehörigen Schaubilder lassen sich aus folgenden Funktionstermen ablesen?

a) $f(x) = \frac{1}{2}x^2 + 6$

b) $h(x) = -(x + 0,5)^2$

c) $g(x) = (2 - x)(x + 3)$

d) $k(x) = -x^2 - x + 6$

**10** Gegeben ist die Gewinnfunktion G mit $G(x) = -0,2 x^2 + 12 x - 100$.
Bestimmen Sie die Gewinnschwelle, die Gewinngrenze und den maximalen Gewinn.

**11** Der Kraftstoffverbrauch eines Pkw (in Liter pro 100 km) in Abhängigkeit von der Geschwindigkeit v lässt sich beschreiben durch die Funktion b mit
$b(v) = 0,002 v^2 - 0,18 v + 8,55$; $v > 40$.
Bei welcher Geschwindigkeit beträgt der Verbrauch genau 7 Liter auf 100 km?

**12** Ein Armbrustschütze schießt einen Pfeil senkrecht in die Höhe. Die Höhe des Pfeils in Abhängigkeit von der Zeit t wird beschrieben durch $h(t) = -4 t^2 + 15 t + 2$; $t \geq 0$.
Dabei ist t die Zeit in Sekunden, $h(t)$ gibt die Höhe in Meter an.

a) Bestimmen Sie die Lösungen von $h(t) = 0$. Interpretieren Sie.

b) Nach welcher Zeit hat der Pfeil wieder die Abschusshöhe erreicht?

**13** Alexander möchte mit dem Wasserstrahl eine Schale treffen. Die Höhe $h(x)$ des Strahls kann in Abhängigkeit von der waagrechten Entfernung x näherungsweise beschrieben werden durch
$h(x) = -0,5 x^2 + 2,2 x + 1,4$; $x, h(x)$ in m.
Die Schale hat einen Durchmesser von 30 cm und die Mitte der Schale ist 5 m von Alexander entfernt. Trifft der Wasserstrahl die Schale?

## C) Gegenseitige Lage von zwei Kurven

### Beispiel

Bei der Produktion eines Artikels werden die Gesamtkosten in € pro Tag, in Abhängigkeit von der Ausbringungsmenge x (in Stück), festgelegt durch:

$$K(x) = \frac{1}{8}x^2 + \frac{3}{2}x + 200; \; 0 \le x \le 90$$

Der Betrieb hat einen konstanten Verkaufspreis von 14 € je Stück geplant.

**a)** Beschreiben Sie die gegenseitige Lage von Gesamtkostenkurve und Erlösgerade.

**b)** Bestimmen Sie grafisch und rechnerisch, für welche Stückzahlen der Erlös und die Gesamtkosten gleich groß sind (Gewinnschwelle und Gewinngrenze).

**c)** Für welche Produktionsmenge beträgt der Gewinn 100 €?

### Lösung

**a)** Kostenkurve und Erlösgerade
Erlösfunktion E mit $E(x) = 14x$
(10 Stück = 1 LE; 200 € = 1 LE)

Kostenkurve und Erlösgerade
schneiden sich in zwei Punkten.

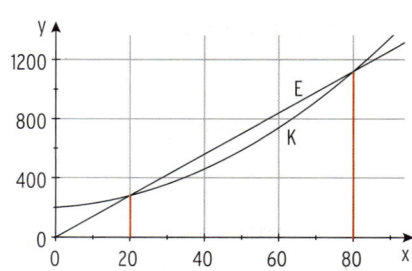

**b)** Aus der Zeichnung: Erlös und Gesamtkosten sind gleich groß in $x = 20$ bzw. $x = 80$.
Berechnung der **Schnittstellen von Erlösgerade und Gesamtkostenkurve**

Bedingung: $E(x) = K(x)$ $\qquad$ $14x = \frac{1}{8}x^2 + \frac{3}{2}x + 200$

Nullform: $\qquad$ $\frac{1}{8}x^2 - \frac{25}{2}x + 200 = 0$

Lösung (Schnittstellen): $\qquad$ $x_1 = 20; \; x_2 = 80$

Bei Produktion und Verkauf von 20 bzw. 80 Stück sind Erlös und Gesamtkosten gleich groß.

**Gewinnschwelle** $x_{GS} = 20$; **Gewinngrenze** $x_{GG} = 80$

> **Beachten Sie:**
>
> | Gewinnschwelle | < | Gewinngrenze |
> |---|---|---|
> | (Beginn der **Gewinnzone**) | | (Ende der **Gewinnzone**) |

**c)** Gewinnfunktion $G(x) = E(x) - K(x)$ $\qquad$ $G(x) = 14x - \left(\frac{1}{8}x^2 + \frac{3}{2}x + 200\right)$

$$G(x) = -\frac{1}{8}x^2 + 12,5x - 200$$

Bedingung für x: $\qquad$ $G(x) = 100$

Lösung: $\qquad$ $x_1 = 40; \; x_2 = 60$

Bei einer Produktion von 40 bzw. 60 Stück beträgt der **Gewinn 100 €.**

### Beispiel

➲ Gegeben ist die Parabel K von f mit $f(x) = \frac{1}{2}x^2$; $x \in \mathbb{R}$.

a) Zeigen Sie: Die Gerade G von g mit $g(x) = 2x - 2$ berührt K.
   Bestimmen Sie die Koordinaten des Berührpunktes.

b) Lösen Sie die quadratische Ungleichung $\frac{1}{2}x^2 < 4{,}5$.

### Lösung

a) Bedingung für die Schnittstellen: $f(x) = g(x)$     $\frac{1}{2}x^2 = 2x - 2$

   Nullform:     $\frac{1}{2}x^2 - 2x + 2 = 0$     $| \cdot 2$

   $x^2 - 4x + 4 = 0$

   Lösung z. B. mit der **abc-Formel** ergibt:     $x_{1|2} = \dfrac{4 \pm \sqrt{(-4)^2 - 4 \cdot 1 \cdot 4}}{2 \cdot 1}$

   $x_{1|2} = \dfrac{4 \pm \sqrt{16 - 16}}{2} = \dfrac{4 \pm \sqrt{0}}{2} = 2$

   D = 0, man erhält eine **doppelte Schnittstelle.**   $x_1 = x_2 = 2$
   Doppelte Schnittstelle = Berührstelle

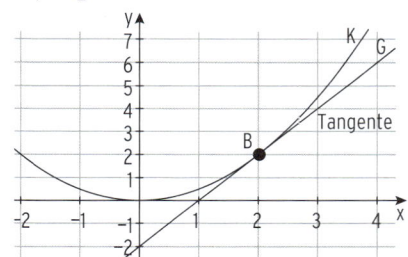

   Somit **berührt die Gerade G von g**
   **das Schaubild K.**
   Mit $g(2) = 2$ erhält man den
   **Berührpunkt** $B(2 \mid 2)$.
   Die **Gerade** G ist die Tangente **an K in B.**

   **Hinweis:** Anwendung einer **binomischen Formel** zur Lösung von   $x^2 - 4x + 4 = 0$
   Mit $x^2 - 4x + 4 = (x-2)^2$:     $(x - 2)^2 = 0$
   Doppelte Lösung:     $x_{1|2} = 2$

b) H ist das Schaubild der Funktion $h(x) = 4{,}5$
   Schnittstellen von K und H berechnen.
   Bedingung:     $f(x) = h(x)$
   $\frac{1}{2}x^2 = 4{,}5$

   Schnittstellen:     $x_{1|2} = \pm 3$
   Schaubilder K und H skizzieren.
   Ablesen: $f(x) < h(x)$ bzw.
   $\frac{1}{2}x^2 < 4{,}5$ für $-3 < x < 3$.

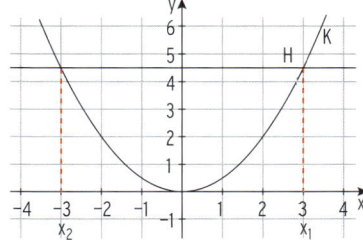

---

### Vorgehensweise zum Lösen der Ungleichung $f(x) < h(x)$

1. Schnittstelle von $K_f$ und $K_h$ bestimmen
2. $K_f$ und $K_h$ skizzieren und Lösung ablesen.

## Was man wissen sollte – über die gegenseitige Lage von zwei Kurven

Bedingung für die x-Koordinaten der Schnittpunkte (Schnittstellen):  $f(x) = g(x)$

Ergibt sich eine **quadratische Gleichung** $f(x) - g(x) = 0$, so hängt die Anzahl der Lösungen (eine Lösung entspricht einer Schnittstelle) von der **Diskriminanten D** ab:

$$D = b^2 - 4ac$$

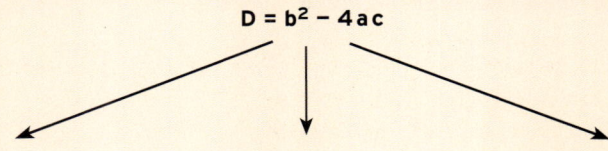

| D > 0 | D = 0 | D < 0 |
|---|---|---|
| **zwei einfache Schnittstellen** | **eine (doppelte) Schnitt-stelle (Berührstelle)** | **keine Schnittstelle** |
| K und G **schneiden sich** in zwei verschiedenen Punkten. | K und G berühren sich. | K und G haben keinen gemeinsamen Punkt. |

## Aufgaben

**1**  Untersuchen Sie, ob die Parabel K von f und die Gerade G von g gemeinsame Punkte besitzen. Bestimmen Sie deren Koordinaten. Wie liegen Parabel und Gerade zueinander?

**a)**  $f(x) = 2x^2 - 6x + 2$; $g(x) = -2x + 8$     **b)**  $f(x) = x^2 + x - 5$; $g(x) = 3x - 6$

**2**  Bestimmen Sie die gemeinsamen Punkte der beiden Graphen K von f und G von g. Welche Lage haben die beiden Parabeln zueinander?

**a)**  K: $f(x) = x^2 + 3x$                 G: $g(x) = 0,5x^2$

**b)**  K: $f(x) = 2x^2 - 4x + 8$         G: $g(x) = x^2 + 2x - 1$

**c)**  K: $f(x) = -x^2 + 3x - 1,5$      G: $g(x) = 2,5 - x - x^2$

**3**  K ist das Schaubild der Funktion f mit  $f(x) = \frac{3}{4}(x^2 - 5x + 4)$; $x \in \mathbb{R}$.

**a)**  Die Gerade g mit der Gleichung  $y = \frac{3}{4}x + 3$  schneidet K in zwei Punkten $S_1$ und $S_2$. Berechnen Sie die Koordinaten von $S_1$ und $S_2$.

**b)**  Zeigen Sie: Die Ursprungsgerade h mit der Steigung  $m = -\frac{3}{4}$  berührt K. Geben Sie die Koordinaten des Berührpunktes an. Welche auf der Geraden h senkrecht stehende Gerade schneidet K in $P(3|f(3))$?

**4**  K ist der Graph der Funktion f mit  $f(x) = (1 - x)(2x + 5)$; $x \in \mathbb{R}$.

**a)**  Die Gerade g verläuft parallel zur x-Achse durch $A(1|3)$. Wie liegen K und g zueinander? Welche Parallele zu g ist Tangente an K von f?

**b)**  Welche Gerade mit Steigung $-3$ berührt K?

**c)**  Zeigen Sie: Die Gerade h mit der Gleichung  $y = -\frac{3}{4}x + 9$  und die Parabel K von f haben keinen gemeinsamen Punkt.

**5**  Die Abbildung zeigt die Parabeln K von f mit $f(x) = -0,5x^2 - x + 3$  und G von g mit $g(x) = x^2 - 8x + 12$. Beschriften Sie die Achsen. Ordnen Sie jeder Funktion ihr Schaubild zu. Begründen Sie Ihre Wahl. Zeigen Sie, die Gerade h schneidet eine Parabel und berührt die andere Parabel.

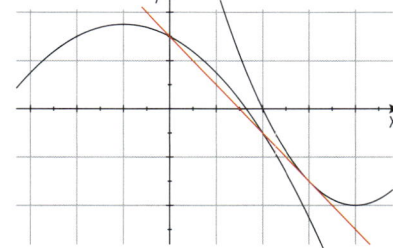

**6**  Gegeben ist die Kostenfunktion K mit  $K(x) = 0,025x^2 + 2x + 160$; $x > 0$.

**a)**  Welche Ursprungsgerade h schneidet die Kostenkurve in  $x = 20$? Bestimmen Sie die Gleichung der Geraden und die Koordinaten des weiteren Schnittpunktes. In welchem Bereich verläuft die Gerade h oberhalb der Parabel? Interpretieren Sie den Sachverhalt ökonomisch.

**b)**  Zeigen Sie: Die Ursprungsgerade mit Steigung 6 berührt die Kostenkurve. Bestimmen Sie die Koordinaten des Berührpunktes.

**7** Gegeben sind eine Parabel und eine Gerade durch ihre Wertetabelle.
Ordnen Sie die Spalten Y1 und Y2 zu.
Wie liegen Parabel und Gerade zueinander?
In welchem Bereich verläuft die Parabel oberhalb der Geraden?

| X | Y1 | Y2 |
|---|----|----|
| -2 | 0 | 0 |
| -1 | 4 | 1 |
| 0 | 6 | 2 |
| 1 | 6 | 3 |
| 2 | 4 | 4 |
| 3 | 0 | 5 |
| 4 | -6 | 6 |

**8** Gegeben sind die Funktionen f und g durch $f(x) = x^2 + x - 2$ und $g(x) = -\frac{1}{2}x^2 + 3x$.
Die zugehörigen Schaubilder sind K und G.

**a)** Zeigen Sie, dass sich K und G in $x = 2$ schneiden.
Bestimmen Sie den weiteren Schnittpunkt.

**b)** Die Gerade mit der Gleichung $x = u$ $(0 < u < 2)$ schneidet K im Punkt P und G im Punkt Q.
Für welches u haben die Punkte P und Q einen Abstand von 2?

**9** K ist das Schaubild von f mit $f(x) = \frac{1}{2}x^2 - 2x - 1$,
G ist das Schaubild von g mit $g(x) = 2x^2 + 2x + 1$; $x \in \mathbb{R}$.
Wie weit sind die gemeinsamen Punkte von K und G voneinander entfernt?

**10** $K_f$ ist der Graph der Funktion f mit $f(x) = -x^2 + 3x + 1$; $x \in \mathbb{R}$.
Eine Parabel $K_g$ von g mit $g(x) = -\frac{1}{4}x^2 + c$ hat mit $K_f$ den Punkt $B(2 \mid 3)$ gemeinsam.
Zeigen Sie: B ist der einzige gemeinsame Punkt von $K_f$ und $K_g$.
Interpretieren Sie den Sachverhalt geometrisch.

**11** Gegeben sind die Funktionen f und g durch $f(x) = -0,25\,x(x + 2)$ und $g(x) = 0,25\,x^2 + 1$
für $x \in \mathbb{R}$. Bestimmen Sie $g(1) - f(1)$ und interpretieren Sie Ihr Ergebnis mithilfe einer
Zeichnung. Zeigen Sie, dass für alle $x \in \mathbb{R}$ gilt: $f(x) < g(x)$.
Wie liegen die zugehörigen Graphen zueinander?

**12** Ordnen Sie jedem Schaubild in der Abbildung den richtigen Funktionsterm zu.
Begründen Sie Ihre Wahl.
Wo schneiden sich die beiden Parabeln?

$f_1(x) = 0,25\,x^2 + 1$
$f_2(x) = \frac{1}{3}x^2 + 1$
$f_3(x) = -0,5\,x^2 + 2x + 0,5$
$f_4(x) = -0,25\,(x^2 + 2x + 1)$

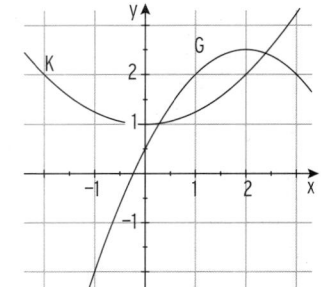

**13** Gegeben sind die quadratischen Funktionen f und g durch $f(x) = 0,5\,x(x - 4)$ und
$g(x) = 0,5\,(x + 1)(x - 4)$ für $x \in \mathbb{R}$.
In welchem Bereich gilt $f(x) > g(x)$? Erläutern Sie Ihre Vorgehensweise.

**14** Die Umformung der Schnittpunktgleichung $f(x) = g(x)$ ergibt $(x - 2)^2 = 0$.
Wie liegen die zugehörigen Parabeln $K_f$ und $K_g$ zueinander?

**15** Gegeben sind die Funktionen f und g durch $f(x) = \frac{1}{2}x^2 + 3x - 4$ und $g(x) = x^2 - a$.
Das Schaubild von f ist K, das Schaubild von g ist G.

a) Zeigen Sie, dass K im Intervall [1,5; 4,5] für a = 1 oberhalb von G verläuft.

b) Untersuchen Sie die gegenseitige Lage von K und G in Abhängigkeit von a.

**16** Gegeben sind die Schaubilder und die Funktionsterme zweier Funktionen f und g:
$f(x) = -0,5x^2 - x + 4$ und
$g(x) = -x^2 + x + 2$, jeweils mit $x \in \mathbb{R}$.

a) Ordnen Sie die Funktionsterme den Schaubildern zu. Begründen Sie Ihre Zuordnung.

b) Lesen Sie aus der Zeichnung den gemeinsamen Punkt von $K_f$ und $K_g$ ab.
Zeigen Sie: Die beiden Schaubilder haben nur einen gemeinsamen Punkt und berühren sich.

c) Bestimmen Sie einen x-Wert so, dass $f(x) - g(x) = 5$ ist. Interpretieren Sie Ihr Ergebnis.

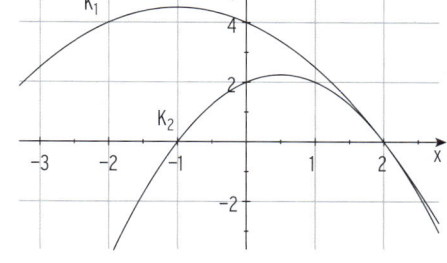

**17** Die Abbildung zeigt einen Ausschnitt aus dem Graphen K von f mit
$f(x) = \frac{1}{16}x^2 - x - 2$.
Bestimmen Sie die gemeinsamen Punkte von K und der Geraden.

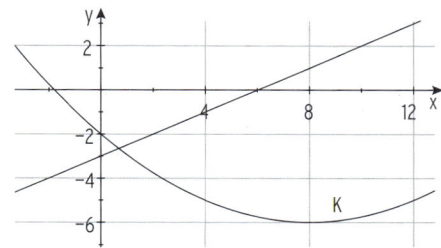

**18** Gegeben ist die Funktion f durch $f(x) = (x-1)(x-2)$; $x \in \mathbb{R}$.
Bestimmen Sie a so, dass die Parabel mit $y = ax^2$ das Schaubild von f berührt.

**19** Mia wirft einen Ball senkrecht nach oben. Die Höhe des Balls über dem Boden kann beschrieben werden durch
$h(t) = -5t^2 + 8t + 1$; $t \geq 0$, t in s, h(t) in m.

a) Wie lange braucht der Ball, bis Mia ihn wieder auffängt?

b) Mia fängt den Ball nicht wieder auf. Welche Zeit vergeht, bis der Ball auf den Boden trifft?

c) Wie lange ist der Ball mehr als 2 m über dem Boden?

### 2.2.4 Aufstellen von Parabelgleichungen

**Beispiel**

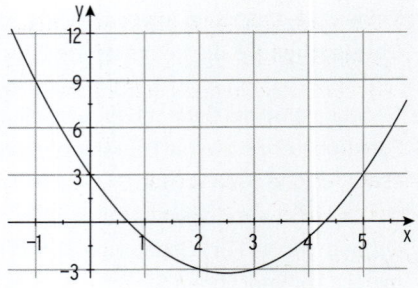

⮕ Die Abbildung zeigt eine Parabel.
Bestimmen Sie die Parabelgleichung.

**Lösung**

Man liest ab: Die Parabel verläuft durch die Punkte $A(0|3)$, $B(2|-3)$, $C(-1|9)$.

Ansatz für die Parabelgleichung:  $y = f(x) = ax^2 + bx + c$

**Punktprobe** mit $A(0|3)$ heißt Einsetzen von $x = 0$ und $y = 3$
in die Parabelgleichung:  $a \cdot 0^2 + b \cdot 0 + c = 3 \Leftrightarrow 3 = c$

**Punktprobe** mit $B(2|-3)$:  $a \cdot 2^2 + b \cdot 2 + c = -3 \Leftrightarrow 4a + 2b + c = -3$

**Punktprobe** mit $C(-1|9)$ :  $a \cdot (-1)^2 + b \cdot (-1) + c = 9 \Leftrightarrow a - b + c = 9$

Übersichtliche Darstellung in Form einer Tabelle:

| Punkt | Bedingung | Gleichung |
|---|---|---|
| $A(0|3)$ | $f(0) = 3$ | $c = 3$ |
| $B(2|-3)$ | $f(2) = -3$ | $4a + 2b + c = -3$ |
| $C(-1|9)$ | $f(-1) = 9$ | $a - b + c = 9$ |

Seite 296

Einsetzen von $c = 3$ ergibt ein $(2:2)$-LGS:  $4a + 2b + 3 = -3$
$a - b + 3 = 9$

Umformung:  $4a + 2b = -6$
$a - b = 6 \qquad | \cdot 2$

Additionsverfahren:  $4a + 2b = -6$
$2a - 2b = 12 \qquad \Big] +$

Addition:  $6a \quad = 6$
$a = 1$

Einsetzen von $a = 1$ in z. B. $a - b = 6$:  $1 - b = 6$
$b = -5$

**Parabelgleichung:**  $y = x^2 - 5x + 3$

## Beispiel

⮞ Die Parabel einer quadratischen Funktion f verläuft durch die Punkte A$(1|3)$, B$(2|1)$ und C$(-2|21)$.
Bestimmen Sie den Funktionsterm f$(x)$.

## Lösung

Ansatz für den Funktionsterm: $\qquad$ $f(x) = a x^2 + b x + c$

Punktprobe mit A$(1|3)$ heißt $\qquad$ $f(1) = 3$

**Punktprobe** mit A$(1|3)$: $\qquad$ $a \cdot 1^2 + b \cdot 1 + c = 3 \qquad \Leftrightarrow \quad a + b + c = 3$

**Punktprobe** mit B$(2|1)$: $\qquad$ $a \cdot 2^2 + b \cdot 2 + c = 1 \qquad \Leftrightarrow \quad 4a + 2b + c = 1$

**Punktprobe** mit C$(-2|21)$: $\qquad$ $a \cdot (-2)^2 + b \cdot (-2) + c = 21 \Leftrightarrow 4a - 2b + c = 21$

Übersichtliche Darstellung in Form einer Tabelle:

| Punkt | Bedingung | Gleichung |
|---|---|---|
| A$(1|3)$ | $f(1) = 3$ | $a + b + c = 3$ |
| B$(2|1)$ | $f(2) = 1$ | $4a + 2b + c = 1$ |
| C$(-2|21)$ | $f(-2) = 21$ | $4a - 2b + c = 21$ |

Lösung des LGS durch Additionsverfahren: $\qquad$ in Matrixschreibweise

**(Gauß'sches Eliminationsverfahren)**

$$\begin{aligned} a + b + c &= 3 \\ 4a + 2b + c &= 1 \\ 4a - 2b + c &= 21 \end{aligned} \qquad \begin{array}{c} a \quad b \quad c \\ \left(\begin{array}{ccc|c} 1 & 1 & 1 & 3 \\ 4 & 2 & 1 & 1 \\ 4 & -2 & 1 & 21 \end{array}\right) \end{array}$$

$$\begin{aligned} a + b + c &= 3 \\ -2b - 3c &= -11 \\ -6b - 3c &= 9 \end{aligned} \qquad \left(\begin{array}{ccc|c} 1 & 1 & 1 & 3 \\ 0 & -2 & -3 & -11 \\ 0 & -6 & -3 & 9 \end{array}\right)$$

$$\begin{aligned} a + b + c &= 3 \\ -2b - 3c &= -11 \\ 6c &= 42 \end{aligned} \qquad \left(\begin{array}{ccc|c} 1 & 1 & 1 & 3 \\ 0 & -2 & -3 & -11 \\ 0 & 0 & 6 & 42 \end{array}\right) \quad \begin{array}{l} \text{\textcolor{orange}{Erweiterte}} \\ \text{\textcolor{orange}{Dreiecksform}} \end{array}$$

Hinweis: Die Zeile $(0\ 0\ 6\,|\,42)$ entspricht der Gleichung $6c = 42$.

Letzte Gleichung: $\qquad\qquad\qquad$ $6c = 42$
$\qquad\qquad\qquad\qquad\qquad\qquad$ $c = 7$

Einsetzen von $c = 7$ in die
mittlere Gleichung $-2b - 3c = -11$: $\qquad$ $-2b - 3 \cdot 7 = -11$
$\qquad\qquad\qquad\qquad\qquad\qquad$ $b = -5$

Einsetzen von $c = 7$ und $b = -5$ in die
erste Gleichung $a + b + c = 3$: $\qquad$ $a - 5 + 7 = 3$
$\qquad\qquad\qquad\qquad\qquad\qquad$ $a = 1$

**Funktionsterm:** $\qquad\qquad\qquad$ $f(x) = x^2 - 5x + 7$

## Beispiel

➥ Beim Aufstellen einer Parabelgleichung der Form $y = ax^2 + bx + c$ $\begin{pmatrix} 4 & -2 & 1 & | & 10 \\ 9 & 3 & 1 & | & 5 \\ 16 & 4 & 1 & | & 16 \end{pmatrix}$
ergab sich das nebenstehende „Gleichungssystem".
Durch welche drei Punkte verläuft die Parabel?
Bestimmen Sie die Parabelgleichung.

## Lösung

Ansatz für den Funktionsterm: $\qquad\qquad f(x) = ax^2 + bx + c$

Der Funktiosterm enthält den Term bx.

Wird z. B. $x = -2$ eingesetzt, so erhält man: $b \cdot (-2)$ bzw. $-2b$.

Die Zahlen in der zweiten Spalte geben die x-Werte der gesuchten Parabelpunkte an.

Man erhält somit: $A(-2|10)$, $B(3|5)$ und $C(4|16)$.

$$\begin{matrix} a & b & c \end{matrix}$$

Lösung des LGS mit dem

**Additionsverfahren**

**(Gauß'sches Eliminationsverfahren)**

$$\begin{pmatrix} 4 & -2 & 1 & | & 10 \\ 9 & 3 & 1 & | & 5 \\ 16 & 4 & 1 & | & 16 \end{pmatrix} \quad \begin{array}{c} \cdot 9 \\ + \\ \cdot(-4) \end{array} \quad \begin{array}{c} \cdot(-4) \\ + \end{array}$$

$$\begin{pmatrix} 4 & -2 & 1 & | & 10 \\ 0 & -30 & 5 & | & 70 \\ 0 & 12 & -3 & | & -24 \end{pmatrix} \quad \begin{array}{c} \cdot 2 \\ \cdot 5 \end{array}$$

$$\begin{pmatrix} 4 & -2 & 1 & | & 10 \\ 0 & -30 & 5 & | & 70 \\ 0 & 0 & -5 & | & 20 \end{pmatrix}$$

Letzte Zeile entspricht der Gleichung: $\qquad -5c = 20 \qquad\qquad \Rightarrow c = -4$

Einsetzen von $c = -4$ in die
mittlere Gleichung $-30b + 5c = 70$: $\qquad -30b + 5 \cdot (-4) = 70 \ \Rightarrow b = -3$

Einsetzen von $c = -4$ und $b = -3$ in die
erste Gleichung $4a - 2b + c = 10$: $\qquad 4a - 2 \cdot (-3) - 4 = 10 \ \Rightarrow a = 2$

**Parabelgleichung:** $\qquad\qquad\qquad\qquad\qquad y = 2x^2 - 3x - 4$

**Hinweis:** Hier bietet sich der Einsatz eines (zusätzlichen) elektronischen Hilfsmittels an.
Stichwort: **Matrix, Regression**

## Aufgaben

**1** Bestimmen Sie die Gleichung der Parabel, wenn Folgendes bekannt ist:

**a)** Die Parabel verläuft durch die Punkte $A(1|2,5)$ und $B(-2|1)$ und $C(0|3)$.

**b)** $A(2|0)$, $B(-1|6)$ und $C(0|0)$ sind Parabelpunkte.

**c)** Die Parabel verläuft durch die Punkte $A(2|-1)$, $B(-1|0,5)$ und $C(4|3)$.

**d)** $A\left(-2\left|-\frac{5}{4}\right.\right)$, $Q\left(\frac{1}{2}\left|0\right.\right)$ und $R\left(1\left|\frac{7}{4}\right.\right)$ sind Parabelpunkte.

**e)** Die Parabel schneidet die y-Achse in $S(0|4)$, die x-Achse in $N(-2|0)$ und die
1. Winkelhalbierende in $x = 2$.

**2** In der Parallelklasse des Wirtschaftsgymnasiums Wangen wird das Thema $\begin{pmatrix} 1 & 1 & 1 & 3 \\ 4 & 2 & 1 & 5 \\ 9 & -3 & 1 & 35 \end{pmatrix}$
Aufstellen von Parabelgleichungen behandelt. In der Pause sehen Sie im
Heft eines Schülers der Parallelklasse nebenstehende Matrix. Durch
welche Punkte verläuft die gesuchte Parabel? Bestimmen Sie diese Parabelgleichung.

**3** Das Schaubild der Funktion f mit $f(x) = a x^2 + b x - 4$ verläuft durch die Punkte $A(-2\,|\,4)$
und $B(-3\,|\,17)$. Bestimmen Sie den Funktionsterm.

**4** Für eine quadratische Funktion f gilt $f(0) = -4$; $f(2) = -4$ und $f(4) = -8$.
Bestimmen Sie $f(x)$.

**5** Für eine quadratische Funktion f gilt $f(2) = 0$ und $f(0) = 4$. Welche Eigenschaft hat das
Schaubild von f? Bestimmen Sie einen möglichen Funktionsterm.

**6** Bestimmen Sie drei Punkte, durch die man keine Parabel legen kann.
Formulieren Sie eine allgemeine Bedingung für die Lage von drei Punkten, sodass es keine
Parabel durch diese Punkte gibt.

**7** Das Schaubild der Funktion f mit $f(x) = \frac{1}{3} x^2 + b x + c$ verläuft durch die Punkte $A\left(-1\,\middle|\,\frac{5}{3}\right)$
und $B\left(5\,\middle|\,-\frac{1}{3}\right)$. Bestimmen Sie den Funktionsterm.

**8** Die Abbildungen zeigen Ausschnitte von zwei Parabeln.
Bestimmen Sie jeweils den zugehörigen Funktionsterm.

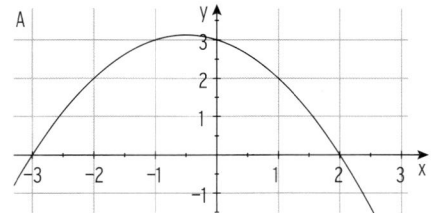 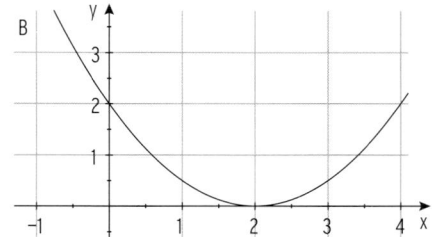

**9** K ist das Schaubild der Funktion f mit
$f(x) = a(x - 4)^2 + d$ (siehe Abbildung).
Bestimmen Sie a und d.

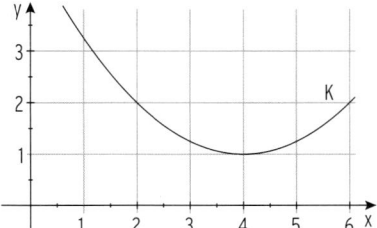

**10** Eine Parabel K entsteht durch Verschiebung der
Normalparabel um 3 nach rechts und 2 nach
unten. Wo schneidet K die Koordinatenachsen?

**11** Die Tabelle beschreibt den Benzinverbrauch f(v) eines Pkw
(in Liter pro 100 km) in Abhängigkeit von der Geschwindigkeit v $\left(v > 35 \frac{km}{h}\right)$.
Bei welcher Geschwindigkeit beträgt der Verbrauch 7,2 Liter auf 100 km?

| v in $\frac{km}{h}$ | 40 | 70 | 100 |
|---|---|---|---|
| f(v) | 4,2 | 4,8 | 9 |

## Sonderfälle zur Bestimmung einer Parabelgleichung

### Beispiel

➲ Eine verschobene Normalparabel verläuft durch die Punkte $P(-1|4)$ und $Q(2|25)$. Bestimmen Sie die Parabelgleichung.

### Lösung

Ansatz: $\qquad y = f(x) = x^2 + bx + c$

$a = 1$ (wegen der Normalparabelform)

Seite 296

| Punkt | Bedingung | Gleichung |
|---|---|---|
| $P(-1\|4)$ | $f(-1) = 4$ | $1 - b + c = 4 \quad \Leftrightarrow \quad -b + c = 3$ |
| $Q(2\|25)$ | $f(2) = 25$ | $4 + 2b + c = 25 \quad \Leftrightarrow \quad 2b + c = 21$ |

Lösung des LGS ergibt: $\qquad b = 6, \ c = 9$

**Parabelgleichung:** $\qquad y = x^2 + 6x + 9$

### Beispiel

➲ Der Graph einer quadratischen Funktion f ist symmetrisch zur y-Achse und geht durch die Punkte $P(-1|-2)$ und $Q(2|7)$. Bestimmen Sie $f(x)$.

### Lösung

Ansatz wegen **Achsensymmetrie zur y-Achse:** $f(x) = ax^2 + c$

| Punkt | Bedingung | Gleichung |
|---|---|---|
| $P(-1\|-2)$ | $f(-1) = -2$ | $a + c = -2$ |
| $Q(2\|7)$ | $f(2) = 7$ | $4a + c = 7$ |

Auflösung ergibt: $\qquad a = 3; \ c = -5$

**Funktionsterm:** $\qquad f(x) = 3x^2 - 5$

### Beispiel

➲ Das Schaubild einer ganzrationalen Funktion 2. Grades schneidet die x-Achse in $x_1 = 3$, in $x_2 = -5$ und geht durch den Punkt $P(1|3)$. Bestimmen Sie den Funktionsterm.

### Lösung

Verfahren **mithilfe von Linearfaktoren:**

Da **beide Nullstellen** ($x_1 = 3$, $x_2 = -5$) bekannt sind, wählt man den

Ansatz mit der **Produktform:** $\qquad f(x) = a(x - 3)(x + 5)$

Punktprobe mit $P(1|3)$ liefert a: $\qquad f(1) = a(1 - 3)(1 + 5) = 3$

$\qquad a = -0,25$

**Funktionsterm:** $\qquad f(x) = -0,25(x - 3)(x + 5)$

**Hinweis:** Ansatz mit $f(x) = ax^2 + bx + c$ und Punktprobe mit drei Punkten ist auch möglich.

## Beispiel

➲ Das Schaubild der ganzrationalen Funktion f 2. Grades berührt die x-Achse an der Stelle $x = 4$ und geht durch den Punkt $P(-1|2)$.
Bestimmen Sie den Funktionsterm.

## Lösung

Ansatz mit **Linearfaktoren**

Berührstelle $x = 4$ heißt doppelte NST:  $f(x) = a(x - 4)(x - 4)$

$f(x) = a(x - 4)^2$

Punktprobe mit $P(-1|2)$ liefert a:  $2 = a(-1 - 4)^2$

$2 = 25a$

$a = \dfrac{2}{25}$

Der gesuchte Funktionsterm lautet:  $f(x) = \dfrac{2}{25}(x - 4)^2$

## Aufgaben

**1** Bestimmen Sie die Gleichung der Parabel, wenn Folgendes bekannt ist:

a) Die Parabel berührt die x-Achse in $x = -3$ und verläuft durch $A(-5|-7)$.

b) Die Parabel schneidet die x-Achse in 2 und $-1$ und verläuft durch $A(1|-2)$.

c) Eine verschobene Normalparabel berührt die x-Achse bei $x = -2$.

d) Die Parabel verläuft symmetrisch zur y-Achse durch die Punkte $A(1|0,5)$ und $B(-2|-5,5)$.

**2** Die Abbildung zeigt einen Ausschnitt aus einer Parabel 2. Ordnung. Bestimmen Sie den zugehörigen Funktionsterm.

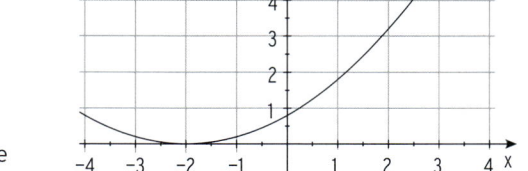

**3** Für eine quadratische Funktion f gilt $f(-1) = 6$; f hat eine doppelte Nullstelle in $x = 4$. Bestimmen Sie $f(x)$.

**4** Für eine quadratische Funktion f gilt $f(-2) = 3 = f(2)$.
Welche Eigenschaft hat das Schaubild von f? Bestimmen Sie einen Funktionsterm.
Ist der Graph von f festgelegt, wenn der Graph die Form einer Normalparabel hat?

**5** Eine Parabel hat den Scheitel $S(1|4)$ und verläuft durch den Ursprung.
Bestimmen Sie die Parabelgleichung.

**6** Für eine quadratische Funktion f mit $f(x) = ax^2 + bx + c$ gilt $f(0) = 5$ und $f(1) = 2$.
Welche Beziehung besteht zwischen a und b?
Bestimmen Sie a und b, wenn $x = 3$ Nullstelle von f ist.

**7** Geben Sie jeweils zwei Funktionsterme von
verschiedenen quadratischen Funktionen an,
deren Schaubilder

**a)** keinen Schnittpunkt mit der x-Achse haben,

**b)** zwei Schnittpunkte mit der x-Achse haben,

**c)** den Scheitel $S(-2|0)$ besitzen.

Abb. 1

**8** Gegeben sind die Parabelgleichungen:
$y = x^2 - 2x + 2$  und  $y = 0,5x^2 - 3x + 2$.
Lassen sich die Parabelgleichungen den in Abbildung 1 gezeichneten Parabeln K
und G zuordnen? Begründen Sie.

**9** Gegeben sind die Funktionen f und g durch  $f(x) = ax^2 + bx + 3$  und  $g(x) = 2x - 1$.
Die Funktionswerte von f und g stimmen in  $x = -1$  und  $x = 0,5$  überein.
Bestimmen Sie a und b.

**10** Eine Parabel 2. Ordnung schneidet die x-Achse in $-5$ und $5$. Die zugehörige Funktion ist
damit nicht eindeutig bestimmt. Geben Sie die Funktionsterme von zwei möglichen Funktionen an. Zeigen Sie, dass die Schaubilder symmetrisch zur y-Achse sind.

**11** Berechnen Sie die Koordinaten
der Schnittpunkte von $K_f$
und der Geraden $K_g$ (Abb. 2).

**12** Die Abbildung 3 zeigt eine Wertetabelle für zwei
Funktionen f und g  $(Y1 = f(x),\ Y2 = g(x))$.
Beantworten Sie folgende Fragen mithilfe der
Wertetabelle.
Wo schneiden $K_f$ und $K_g$ die x-Achse?
Wo liegen die Scheitelpunkte von $K_f$ und $K_g$?
Welcher Zusammenhang besteht zwischen $K_f$ und $K_g$?
Geben Sie f(x) und g(x) an.

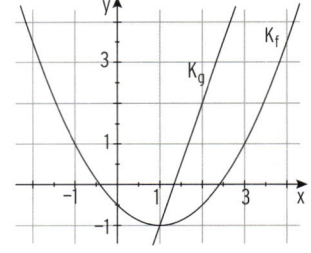

Abb. 2

| X | Y1 | Y2 |
|---|---|---|
| -3 | -3.5 | 4 |
| -2 | 0.5 | 0 |
| -1 | 2.5 | -2 |
| 0 | 2.5 | -2 |
| 1 | 0.5 | 0 |
| 2 | -3.5 | 4 |

Abb. 3

**13** Ein Stromversorgungsunternehmen plant eine Freileitung einen Steilhang hinauf (siehe
Abb. 4). Beide Strommasten sind 20 m hoch.
Der Verlauf der Freileitung soll näherungs-
weise durch eine Parabel beschrieben werden.

**a)** Bestimmen Sie die Gleichung dieser Parabel.

**b)** Freileitungen müssen aus Sicherheitsgründen
eine Mindesthöhe von 4 m über dem Boden
haben.
Prüfen Sie, ob diese Bedingung eingehalten
wird.

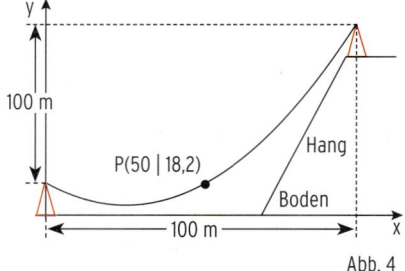

Abb. 4

## Aufgaben zu quadratischen Funktionen

**1** Gegeben ist die Funktion f mit $f(x) = -0,25x^2 + x$; $x \in \mathbb{R}$.

**a)** Wo hat die zugehörige Parabel K ihren Scheitelpunkt? Zeichnen Sie K.

**b)** H ist eine Ursprungsgerade durch den Punkt $P(-2|3)$.
Berechnen Sie die Koordinaten der Schnittpunkte von Parabel K und Gerade H.

**c)** Welche Tangente an die Parabel K ist parallel zur Geraden mit $y = -1,5x + 18$?
Bestimmen Sie die Koordinaten des Berührpunktes.

**d)** Durch eine Verschiebung der Parabel K entsteht die Parabel G. G soll die x-Achse berühren. Bestimmen Sie den zugehörigen Funktionsterm. Erläutern Sie Ihre Vorgehensweise.

**2** Gegeben sind die quadratischen Funktionen f und g mit
$f(x) = -x^2 - 3x$; $x \in \mathbb{R}$ und $g(x) = \frac{1}{2}x(x + 3)$; $x \in \mathbb{R}$.

**a)** Machen Sie Aussagen über die gegenseitige Lage der beiden Schaubilder K von f und G von g.

**b)** Verschieben Sie die Parabel G von g in y-Richtung so, dass die verschobene Parabel das Schaubild K von f berührt. Bestimmen Sie die Koordinaten des Berührpunktes.

**3** Die eingezeichnete Strecke AB beginnt im angegebenen Punkt A und endet am Graph K der Funktion f.
Berechnen Sie die Längen der eingezeichneten Strecken AB, CD und PQ.

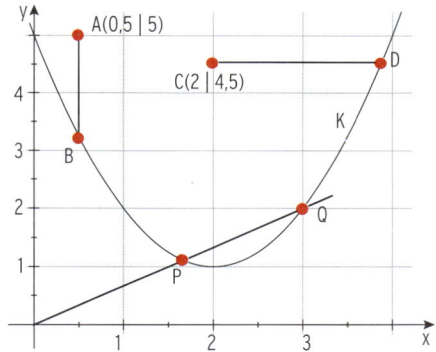

**4** Welches Schaubild in der nebenstehenden Abbildung passt zu folgender Beschreibung: Die Parabel ist symmetrisch zur Geraden mit der Gleichung $x = 2$ und schneidet die x-Achse in 4.
Begründen Sie Ihre Wahl.

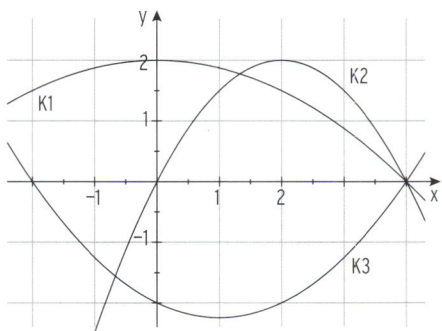

6 Bohner, Ihlenburg, Ott, Deusch - ISBN 978-3-8120-0206-6

**5** Entscheiden Sie, welche Kurve zu welchem Funktionsterm passt. Begründen Sie, indem Sie jeweils eine Eigenschaft angeben.

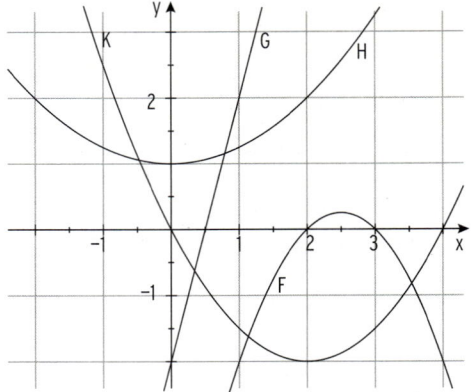

$f_1(x) = \frac{1}{2}x^2 + 1$

$f_2(x) = \frac{1}{4}x^2 + 1$

$f_3(x) = (x-2)^2 - 1$

$f_4(x) = 0{,}5(x-2)^2 - 2$

$f_5(x) = (x-2)(3-x)$

$f_6(x) = x^2 + x - 6$

$f_7(x) = 2^2 x - 2$

$f_8(x) = -0{,}25(x+2)$

**6** f ist eine quadratische Funktion, g ist eine lineare Funktion.
Die Gleichung $f(x) = g(x)$ liefert genau eine Lösung.
Machen Sie Aussagen über die mögliche Lage der zugehörigen Graphen.

**7** Gegeben ist die Funktion g mit $g(x) = x^2 - 2$; $x \in \mathbb{R}$.
Wie entsteht das Schaubild von f aus dem Schaubild von g?

**a)** $f(x) = g(x+2)$     **b)** $f(x) = g(-x)$     **c)** $f(x) = 0{,}5\,g(x) + 1$

**8** Die Abbildung zeigt Schaubilder der Funktion f mit $f(x) = t\,x^2 + 1$; $x \in \mathbb{R}$, $t \neq 0$.
Ordnen Sie jeder Parabel einen t-Wert zu.
Bestimmen Sie t so, dass der Punkt $P(-3\,|\,5)$ auf dem Schaubild liegt.

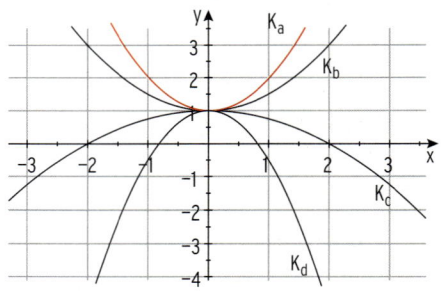

**9** Gegeben ist die Funktion f mit $f(x) = x^2 + t\,x - 2$; $x, t \in \mathbb{R}$.
Welche Schaubilder gehören zu einer Funktion f, welche nicht? Begründen Sie Ihre Entscheidung und ermitteln Sie gegebenenfalls den zugehörigen Wert von t.

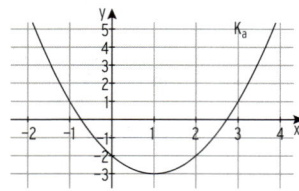
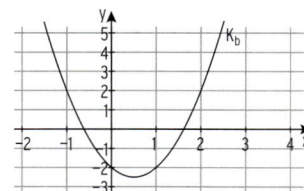
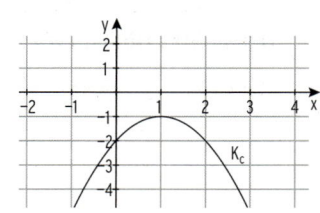

## 2.2.5 Modellierung und anwendungsorientierte Aufgaben

### Beispiel

⮕ Die Abbildung zeigt den Querschnitt einer Sprungschanze (Maße in m). Berechnen Sie den größten Höhenunterschied der Spungschanze.

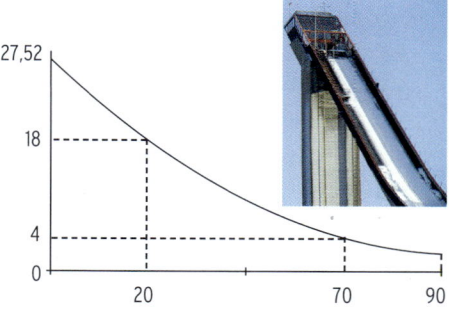

### Lösung

- **Reale Situation**
  Sprungschanze mit Höhenangaben

- **Reales Modell (Vereinfachung)**
  Zur Vereinfachung nimmt man an, dass die Anlaufspur durch eine quadratische Funktion beschrieben werden kann.

- **Mathematisches Modell**
  Parabelgleichung bzw. Funktionsterm bestimmen

  **Ansatz:** $f(x) = ax^2 + bx + c$

  Kurvenpunkte aus der Abbildung: $A(0|27,52); B(20|18); C(70|4)$

  Gleichungssystem:
  $$c = 27{,}52$$
  $$400a + 20b + c = 18$$
  $$4900a + 70b + c = 4$$

  Lösung des LGS: $a = 0{,}0028; \ b = -0{,}532; \ c = 27{,}52$

  Funktionsterm für die **Randfunktion:** $f(x) = 0{,}0028x^2 - 0{,}532x + 27{,}52$

- **Mathematische Lösung**
  Höchster y-Wert der Anlaufspur: $y_1 = 27{,}52$
  y-Wert des tiefsten Punktes der Schanze: $y_2 = f(90) = 2{,}32$
  Differenz der y-Werte: $d = y_1 - y_2 = 27{,}52 - 2{,}32 = 25{,}2$

**Der größte Höhenunterschied beträgt 25,2 m.**

**Hinweis:** Hier bietet sich der Einsatz eines (zusätzlichen) elektronischen Hilfsmittels an. Stichwort: **Matrix, Regression**

## Beispiel

➥ Ein Designer entwirft eine neue Glasschale. Ihr Querschnitt entspricht der markierten Fläche in Abb. 1. Diese Fläche wird von zwei Parabeln $P_1$ und $P_2$ und der x-Achse begrenzt. Die Parabel $P_1$ ist das Schaubild der Funktion $h_1$ und die Parabel $P_2$ ist das Schaubild der Funktion $h_2$ mit $h_1(x) = 0,08\,x^2 + 1$ und $h_2(x) = 0,10\,x^2 - 1$. Eine Längeneinheit entspricht 1 cm.

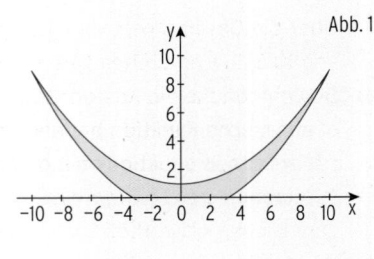

Abb. 1

a) Wie groß ist die Standfläche dieser Schale?

b) Der Designer möchte die Form leicht verändern (siehe Abb. 2). Die Schale soll oben einen 0,5 cm breiten waagrechten Rand erhalten. Dabei soll die innere Form der Schale unverändert bleiben. Bestimmen Sie eine Funktion, mit der sich die neue äußere Randkurve des Querschnitts der Schale beschreiben lässt.

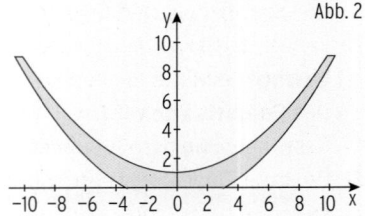

Abb. 2

## Lösung

a) Die Standfläche ist ein Kreis. Zur Berechnung des Radius bestimmt man eine Nullstelle von $h_2$.

| | |
|---|---|
| Bedingung: $h_2(x) = 0$ | $0,10\,x^2 - 1 = 0$ |
| Nullstellen: | $x_1 = -3,16$; $x_2 = 3,16$ |
| Radius des Kreises: | $r = x_2 = 3,16$ |
| Flächeninhalt des Kreises: | $A = \pi \cdot r^2 = \pi \cdot 3,16^2 = 31,4$ |

Die Standfläche beträgt 31,4 cm².

b) Die neue äußere Randkurve $P_3$ verläuft durch die Punkte $Q_1(-10,5\,|\,9)$ und $Q_2(10,5\,|\,9)$. Eine Möglichkeit, die neue Randkurve zu erhalten, besteht darin, den Scheitel $S(0\,|\,{-1})$ der Parabel $P_2$ beizubehalten und $P_2$ so zu strecken, dass sie durch $Q_2(10,5\,|\,9)$ verläuft.

**Ansatz:** $h_3(x) = a\,x^2 - 1$

Punktprobe mit $Q_2(10,5\,|\,9)$:

$$a \cdot (10,5)^2 - 1 = 9$$

$$a = \frac{10}{10,5^2} = 0,0907$$

Funktionsterm:

$$h_3(x) = 0,0907\,x^2 - 1$$

**Hinweis:** Man kann auch $P_2$ nach unten verschieben, bis die neue Kurve durch $Q_2$ geht.

## Aufgaben

**1** Über die Gesamtkosten K eines Betriebs in € ist Folgendes bekannt: Für eine Produktion von 10 Stück entstehen Gesamtkosten von 1050 €, bei 20 Stück sind es 1400 €.

**a)** Bestimmen Sie die Kostenfunktion K unter der Annahme, dass es sich um eine quadratische Funktion handelt und die Fixkosten 900 € betragen.

**b)** Für welche Produktionsmenge entstehen Gesamtkosten von 1200 €?

**c)** Bestimmen Sie die Gewinnzone und den größten Gewinn, wenn die produzierte Menge zum Stückpreis von 85 € verkauft wird.

**d)** Wie groß ist der mittlere Kostenzuwachs im Intervall [10; 30]? Interpretieren Sie.

**2** Bei den olympischen Spielen werden beim Diskuswerfen Scheiben verwendet, deren Form sich näherungsweise durch ein Parabelstück beschreiben lässt (siehe Skizze, alle Angaben in cm). Das Parabelstück wird beschrieben durch den Term $f(x) = -\frac{5}{2}x^2 + \frac{19}{2}x$.

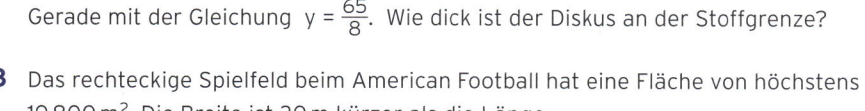

**a)** Berechnen Sie den Durchmesser und die Dicke des Diskus.

**b)** Um gute Flugeigenschaften und eine hohe Haltbarkeit zu erzielen, entwickelt ein Sportinstitut einen Diskus, bei dem die Kante aus Stahl (siehe Markierung in der Skizze) und der Rest aus einem anderen Material besteht.
Im Querschnitt lässt sich die Stoffgrenze beschreiben durch eine Gerade mit der Gleichung $y = \frac{65}{8}$. Wie dick ist der Diskus an der Stoffgrenze?

**3** Das rechteckige Spielfeld beim American Football hat eine Fläche von höchstens 10 800 m². Die Breite ist 30 m kürzer als die Länge.

**a)** Zeigen Sie, dass die Länge folgende Ungleichung erfüllt: $x^2 - 30x - 10\,800 \leq 0$.

**b)** Welche Breite darf das Fußballfeld haben, wenn es mindestens 90 m lang sein muss?

**4** Die Fixkosten für die Produktion einer Ware belaufen sich auf 330 Geldeinheiten (GE). Werden 10 Mengeneinheiten (ME) der Ware hergestellt, erhöhen sich die Gesamtkosten um 30 GE. Bei 20 ME betragen die Gesamtkosten 410 GE.
Prüfen Sie, ob die Gesamtkosten durch die Kostenfunktion K mit $K(x) = \frac{1}{10}x^2 + 2x + 330$ richtig beschrieben werden.
Wie hoch muss der Preis pro ME festgelegt werden, dass die Gewinnschwelle bei 30 ME liegt? In welchem Bereich wird dann mit Gewinn produziert?

**5** Auf einer Teststrecke wird gemessen, wie viel Benzin ein PKW bei gleichbleibender Geschwindigkeit verbraucht. Dabei hängt der Benzinverbrauch f (in Liter pro 100 km) quadratisch von der Geschwindigkeit $v$ (in $\frac{km}{h}$) ab:

$f(v) = a v^2 + b v + 7$

| v | 30 | 80 |
|---|---|---|
| f(v) | 6,25 | 7,0 |

Mit welchem Verbrauch ist bei durchschnittlich 120 km pro h zu rechnen?

**6** Ein Zehnkämpfer stößt seine Kugel so, dass die Flugbahn durch folgenden Funktionsterm beschrieben werden kann: $f(x) = -0,059 x^2 + 0,93 x + 2$; $x \geq 0$.
Die Entfernung vom Wurfkreis wird durch x in Meter gemessen, die Funktionswerte geben die Höhe der Kugel in Meter an.
Berechnen Sie die Nullstelle von f.
Welche Bedeutung hat diese Nullstelle?
Welche größte Höhe erreicht die Kugel?

**7** Eine Brückendurchfahrt ist 6,60 m hoch und 8 m breit.
Ein Fahrzeug ist 3 m breit und 4,80 m hoch.
Kann dieses Fahrzeug noch unter der Brücke hindurchfahren?

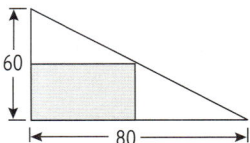

**8** Auf einem dreieckigen Grundstück mit den Kantenlängen 60 m und 80 m soll ein möglichst großer rechteckiger Bauplatz abgesteckt werden.

**9** Eine Flüssigkeit wird auf 90 °C erhitzt.
Dann lässt man sie bei einer Umgebungstemperatur von 20 °C abkühlen.
Bei diesem Experiment erhält man folgende Messreihe:

| Zeit t in Minuten | 0 | 1 | 2 | 3 | 4 | 5 | 6 | 7 |
|---|---|---|---|---|---|---|---|---|
| Temperatur in °C | 90 | 58 | 40 | 31 | 26 | 22 | 22 | 21 |

Stellen Sie die Messdaten in einem Koordinatensystem dar.
Bestimmen Sie eine Gleichung einer quadratischen Regressionskurve und zeichnen Sie die Kurve in das Koordinatensystem ein.
Beurteilen Sie die Regressionskurve.

## Test zur Überprüfung Ihrer Grundkenntnisse

**1** Bestimmen Sie die Parabelgleichungen
aus der Abbildung.

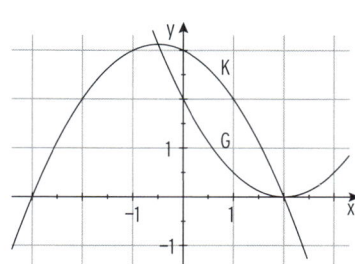

**2** Interpretieren Sie die Abbildung.
Prüfen Sie Ihre Vermutungen rechnerisch
nach, wenn die Kurve B die y-Achse in 2,25
schneidet.

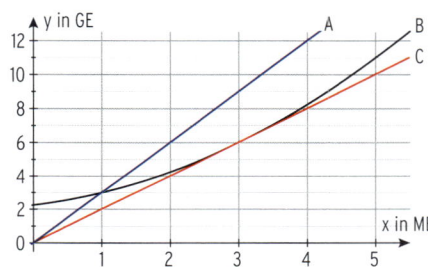

**3** K ist der Graph der Funktion f mit $f(x) = \frac{1}{2}(x + 1)(6 - 3x)$; $x \in \mathbb{R}$.
Berechnen Sie:

**a)** die Nullstellen von f.

**b)** die x-Werte, für die gilt: $f(x) < 3$.

**c)** die Schnittpunkte von K mit dem Graph von g mit $g(x) = x^2 - 1$.

**4** Berechnen Sie die exakten Lösungen.

**a)** $2x^2 + 2x = 24$        **b)** $\frac{1}{2}x^2 - 4x + 8 = 0$        **c)** $0 = 2x - \frac{1}{3}x^2$

**5** Der Graph der Funktion f mit $f(x) = x^2 - 1$ wird mit dem Faktor $\frac{1}{2}$ in y-Richtung gestreckt
und danach um 3 nach links verschoben.
Wie lautet die Parabelgleichung?
Lassen sich die Schnittpunkte der neuen Parabel mit der x-Achse ohne Rechnung
bestimmen?

## 2.3 Polynomfunktionen höheren Grades

### Modellierung einer Situation

Der Markt für Verpackungsmaschinen ist im Umbruch.
Die Nachfrage ist gestiegen und Konkurrenz aus dem
Ausland drängt auf den Markt.
Die Geschäftsleitung der Firma Waldner Verpackungs-
technik will die Kosten- und die Gewinnsituation
untersuchen lassen. Die Gesamtkosten des Topmodells
PACK2 der letzten Produktionsperiode sind in der
Tabelle aufgelistet.

| Menge in ME | 0 | 2 | 4 | 6 |
|---|---|---|---|---|
| Gesamtkosten K (x) in GE | 9 | 17 | 33 | 105 |

Bei einem verkauften Modell werden alle Kosten gedeckt.
Die Geschäftsleitung will wissen, zu welchem Preis das Topmodell verkauft wird.
Prüfen Sie, ob die Gewinnzone bei 1 ME beginnt und etwa bei 5,6 ME endet.

Die Abbildung zeigt den Graph der
Gesamtkostenfunktion K mit
$K(x) = x^3 - 5x^2 + 10x + 9;\ x \geq 0;\ x$ in ME
und die Erlösgerade mit  $E(x) = 15x$.
Aufgrund hohen Konkurrenzdrucks will die
Geschäftsleitung wissen, ob der Marktpreis
auf 7 GE/ME gesenkt werden kann, um keine
Verluste zu machen. Zeigen Sie, die notwen-
dige Berechnung führt auf $(x - 3)^2(x + 1) = 0$.

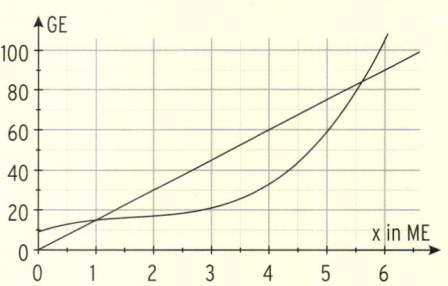

Wie viele Modelle sollten dann produziert und
verkauft werden?
Erläutern Sie diese Situation mithilfe der
Abbildung.

Bearbeiten Sie diese Situation, nachdem
Sie die rechts aufgeführten **Qualifikationen
und Kompetenzen** erworben haben.

### Qualifikationen & Kompetenzen

- Realitätsbezogene Zusammenhänge mit Polynomfunktionen
  mathematisch modellieren
- mathematisch argumentieren
- Polynomgleichungen lösen
- Die mathematische Fachsprache
  verwenden

## 2.3.1 Potenzfunktionen

In der Geometrie und der Physik kommen Formeln der unterschiedlichsten Art vor.

Geometrie: Flächeninhalt eines Quadrates $A = a^2$; Volumen eines Würfels $V = a^3$

| **Beispiele aus der Physik** | Formel | Mathematische Form |
|---|---|---|
| Beschleunigte Bewegung: | $v = a \cdot t$ | $f(x) = a \cdot x$ |
| Kinetische Energie: | $W = \frac{m}{2} \cdot v^2$ | $f(x) = b \cdot x^2$ |
| Gravitationsgesetz: | $F = G \cdot \frac{m_1 m_2}{r^2}$ | $f(x) = c \cdot x^{-2}$ |
| Fallzeit beim freien Fall: | $t = \sqrt{\frac{2s}{g}} = (\frac{2s}{g})^{\frac{1}{2}}$ | $f(x) = d \cdot x^{\frac{1}{2}}$ |

> **Beachten Sie:**
>
> Eine Funktion f mit $f(x) = a \cdot x^r$ mit $x \in D$; $r \in \mathbb{Q}$, ist eine **Potenzfunktion**.
> $\mathbb{Q}$ ist die Menge aller **Bruchzahlen**.

### Beispiele für Potenzfunktionen mit natürlichem Exponenten

f mit $f(x) = x^n$; $x \in \mathbb{R}$; $n \in \mathbb{N}$

**Bekannt sind:**

$n = 1$: $f(x) = x$; $x \in \mathbb{R}$
Ursprungsgerade: $y = x$
$n = 2$: $f(x) = x^2$; $x \in \mathbb{R}$
Normalparabel: $y = x^2$

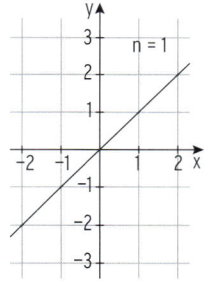
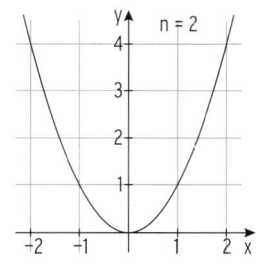

**Neu:**

| Schaubild von f | $n = 3$: $f(x) = x^3$; $x \in \mathbb{R}$ | $n = 4$: $f(x) = x^4$; $x \in \mathbb{R}$ |
|---|---|---|
| | n = 3 | n = 4 |
| Globaler Verlauf | vom III. in I. Quadranten | vom II. in I. Quadranten |
| Symmetrie | zum Ursprung | zur y-Achse |

**Hinweis: Potenzfunktionen** mit Exponenten **nicht** aus $\mathbb{N}$ werden im Kapitel „Umkehrfunktion" behandelt.

**1** Skizzieren Sie den Graph der Potenzfunktion.

a) $f(x) = -x^3$  b) $g(x) = 0{,}5x^4$  c) $h(x) = -x^5$  d) $k(x) = -\frac{1}{2}x^2$

Beschreiben Sie Eigenschaften des Graphen.
Wie ändert sich der Funktionswert, wenn sich der x-Wert verdoppelt (verdreifacht)?

**2** Das Schaubild K von f mit $f(x) = a\,x^n$ verläuft durch die Punkte A(2|1) und B(1|0,125).
Bestimmen Sie den Funktionsterm.

**3** Das Schaubild K von f mit $f(x) = a\,x^b$ verläuft durch die Punkte A(2|1) und B$\left(1\left|\frac{1}{4}\right.\right)$.
Bestimmen Sie den Funktionsterm. Für welche x-Werte ist $f(x) < \frac{1}{10}$?

**4** Gegeben ist das Schaubild der Potenzfunktion f
mit $f(x) = a\,x^n$; $n \in \mathbb{N}$.
Welche Aussagen lassen sich über a und n
machen?

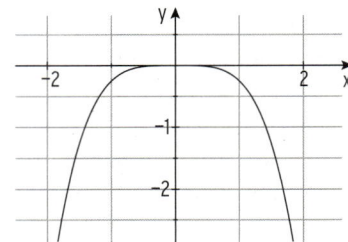

**5** In einem Lexikon steht: Der Durchmesser d eines
Atomkerns hängt im Wesentlichen von der Anzahl
A der Nukleonen (Protonen und Neutronen) ab.
Wenn man sich den Atomkern als mehr oder weni-
ger kugelförmigen Haufen aus Protonen und Neutronen vorstellt, kann man die folgende
Näherungsformel für d (in m) verwenden: $d = 2{,}4 \cdot 10^{-15} \cdot \sqrt[3]{A}$.
Ein Aluminiumkern hat 13 Protonen und 14 Neutronen.
Wie groß ist sein Durchmesser in Millimeter?

**6** Aus einem Draht der Länge L soll das Gittermodell eines Würfels geformt werden.

a) Geben Sie das Volumen V eines Würfels in Abhängigkeit von L an.
Stellen Sie den funktionalen Zusammenhang grafisch dar.

b) Welche Beziehung besteht zwischen L und der Oberfläche des Würfels?

**7** Gegeben ist eine Funktion f mit $f(x) = x^n$; $n \in \mathbb{N}$.
Für welches n liegt der Punkt P auf dem Schaubild von f?

a) P(0,5|0,125)  b) P(−2|16)  c) P(−3|−27)

**8** Ordnen Sie die Schaubilder 1 bis 4 aus der nebenstehenden
Abbildung den folgenden Funktionstermen zu.
Überprüfen Sie Ihre Entscheidung.

$f(x) = 0{,}2\,x^3$

$g(x) = -1{,}2\,x^3$

$h(x) = 0{,}7\,x^4$

$k(x) = 2\,x^5$

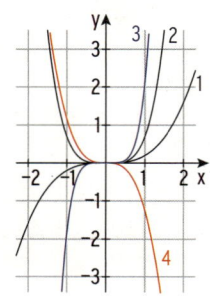

## 2.3.2 Polynomfunktionen 3. Grades – Einführung

### Beispiel

⮕ Die Abbildung zeigt den Graphen der Gesamtkostenfunktion K mit
$K(x) = x^3 - 7x^2 + 20x + 40;\ x \geq 0;\ x$ in ME
und die Erlösgerade.

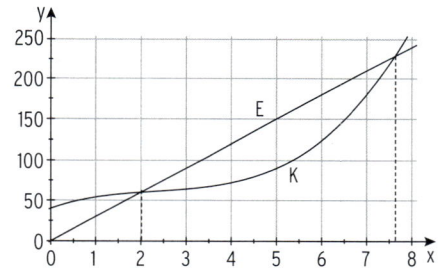

a) Beschreiben Sie den Verlauf der Gesamtkostenkurve.
Wie hoch ist der Verkaufspreis?

b) Begründen Sie, warum bei einer Produktion von 1 ME das Unternehmen keinen Gewinn macht. Geben Sie die Gewinnzone an.

### Lösung

a) **Verlauf:** K verläuft im 1. Quadranten,
K schneidet die y-Achse in 40, d. h.,
die Fixkosten betragen 40 GE.
Die Gesamtkostenkurve ist wachsend.
Wegen $K(2) = E(2) = 60$ folgt $p = 30$
und mit $E(x) = p \cdot x$: $E(x) = 30x$

b) **Erlösfunktion** E mit $E(x) = 30x$
Wegen $K(1) = 54$ und $E(1) = 30$
ist $G(1) = E(1) - K(1) = -24$.
d. h., das Unternehmen macht in $x = 1$ einen Verlust. **Kein Gewinn bei x = 1.**

**Gewinnzone**
Bedingung für die Grenzen: $E(x) = K(x)$
Durch Ablesen: $x_1 = x_{GS} = 2;\ x_2 = x_{GG} \approx 7{,}6$
Die Gewinnzone erstreckt sich von 2 ME bis 7,6 ME.

**Hinweis:** Hier bietet sich der Einsatz eines (zusätzlichen) elektronischen Hilfsmittels an.
Stichwort: Schnittstelle

---

**Beachten Sie:**

Eine **Polynomfunktion** f 3. Grades ist gegeben durch
$f(x) = ax^3 + bx^2 + cx + d;\ x \in \mathbb{R};\ a \neq 0$.
a, b, c und d heißen Koeffizienten.
Der maximale Definitionsbereich von f ist $D = \mathbb{R}$.

---

$ax^3 + bx^2 + cx + d$ ist ein **Polynom 3. Grades**.
**Polynomfunktionen** werden auch als **ganzrationale Funktionen** bezeichnet.

### Beispiel

↪ Gegeben ist die Funktion f durch  $f(x) = 2x^3 - 3x$;  $x \in \mathbb{R}$.
Welche Eigenschaften hat der Graph K von f? Vergleichen Sie f(−2) mit f(2).

### Lösung

**Globaler Verlauf:**

K verläuft vom 3. in das 1. Feld;
K verläuft für  $x \to \infty$  bzw. für  $x \to -\infty$
wie das Schaubild mit  $y = 2x^3$.

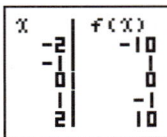

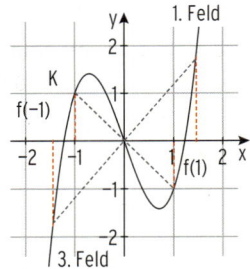

**Symmetrie:**

$f(-2) = -10$;  $f(2) = 10$
Vergleicht man z. B.  $f(2) = -f(-2)$;  $f(1) = -f(-1)$, so stellt man
fest:  $f(x) = -f(-x)$, d. h. K ist symmetrisch zum Ursprung O.
Im Funktionsterm sind alle Exponenten von x ungerade:  $f(x) = ax^3 + cx$.

---

### Beachten Sie:

**Bedingung für Punktsymmetrie zu O(0|0):  $f(x) = -f(-x)$**

---

### Beispiel

↪ Gegeben ist die Funktion f durch  $f(x) = -0,5x^3 + 0,5x$;  $x \in \mathbb{R}$.
a) Skizzieren Sie das zugehörige Schaubild K und beschreiben Sie den Verlauf von K.
b) K wird um 1 nach oben verschoben.
Welche Folgerungen ergeben sich für die verschobene Kurve G?

### Lösung

a) **Globaler Verlauf**

Der Graph K von f verläuft vom II. in
den IV. Quadranten, von links oben
nach rechts unten. K verläuft für
$x \to \infty$  bzw. für  $x \to -\infty$  wie das
Schaubild mit  $y = -0,5x^3$.

**Symmetrie:**

K ist symmetrisch zum Ursprung O.

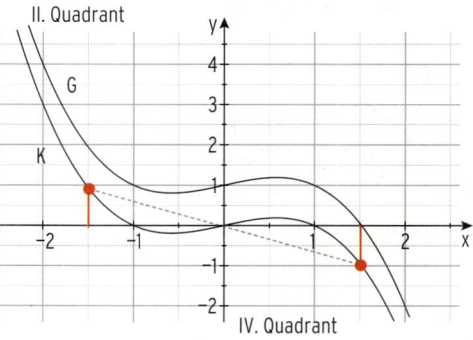

b) Verschiebung von K um 1 nach oben:
G:  $g(x) = -0,5x^3 + 0,5x + 1 = f(x) + 1$
Der **globale Verlauf ist wie bei K:**
G verläuft **symmetrisch** zu (0|1).

## Schaubilder von Polynomfunktionen 3. Grades

Aus dem Funktionsterm lassen sich folgende Eigenschaften des Schaubildes einer ganzrationalen Funktion 3. Grades direkt ablesen.

### Symmetrie zum Ursprung:

Kommen im Funktionsterm **nur ungerade Exponenten** von x vor, dann ist das Schaubild **symmetrisch zum Ursprung**. Die Bedingung für Punktsymmetrie zu $O(0|0)$, $f(x) = -f(-x)$, ist erfüllt und es gilt $f(x) = ax^3 + cx$.

### Globaler Verlauf

Das Vorzeichen des Koeffizienten a vor $x^3$ entscheidet über den Verlauf des Schaubildes für $x \to \infty$ bzw. $x \to -\infty$.

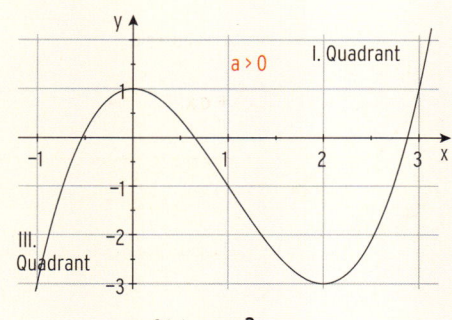

$f(x) = a\,x^3 + \dots$

Das Schaubild von f verläuft für **a > 0** vom III. in den I. Quadranten.

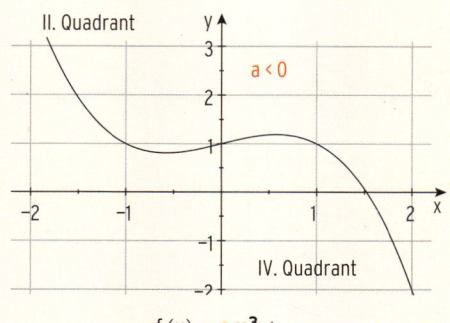

$f(x) = a\,x^3 + \dots$

Das Schaubild von f verläuft für **a < 0** vom II. in den IV. Quadranten.

## Aufgaben

**1** Zeichnen Sie das Schaubild K der gegebenen Funktion f in einem geeigneten Bereich. Machen Sie Aussagen über den Verlauf von K.

**a)** $f(x) = x^3 + 2,5$      **b)** $f(x) = -0,5x^3 + x$      **c)** $f(x) = \frac{1}{3}(x^3 - 4x^2 + 2x)$

**2** K ist der Graph der Funktion f mit $f(x) = -x^3 - x^2 + 2;\ x \in \mathbb{R}$.

**a)** Zeigen Sie: $f(\sqrt{2}) = -2\sqrt{2}$.

**b)** Prüfen Sie, ob der Punkt $P(1,5|-3,6)$ auf dem Graph von f liegt.

**c)** Der Graph G entsteht durch Verschiebung von K. G verläuft durch $A(1|-2)$. G schneidet die x-Achse in $x = -1$. Begründen Sie diese Behauptung.

**3** Das Schaubild einer Polynomfunktion 3. Grades ist symmetrisch zum Ursprung. Skizzieren Sie ein mögliches Schaubild, wenn dieses

**a)** die x-Achse in 3 schneidet,

**b)** durch die Punkte $P(1|2)$ und $Q(3|-2)$ geht,

**c)** die Gerade mit $y = -2x$ im Ursprung berührt.

**4** Ordnen Sie die Schaubilder 1 bis 3 aus der nebenstehenden Abbildung den folgenden Funktionstermen zu.
Begründen Sie Ihre Entscheidung.

$f(x) = x^3 - 2x^2 + 1$
$g(x) = 1 - x^3$
$h(x) = x^3 - x + 1$

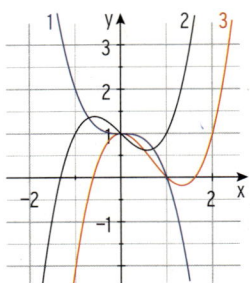

**5** Die Abbildung zeigt u. a. das Schaubild von f mit $f(x) = x^3 - 2x^2 + x$; $x \in \mathbb{R}$.
Welche Kurve ist das Schaubild von f?
Begründen Sie Ihre Entscheidung.
Wie lauten die Gleichungen der anderen Kurven?

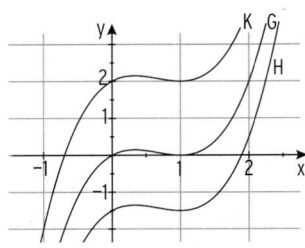

**6** Welche Kurven der Abbildungen A, B und C sind Schaubilder einer Funktion f mit der folgenden Eigenschaft?

a) K ist symmetrisch zum Ursprung.  b) $f(1) = -1$  c) $f(0) > -2$

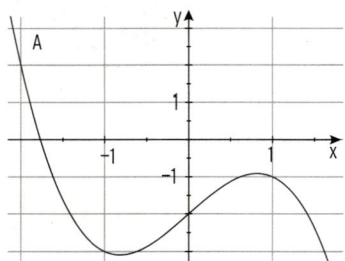
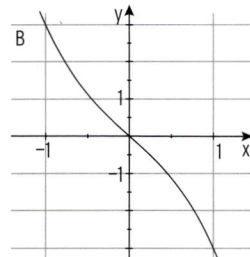
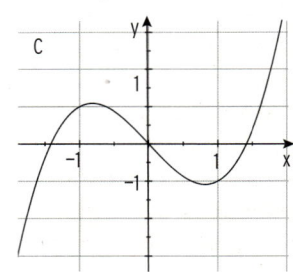

**7** Der Graph der Funktion f mit $f(x) = x^3 - 4x - 2$; $x \in \mathbb{R}$, ist G.

a) Weisen Sie nach, dass G nicht punktsymmetrisch zum Koordinatenursprung ist.
Geben Sie das Verhalten der Funktionswerte von f für $x \to +\infty$ und $x \to -\infty$ an.

b) Der Graph der Funktion f beschreibt modellhaft das Profil eines Kanals $(-1,6 \leq x \leq 2,2)$ sowie die links angrenzende Uferböschung mit Erhebung $(1\,\text{LE} = 1\,\text{m})$.
Die x-Achse befindet sich auf der Höhe der Kanalwasseroberfläche (siehe Abb.).
Der Punkt H hat die Koordinaten $x_H \approx -1,15$ und $y_H \approx 1,08$.
Interpretieren Sie H im Sachzusammenhang.
Bestimmen Sie die größte Tiefe des Kanals.

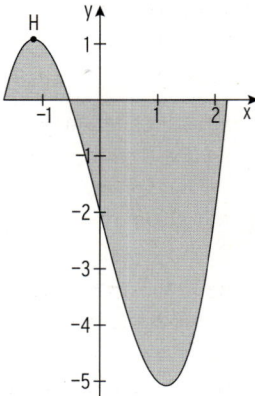

### 2.3.3 Polynomfunktionen 4. Grades – Einführung

#### Beispiel

➲ An einem Novembertag wurden in Wangen i. A. folgende Temperaturen gemessen.

| Zeit in h | 0 | 2 | 4 | 6 | 8 | 10 | 12 | 14 | 16 | 18 | 20 | 22 | 24 |
|---|---|---|---|---|---|---|---|---|---|---|---|---|---|
| Temperatur in °C | −1 | −0,5 | 3 | 8 | 12,5 | 16 | 17,5 | 17 | 14 | 10 | 5 | 0,5 | −1,5 |

Erläuterung: Um Mitternacht betrug die Temperatur −1°C.

Prüfen Sie, ob die Situation mit der Funktion f mit

$f(t) = 0{,}001t^4 - 0{,}050t^3 + 0{,}660t^2 - 0{,}885t - 1; \ 0 \leq t \leq 24$, modelliert werden kann.

Die akustische Eiswarnanzeige im Pkw spricht bei 4°C an.

Zu welcher Tageszeit war nicht mit glatten Straßen zu rechnen?

#### Lösung

Überprüfung der Behauptung:

Die **ganzrationale Funktion 4. Grades** f mit

$f(t) = 0{,}001t^4 - 0{,}050t^3 + 0{,}660t^2 - 0{,}885t - 1$

ist zur Modellierung geeignet.

**Punktprobe (Wertetabelle):**

Die Werte in der Tabelle liegen nahe bei den gemessenen Werten.

f ist geeignet zur Modellierung.

**Aus dem Graph von f:**

Die gesuchten Werte (Temperatur über 4°C)

liegen zwischen 4,5 und 20,5.

**Bedingung für den Zeitpunkt t:** $f(t) = 4$

Lösung mithilfe einer
verfeinerten
Wertetabelle:

$t_1 = 4{,}4; \ t_2 = 20{,}5$

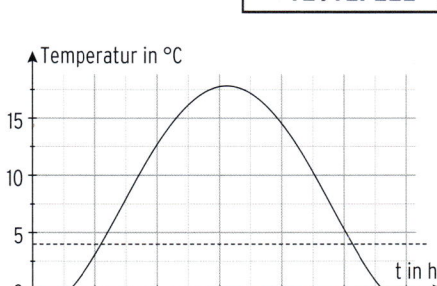

**Ergebnis:** Etwa zwischen 4:30 Uhr und 20:30 Uhr war nicht mit glatten Straßen zu rechnen.

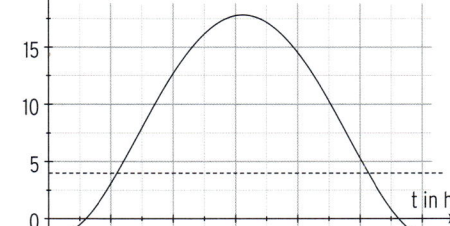

**Hinweis:** Die Gleichung $f(t) = 4$ kann mit einem zusätzlichen elektronischen Hilfsmittel gelöst werden: $f(t) = 4$ für $t_1 = 4{,}40...$ bzw. $t_2 = 20{,}53...$

---

#### Beachten Sie:

Eine **Polynomfunktion** f 4. Grades ist gegeben durch

$f(x) = ax^4 + bx^3 + cx^2 + dx + e; \ x \in \mathbb{R}; \ a \neq 0$.

a, b, c, d und e heißen Koeffizienten.

Der maximale Definitionsbereich von f ist $D = \mathbb{R}$.

### Beispiel

➲ In der Abbildung ist die Polynomfunktion f mit
$f(x) = x^4 - 3x^2 + 1$; $x \in \mathbb{R}$, dargestellt.
Machen Sie Aussagen über den Verlauf des Graphen
K von f.
Vergleichen Sie $f(2)$ mit $f(-2)$.

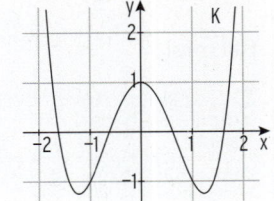

### Lösung

**Globaler Verlauf**

Der Graph K von f verläuft vom 2. in das 1. Feld.

K verläuft für $x \to \infty$ bzw. für $x \to -\infty$ wie das Schaubild mit $y = x^4$.

**Symmetrie**

Berechnung der **Funktionswerte:** $f(2) = 5 = f(-2)$

Für alle x-Werte gilt: $f(x) = f(-x)$ (vgl. Wertetabelle),

d.h. K ist **symmetrisch zur y-Achse.**

Im Funktionsterm sind **alle Exponenten von x gerade:** $f(x) = a\,x^4 + c\,x^2 + e$.

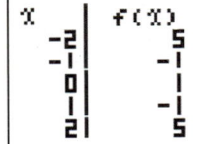

| x | f(x) |
|----|------|
| -2 | 5 |
| -1 | -1 |
| 0 | 1 |
| 1 | -1 |
| 2 | 5 |

---

**Beachten Sie:**

**Bedingung für Achsensymmetrie zur y-Achse: $f(x) = f(-x)$**

---

### Beispiel

➲ K ist das Schaubild der Funktion f mit
$f(x) = -x^4 + x + 2$; $x \in \mathbb{R}$.
Machen Sie Aussagen über den Verlauf des
Graphen K von f.
Kennzeichnen Sie alle Stellen mit $f(x) = 1$.
Welche Bedeutung hat diese Bedingung?

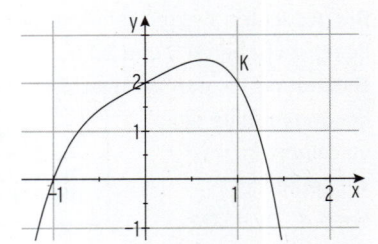

### Lösung

**Globaler Verlauf**

K verläuft vom III. in den IV. Quadranten.

K ist nach unten geöffnet. K verläuft für $x \to \infty$

bzw. für $x \to -\infty$ wie das Schaubild mit $y = -x^4$.

**Symmetrie**

Der Graph von f ist **nicht symmetrisch zur y-Achse.**

**$f(x) = 1$** bedeutet: Gesucht sind die Kurven-

punkte mit der y-Koordinate $y = 1$:

$P(\approx -0{,}7 \mid 1)$; $Q(\approx 1{,}2 \mid 1)$

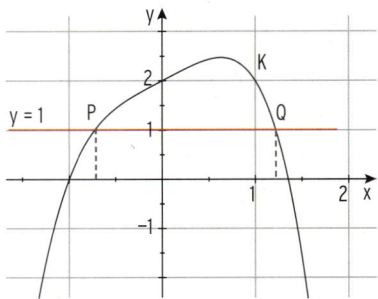

**Hinweis:** Zur Bestimmung der Schnittstellen von K und der Geraden mit $y = 1$ ($f(x) = 1$)
ist eine Polynomgleichung zu lösen: $-x^4 + x + 2 = 1 \Leftrightarrow -x^4 + x + 1 = 0$.
Sie kann gelöst werden mit einem zusätzlichen elektronischen Hilfsmittel.

## Schaubilder von Polynomfunktionen 4. Grades

Aus dem Funktionsterm lassen sich folgende Eigenschaften direkt ablesen:

### Symmetrie zur y-Achse

Kommen im Funktionsterm nur **gerade Exponenten** von x vor, dann ist das Schaubild **symmetrisch zur y-Achse**.

Die Bedingung für Achsensymmetrie zur y-Achse, **$f(x) = f(-x)$**, ist erfüllt und es gilt: $$f(x) = a x^4 + c x^2 + e$$

### Globaler Verlauf

Das Vorzeichen des Koeffizienten a vor $x^4$ entscheidet über den globalen Verlauf des Schaubildes für $x \to \infty$ bzw. $x \to -\infty$.

Für a $\begin{Bmatrix} >0 \\ <0 \end{Bmatrix}$ ist das Schaubild von f nach $\begin{Bmatrix} \text{oben} \\ \text{unten} \end{Bmatrix}$ geöffnet.

| K: $f(x) = \frac{1}{9}x^4 - \frac{1}{3}x^2 - 1$ | G: $g(x) = -0{,}25 x^4 + x^3 - 3x + 1$ |
|---|---|
| Das Schaubild K ist **symmetrisch zur y-Achse**. | Das Schaubild G ist **nicht symmetrisch zur y-Achse**. |
| K verläuft von links oben nach rechts oben, K ist nach oben geöffnet. | G verläuft von links unten nach rechts unten, G ist nach unten geöffnet. |

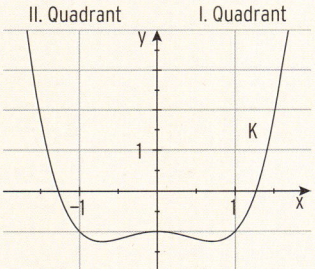

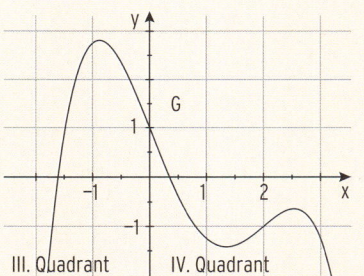

---

## Aufgaben

**1** Zeichnen Sie das Schaubild K der gegebenen Funktion f in einem geeigneten Bereich. Machen Sie Aussagen über den Verlauf von K.

**a)** $f(x) = -\frac{1}{4}x^4 + x^2$ **b)** $f(x) = \frac{1}{6}x^4 + 1$ **c)** $f(x) = x^4 - 3x^2 + 1$

**2** K ist der Graph der Funktion f mit $f(x) = x^4 + x - 2$; $x \in \mathbb{R}$.

**a)** Kennzeichnen Sie $f(-1) = -2$ bzw. $f(x) = 1$ am Schaubild K von f. Liegt die negative Nullstelle von f vor oder nach $-1{,}35$? Begründen Sie.

**b)** K wird an der x-Achse gespiegelt. Was bleibt gleich, was ändert sich?

**c)** K wird so verschoben, dass die verschobene Parabel G durch $(-1 \mid 0)$ verläuft. Wie oft schneidet G die x-Achse?

7 Bohner, Ihlenburg, Ott, Deusch - ISBN 978-3-8120-0206-6

**3** Das Schaubild einer Polynomfunktion 4. Grades ist symmetrisch zur y-Achse und berührt die x-Achse in −2.
Skizzieren Sie eine mögliche Parabel.

**4** Welcher Funktionsterm passt zur nebenstehenden Abbildung?

$f(x) = \frac{1}{4}(x^2 - 2)^2 - 2$

$g(x) = \frac{1}{4}x^4 - x^2 - 1$

$h(x) = \frac{1}{4}x^4 - x - 1$

Begründen Sie Ihre Entscheidung.

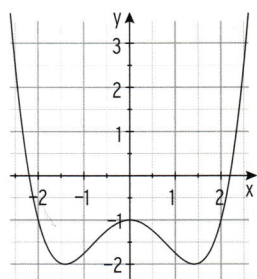

**5** Ordnen Sie die Schaubilder A bis C aus der nebenstehenden Abbildung den folgenden Funktionen zu.
Begründen Sie Ihre Entscheidung.

$f(x) = x^4 - 2x^2 + 2$

$g(x) = 2 - x^4$

$h(x) = \frac{1}{2}x^4 - x^3 + 2.$

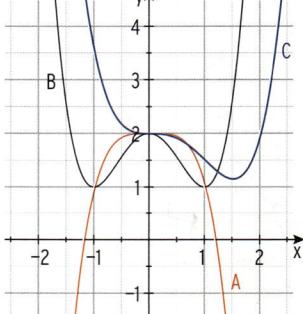

**6** Die Zahl der Besucher einer Ausstellung wird durch nebenstehende Abbildung modelliert.
Dabei ist t die Zeit in h nach Öffnung um 9.00 Uhr.
Beantworten Sie folgende Fragen mithilfe der Abbildung.

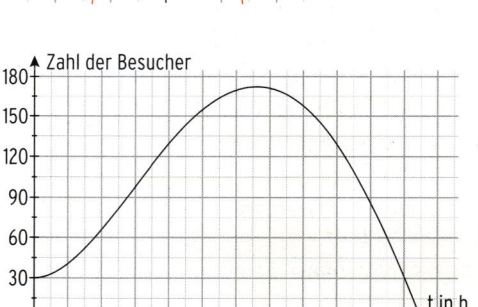

- Wie viele Besucher sind um 11.00 Uhr da?
- Zu welcher Uhrzeit verlässt der letzte Besucher die Ausstellung?
- Wann ist die Zahl der Besucher am größten?
- Wie viele Besucher halten sich dann in der Ausstellung auf?
- Nehmen Sie Stellung zu der Behauptung: Über einen Zeitraum von 5 Stunden sind mehr als 120 Besucher in der Ausstellung.

**7** Die Abbildungen A, B, C und D zeigen Ausschnitte von Schaubildern von Polynomfunktionen. Welchen Grad hat die zugehörige Polynomfunktion?
Ist ihr Schaubild symmetrisch?

A
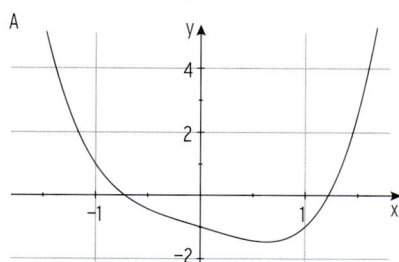

B
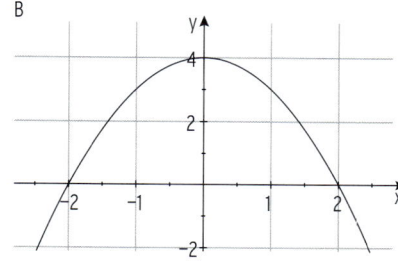

C
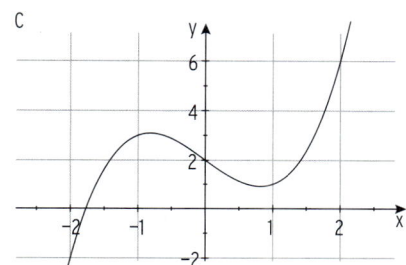

D
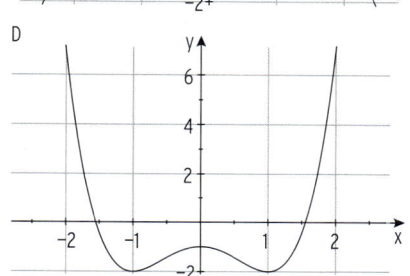

**8** $K_1$ ist der Graph einer Polynomfunktion 4. Grades, $K_2$ ist der Graph einer Polynomfunktion 3. Grades. Welche der folgenden Eigenschaften wird von $K_1$ bzw. von $K_2$ erfüllt? Begründen Sie.

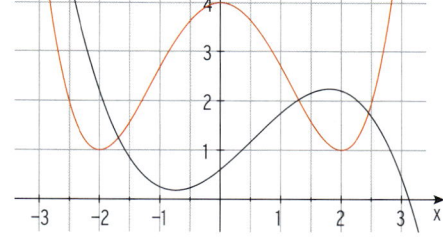

- $f(2) = f(-2)$
- $f(x) > 0$ für alle $x \in \mathbb{R}$.
- $f$ ist wachsend auf $[0; 2]$
- $f(1) \approx 4f(-1)$
- $f(0) - f(2) \approx 3{,}25$

**9** Das Dach einer Reithalle kann durch den Graphen einer Funktion f mit
$f(x) = \frac{1}{2000}x^4 - \frac{1}{10}x^2 + 10$ mit $-9 \leq x \leq 9$ (1 LE = 1 m) beschrieben werden.

Dabei liegt die x-Achse in Höhe des Erdbodens, die y-Achse verläuft durch den höchsten Punkt des Dachprofils.

**a)** Zeigen Sie, dass das Dach symmetrisch ist.
Berechnen Sie die Höhe der seitlichen Dachenden auf einen cm genau.

**b)** Die Vorderfront der Reithalle besitzt unter dem Dach eine 8 m breite Glasfläche, die in der Skizze markiert ist.
Nach unten ist sie in 5,18 m Höhe durch eine Waagrechte begrenzt.
Schätzen Sie den Inhalt der Glasfläche ab.
Beschreiben Sie Ihre Vorgehensweise.

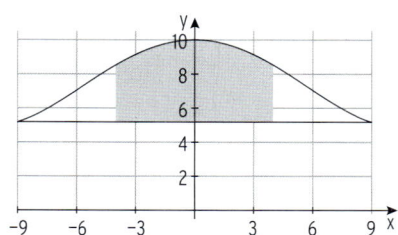

### 2.3.4 Polynomgleichungen und geometrische Interpretation

## A) Lösung von Polynomgleichungen höheren Grades

**Lösung durch 3. Wurzel ziehen**

**Beispiele**

1) $x^3 - 8 = 0 \Leftrightarrow x^3 = 8 \Leftrightarrow x = \sqrt[3]{8} = 2$ (**3. Wurzel aus 8**)

2) $\frac{1}{6}x^3 + 4 = 0 \Leftrightarrow x^3 = -24 \Leftrightarrow x = -\sqrt[3]{24}$ (**Minus** 3. Wurzel aus 24)

$$\begin{array}{|lr|} \hline \sqrt[3]{8} & \\ & 2 \\ -\sqrt[3]{24} & \\ & -2{,}884499141 \\ \hline \end{array}$$

> **Bemerkung:** Für $a \geq 0$: $\left(\sqrt[3]{a}\right)^3 = a$.

> **Beachten Sie:**
>
> Gleichungen der Form $a\,x^3 + d = 0$; $a \neq 0$ werden umgeformt zu $x^3 = \dots$
> Diese Gleichung hat **immer eine Lösung.**

**Lösung durch 4. Wurzel ziehen**

**Beispiele**

1) $x^4 - 16 = 0 \Leftrightarrow x^4 = 16 \Rightarrow x = \pm\sqrt[4]{16} = \pm 2$

   In Worten: x ist gleich $\pm 4$. Wurzel aus 16.

2) $x^4 + 6 = 0 \Leftrightarrow x^4 = -6$    Keine Lösung, da $x^4 \geq 0$ für alle x gilt.

$$\begin{array}{|lr|} \hline \sqrt[4]{16} & \\ & 2 \\ \hline \end{array}$$

> **Bemerkung:** Für $a \geq 0$ gilt: $\left(\sqrt[4]{a}\right)^4 = a$

**Vergleichen Sie:**

$$x^2 = 6 \quad \text{für} \quad x_{1|2} = \pm\sqrt{6} \quad \text{Quadratwurzel}$$
$$x^3 = 6 \quad \text{für} \quad x = \sqrt[3]{6} \quad \text{3. Wurzel}$$
$$x^4 = 6 \quad \text{für} \quad x_{1|2} = \pm\sqrt[4]{6} \quad \text{4. Wurzel}$$

> **Beachten Sie:**
>
> Gleichungen der Form $a\,x^4 - e = 0$; $a \neq 0$ werden umgeformt zu $x^4 = \frac{e}{a}$.
>
> Für $\frac{e}{a} > 0$ erhält man durch **4. Wurzel** ziehen **zwei** Lösungen.
>
> Für $\frac{e}{a} < 0$ erhält man **keine** Lösung, für $e = 0$ ist $x = 0$ **einzige** Lösung.

## Aufgaben

**1** Lösen Sie die Gleichungen exakt.

a) $\frac{1}{32}x^3 - 3 = 0$

b) $-0{,}3x^3 - 0{,}8 = 0$

c) $x^3 - 2a = 0$; $a > 0$

d) $x^4 - 2 = \frac{x^4}{2} + 4$

e) $0{,}5x^3 - 2x - 4 = x(x^2 - 2) + 1$

f) $-\frac{3}{25}x^4 + \frac{4}{5} = 0$

**2** Für welche Werte von t hat die Gleichung $0{,}5x^4 - t = 0$ keine Lösung?

## Lösung durch Ausklammern und Anwendung des Satzes vom Nullprodukt
**Beispiele**

1) $x^3 - x^2 = 0$

Seite 291

   **Lösung**

   Ausklammern von $x^2$: $\qquad\qquad\qquad$ $x^2 \cdot x - x^2 = x^2(x-1) = 0$

   Satz vom Nullprodukt: $\qquad\qquad\quad$ $x^2 = 0 \ \lor \ x - 1 = 0$

   Lösungen: $\qquad\qquad\qquad\qquad$ $x_{1|2} = 0; \ x_3 = 1$

2) $x^4 - 9x^3 + 20x^2 = 0$

   **Lösung**

   Ausklammern von $x^2$: $\qquad\qquad\qquad$ $x^2(x^2 - 9x + 20) = 0$

   Satz vom Nullprodukt: $\qquad\qquad\quad$ $x^2 = 0 \ \lor \ x^2 - 9x + 20 = 0$

   Lösung von $x^2 - 9x + 20 = 0$ ergibt: $\quad$ $x_3 = 5; \ x_4 = 4$

   Lösungen: $\qquad\qquad\qquad\qquad$ $x_{1|2} = 0; \ x_3 = 5; \ x_4 = 4$

   **Hinweis:** $x_{1|2} = 0$ ist **doppelte Lösung**; $x_3 = 5$ und $x_4 = 4$ sind zwei einfache Lösungen.

3) $-\frac{1}{9}x(x+3)^2 = 0$

   **Lösung**

   Satz vom Nullprodukt anwenden: $\qquad$ $-\frac{1}{9}x = 0 \ \lor \ (x+3)^2 = 0$

   Lösungen: $\qquad\qquad\qquad\qquad$ $x_1 = 0; \ x_{2|3} = -3$

4) $x^4 - 2x = 0$

   **Lösung**

   Ausklammern von $x$: $\qquad\qquad\qquad$ $x(x^3 - 2) = 0$

   Satz vom Nullprodukt: $\qquad\qquad\quad$ $x = 0 \ \lor \ x^3 - 2 = 0$

   3. Wurzel ziehen: $\qquad\qquad\qquad$ $x^3 - 2 = 0 \ \Leftrightarrow \ x = \sqrt[3]{2}$

   Exakte Lösungen: $\qquad\qquad\qquad$ $x_1 = 0; \ x_2 = \sqrt[3]{2}$

---

### Beachten Sie:

Gleichungen der Form $\ \mathbf{a\,x^3 + b\,x^2 + c\,x = 0}$; $a \neq 0$

$\qquad\qquad\qquad\quad \mathbf{a\,x^4 + b\,x^3 + c\,x^2 = 0}$; $a \neq 0$

löst man durch **Ausklammern** der höchsten gemeinsamen Potenz von $x$
und **Anwendung des Satzes vom Nullprodukt.**

---

## Aufgaben

**1** Lösen Sie exakt.

a) $-0{,}25x^3 + 3x = 0$ $\qquad$ b) $2x^3 - \frac{3}{4}x^2 = 0$ $\qquad$ c) $x^3 - x^2 = x$

d) $-3x^4 + \frac{1}{2}x^3 = 0$ $\qquad$ e) $2x^4 - 5x^2 = 0$ $\qquad\quad$ f) $2{,}5x^2 - 4x^3 + x^4 = 0$

g) $-3x^2(x^2 - 8) = 0$ $\qquad$ h) $x^3(x - 4) = 0$ $\qquad\quad$ i) $(x^2 - 5)(x^2 - 3) = 0$

**Lösung durch Substitution**

**Beispiele**

1)  $x^4 - 9x^2 + 20 = 0$

   **Lösung**

   **Substitution** $x^2 = z$ $(x^4 = z^2)$      $z^2 - 9z + 20 = 0$

   Lösung der quadratischen Gleichung in z:   $z_1 = 4$; $z_2 = 5$

   **Rücksubstitution:**      $z_1 = x^2 = 4 \Rightarrow x_{1|2} = \pm 2$

        $z_2 = x^2 = 5 \Rightarrow x_{3|4} = \pm\sqrt{5}$

   Lösungen:      $x_{1|2} = \pm 2$; $x_{3|4} = \pm\sqrt{5}$

2)  $x^4 - 2x^2 - 3 = 0$

   **Lösung**

   Substitution $x^2 = z$ $(x^4 = z^2)$      $z^2 - 2z - 3 = 0$

   Lösung der quadratischen Gleichung in z:   $z_1 = 3$; $z_2 = -1$

   Rücksubstitution:      $z_1 = x^2 = 3 \Rightarrow x_{1|2} = \pm\sqrt{3}$

        $z_2 = x^2 = -1$

   Diese Gleichung $x^2 = -1$ hat keine Lösung wegen $x^2 \geq 0$.

   Lösungen:      $x_{1|2} = \pm\sqrt{3}$

---

**Beachten Sie:**

Gleichungen der Form $\mathbf{a x^4 + b x^2 + c = 0}$; $a, b, c \neq 0$

löst man durch **Substitution.**

Die **Substitution** $x^2 = z$ ergibt eine **quadratische Gleichung** in z.

**Die Rücksubstitution liefert die gesuchten Lösungen in x.**

---

## Aufgaben

**1** Lösen Sie exakt.

a) $x^4 - 16x^2 + 15 = 0$      b) $-x^4 + 6x^2 = 9$      c) $\frac{1}{7}x^4 - 2x^2 + 8 = 0$

d) $\frac{1}{48}x^4 = \frac{7}{24}x^2 - 1$      e) $\frac{1}{9}(x^2 - 4)(x^2 + 1) = 0$      f) $\frac{1}{9}(x^2 - 4)(x^2 + 1) = -\frac{2}{3}$

g) $t x^4 - 12 t x^2 + 20 t = 0$; $t \neq 0$    h) $x^4 - a x^2 - 2a^2 = 0$; $a > 0$    i) $\frac{1}{9}(x^2 - 3)^2 = 0$

**2** Für welchen Wert von $a \geq 0$ hat die Gleichung $-\frac{1}{16}(x^4 - 6x^2 + a) = 0$ die Lösung $x = 2$? Berechnen Sie für diesen Fall die weiteren Lösungen.

**3** Zeigen Sie: Die Gleichung $-x^4 + x^2 = 1 + a^2$ hat für $a \in \mathbb{R}$ keine Lösung.

**4** Bestimmen Sie die Anzahl der Lösungen von $\frac{1}{2}x^4 + t x^3 - \frac{1}{2}x^2 = 0$ in Abhängigkeit von t.

## Lösung von Polynomgleichungen

| Gleichungstyp | Lösungsverfahren mit Beispielen | | |
|---|---|---|---|
| lineare Gleichung $(a \neq 0)$ | $a\,x + b = 0$<br>• **auflösen nach x**<br>$\frac{1}{2}x - 4 = 0 \Leftrightarrow x = 8$ | | |
| quadratische Gleichung $(a \neq 0)$ | $a\,x^2 + c = 0$<br>• **auflösen nach x**<br>• **2. Wurzel ziehen**<br>$\frac{1}{2}x^2 = 4$<br>$x^2 = 8$<br>$x_{1|2} = \pm\sqrt{8}$ | $a\,x^2 + b\,x = 0$<br>• **x ausklammern**<br>• **Satz vom Nullprodukt**<br>$x^2 - 8x = 0$<br>$x(x - 8) = 0$<br>$x_1 = 0;\ x_2 = 8$ | $a\,x^2 + b\,x + c = 0$<br>• **abc-Formel**<br>$x_{1|2} = \dfrac{-b \pm \sqrt{b^2 - 4ac}}{2a}$<br>$x^2 - 8x + 2 = 0$<br>$x_{1|2} = \dfrac{8 \pm \sqrt{56}}{2}$ |
| Gleichung 3. Grades $(a \neq 0)$ | $a\,x^3 + d = 0$<br>• **Auflösen nach x**<br>• **3. Wurzel ziehen**<br>$\frac{1}{2}x^3 - 4 = 0 \quad | \cdot 2$<br>$x^3 - 8 = 0$<br>$x^3 = 8$<br>$x = \sqrt[3]{8}$ | | $a\,x^3 + b\,x^2 + c\,x = 0$<br>• **Höchste gemeinsame Potenz von x ausklammern**<br>• **Satz vom Nullprodukt**<br>$2x^3 - 8x^2 = 0$<br>$2x^2(x - 4) = 0$<br>$2x^2 = 0 \lor x - 4 = 0$<br>$x_{1|2} = 0;\ x_3 = 4$ |
| Gleichung 4. Grades $(a \neq 0)$ | $a\,x^4 + d = 0$<br>• **Auflösen nach x**<br>• **4. Wurzel ziehen**<br>$\frac{1}{2}x^4 - 4 = 0$<br>$\frac{1}{2}x^4 = 4$<br>$x^4 = 8$<br>$x_{1|2} = \pm\sqrt[4]{8}$ | $a\,x^4 + b\,x^3 + c\,x^2 = 0$<br>• **Höchste gemeinsame Potenz von x ausklammern**<br>• **Satz vom Nullprodukt**<br>$x^4 - 8x^3 + 2x^2 = 0$<br>$x^2(x^2 - 8x + 2) = 0$<br>$x^2 = 0$<br>$\lor\ x^2 - 8x + 2 = 0$<br>$x_{1|2} = 0;$<br>$x_{3|4} = \dfrac{8 \pm \sqrt{56}}{2}$ | $a\,x^4 + c\,x^2 + e = 0$<br>• **Substitution:**<br>$x^2 = z\ (x^4 = z^2)$<br>$x^4 - 8x^2 + 7 = 0$<br>$z^2 - 8z + 7 = 0$<br>$z_1 = 7;\ z_2 = 1$<br>$x_{1|2} = \pm\sqrt{7};\ x_{3|4} = \pm 1$ |

## Aufgaben

**1** Lösen Sie die Gleichungen. (Es werden exakte Werte verlangt.)

**a)** $2x + x^3 = 0$

**b)** $-\frac{1}{5}(x^3 - 10x^2) = \frac{9}{5}x$

**c)** $\frac{1}{8}(x^3 - 10x) = 0$

**d)** $\frac{1}{4}x^3 = 2x^2 - 4x$

**e)** $\frac{2}{9}x(x-2)(x+4) = 0$

**f)** $-\frac{x^2}{8}(3 - 4x) = 0$

**g)** $x - 0{,}5x^4 = 0$

**h)** $-\frac{1}{3}x^4 + \frac{2}{3}x^3 = 0$

**i)** $\frac{1}{12}(x^4 - 2x^3 - 48x^2) = 0$

**j)** $\frac{x^4}{16} - \frac{x^3}{2} + \frac{9x^2}{8} = 0$

**k)** $0{,}4x^4 - x^2 = 0{,}8x^3$

**l)** $x^4 = 2x^2$

**2** Für welchen Wert von a hat die Gleichung $x^3 - 3x^2 - ax = 0$ die Lösung $x = -1$?

**3** Geben Sie eine mögliche Gleichung an.

**a)** $x_1 = 0$, $x_2 = 2$ und $x_3 = -3$ sind die Lösungen einer Gleichung dritten Grades.

**b)** $x_1 = 0$ und $x_2 = 1$ sind die einzigen Lösungen einer Gleichung dritten Grades.

**4** Geben Sie für die Gleichung $x^2(x + 6) = 0$ drei verschiedene äquivalente Gleichungen an.

**5** Schreiben Sie die Gleichung $x^3 - 4x^2 = -4x$ in der Form $(x - x_1)(x - x_2)(x - x_3) = 0$ mit geeigneten Zahlen $x_1, x_2, x_3$.

**6** Machen Sie Aussagen über Anzahl und Art der Lösungen: $(x^2 - 1)(x + 3)(x - a) = 0$.

**7** Eine Gleichung 4. Grades hat die Lösungen 0 und $\pm 4$.
Bestimmen Sie zwei mögliche Gleichungen.

## B) Nullstellen einer Polynomfunktion

### Beispiel

⮕ Skizzieren Sie das Schaubild $K_f$ der Funktion f mit $x \in \mathbb{R}$.
Berechnen Sie die Nullstellen von f exakt.

**a)** $f(x) = \frac{1}{2}x^3 + 2$

**b)** $f(x) = x^3 + x^2 - 2x$

**c)** $f(x) = -\frac{3}{2}x^3 + 2x^2$

### Lösung

**a)** **Bedingung** für die Nullstellen:

$f(x) = 0$

$\frac{1}{2}x^3 + 2 = 0$

Umformung:

$\frac{1}{2}x^3 = -2 \iff x^3 = -4$

Lösung durch **Wurzelziehen:**

$x = -\sqrt[3]{4}$

Exakte Nullstelle von f: $x = -\sqrt[3]{4}$

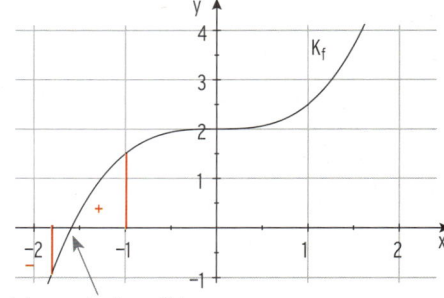

Vorzeichenwechsel von f(x),
**einfache** Nullstelle von f

**Bemerkung:** Eine Gleichung 3. Grades hat mindestens eine und höchstens drei Lösungen.

b) Bedingung für die Nullstellen: $f(x) = 0$

Lösung durch **Ausklammern:**

Satz vom Nullprodukt anwenden:

$x = 0 \ \lor \ x^2 + x - 2 = 0$

Lösung der quadratischen Gleichung:

$x^2 + x - 2 = 0$

mit der Lösungsformel: $x_2 = -2$; $x_3 = 1$

Die Funktion f hat **drei einfache Nullstellen.**

Nullstellen von f: $x_1 = 0$; $x_2 = -2$; $x_3 = 1$

**Linearfaktorzerlegung (Produktform) von**

**f(x):** $f(x) = x(x + 2)(x - 1)$

$x^3 + x^2 - 2x = 0$

$x(x^2 + x - 2) = 0$

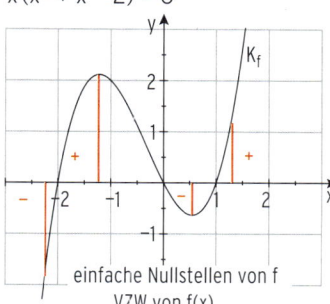

einfache Nullstellen von f
VZW von f(x)

c) Bedingung für die Nullstellen: $f(x) = 0$

Lösung durch **Ausklammern:**

Satz vom Nullprodukt:

**Doppelte** Nullstelle: $\quad x_{1|2} = 0$

$\qquad\qquad\qquad -\frac{3}{2}x + 2 = 0$

**Einfache** Nullstelle: $\quad x = \frac{4}{3}$

**Exakte Nullstellen von f:** $x_{1|2} = 0$; $x_3 = \frac{4}{3}$

**Produktform von f(x):** $f(x) = x^2\left(-\frac{3}{2}x + 2\right)$

$-\frac{3}{2}x^3 + 2x^2 = 0$

$x^2\left(-\frac{3}{2}x + 2\right) = 0$

$x^2 = 0 \ \lor \ -\frac{3}{2}x + 2 = 0$

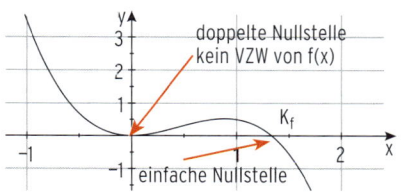

doppelte Nullstelle
kein VZW von f(x)

einfache Nullstelle

**Bemerkung:** In einer **einfachen** Nullstelle wechselt f(x) das Vorzeichen (VZW).

In einer **doppelten** Nullstelle wechselt f(x) das Vorzeichen nicht.

## Beispiel

➲ Gegeben ist die Polynomfunktion f mit $f(x) = \frac{1}{2}x^4 - 3x^2 + \frac{5}{2}$; $x \in \mathbb{R}$.

Berechnen Sie die Schnittpunkte des Graphen K von f mit der x-Achse.

## Lösung

Bed. für die Nullstellen: $f(x) = 0$ $\quad \frac{1}{2}x^4 - 3x^2 + \frac{5}{2} = 0$

**Substitution $x^2 = z$:** $\quad \frac{1}{2}z^2 - 3z + \frac{5}{2} = 0$

Lösungen in z: $\quad z_1 = 1$; $z_2 = 5$

**Rücksubstitution ergibt vier einfache Nullstellen:**

$x_{1|2} = \pm 1$; $x_{3|4} = \pm\sqrt{5}$

K **schneidet** die x-Achse in $N_{1|2}(\pm 1 \,|\, 0)$

und $N_{3|4}(\pm\sqrt{5} \,|\, 0)$.

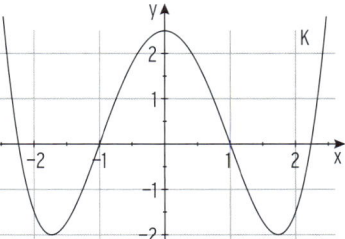

## Beispiel

➲ Gegeben ist die ganzrationale Funktion f mit $f(x) = x^3 - 0{,}25 x^4$; $x \in \mathbb{R}$.
Zeigen Sie: f hat genau zwei Nullstellen. Beschreiben Sie die Art der Nullstellen.

## Lösung

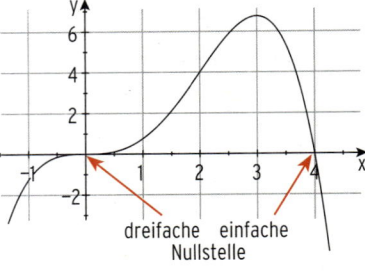

Bed. für die Nullstellen:

$f(x) = 0$

$x^3 - 0{,}25 x^4 = 0$

**Ausklammern:**

$x^3(1 - 0{,}25 x) = 0$

$x^3 = 0$

$\vee \; 1 - 0{,}25 x = 0$

Lösungen der Gleichung:

$x_{1|2|3} = 0$; $x_4 = 4$

dreifache   einfache
Nullstelle

Die Gleichung hat genau 2 Lösungen,

also hat f **zwei Nullstellen.**

**eine dreifache** Nullstelle von f:  $x_{1|2|3} = 0$

**eine einfache** Nullstelle von f:  $x_4 = 4$

Das Schaubild K von f hat in $x_4 = 4$  eine **einfache** Schnittstelle mit der x-Achse,

K **berührt die x-Achse** in $x_{1|2|3} = 0$,  trotzdem **wechselt** f(x) das **Vorzeichen.**

K hat in $x_{1|2|3} = 0$  eine **dreifache** Schnittstelle mit der x-Achse, **N (0|0) ist Sattelpunkt.**

**Bemerkung:** Die Funktion f besitzt eine dreifache Nullstelle bedeutet:

Das Schaubild von f berührt und durchschneidet die x-Achse.

Dieser Schnittpunkt mit der x-Achse heißt Sattelpunkt oder Terrassenpunkt.

## Beispiel

➲ Gegeben ist die ganzrationale Funktion f mit $f(x) = \frac{1}{2} x^4 - x^2 + x - 1$; $x \in \mathbb{R}$.
Eine Nullstelle von f liegt im Intervall [1, 2].
Bestimmen Sie diese auf eine Dezimale gerundet.

## Lösung

Mithilfe einer Wertetabelle
grenzt man den Bereich, in
dem die Nullstelle liegt, ein.

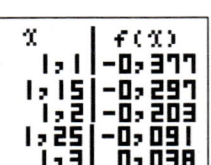

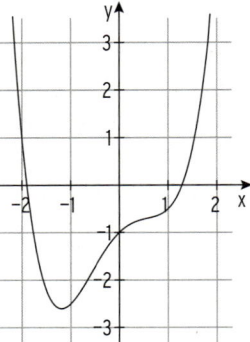

Durch Ablesen:
**Vorzeichenwechsel** zwischen 1,25 und 1,3.
Nullstelle auf eine Dezimale gerundet:  x = 1,3

## Lösung von Gleichungen und deren grafische Interpretation
### Beispiele

1) $\frac{1}{10}(x^3 - 21x + 20) = 0$

Lösungen: $x_1 = 4$; $x_2 = -5$; $x_3 = 1$

Die Gleichung hat

**drei einfache Lösungen** in $\mathbb{R}$.

Die Funktion f mit $f(x) = \frac{1}{10}(x^3 - 21x + 20)$

hat drei einfache Nullstellen.

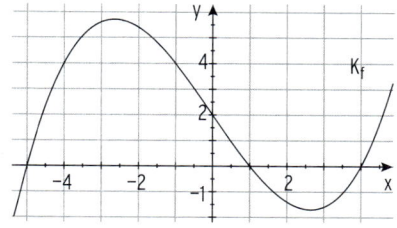

2) $x^3 - x - 1{,}5 = 0$

Lösung: $x_1 = 1{,}43$

Die Gleichung hat **eine** einfache Lösung in $\mathbb{R}$.

Die Funktion f mit $f(x) = x^3 - x - 1{,}5$

hat eine einfache Nullstelle.

**Hinweis:** Berechnung nur mit Hilfsmittel;
Stichwort: Nullstelle

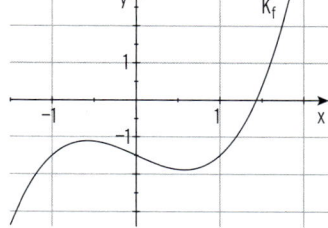

3) $-x^3 - 3x^2 + 4 = 0$

Lösungen: $x_1 = 1$; $x_{2|3} = -2$

Die Gleichung hat **zwei Lösungen** in $\mathbb{R}$,
eine Lösung ist eine **doppelte**.

Die Funktion f mit $f(x) = -x^3 - 3x^2 + 4$

hat eine einfache und eine doppelte Nullstelle.

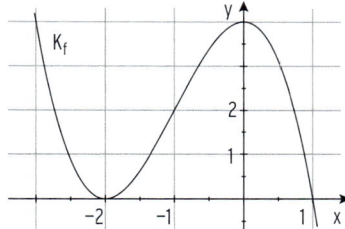

4) $-(x + 1)(x - 1)^3 = 0$

Lösungen: $x = 1$; $x = -1$

$x = 1$ ist eine **dreifache** Lösung.

$x = -1$ ist eine **einfache** Lösung.

Die Funktion f mit $f(x) = -(x + 1)(x - 1)^3$

hat eine einfache und eine dreifache Nullstelle.

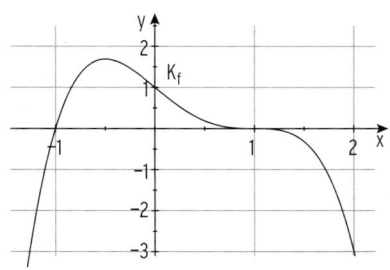

## Vielfachheit von Nullstellen ganzrationaler Funktionen

| $f(x) = -\frac{1}{2}x^3 + 2x$ | $f(x) = x^3 + 2x^2$ | $f(x) = 1{,}5x^4 - 3x^3$ |
|---|---|---|
| 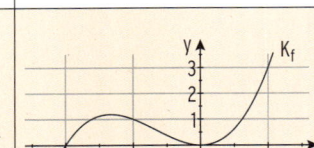 | 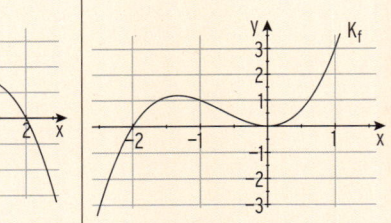 | 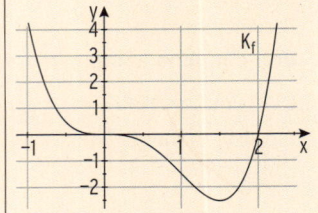 |

Bedingung für die Nullstellen: $f(x) = 0$

| $-0{,}5x^3 + 2x = 0$ | $x^3 + 2x^2 = 0$ | $1{,}5x^4 - 3x^3 = 0$ |
|---|---|---|
| $-0{,}5x(x-2)(x+2) = 0$ | $x^2(x+2) = 0$ | $x^3(1{,}5x - 3) = 0$ |
| 3 **einfache** (Linear-)Faktoren im Nullprodukt. | x ist **2-facher Faktor** im Nullprodukt. | x ist **3-facher Faktor** im Nullprodukt. |
| $x_1 = 0;\ x_2 = 2;\ x_3 = -2$ **einfache Nullstellen von f** | $x_1 = 0 = x_2;\qquad x_3 = -2$ **doppelte** einfache **Nullstelle von f** | $x_1 = x_2 = x_3 = 0;\ x_4 = 2$ **dreifache** einfache **Nullstelle von f** |

Bedeutung für das Schaubild $K_f$ von f

| $x_1 = 0$ ist **einfache** Nullstelle von f. | $x_{1\mid2} = 0$ ist **doppelte** Nullstelle von f. | $x_{1\mid2\mid3} = 0$ ist **dreifache** Nullstelle von f. |
|---|---|---|
| $K_f$ (durch)**schneidet** die x-Achse in $x_1$. | $K_f$ **berührt** die x-Achse in $x_{1\mid2}$. | $K_f$ **berührt** und **durchschneidet** die x-Achse in $x_{1\mid2\mid3}$. |
| $O(0\mid0)$ ist **Schnittpunkt.** | $O(0\mid0)$ ist **Berührpunkt.** | $B(0\mid0)$ ist **Sattelpunkt.** |

$f(x) = (x-1)\cdot(x+3)$
$f(x) = (x-1)^2\cdot(x^2+5)$, $\Big\}$ dann ist $x_1 = 1$ $\Big\{$ einfache, doppelte, dreifache $\Big\}$ Nullstelle von f.
$f(x) = (x-1)^3\cdot2x$

## Aufgaben

**1** Wo schneidet das Schaubild von f die x-Achse? Berechnen Sie exakt.
Skizzieren Sie den Graph von f.

a) $f(x) = -\frac{1}{3}x^3 + 2x$

b) $f(x) = \frac{1}{48}x^3 - 1$

c) $f(x) = 0,4x(3 - x^2)$

d) $f(x) = \frac{1}{8}(x^3 - 6x^2)$

e) $f(x) = x^3 - \frac{4}{3}x^2 + \frac{1}{3}x$

f) $f(x) = \frac{1}{4}x^3 - \frac{5}{2}x$

g) $f(x) = -\frac{1}{4}x^2(x^2 - 6)$

h) $f(x) = \frac{1}{5}x^4 - 2x$

i) $f(x) = -\frac{2}{3}(x^4 + x^3 - 6x^2)$

j) $f(x) = 0,25x^4 + x^3$

k) $f(x) = 0,5(x^2 - 2)^2$

l) $f(x) = \frac{1}{6}x^4 - \frac{5}{3}x^2$

**2** Gegeben ist die Funktion f auf $D = \mathbb{R}$ mit Schaubild K. Machen Sie Aussagen über den Verlauf von K. Bestimmen Sie die Achsenschnittpunkte. Skizzieren Sie K.

a) $f(x) = \frac{1}{6}(x^3 - 4x + 3)$

b) $f(x) = \frac{1}{4}x^3 - \frac{3}{4}x^2 + 5$

c) $f(x) = \frac{1}{5}x^3 + x^2 - \frac{1}{5}x - 1$

**3** Gegeben ist die Funktion f mit $f(x) = -x^4 + \frac{17}{4}x^2 - \frac{9}{2}$; $x \in \mathbb{R}$.
Zeigen Sie: $x = \sqrt{2}$ ist eine Nullstelle von f. Bestimmen Sie die weiteren Nullstellen.

**4** Gegeben ist die Funktion f mit $f(x) = -\frac{1}{3}x^3 + 2x^2 - 3x$ mit $x \in \mathbb{R}$.
Prüfen Sie folgende Behauptung: Das zugehörige Schaubild besitzt genau zwei gemeinsame Punkte mit der x-Achse.
Beschreiben Sie den Verlauf des Schaubildes.

**5** Das Schaubild K einer Polynomfunktion 4. Grades hat mit der x-Achse genau einen gemeinsamen Punkt. Welche Eigenschaft hat K?

**6** Die Abbildung zeigt eine Wertetabelle für eine ganzrationale Funktion f 4. Grades mit drei Nullstellen. Diskutieren Sie Lage und Vielfachheit der Nullstellen von f. Begründen Sie Ihre Antworten.
Beschreiben Sie den Verlauf des Graphen von f.

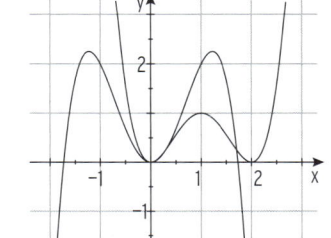

**7** Die Abbildung zeigt die Graphen der Funktionen f und g mit $f(x) = x^2(3 - x^2)$ und $g(x) = x^2(x - 2)^2$.
Übertragen Sie die Kurven in Ihr Heft und kennzeichnen Sie die Kurven mit Farbe.
Ordnen Sie jeder Kurve den zugehörigen Funktionsterm zu. Begründen Sie Ihre Wahl.

**8** Eine ganzrationale Funktion 2., 3. bzw. 4. Grades hat eine doppelte Nullstelle in $x = 2$.
Skizzieren Sie jeweils ein zugehöriges Schaubild.

**9** Begründen Sie: Eine Gleichung 3. Grades hat mindestens eine Lösung.

**10** K ist der Graph der Funktion f mit $f(x) = 0{,}25\,(x + 2)\,(x - 1)\,(x - 2);\ x \in \mathbb{R}$.

**a)** In welchem Bereich verläuft K unterhalb der x-Achse?

**b)** Eine Parabel schneidet K zweimal auf der x-Achse.
Bestimmen Sie die Gleichung einer möglichen Parabel.

**11** Gegeben ist die Funktion f mit $f(x) = 0{,}5\,x^4 + 3\,x - 2;\ x \in \mathbb{R}$.
Zeigen Sie, dass ihr Schaubild $K_f$ die x-Achse bei $x_1 = -2$ schneidet.
Weisen Sie nach, dass es auf dem Intervall $[0;\,1]$ eine weitere Nullstelle $x_2$ gibt.
Bestimmen Sie $x_2$ auf eine Dezimale gerundet.

**12** Ordnen Sie jeder Kurve den zugehörigen Funktionsterm zu.
Begründen Sie Ihre Wahl.
Welche Funktionsterme lassen sich nicht zuordnen?

$f_1(x) = x^4 - 2x^2 + 1;$ $\quad f_2(x) = x^4 - x^2;$ $\quad f_3(x) = -\frac{1}{4}x^2\,(x - 3)\,(x + 2);$ $\quad f_4(x) = -\frac{1}{4}x^4 + \frac{1}{2}x^3$

$f_5(x) = x^4 - 2x + 1;$ $\quad f_6(x) = x^2\,(2 - x);$ $\quad f_7(x) = x^3 - x^2 - x;$ $\quad\quad\quad f_8(x) = x^3 - x^2 + 1$

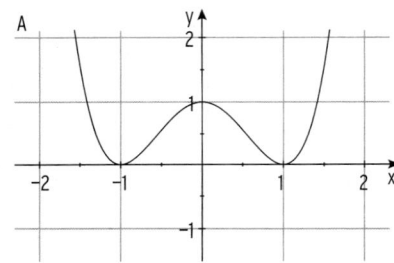
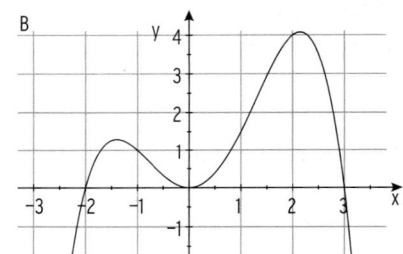

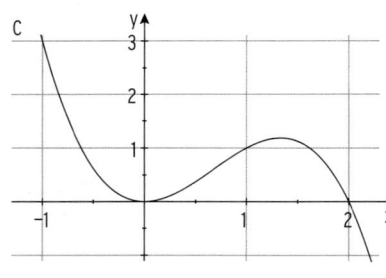
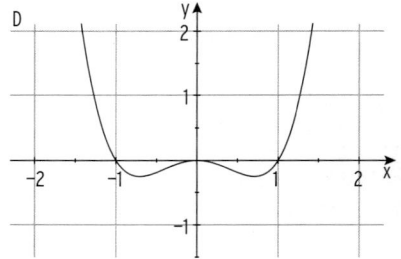

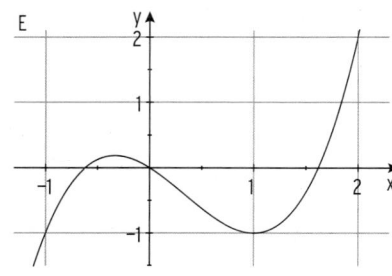
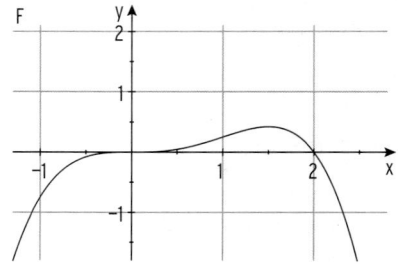

**13** Der Graph der Funktion f mit $f(x) = 0{,}25\,x^4 - 3{,}5$ beschreibt den Querschnitt eines Kanals.
Der Kanal ist an der tiefsten Stelle 3,50 m tief. Wie breit ist er?

## C) Gegenseitige Lage von zwei Kurven

### Beispiel

⮡ Gegeben sind die Funktionen f mit $f(x) = x^4 - 4x^2$ und g mit $g(x) = -2x^2 + 3$; $x \in \mathbb{R}$.
Ihre Schaubilder heißen K und G.

a) Zeigen Sie, dass K und G genau zwei gemeinsame Punkte haben.

b) Die Gerade mit der Gleichung $y = -4$ berührt K. Wie ist $a \in \mathbb{R}$ zu wählen, damit K
und die Gerade mit der Gleichung $y = a$ vier gemeinsame Punkte besitzen?

### Lösung

a) Bedingung: $f(x) = g(x)$   $x^4 - 4x^2 = -2x^2 + 3$   $x^4 - 2x^2 - 3 = 0$

**Substitution:** $x^2 = z$                           $z^2 - 2z - 3 = 0$

Lösungen in z:                           $z_1 = 3$; $z_2 = -1$

Rücksubstitution:                           $z_1 = x^2 = 3 \Rightarrow x_{1|2} = \pm\sqrt{3}$

Wegen $z_2 = x^2 = -1 < 0$ gibt es **keine weitere Schnittstelle.**

K und G haben **genau zwei Schnittpunkte:**
$S_{1|2}(\pm\sqrt{3} \mid -3)$

b) K ist nach oben geöffnet, also liegt K stets
**oberhalb der Geraden** mit $y = -4$.

Mithilfe der Zeichnung:

Für $-4 < a < 0$ haben K und die Parallele zur
x-Achse mit der Gleichung $y = a$ **vier gemeinsame Punkte.**

### Beispiel

⮡ Gegeben sind die Funktionen f und g durch
$f(x) = \frac{1}{4}x^3 + 2x^2 + 4x$; $g(x) = \frac{1}{16}x^2 - 1$; $x \in \mathbb{R}$.
Zeigen Sie: Die zugehörigen Schaubilder $K_f$ und $K_g$ schneiden sich nicht für $x > 0$.
Wie liegen $K_f$ und $K_g$ für $x > 0$ zueinander?

### Lösung

Schnittstellen durch Gleichsetzen:

$f(x) = g(x)$

$\frac{1}{4}x^3 + 2x^2 + 4x = \frac{1}{16}x^2 - 1$

$\frac{1}{4}x^3 + \frac{31}{16}x^2 + 4x + 1 = 0$

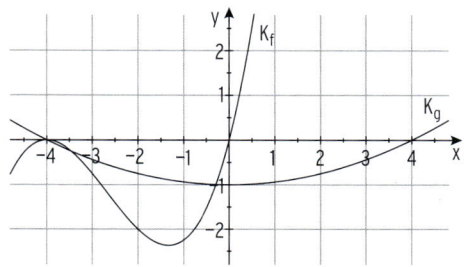

Für $x > 0$ ist die linke Seite der Gleichung
immer größer null. Die Gleichung hat also
für $x > 0$ keine Lösung.

Die zugehörigen Schaubilder $K_f$ und $K_g$ schneiden sich nicht für $x > 0$.

Wegen $f(0) = 0 > g(0) = -1$ gilt: $K_f$ **verläuft für $x > 0$ oberhalb** von $K_g$.

### Beispiel

➲ K ist das Schaubild von f mit $f(x) = x^3 + 3x^2$; $D = \mathbb{R}$.

**a)** Zeigen Sie: Die Ursprungsgerade g mit Steigung $-2{,}25$ berührt K.
Skizzieren Sie den Sachverhalt in ein Koordinatensystem.

**b)** Für welche Werte von m hat die Ursprungsgerade mit Steigung m drei Punkte mit K gemeinsam?

### Lösung

**a)** Gleichung der **Ursprungsgeraden** g: $\qquad y = -2{,}25\,x$

Schnittstellen durch Gleichsetzen: $\qquad x^3 + 3x^2 = -2{,}25\,x$

Auf Nullform bringen: $\qquad x^3 + 3x^2 + 2{,}25\,x = 0$

x ausklammern: $\qquad x(x^2 + 3x + 2{,}25) = 0$

**Schnittstelle:** $x_1 = 0$

Weitere Schnittstellen, wenn $x^2 + 3x + 2{,}25 = 0$

Lösung mit der abc-Formel ergibt:

$x_{2|3} = -\dfrac{3}{2}$ $(D = 0)$

Wegen $D = 0$ handelt es sich um eine **Berührstelle**

Die Gerade mit $y = -2{,}25\,x$ berührt K.

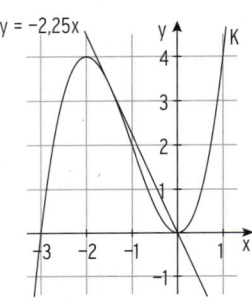

---

**Beachten Sie:**

Ist $x_1$ eine **doppelte** Lösung von $f(x) = g(x)$, **berühren** sich die zugehörigen Schaubilder K und G an der Stelle $x_1$.

---

**b)** Aus der Abbildung:
Für $m > -2{,}25$ und $m \neq 0$ haben
K und die Ursprungsgerade **drei**
gemeinsame Punkte.
Für $m = 0$ existiert ein Schnittpunkt
(bei $x_1 = -3$) und ein
Berührpunkt (bei $x_2 = 0$).

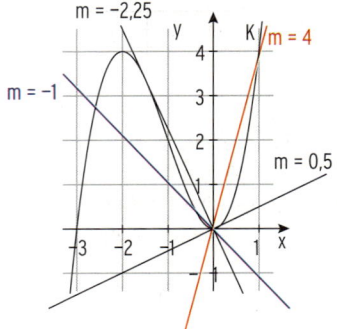

**Hinweis:** Für $m < -2{,}25$ gibt es nur einen gemein-samen Punkt, den Ursprung $O(0\,|\,0)$

## Was man wissen sollte – über Schnittstellen von Graphen ganzrationaler Funktionen

**Berechnung der Schnittstellen mit der Bedingung  $f(x) = g(x)$**

$K_f$ und $K_g$ haben
drei **einfache** Schnittstellen.

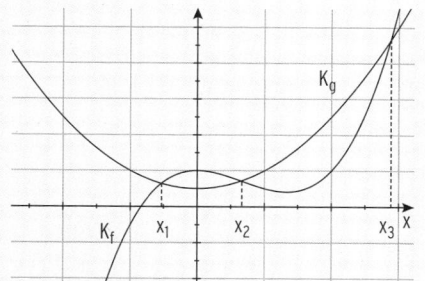

$K_f$ und $K_g$ haben
zwei Schnittstellen,
eine **doppelte** und eine **einfache**.

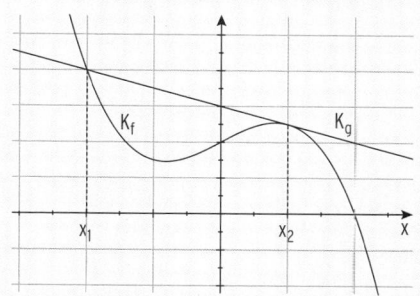

$K_f$ und $K_g$ haben
eine **einfache** Schnittstelle.

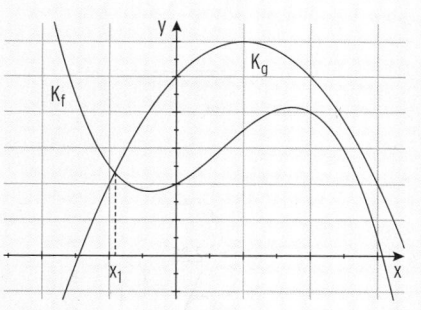

$K_f$ und $K_g$ haben
eine **dreifache** Schnittstelle
und eine **einfache** Schnittstelle.

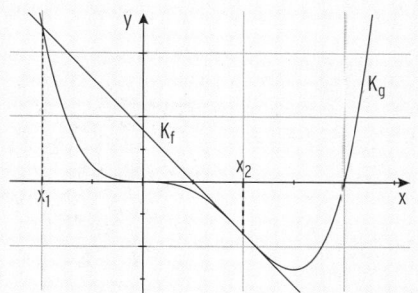

**Hinweis:** Die **Lösungen** der Schnittpunktgleichung  $f(x) = g(x)$
(Schnittstellen von $K_f$ und $K_g$)
entsprechen den Lösungen der Gleichung  $f(x) - g(x) = 0$
(Nullstellen der Differenzfunktion mit  $f(x) - g(x)$).

8 Bohner, Ihlenburg, Ott, Deusch - ISBN 978-3-8120-0206-6

## Aufgaben

**1** Wie liegen die Graphen $K_f$ und $K_g$ zueinander? Begründen Sie Ihre Antwort.

a) $f(x) = \frac{1}{20}x^3 - \frac{3}{8}x^2 + 2$; $\quad g(x) = -\frac{1}{10}x^2 + x + 2$

b) $f(x) = -x^4 + 2x^3$; $\quad\quad\quad g(x) = 0{,}5\,x^2$

**2** Gegeben sind die Funktionen f und g mit $f(x) = 0{,}5\,x^3 - 3\,x$ und $g(x) = -0{,}5\,x$; $x \in \mathbb{R}$.
Berechnen Sie die exakten Koordinaten der gemeinsamen Punkte von $K_f$ und $K_g$.

**3** Lösen Sie: $\frac{1}{4}x^3 - 4x = -\frac{1}{2}x^2 - 2x$. Interpretieren Sie Ihr Ergebnis geometrisch.

**4** Gegeben ist die Funktion f mit $f(x) = \frac{1}{2}(x^3 - 3x^2 - 6x + 8)$; $D = \mathbb{R}$.

a) Die Gerade durch die Punkte $A(1|6)$ und $B(-0{,}5|3)$ schneidet das Schaubild K von f in
drei Punkten.
Zeigen Sie: Der Abstand von je zwei dieser Punkte ist größer als 4,2.

b) f hat die Nullstellen $-2$, 1 und 4.
G ist das Schaubild der Funktion g mit $g(x) = f(x + 1)$; $D = \mathbb{R}$.
Wo schneidet G die x-Achse?

**5** $K_f$ ist das Schaubild der Funktion f mit $f(x) = -\frac{1}{4}x^3 + \frac{3}{2}x + 1$; $D = \mathbb{R}$.
Welche Gerade berührt (und durchschneidet) $K_f$ im Schnittpunkt mit der y-Achse?

**6** K ist das Schaubild der Funktion f mit $f(x) = \frac{1}{8}x^3 - \frac{3}{4}x^2 + 5$; $x \in \mathbb{R}$.
Eine Parabel G mit der Gleichung $y = a\,x^2 - 3\,x + c$ schneidet K auf der y-Achse
und an der Stelle $x = 4$.
Berechnen Sie die Koordinaten des weiteren Schnittpunktes von K und G.

**7** Schneiden sich die Kurven K und G? Wenn ja, wie oft? Begründen Sie Ihre Antwort.

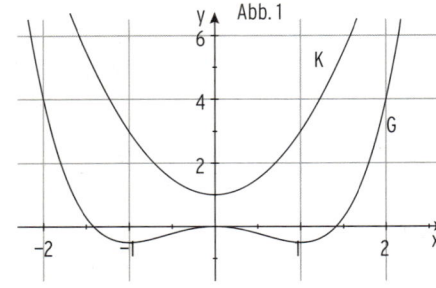
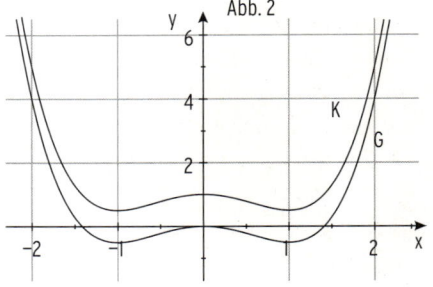

**8** K ist das Schaubild der Funktion f mit $f(x) = \frac{1}{4}x^3 - \frac{3}{4}x^2 + 2$; $x \in \mathbb{R}$.
Zeigen Sie, dass die Punkte auf K mit den Abszissen $-2$, 1 und 4 auf einer Geraden liegen.

**9** Gegeben ist die Gleichung $-\frac{1}{2}x^4 + \frac{2}{3}x^3 + 2 = a$. Lösen Sie diese für $a = 0$.
Für welchen Wert von a hat die Gleichung genau eine Lösung?

**10** Die Funktion f mit $f(x) = \frac{1}{48}x^4 - x^2 + 9$; D = ℝ, hat den Graph K.

**a)** Untersuchen Sie K auf Achsenschnittpunkte. Skizzieren Sie K.

**b)** G ist das Schaubild der Funktion g mit $g(x) = 6 - 0,5x^2$; D = ℝ.
Zeigen Sie, dass sich K und G in zwei Punkten berühren.

**11** Gegeben ist die Funktion f mit $f(x) = -\frac{1}{4}x^3 + x^2$; x ∈ ℝ.
Bestimmen Sie die Ursprungsgerade, die das Schaubild K von f außerhalb des Ursprungs berührt. Geben Sie den Berührpunkt an.

**12** Gegeben sind die Funktionen f und g durch $f(x) = x^4 - x^3 + 1$ und $g(x) = x^4 + x^2 + 1$; x ∈ ℝ.
Machen Sie Aussagen über die gegenseitige Lage der zugehörigen Kurven.
Bestätigen Sie Ihre Aussagen durch Rechnung.

**13** K ist das Schaubild von f mit $f(x) = x^2(x - 3)$; x ∈ ℝ.
Untersuchen Sie die gegenseitige Lage von K und G von g mit $g(x) = ax^2$ in Abhängigkeit von a.

**14** Die Abbildung 3 zeigt einen Ausschnitt aus dem Graphen K von f mit
$f(x) = a(x - x_1)^2(x - x_2)$; x ∈ ℝ.
Ermitteln Sie a, $x_1$ und $x_2$ aus der Abbildung.
Welche Parallelen zur x-Achse haben mit K einen, zwei oder drei gemeinsame Punkte?

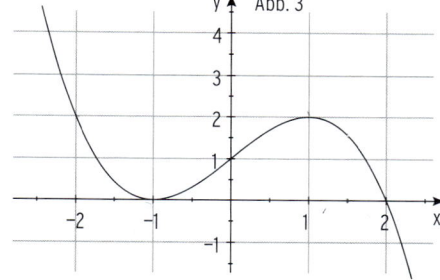

Abb. 3

**15** Für ein Openair-Konzert soll rechts neben einer Gebäudewand eine Bühne errichtet werden. Die Bühnenrückwand soll die Form eines Bogens haben (siehe Abbildung).
In einem geeigneten Koordinatensystem wird der Bogen durch den im 1. Quadranten verlaufenden Teil der Funktion f mit

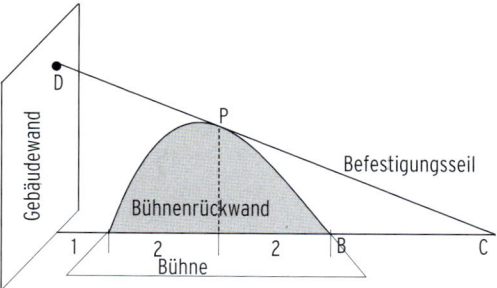

$f(x) = \frac{1}{4}(x^3 - 14x^2 + 53x - 40)$, (1 LE ≙ 1 m) beschrieben.

Zur Sicherung der Bühnenkonstruktion wird ein Seil vom Punkt D in 8 m Höhe an der Gebäudewand zum Punkt C auf dem Erdboden gespannt.
Das Seil ist im Punkt P an der Bühnenrückwand befestigt. Wie muss das Koordinatensystem hinzugefügt werden? Begründen Sie Ihre Wahl. Bestimmen Sie die Koordinaten von P.
Berechnen Sie, in welcher Entfernung vom rechten Bühnenrand B sich der Befestigungspunkt C befindet.
Zeigen Sie, dass die rechnerische Bestimmung von P auf die Gleichung $(x - 8)(x - 3)^2 = 0$ führt. Interpretieren Sie Ihr Ergebnis.

## 2.3.5 Aufstellen von Funktionstermen

### Beispiel

⮕ Das Schaubild K einer Funktion f mit $f(x) = x^3 + bx^2 + cx - 2$ schneidet die Normalparabel in $x_1 = 0,5$ und $x_2 = 2$. Bestimmen Sie den Funktionsterm.

### Lösung

Seite 296

Normalparabel G von g mit

Gemeinsame Punkte von G und K:

$g(x) = x^2$

$g(0,5) = 0,25 = f(0,5)$

$g(2) = 4 = f(2)$

Einsetzen ergibt die Bedingungen für b und c:

$f(0,5) = 0,125 + 0,25b + 0,5c - 2 = 0,25$

$f(2) = 8 + 4b + 2c - 2 = 4$

Addition:

Einsetzen in $4b + 2c = -2$ ergibt:

Gesuchter Funktionsterm:

$0,25b + 0,5c = 2,125 \quad \cdot(-4)$

$4b + 2c = -2$

$3b = -10,5 \Rightarrow b = -3,5$

$c = 6$

$f(x) = x^3 - 3,5x^2 + 6x - 2$

### Beispiel

⮕ Das Schaubild K einer Polynomfunktion f 3. Grades verläuft durch die Punkte A(0|1), B(1|0), C(−1|0) und D(−2|3). Bestimmen Sie den Funktionsterm.

### Lösung

Ansatz für den Funktionsterm:

Punktprobe mit A(0|1): $f(0) = 1$

mit B(1|0): $f(1) = 0$

mit C(−1|0): $f(−1) = 0$

mit D(−2|3): $f(−2) = 3$

$f(x) = ax^3 + bx^2 + cx + d$

$d = 1$

$a + b + c + d = 0$

$-a + b - c + d = 0$

$-8a + 4b - 2c + d = 3$

Einsetzen von $d = 1$ ergibt ein LGS für a, b und c in Matrixform:

$a + \quad b + \quad c = -1$

$-a + \quad b - \quad c = -1$

$-8a + 4b - 2c = 2$

$$\begin{pmatrix} 1 & 1 & 1 & | & -1 \\ -1 & 1 & -1 & | & -1 \\ -8 & 4 & -2 & | & 2 \end{pmatrix}$$

Auflösung mit dem Gauß-Verfahren: $\begin{pmatrix} 1 & 1 & 1 & | & -1 \\ -1 & 1 & -1 & | & -1 \\ -8 & 4 & -2 & | & 2 \end{pmatrix} \begin{matrix} \\ (+) \\ \cdot 8 \end{matrix} \sim \begin{pmatrix} 1 & 1 & 1 & | & -1 \\ 0 & 2 & 0 & | & -2 \\ 0 & 12 & 6 & | & -6 \end{pmatrix}$

Aus Zeile 2: $2b = -2$ folgt $b = -1$

Einsetzen von $b = -1$ in Zeile 3: $12b + 6c = -6$ ergibt $-12 + 6c = -6$, also $c = 1$

Einsetzen von b und c in Zeile 1: $a + b + c = -1$ ergibt $a - 1 + 1 = -1$, also $a = -1$

Gesuchter Funktionsterm: $f(x) = -x^3 - x^2 + x + 1$

**Hinweis:** Hier bietet sich der Einsatz eines zusätzlichen elektronischen Hilfsmittels an. Stichworte: Matrix, Regression.

## Beispiel

⮊ Der Graph einer Polynomfunktion 3. Grades ist punktsymmetrisch zum Ursprung und verläuft durch $A(-2|-8)$ und $B(1|2{,}5)$. Bestimmen Sie den Funktionsterm.

### Lösung

Wegen der gegebenen **Punktsymmetrie** wählt man den Ansatz $f(x) = a\,x^3 + c\,x$.

Lineares Gleichungssystem für a, c:

| Punkt | Bedingung | Gleichung |
|---|---|---|
| $A(-2|-8)$ | $f(-2) = -8$ | $-8a - 2c = -8$ |
| $B(1|2{,}5)$ | $f(1) = 2{,}5$ | $a + c = 2{,}5$  $\cdot 8$ |

Das lineare Gleichungssystem löst man mit dem Additionsverfahren: $6c = 12 \Rightarrow c = 2$
Einsetzen in $a + c = 2{,}5$ ergibt: $a = 0{,}5$
und damit den gesuchten **Funktionsterm:** $f(x) = 0{,}5\,x^3 + 2\,x$

## Beispiel

⮊ Der Graph einer Polynomfunktion 3. Grades schneidet die x-Achse in $-3$, $-1$ und $1$ und die y-Achse in $-2$. Bestimmen Sie den zugehörigen Funktionsterm $f(x)$.

### Lösung

Da **alle drei Nullstellen von f bekannt sind,** $\quad x_1 = -3, \ x_2 = -1, \ x_3 = 1$
wählt man die **Produktform** als Ansatz: $\quad f(x) = a(x + 3)(x + 1)(x - 1)$
Punktprobe mit $P(0|-2)$ $(f(0) = -2)$ liefert a: $\quad -2 = a \cdot 3 \cdot 1 \cdot (-1) \Rightarrow a = \frac{2}{3}$
Gesuchter **Funktionsterm:** $\quad f(x) = \frac{2}{3}(x + 3)(x + 1)(x - 1)$

## Beispiel

⮊ Das Schaubild K einer ganzrationalen Funktion f 3. Grades berührt die x-Achse in $N(2|0)$ und verläuft durch die Punkte $A(-1|0)$ und $B(-2|-8)$. Bestimmen Sie $f(x)$.

### Lösung

**Bemerkung:** K von f **berührt** die x-Achse in $x = 2$ bedeutet:
$\quad\quad\quad$ f hat in $x = 2$ eine **doppelte Nullstelle.**

Alle Nullstellen $x_{1|2} = 2$ und $x_3 = -1$ sind bekannt, daher wählt man
die **Produktform** als Ansatz: $\quad f(x) = a(x + 1)(x - 2)^2$
Punktprobe mit $B(-2|-8)$ $(f(-2) = -8)$ liefert a: $\quad -8 = a \cdot (-1) \cdot (-4)^2 \Rightarrow a = 0{,}5$
Einsetzen in die Produktform: $\quad f(x) = 0{,}5(x + 1)(x - 2)^2$
Ausmultiplizieren ergibt: $\quad f(x) = 0{,}5(x^3 - 3x^2 + 4)$

## Beispiel

⮕ Der Graph einer Polynomfunktion 4. Grades verläuft symmetrisch zur y-Achse und durch die Punkte $A(0|4)$, $B(2|2)$ und $C\left(1\left|\dfrac{25}{8}\right.\right)$.
Bestimmen Sie einen zugehörigen Funktionsterm.

### Lösung

Wegen der gegebenen Symmetrie zur y-Achse ist $b = 0$ und $d = 0$.
Im Funktionsterm kommen nur gerade Hochzahlen von x vor.
Man erhält als **Ansatz** die **vereinfachte Form $f(x) = ax^4 + cx^2 + e$.**
Punktprobe mit den Punkten A, B und C ergibt ein LGS für die Unbekannten a, c und e.

| Punkt | Bedingung | Gleichung |
|---|---|---|
| $A(0|4)$ | $f(0) = 4$ | $e = 4$ |
| $B(2|2)$ | $f(2) = 2$ | $16a + 4c + e = 2$ |
| $C\left(1\left|\dfrac{25}{8}\right.\right)$ | $f(1) = \dfrac{25}{8}$ | $a + c + e = \dfrac{25}{8}$ |

Einsetzen von $e = 4$ ergibt ein (2; 2)-LGS:

$$16a + 4c = -2$$
$$a + c = -\dfrac{7}{8} \quad \cdot(-4)$$

Addition ergibt:

$$12a = \dfrac{3}{2} \qquad \Rightarrow a = \dfrac{1}{8}$$

Einsetzen in $a + c = -\dfrac{7}{8}$ ergibt:

$$\dfrac{1}{8} + c = -\dfrac{7}{8} \qquad \Rightarrow c = -1$$

**Funktionsterm:**

$$f(x) = \dfrac{1}{8}x^4 - x^2 + 4$$

## Beispiel

⮕ Bestimmen Sie einen Funktionsterm der zugehörigen Funktion mithilfe der Abbildung.

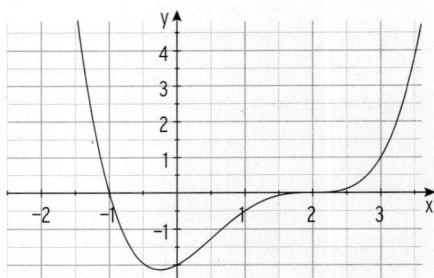

### Lösung

Aus der Abbildung:
$x_1 = -1$ einfache Nullstelle
$x_2 = 2$ dreifache Nullstelle
Das Schaubild der Polynomfunktion 4. Grades schneidet die y-Achse in $(0|-2)$.

Ansatz: $\qquad f(x) = a(x + 1)(x - 2)^3$

Punktprobe mit $(0|-2)$ ergibt: $\qquad -2 = a(0 + 1)(0 - 2)^3$

Auflösen nach a: $\qquad a = \dfrac{1}{4}$

**Funktionsterm in Faktorform:** $\qquad f(x) = \dfrac{1}{4}(x + 1)(x - 2)^3$

## Aufgaben

**1** Das Schaubild einer Funktion f mit $f(x) = x^3 + bx^2 + cx + d$ verläuft durch die Punkte
$A(0|-4)$; $B(1|-1,5)$ und $C(2|-2)$. Bestimmen Sie b, c und d.

**2** Der Graph K einer Polynomfunktion f 3. Grades ist symmetrisch zum Ursprung und
verläuft durch $P(6|5,5)$ und $R(3|0,5)$. Bestimmen Sie einen Funktionsterm.
Zeigen Sie, dass es ein t gibt, sodass K der Graph von g mit $g(x) = \frac{1}{t^2}x^3 + \frac{1}{6-3t}x$ ist.

**3** Eine Polynomfunktion 3. Grades hat die Nullstellen $x_1 = -1$, $x_2 = 1$, $x_3 = -10$.
**a)** Bestimmen Sie einen möglichen Funktionsterm, wenn der zugehörige Graph vom II. in den
IV. Quadranten verläuft?
**b)** Der Graph von f verläuft zusätzlich durch den Punkt $P(2|6)$. Bestimmen Sie $f(x)$.

**4** Der Graph einer Funktion f mit $f(x) = x^3 + bx^2 + 4x + d$ schneidet die 1. Winkelhalbierende
an den Stellen $x_1 = -1$ und $x_2 = 2$. Bestimmen Sie b und d.

**5** Der Graph einer Funktion f mit $f(x) = x^3 + bx^2 - 2x + 1$ schneidet die Gerade g mit der
Gleichung $y = 0,5x + 2$ an der Stelle $x = 2$. Bestimmen Sie den Funktionsterm.

**6** Bestimmen Sie einen Funktionsterm mithilfe der Zeichnung.

**a)**

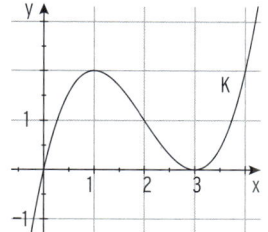

**b)**

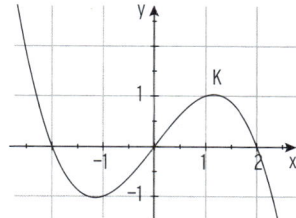

**c)**

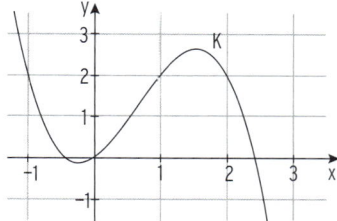

**7** Das Schaubild einer ganzrationalen Funktion f 3. Grades verläuft symmetrisch
zum Ursprung und schneidet die x-Achse in $x = 3$. Welche Beziehung besteht zwischen
den Koeffizienten in $f(x) = ax^3 + cx$? Bestimmen Sie $f(x)$, wenn $f(1) = 4$ ist.

**8** Gegeben sind die Funktionen f durch $f(x) = 0,25x^3 + 1$ und g durch $g(x) = ax^2$; $x \in \mathbb{R}$.
$x = 2$ ist Schnittstelle von $K_f$ und $K_g$. Bestimmen Sie a.

**9** Das Schaubild einer ganzrationalen Funktion 3. Grades schneidet die x-Achse nur in
$x = -1$ und $x = 3$. Bestimmen Sie zwei mögliche Funktionsterme.

**10** Das Schaubild einer ganzrationalen Funktion 3. Grades schneidet die x-Achse in $0$, $-2$ und
$2$. Der Funktionsterm ist damit nicht eindeutig festgelegt.
Bestimmen Sie zwei mögliche Funktionsterme.
Welche Eigenschaft hat das Schaubild der Funktion?

**11** Das Schaubild einer ganzrationalen Funktion f mit $f(x) = \frac{2}{3}x^4 - \frac{1}{6}x^3 + cx^2 + dx$
geht durch die Punkte $B(1|2,5)$ und $C(-2|-14)$. Ermitteln Sie c und d.

**12** Eine zur y-Achse symmetrisches Schaubild einer Polynomfunktion f 4. Grades verläuft durch die Punkte A$(0|2)$; B$(-2|0)$ und C$\left(1\left|\frac{57}{40}\right.\right)$. Bestimmen Sie einen Funktionsterm.

**13** Das Schaubild der Funktion f mit $f(x) = ax^4 + cx^2$ geht durch den Punkt N$(2|0)$. Welche Beziehung besteht zwischen den Koeffizienten a und c? Bestimmen Sie a und c so, dass das Schaubild der zugehörigen Funktion zusätzlich durch den Punkt P$(1|2)$ verläuft.

**14** Bestimmen Sie einen Funktionsterm mithilfe der Abbildung.

a)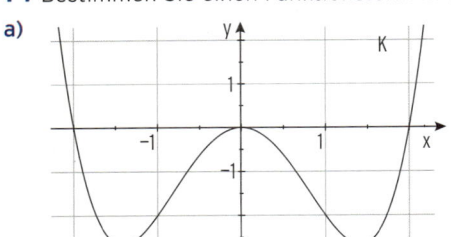

b)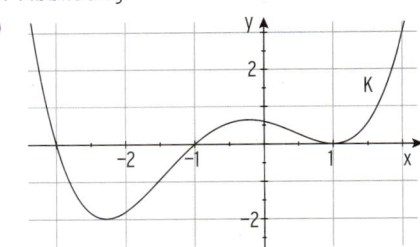

**15** Das Schaubild einer Polynomfunktion 4. Grades hat nur die Punkte A$_{1|2}$ $(\pm1|0)$ mit der x-Achse gemeinsam und geht durch B$(0|2)$. Bestimmen Sie einen möglichen Funktionsterm. Erläutern Sie Ihren Ansatz.

**16** Die Abbildung zeigt die Wertetabelle für eine Polynomfunktion f 4. Grades. Welche Eigenschaft hat das Schaubild von f? Bestimmen Sie einen möglichen Funktionsterm.

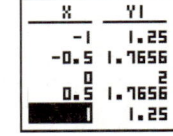

**17** Das Schaubild einer Polynomfunktion f 4. Grades ist symmetrisch zur y-Achse und schneidet die y-Achse in S$(0|3)$. Bestimmen Sie den Funktionsterm einer Funktion f, die keine Nullstellen, 2 Nullstellen bzw. 4 Nullstellen besitzt.

**18** Die Firma Fischer stellt speziell für die Autoindustrie entwickelte Ventile her. Bei der Produktion entstehen Kosten laut folgender Tabelle:

| Menge in 1000 Stück | 0 | 20 | 30 | 60 |
|---|---|---|---|---|
| Kosten in 1000 US-Dollar | 100 | 140 | 145 | 172 |

Bestimmen Sie einen Funktionsterm, der die Kosten in Abhängigkeit von der Menge beschreibt.

**19** Zwei Ingenieure planen den Bau eines Wasserkanals. In ihrer Modellrechnung setzen sie für den Kanalquerschnitt ein x-y-Koordinatensystem so an, dass die x-Achse genau auf der Höhe des normalen Wasserstandes (Normalpegel) verläuft. Eine Längeneinheit entspricht einem Meter. In der Mitte ist der Kanal 3,2 m tief, ein Meter neben der Mitte 3,1875 m und einen weiteren Meter neben der Mitte 3 m tief. Bestimmen Sie die Randkurve des Kanalquerschnitts unterhalb des Normalpegels. Wie breit ist der Kanal?

## Aufgaben zu Polynomfunktionen

**1**  Abbildung 1 zeigt das Schaubild K
einer Polynomfunktion f.
Welchen kleinstmöglichen Grad hat f ?
Begründen Sie Ihre Meinung
und vervollständigen Sie die Kurve.

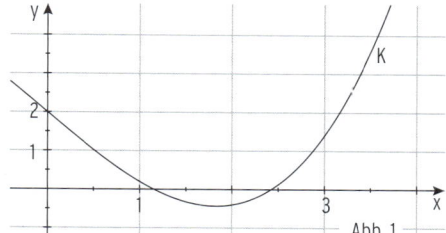

Abb. 1

**2**  K ist der Graph der Funktion f mit
$f(x) = -0{,}125\,x^4 + 0{,}5\,x + 2$;  $x \in \mathbb{R}$.

**a)**  Lösen Sie näherungsweise $f(x) > 0$.
Interpretieren Sie die Lösungsmenge
mithilfe der Abbildung 2.

**b)**  Untersuchen Sie, ob die exakte positive
Nullstelle von f kleiner als $\sqrt{5}$ ist.

**c)**  Das Schaubild G von g entsteht durch Verschiebung von K. G schneidet die x-Achse
nicht. Geben Sie einen möglichen Funktionsterm von g an. Erläutern Sie Ihre Vorgehensweise.

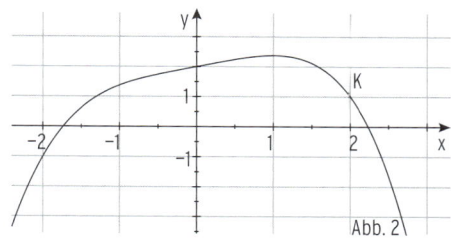

Abb. 2

**3**

**a)**  Die Abbildung 3 zeigt das Schaubild G einer
Polynomfunktion g.
Prüfen Sie, ob  $g(x) = -\dfrac{1}{2}x^3 + \dfrac{7}{2}x + 3$  ein
geeigneter Funktionsterm ist.

Der Graph von f mit  $f(x) = \dfrac{1}{2}x^3 - \dfrac{7}{2}x - 3$;  $x \in \mathbb{R}$
ist K.

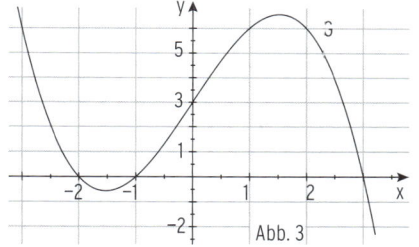

Abb. 3

**b)**  Beschreiben Sie den Zusammenhang
zwischen K und G und den Verlauf von K.

**c)**  Die Gerade h schneidet K in 0 und 5. Gibt es einen weiteren Schnittpunkt?
Begründen Sie Ihre Antwort. Wenn ja, wo liegt der Schnittpunkt?

**d)**  Bestimmen Sie eine nichtwaagerechte Gerade durch A (0|−3), die K genau einmal
schneidet? Erläutern Sie Ihre Lösung.

**4**  Gegeben ist die Funktion f mit  $f(x) = -0{,}5\,x^4 + x^3 + 1{,}5$;  $x \in \mathbb{R}$. Ihr Schaubild ist $K_f$.

**a)**  Zeigen Sie, dass $K_f$ die x-Achse in −1 schneidet. Zeigen Sie, dass es für $x \in [2; 2{,}5]$ eine
weitere Nullstelle gibt. Berechnen Sie diese Nullstelle auf eine Dezimale genau.

**b)**  $K_f$ wird um 1,5 nach unten verschoben. Beschreiben Sie die Lage der verschobenen Parabel im Koordinatensystem.

**c)**  Das Schaubild $K_g$ einer ganzrationalen Funktion g 2. Grades hat seinen Scheitel in
S (0|1,5) und schneidet $K_f$ in  x = −1.  Wie liegen die Kurven zueinander?
Begründen Sie Ihre Antwort.

**5** Die nebenstehende Abbildung zeigt die
Nordküste der künstlich angelegten Insel
(1 LE $\triangleq$ 100 m). Direkt am Strand führt eine
Uferstraße (durchgezogene Linie) entlang.
Die Insel hat ein Strandbad, das durch eine
Absperrkette von der offenen See
getrennt ist (gestrichelte Linie).
Die Uferstraße ist durch die Funktion f mit

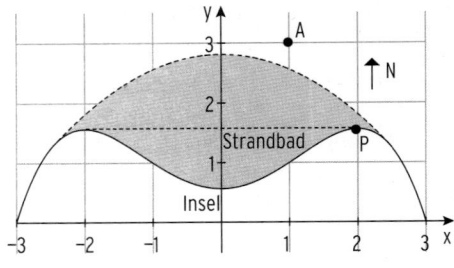

$f(x) = -\frac{1}{16}(x^4 - 8x^2 - 9)$, $x \in [-3; 3]$, gegeben.
Der Nordküste vorgelagert ist ein Felsen A, der nur durch eine Bootsverbindung von der
östlichen Spitze der Insel (Punkt P) zu erreichen ist.

a) Bestätigen Sie: Mithilfe von $P\left(2\left|\frac{25}{16}\right.\right)$ kann die breiteste Stelle des Strandbades in Nord-
Süd-Richtung bestimmt werden. Berechnen Sie die Länge der Absperrkette.

b) Welche Entfernung muss ein Boot zwischen der Insel (P) und dem Felsen A zurücklegen?
Unter welchem Winkel muss es (gegen die Nordrichtung) fahren?

c) Da das Strandbad aufgrund gefährlicher Strömungen häufig für den Badebetrieb gesperrt
werden musste, soll es nun zu einem neuen geschützten Badesee umgebaut werden.
Die bisherige Uferstraße wird über einen Damm umgeleitet. Dadurch entsteht jeweils ein
großer Badesee. Der Dammverlauf hat die Form einer Parabel mit $g(x) = -\frac{1}{4}x^2 + \frac{45}{16}$.
In welchen Punkten mündet die alte Uferstraße in den neuen Damm?

**6** Die vier Abbildungen zeigen drei Schaubilder von Funktionen, die zum Typ
$f(x) = ax^4 + bx^2$ gehören. Machen Sie Aussagen über a und b (a, b $\neq$ 0).
Welches Schaubild lässt sich nicht zuordnen? Begründen Sie.

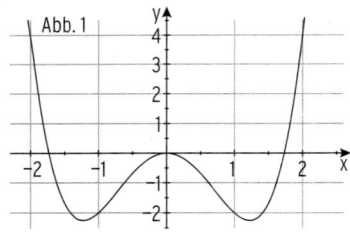

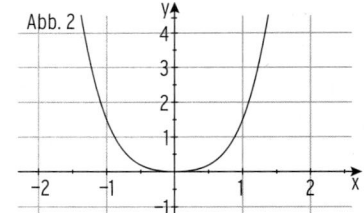

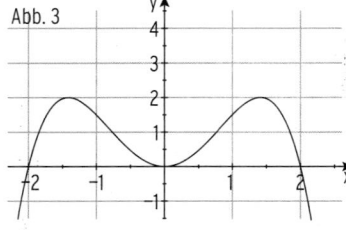

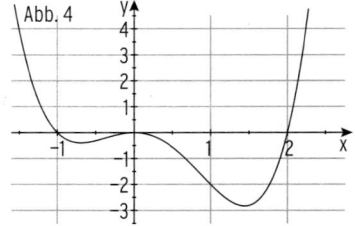

**7** Welches Schaubild gehört zu welcher Funktion. Erläutern Sie die Gründe für Ihre Wahl. Suchen Sie nach Merkmalen, die mindestens zwei Schaubilder gemeinsam haben.

A: $f(x) = \frac{1}{8}x^3 - \frac{3}{4}x^2 + 5$  B: $f(x) = -0,5x^2 - x + 5$  C: $f(x) = 5 - 1,5x$

D: $f(x) = -\frac{1}{4}x^4 + x^2 + 5$  E: $f(x) = -\frac{1}{3}x^4 + x^3 + 5$  F: $f(x) = -\frac{2}{3}x^3 + x + 5$

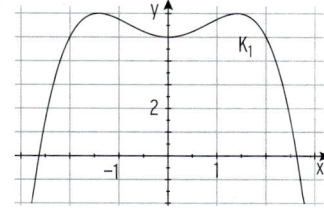 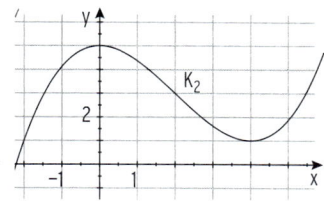 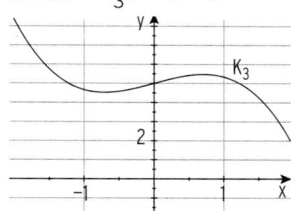

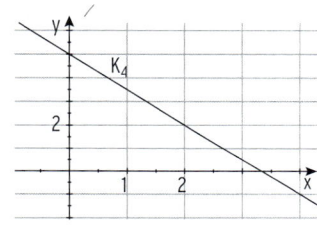 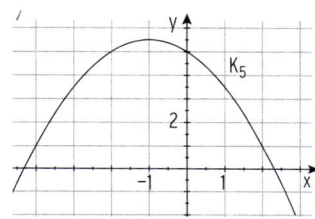 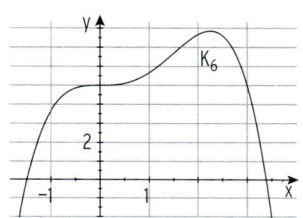

**8** Die nebenstehende Abbildung 1 zeigt den Graph K von f mit $f(x) = 0,1(x^2 - 1)(x - 2)(x - 10)$; $x \in \mathbb{R}$. Nehmen Sie Stellung.

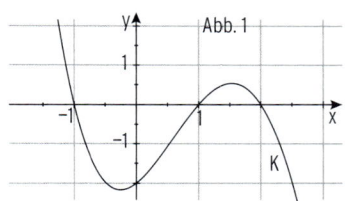

**9** Welche der folgenden Schaubilder können zu einer Funktion g mit $g(x) = \frac{1}{6}(x - 2)(x - 2k)^2$; $x, k \in \mathbb{R}$, gehören, welche nicht? Begründen Sie Ihre Entscheidung und ermitteln Sie gegebenenfalls den zugehörigen Wert von k.

Schaubild 1

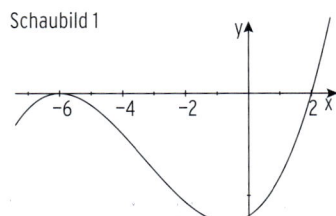

Schaubild 2

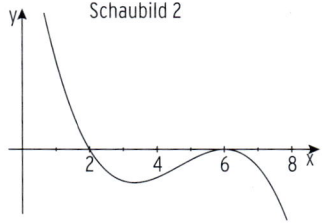

Schaubild 3

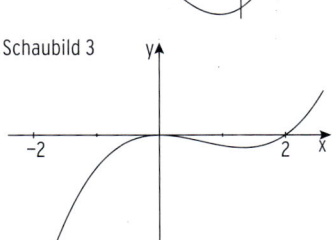

Schaubild 4

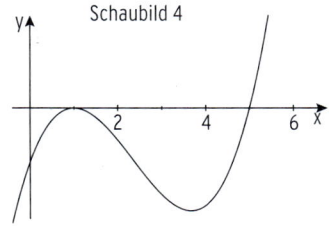

## Stationenspiel

### Station 1

Das Schaubild K einer ganzrationalen Funktion f 2. Grades verläuft durch $P(-2|-3)$.
K schneidet die Gerade g mit der Gleichung $y = -0,5x + 2$ auf den Koordinatenachsen.
Bestimmen Sie den Funktionsterm.

### Station 2

Gegeben ist die Funktion f mit
$f(x) = x^3 - x - 2$; $x \in \mathbb{R}$.
K ist ihr Schaubild.
Beschreiben Sie die Lage der Geraden
im Koordinatensystem.
Eine weitere Gerade verläuft durch P und
schneidet K in $x = -1$.
Bestimmen Sie die Gleichung dieser Geraden.

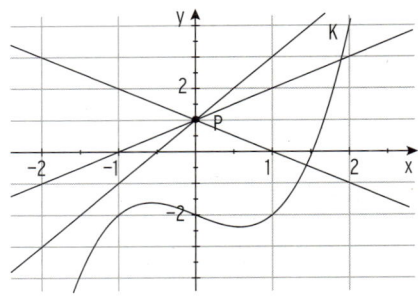

### Station 3

K und G sind die Graphen
von f mit $f(x) = 0,5(x^2 - 2)^2$
bzw. g mit $g(x) = 0,5x^4 - 1,5x^2 - 1$.
Schneiden sich K und G? Wenn ja, wo?
Begründen Sie Ihre Antwort.
Was ändert sich, wenn man G in y-Richtung
verschiebt?

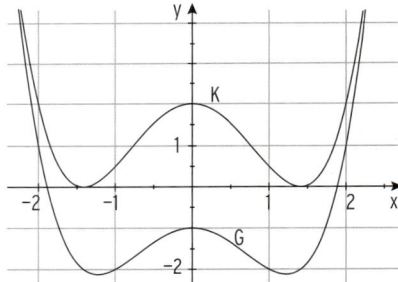

### Station 4

K ist das Schaubild der Funktion f
mit $f(x) = a(x - x_1)(x - x_2)(x - x_3)$; $x \in \mathbb{R}$.
Bestimmen Sie a, $x_1$, $x_2$ und $x_3$ mithilfe
der nebenstehenden Abbildung.
Geben Sie den Funktionsterm in einer anderen
Darstellung an und vergleichen Sie.

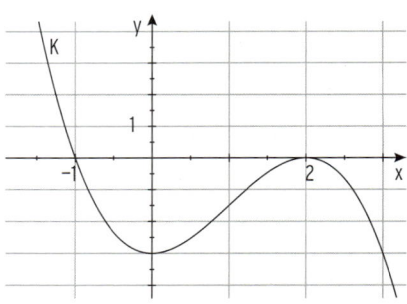

### Station 5

Für die Polynomfunktion f gilt $f(-1) = 1 = -f(1)$ und $f(2) = -4$.
Bestimmen Sie einen geeigneten Funktionsterm.
Erläutern Sie Ihre Vorgehensweise.

## 2.3.6 Modellierung und anwendungsorientierte Aufgaben

### Beispiel

⮕ Die (theoretische) Leistung P einer Windenergie-
anlage hängt von der Windgeschwindigkeit v ab und
kann mit $P(v) = 0{,}25\,v^3$; $v > 0$, berechnet werden.
Dabei ist v die Geschwindigkeit in $\frac{m}{s}$, P die Leistung
in kW.

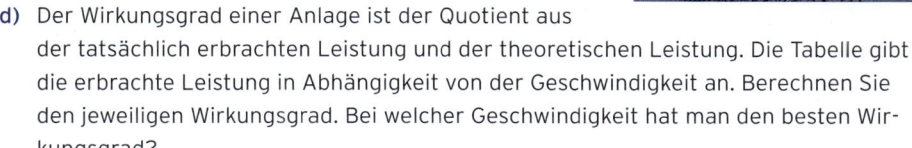

a) Berechnen Sie für verschiedene Windgeschwindig-
keiten bis $20\,\frac{m}{s}$ die Leistung der Anlage.

b) Wie verändert sich die Leistung, wenn sich die Windgeschwindigkeit verdoppelt?

c) Ein Haushalt benötigt eine Leistung von 11 kW.
Wie viele Haushalte können mit dieser Anlage bei
$v = 6{,}4\,\frac{m}{s}$ mit Strom versorgt werden?

d) Der Wirkungsgrad einer Anlage ist der Quotient aus
der tatsächlich erbrachten Leistung und der theoretischen Leistung. Die Tabelle gibt
die erbrachte Leistung in Abhängigkeit von der Geschwindigkeit an. Berechnen Sie
den jeweiligen Wirkungsgrad. Bei welcher Geschwindigkeit hat man den besten Wirkungsgrad?

| v in ms$^{-1}$ | 5 | 8 | 10 | 14 |
|---|---|---|---|---|
| Erbrachte Leistung in kW | 12 | 59 | 120 | 298 |

### Lösung

a)

| v in ms$^{-1}$ | 3 | 5 | 8 | 10 | 14 | 20 |
|---|---|---|---|---|---|---|
| Theoretische Leistung in kW | 6,75 | 31,25 | 128 | 250 | 686 | 2000 |

b) Die Leistung verachtfacht sich, da $(2\,v)^3 = 8\,v^3$.

c) Leistung bei $v = 6{,}4$: $\qquad P(6{,}4) = 65{,}536$

Anzahl der Haushalte: $\qquad n = \dfrac{65{,}536}{11} = 5{,}95$

Es können nahezu 6 Haushalte versorgt werden.

d)

| v in ms$^{-1}$ | 5 | 8 | 10 | 14 |
|---|---|---|---|---|
| Wirkungsgrad = $\dfrac{\text{Erbrachte Leistung}}{\text{Theoretische Leistung}}$ | $\dfrac{12}{31{,}25} = 0{,}384$ | $\dfrac{59}{128} = 0{,}461$ | $\dfrac{120}{250} = 0{,}48$ | $\dfrac{298}{686} = 0{,}434$ |

Den besten Wirkungsgrad erzielt man bei einer Geschwindigkeit von ca. $10\,\frac{m}{s}$.

## Beispiel

➲ Ein Hundehalter plaudert auf dem Feld
   mit einem Bauern. Sein Hund rennt ihm
   davon. Das Diagramm zeigt den Weg s
   (in m) als direkte Entfernung von Hund
   und Herr.

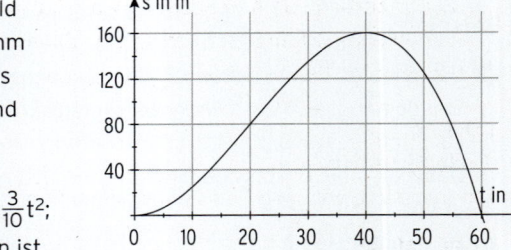

a) Interpretieren Sie das Diagramm.

b) Prüfen Sie, ob s mit $s(t) = -\frac{1}{200}t^3 + \frac{3}{10}t^2$;
   $t \geq 0$ eine geeignete Weg-Zeit-Funktion ist.

c) Wie weit ist der Hund nach 20 s von seinem Herrn entfernt?
   Sven behauptet, dass der Hund länger als 25 Sekunden mehr als 100 m von seinem
   Herrn entfernt ist. Nehmen Sie Stellung.

## Lösung

a) Die maximale Entfernung des Hundes zum Herrn wird nach 40 s erreicht und beträgt
   160 m. Nach 60 s ist der Hund wieder bei seinem Herrn.

b) **Weg-Zeit-Funktion s:**  $\qquad s(t) = -\frac{1}{200}t^3 + \frac{3}{10}t^2$

   Der Graph von s verläuft durch den Ursprung und durch (60|0): s(0) = 0; s(60) = 0
   Punktprobe mit (40|160) ergibt: s(40) = 160 wahre Aussage
   Punktprobe mit (20|80) ergibt: s(20) = 80 wahre Aussage
   Durch 4 Punkte ist der Graph einer Polynomfunktion 3. Grades eindeutig festgelegt.
   **Alternative:**
   **Aufstellen mit Produktansatz:**  $\qquad s(t) = a\,t^2(t - 60)$
   Erläuterung: Doppelte Nullstelle von s: t = 0; einfache Nullstelle von s: t = 60.

   Punktprobe mit (20|80) ergibt  $\qquad a = -\frac{1}{200}.$

   Ausmultipizieren ergibt  $\qquad s(t) = -\frac{1}{200}t^3 + \frac{3}{10}t^2$

c) Aus s(20) = 80 folgt:
   Der Hund ist nach 20 s 80 m von seinem Herrn
   entfernt.
   Bedingung für den Zeitpunkt t: s(t) = 100
   Aus der Abbildung:  $t_1 \approx 24$:  s(24) = 103,7 > 100
   $\qquad\qquad\qquad\quad t_2 \approx 52$   s(52) = 108,2 > 100
   Etwa zwischen 24 s und 52 s (also mehr als 25 s
   lang) ist der Hund mehr als 100 m von seinem Herrn entfernt.

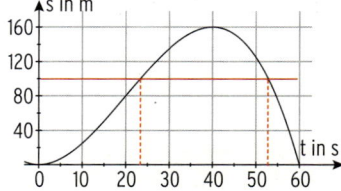

**Hinweis:** Hier bietet sich der Einsatz eines zusätzlichen elektronischen Hilfsmittels an.
   Stichwort: Schnittstelle

## Beispiel

➲ Zur Lagerung von 4 kg Soda soll Karla aus einem quadratischen Karton der Seitenlänge 30 cm durch Falten eine Schachtel ohne Deckel formen. Modellieren Sie die Situation.

## Lösung

**Reale Situation:**

Zur Lagerung von 4 kg Soda soll eine genügend große Schachtel geformt werden.

**Reales Modell:**

Soda hat ein spezifisches Gewicht von $2,218 \frac{g}{cm^3}$, 4 kg haben also ein Volumen von 1803 cm³.

Das Volumen der Schachtel mit der Höhe x soll durch eine Funktion beschrieben werden.

**Mathematisches Modell:**

x: Höhe der Schachtel in cm

$V(x)$: Volumen der Schachtel in cm³

Für $0 < x < 15$ ergibt sich $V(x) = (30 - 2x)^2 \cdot x$

Dieser Funktionsterm beschreibt das Volumen V in Abhängigkeit von der Höhe x.

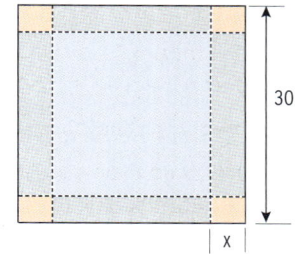

**Mathematische Lösung:**

Bedingung: $V(x) \geq 1803$

Mithilfe einer Wertetabelle:

Für $x \in \{4, 5, 6\}$ gilt: $V(x) > 1803$

Wählt Karla für Länge und Breite jeweils 22 cm und für die Höhe 4 cm, oder 20 cm und 5 cm oder 18 cm und 6 cm, so erhält sie eine genügend große Schachtel.

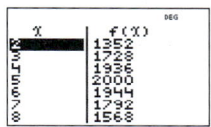

## Aufgaben

**1** Die Abbildung zeigt den Giebel eines Barock-Hauses (Maße in m).
Der Bauherr plant, ein Fenster der Höhe 2,25 m in den Giebel einzubauen.
Klären Sie die Situation für den Bauherrn.

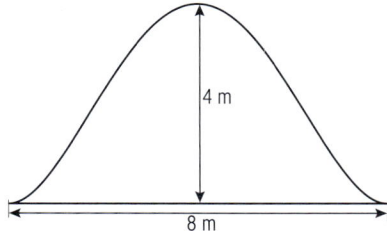

**2** Die Fixkosten für die Produktion einer Ware belaufen sich auf 300 Geldeinheiten (GE). Werden 10 Mengeneinheiten (ME) der Ware hergestellt, erhöhen sich die Gesamtkosten um 300 GE. Bei 20 ME betragen die Gesamtkosten 900 GE.

Prüfen Sie, ob die Gesamtkosten durch die Kostenfunktion K mit

$K(x) = \frac{1}{10}x^3 - 3x^2 + 50x + 300$ richtig beschrieben werden.

Bestimmen Sie den mittleren Kostenzuwachs in GE pro ME im Intervall [0; 10].

Der Verkaufspreis pro ME wird auf 60 GE festgelegt.

Zeigen Sie, dass im Bereich [11; 29] mit Gewinn produziert wird.

**3** Ein 100-m-Sprint lässt sich durch eine Polynomfunktion f 3. Grades beschreiben.

**a)** Bestätigen Sie, dass die nebenstehende Abbildung das Schaubild von f mit $f(t) = -\frac{1}{15}t^3 + \frac{3}{2}t^2$ zeigt.

Wählen Sie eine geeignete Achseneinteilung.

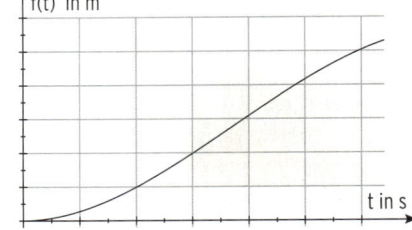

**b)** Bestimmen Sie die Laufzeit für 100 m auf eine Zehntelsekunde genau.

**c)** Bestimmen Sie die mittlere Geschwindigkeit des Läufers.

**4** Der Graph in der Abbildung beschreibt näherungsweise die Flugkurve des Balles bei einem Freistoß in einem Fußballspiel.

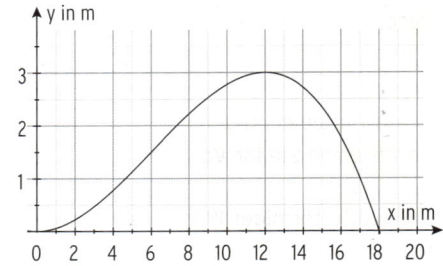

**a)** Beantworten Sie folgende Fragen mithilfe der Abbildung.
- Welche maximale Höhe erreicht der Ball?
- Überfliegt der Ball die Abwehrmauer in 9,15 m Entfernung?
  Wo kommt der Ball wieder auf den Boden?
- Wie weit entfernt vom Tor wurde der direkte Freistoß ausgeführt, wenn der Ball in einer Höhe von 1,75 m die Torlinie überschreitet?

**b)** Überprüfen Sie Ihre Ergebnisse, wenn die Flugkurve näherungsweise durch die Funktion f mit $f(x) = -\frac{1}{288}x^3 + \frac{1}{16}x^2$; $x \geq 0$, beschrieben wird.

**5** Nicola spielt mit seinem Hund und wirft eine Frisbee-Scheibe. Sein Hund holt sie. Das Diagramm zeigt die Geschwindigkeit v des Hundes in m/s.

**a)** Interpretieren Sie das Diagramm.

**b)** Geben Sie den Funktionsterm der Geschwindigkeits-Zeit-Funktion v in Abhängigkeit von t an.

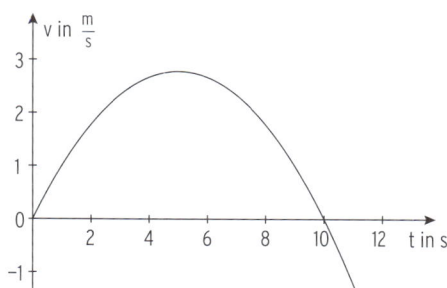

**6** Aus einem Wasserbecken wird Wasser abgelassen und wieder eingelassen. Die Zuflussgeschwindigkeit (in Liter pro Minute) ist in Abbildung 1 skizziert. Zur Zeit t = 6 (Minuten) ist das Becken leer.

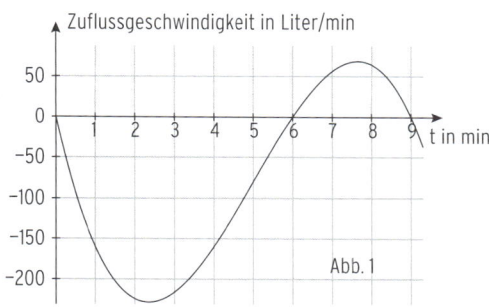

Abb. 1

**a)** Beschreiben Sie, in welchen Zeitintervallen der Wasserspiegel im Becken steigt bzw. fällt.

**b)** Geben Sie an, zu welcher Zeit sich am meisten Wasser im Becken befindet. Begründen Sie Ihre Aussage.

**c)** Schätzen Sie ab, wie viel Liter Wasser zur Zeit t = 0 im Becken sind. Beschreiben Sie Ihr Vorgehen.

**7** Ein quaderförmiger Wasserbehälter ist an einer Seite durch ein herausziehbares

herausziehbares Brett

Brett verschlossen. Der Wasserbehälter ist nicht vollständig gefüllt. Zieht man das Brett blitzartig heraus, ergeben sich folgende Abflussraten:

| Zeit in Sekunden nach Herausziehen des Bretts | 2 | 5 |
|---|---|---|
| Abflussrate in Liter pro Sekunde | 35,3 | 29,3 |

Untersuchen Sie, wann der Behälter leer sein müsste, wenn zwischen der Zeit und der Abflussrate ein linearer Zusammenhang angenommen wird.

9 Bohner, Ihlenburg, Ott, Deusch - ISBN 978-3-8120-0206-6

**1** Bestimmen Sie einen geeigneten Funktionsterm von f aus der Abbildung.

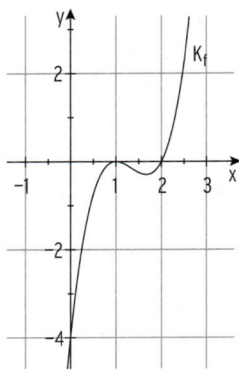

**2** K ist das Schaubild von f mit $f(x) = x^4 - 5x^2 + 4$

**a)** Beschreiben Sie den Verlauf von K. Berechnen Sie die Nullstellen von f.

**b)** Zeigen Sie: Die Parabel mit der Gleichung $y = 3(x^2 - 4)$ berührt K.

**3** K ist der Graph der Funktion f mit $f(x) = \frac{1}{2}x(x-3)^2$; $x \in \mathbb{R}$.
Berechnen Sie:

**a)** diejenigen x-Werte, für die gilt $f(x) > 0$.

**b)** die Schnittpunkte mit dem Graph G: $y = \frac{1}{2}x$.

**4** Lösen Sie die Gleichungen.

**a)** $x^3 + 2x^2 - 24x = 0$ **b)** $\frac{1}{12}x^4 - \frac{3}{2} = 0$ **c)** $2x^2 = \frac{1}{3}x^4$

**5** Gegeben ist die Funktion f mit $f(x) = x^3 - 2x + c$.

**a)** Für welchen Wert von c verläuft der Graph von f durch $P(2|3)$?

**b)** Bestimmen Sie c so, dass der Graph von f symmetrisch zu $S(0|-2)$ ist.

**c)** Es gilt $c = 1$.
Eine Parabel schneidet das Schaubild von f an den Stellen $-2$; 0 und 1.
Bestimmen Sie die Parabelgleichung.

# 3 Exponentialfunktionen

## Modellierung einer Situation

Das Wachstum eines Süßkirschenbaumes wird über einen Zeitraum von mehreren Jahren untersucht.

1) Für die Wachstumsgeschwindigkeit w dieser Pflanze in Abhängigkeit von der Zeit t liegen folgende Werte vor:

| t in Jahren | 1 | 2 | 3 | 4 | 5 |
|---|---|---|---|---|---|
| w in $\frac{\text{Meter}}{\text{Jahr}}$ | 0,80 | 0,54 | 0,36 | 0,24 | 0,16 |

- Bestimmen Sie mithilfe der Messwerte eine Exponentialfunktion, die die Wachstumsgeschwindigkeit in Abhängigkeit von der Zeit beschreibt.
- Zeichnen Sie das Schaubild der Exponentialfunktion und die Messwerte in ein gemeinsames Koordinatensystem ein.
  Um wie viel Prozent ändert sich die Wachstumsgeschwindigkeit pro Jahr?

2) Im Folgenden gilt: $v(t) = 1,2\,e^{-0,4t}$; $t \geq 0$.
Dabei ist t die Zeit in Jahren und $v(t)$ gibt die Wachstumsgeschwindigkeit in $\frac{\text{Meter}}{\text{Jahr}}$ zum Zeitpunkt t an.
- Man betrachtet das Wachstum als beendet, wenn die Wachstumsgeschwindigkeit kleiner als $0,01\frac{\text{Meter}}{\text{Jahr}}$ ist. Wann ist dies der Fall?
- Berechnen Sie die mittlere Wachstumsgeschwindigkeit der Pflanze in den ersten 5 Jahren. Zu Beobachtungsbeginn $(t = 0)$ ist der Kirschbaum 1 m hoch.
  Wie hoch wird der Kirschbaum nach 5 Jahren sein?

Bearbeiten Sie diese Situation, nachdem Sie die rechts aufgeführten **Qualifikationen und Kompetenzen** erworben haben.

### Qualifikationen & Kompetenzen

- Realitätsbezogene Zusammenhänge mit Exponentialfunktionen **mathematisch modellieren**
- mathematisch argumentieren
- Probleme mathematisch lösen
- Die mathematische Fachsprache verwenden

## 3.1 Einführungsbeispiele

### Beispiel

➥ Papa Kurt schenkt seinem Sohn 1000 €.
   Er bietet ihm folgende Alternative an:

a) Der Sohn erhält jedes Jahr weitere 50 €.
b) Der Betrag 1000 € wird zu 5 % Zinsen
   angelegt.

Wie entwickelt sich das Kapital des Sohnes im Laufe von 20 Jahren?
Wie würden Sie den Sohn beraten?

### Lösung

a) Nach 10 Jahren:     1500 €
   Nach 20 Jahren:     2000 €
   Kapital nach x Jahren:
   $K(x) = 1000 + 0,05 \cdot 1000 \cdot x$
   $K(x) = 1000 + 50x$
   **Konstante jährliche Zunahme um d = 50.**
   Das Kapital erhöht sich jedes Jahr um 50 €,
   also **linear.**

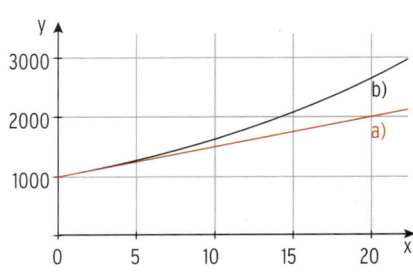

> **Beachten Sie:**
>
> Beim **linearen Wachstum** nimmt die Größe y immer **um den gleichen Summanden d zu,** wenn die Größe x um 1 zunimmt.

b) Kapital nach 1 Jahr:     $K = 1000 \cdot 1,05 = 1050$
   Kapital nach 2 Jahren:     $K = 1050 \cdot 1,05 = (1000 \cdot 1,05) \cdot 1,05 = 1000 \cdot 1,05^2$
                              $K = 1102,5$
   Kapital nach 10 Jahren:   $K = 1000 \cdot 1,05^{10} = 1628,89$
   Kapital nach 20 Jahren:   $K = 1000 \cdot 1,05^{20} = 2653,30$
   Kapital nach x Jahren:    $K(x) = 1000 \cdot 1,05^x$
   Jedes Jahr wächst das Kapital mit dem **Wachstumsfaktor** q = 1,05.
   Das Kapital erhöht sich **exponentiell.**
   **Ergebnis:** Alternative b) ist vorteilhafter (s. Abb.).

> **Bemerkung:** K mit $K(x) = 1000 \cdot 1,05^x$; $x \in \mathbb{R}$, ist eine **Exponentialfunktion.**

> **Beachten Sie:**
>
> Beim **exponentiellen Wachstum** wächst die Größe y immer **mit dem festen Faktor q,** wenn die Größe x um 1 zunimmt.

## Beispiel

⮡ Nimmt man Milch aus dem Kühlschrank, hat sie eine Temperatur von 6 °C, danach erwärmt sie sich.
Die Zimmertemperatur beträgt 20 °C. Dieser Vorgang lässt sich durch den Funktionsterm beschreiben:
$f(x) = 20 - 14 \cdot 2^{-0,144x}$; $x \geq 0$,
x in Minuten, $f(x)$ in °C.
Machen Sie Aussagen zum Temperaturverlauf.

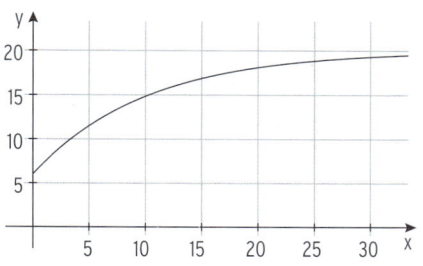

### Lösung

**Man stellt fest:** Die Erwärmung verläuft **nicht linear.**

Wertetabelle

| x | 0 | 1 | 10 | 20 | 30 |
|---|---|---|----|----|----|
| $f(x)$ | 6 | 7,33 | 14,84 | 18,10 | 19,30 |

Die Erwärmung ist abgeschlossen, wenn die Milch Zimmertemperatur (20 °C) hat.

Für $x \to \infty$ strebt die Temperatur $f(x) \to 20$.

Vergleich von $f(1)$ mit $f(0)$ ergibt: In der 1. Minute erwärmt sich die Milch um 1,33 °C.

Von der 20. bis zur 30. Minute erwärmt sich die Milch um

$$\frac{19,30\,°C - 18,10\,°C}{10\,min} = 0,12\,\frac{°C}{min}.$$

Die „Erwärmungsgeschwindigkeit" ist am Anfang am größten.

## Beispiel aus der Biologie

⮡ Eine Bakterienkultur vermehrt sich in den ersten fünf Stunden exponentiell.
**Die Exponentialfunktion f mit**
$f(t) = 2200 \cdot 1,804^{t}$ beschreibt die Anzahl der Bakterien nach t Stunden.
Beschreiben Sie, wie sich die Anzahl der Bakterien entwickelt.

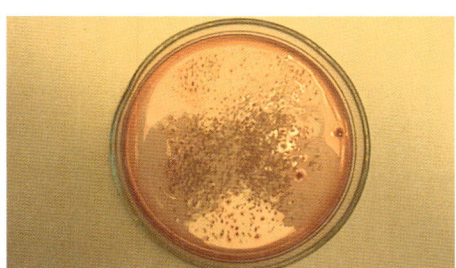

### Lösung

$f(0) = 2200$ Anfangsbestand
Wachstumsfaktor $q = 1,804$
Stündlich nimmt die Zahl der Bakterien um 80,4 % zu. Nach etwa 4,8 Stunden wird die Zahl 40 000 überschritten.

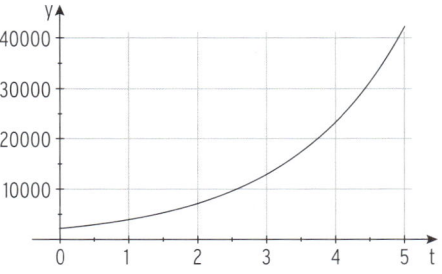

## 3.2 Definition einer Exponentialfunktion

Bei den bisher betrachteten Funktionen (z.B. f mit $f(x) = x^2$) war die Basis x variabel und die Hochzahl eine konstante natürliche Zahl. Ist die **Hochzahl x variabel** und die Basis eine positive Zahl, dann ergibt sich ein neuer Funktionstyp, die **Exponentialfunktion.**

**Exponentialfunktion** f mit $f(x) = a^x$; $a > 0$; $x \in \mathbb{R}$

**Beispiel**

f mit $f(x) = 2^x$; $x \in \mathbb{R}$

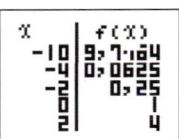

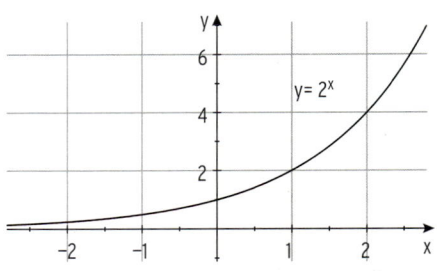

**Funktionswerte:**  $f(0) = 2^0 = 1$; $f(-1) = 2^{-1} = \frac{1}{2}$

$f(-10) = 2^{-10} = \frac{1}{2^{10}} = 0{,}00098$

**Eigenschaften:**  Die Funktionswerte $f(x)$ sind (monoton) **wachsend.**
Die Funktionswerte $f(x)$ streben für $x \to -\infty$ gegen null;
der Graph von f nähert sich immer mehr der x-Achse an.
Die x-Achse ist **waagrechte Asymptote (Näherungsgerade).**

**Spiegelt** man das Schaubild von f **an der y-Achse,** ersetzt man x durch $(-x)$ und man erhält das Schaubild von g mit
$g(x) = 2^{-x}$; $x \in \mathbb{R}$.

Seite 292

**Funktionswerte:**  $g(0) = 2^0 = 1$; $g(1) = 2^{-1} = \frac{1}{2}$

$g(4) = 2^{-4} = \frac{1}{2^4} = 0{,}0625$

**Eigenschaften:**  Die Funktionswerte $g(x)$ sind (monoton) **fallend.**
$g(x)$ strebt für $x \to \infty$ gegen null.
Die x-Achse ist **waagrechte Asymptote.**

---

**Beachten Sie:**

Das Schaubild einer Exponentialfunktion f mit $f(x) = a^x$; $x \in \mathbb{R}$; $a > 0$, verläuft durch den Punkt $S(0|1)$, denn $a^0 = 1$. Die x-Achse ist **waagrechte Asymptote.**

## Aufgaben

**1** Wie viele Reiskörner liegen auf dem 64. Feld
eines Schachbretts, wenn man auf das
1. Feld ein Reiskorn, auf das 2. zwei, auf das
3. vier, auf das 4. acht Reiskörner usw. legt?
Vergleichen Sie Ihr Ergebnis mit der
Weltjahresproduktion von Reis.

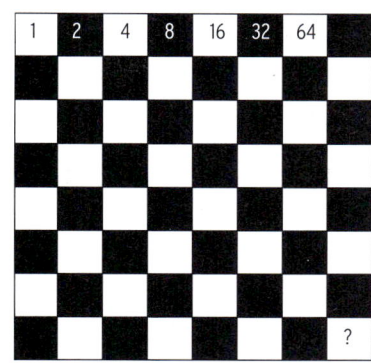

**2** Die Abbildung zeigt Ausschnitte aus den
Schaubildern der Funktionen
f mit $f(x) = 3^{0,5x} - 1$ und
g mit $g(x) = 3^{0,5x-1}$; $x \in \mathbb{R}$.
Ordnen Sie jedem Schaubild einen
Funktionsterm zu und begründen Sie Ihre
Entscheidung.

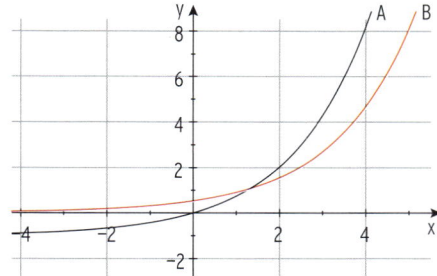

**3** Frieder lässt einen Ball aus 2 m Höhe auf einen festen Boden fallen.
Der Ball springt nach jedem Aufprall jeweils auf 90 % der Höhe zurück, aus welcher er
gefallen ist. Welche Höhe erreicht der Ball nach dem 5. bzw. 8. Aufprall?
Welcher Funktionsterm f(n) gibt die Höhe nach dem n-ten Aufprall an?

**4** Für $a > 0$ sind die Funktionen f mit $f(x) = a^x$; $x \in \mathbb{R}$, und g mit $g(x) = \frac{2}{a}x + 1$; $x \in \mathbb{R}$,
gegeben. Für welchen Wert von a schneiden sich die zugehörigen Schaubilder K und G an
der Stelle $x_1 = 1$?

**5** Die Funktion f mit $f(x) = 3^x$; $x \in \mathbb{R}$, hat das Schaubild $K_f$.
Durch Verschiebung von $K_f$ um 1 nach oben entsteht $K_g$, durch Verschiebung von $K_f$ um
1 nach links entsteht $K_h$.
Skizzieren Sie $K_f$, $K_g$ und $K_h$ in ein Achsenkreuz.
Wie lauten die Gleichungen der Kurven $K_g$ und $K_h$?
Wo schneiden sich $K_g$ und $K_h$?

## 3.3 Die Euler'sche Zahl e

**Beispiel**

⊃ Nehmen wir an, wir hätten 1€ bei einer (sehr großzügigen) Bank zu 100 % angelegt. Nach einem bestimmten Zeitabschnitt (z. B. nach einem Monat) wird der Zins dem Konto gutgeschrieben und ab dem nächsten Zeitabschnitt (ab dem nächsten Monat) mitverzinst. Wie groß ist dann das Kapital am Ende des Jahres?

**Lösung**

| **Die Zinsgutschrift erfolgt** | **Kapital am Ende des Jahres** |
|---|---|

jährlich

$$K_1 = 1 + \frac{100}{100} = 2$$

vierteljährlich

$$K_4 = \left(1 + \frac{1}{4} \cdot \frac{100}{100}\right)\left(1 + \frac{1}{4} \cdot \frac{100}{100}\right)\left(1 + \frac{1}{4} \cdot \frac{100}{100}\right)\left(1 + \frac{1}{4} \cdot \frac{100}{100}\right)$$

Kapital nach dem        1.      2.      3.      4. Quartal

$$K_4 = \left(1 + \frac{1}{4}\right)^4 = 2{,}44$$

monatlich

$$K_{12} = \left(1 + \frac{1}{12} \cdot \frac{100}{100}\right)\left(1 + \frac{1}{12} \cdot \frac{100}{100}\right) \cdot \ldots \cdot \left(1 + \frac{1}{12} \cdot \frac{100}{100}\right)$$

Kapital nach dem        1.      2.      …      12. Monat

$$K_{12} = \left(1 + \frac{1}{12}\right)^{12} = 2{,}61$$

täglich

$$K_{360} = \left(1 + \frac{1}{360}\right)^{360} = 2{,}71$$

in n gleichen
Abschnitten eines Jahres:

$$K_n = \left(1 + \frac{1}{n}\right)^n$$

Schreibt man die Zinsen in immer kürzeren Abständen (d. h., n geht gegen unendlich) dem Kapital gut, so spricht man von einer **stetigen Verzinsung.**

Das Kapital von 1€ steigt am Ende des Jahres jedoch nicht ins Unendliche, sondern strebt gegen eine feste Zahl, wie man anhand der Tabelle erkennen kann.

| $n$ | 1 | 10 | 100 | 1000 | 10 000 |
|---|---|---|---|---|---|
| $\left(1 + \frac{1}{n}\right)^n$ | 2 | 2,5937… | 2,7048… | 2,7169… | 2,7181… |

Für $n \to \infty$ wächst das Kapital auf das 2,718…-Fache.

Die (irrationale) Zahl 2,718… heißt **Euler'sche Zahl e.**

> **Euler'sche Zahl e = 2,718 281 828 459 …**

Das Kapital nimmt also bei einer Verzinsung von 100 % und unendlich häufigem Zinszuschlag in einem Jahr **(stetige Verzinsung)** den Wert **K\* = K · e** an.

> **Beachten Sie:**
>
> Die **Euler'sche Zahl e** ist der Grenzwert von $\left(1 + \frac{1}{n}\right)^n$ für $n \to \infty$.
>
> Schreibweise: $e = \lim\limits_{n \to \infty} \left(1 + \frac{1}{n}\right)^n$

# 3.4 Exponentialfunktionen zur Basis e

In den Naturwissenschaften, in der Technik und in den Wirtschaftswissenschaften sind die **Exponentialfunktionen** von überragender Bedeutung. Dabei spielt die **Basis e** eine besondere Rolle: e = 2,718 281 828 ...

> **Beachten Sie:**
>
> Die **Exponentialfunktion zur Basis e** ist die Funktion f mit **f (x) = e$^x$;** x ∈ ℝ.

Viele mathematische Probleme können mit einer **Exponentialfunktion zur Basis e (e-Funktion) beschrieben werden.**
**Untersuchung der Exponentialfunktion** f mit f (x) = e$^x$ bzw. g mit g (x) = e$^{-x}$; x ∈ ℝ

**Wertetabelle**

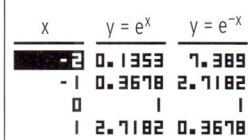

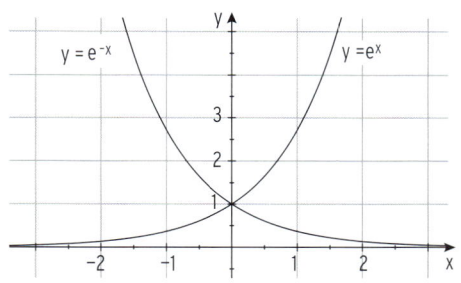

## Eigenschaften

1. Das zugehörige Schaubild verläuft **oberhalb** der x-Achse: e$^x$ > 0; e$^{-x}$ > 0
   Es gibt keine Schnittpunkte mit der x-Achse.

2. e$^x$ → 0 für x → −∞; e$^{-x}$ → 0 für x → ∞:
   **Die x-Achse ist waagrechte Asymptote.**
   e$^x$ → ∞ für x → ∞; e$^{-x}$ → ∞ für x → −∞

3. S (0|1) liegt auf dem Graph, denn e$^0$ = 1.

Seite 292

**Potenzwerte:**  e$^0$ = 1
$\quad\quad\quad\quad\quad$ e = e$^1$ ≈ 2,718
$\quad\quad\quad\quad\quad$ e$^{10}$ ≈ 22 026
$\quad\quad\quad\quad\quad$ e$^{-10}$ ≈ 4,5 · 10$^{-5}$
$\quad\quad\quad\quad\quad$ e$^{-1}$ = $\frac{1}{e}$ ≈ 0,368

```
e⁰
                          1
e¹
          2,718281828
e⁻¹
          0,3678794412
```

## Aufgaben

**1** Zeichnen Sie das Schaubild der Funktion f mithilfe einer Wertetabelle.
Untersuchen Sie das Verhalten der Funktionswerte für $x \to \pm\infty$.

**a)** $f(x) = e^{1-x}$             **b)** $f(x) = 0{,}5\,e^x - 2$         **c)** $f(x) = 45\,e^{0{,}0125\,x}$

**2** Gegeben ist der Graph K der Funktion f mit $f(x) = e^x$.
Die beiden Kurven G und H entstehen aus K.
Bestimmen Sie die zugehörigen Funktionsterme.

**a)**
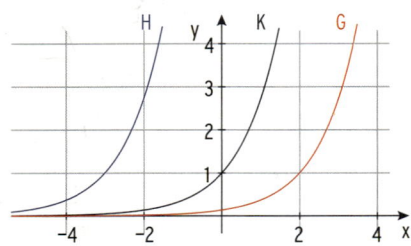

**b)**
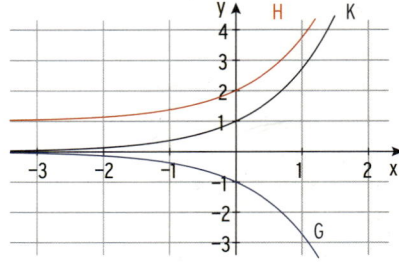

**3** K ist der Graph der Funktion f mit $f(x) = e^{-x}$.
Durch Abbildung von K entsteht das Schaubild der Funktion g mit $g(x) = ae^{-x} + b$.
Bestimmen Sie a und b, wenn es sich um eine

**a)** Verschiebung um 3 nach oben,

**b)** Spiegelung an der x-Achse,

**c)** Streckung in y-Richtung mit dem Faktor 0,5 und eine Verschiebung um 6 nach unten,

**d)** Verschiebung um 2 nach rechts handelt.
Welche gemeinsame Eigenschaft haben alle Kurven?

**4** Welches Schaubild in Abb. 1 gehört zu
der Funktion f mit $f(x) = e^{1-2x}$?
Begründen Sie Ihre Wahl.

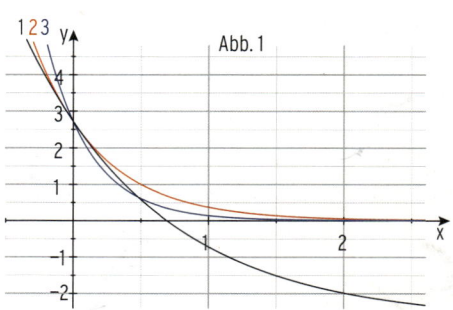

Abb. 1

**5** Ein Bestand von 2000 Bakterien vermehrt sich exponentiell innerhalb von 4 Stunden
auf 2600.
Zeigen Sie, dass sich der Bakterienbestand in Abhängigkeit von der Zeit t (in h) durch die
Wachstumsfunktion $B(t) = 2000 \cdot e^{0{,}06559\,t}$; $t \geq 0$, beschreiben lässt.
Nach etwa 25 Stunden sind es 10000 Bakterien. Überprüfen Sie.

# 3.5 Schaubilder von Exponentialfunktionen

### Beispiel

⮕ Gegeben ist das Schaubild K der Funktion f
mit $f(x) = e^x - 2$; $x \in \mathbb{R}$.
Wie verläuft K? Kennzeichnen Sie $f(-1)$.
Ist die Nullstelle von f kleiner als 0,7?
Wie entsteht das Schaubild G von g mit
$g(x) = f(x + 1)$ aus K?

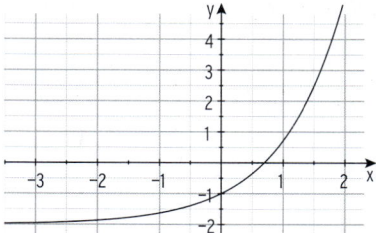

### Lösung
**Verlauf von K:**
- K verläuft vom 3. in das 1. Feld.
- K nähert sich für $x \to -\infty$ der Geraden
  mit $y = -2$ an **(waagrechte Asymptote).**
- K ist steigend, f ist (streng) monoton wachsend.
- $SP_y(0\,|-1)$

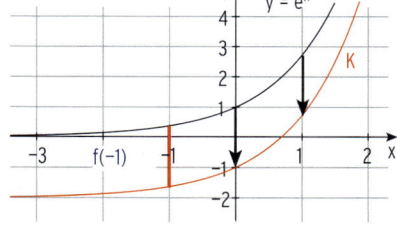

**Hinweis:** Der Graph H von h mit
$h(x) = e^x$ (Asymptote: $y = 0$) wird um 2
nach unten **verschoben** und man erhält K
(Asymptote: $y = -2$).
$f(0,7) = 0{,}013... > 0$
Die Nullstelle von f ist kleiner als 0,7
$g(x) = f(x + 1) = e^{x+1} - 2$; K wird um 1 **nach links verschoben.**

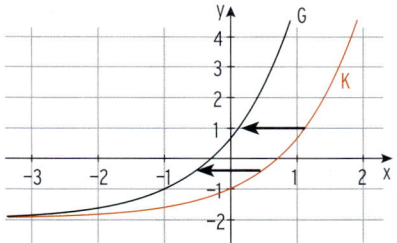

### Beispiel

⮕ Gegeben ist die Exponentialfunktion f mit $f(x) = -1{,}2\,e^{-0{,}3x} + 2{,}5$; $x \in \mathbb{R}$.
Skizzieren Sie K. Beschreiben Sie den Verlauf von K.
Wo schneidet das Schaubild K von f die Koordinatenachsen?

### Lösung
K verläuft vom 3. in das 1. Feld. K nähert sich
für $x \to \infty$ der Geraden mit $y = 2{,}5$ an
**(waagrechte Asymptote).**
K ist steigend.
$f(0) = 1{,}3$; $SP_y(0\,|\,1{,}3)$
Nullstelle $x_N \approx -2{,}5$; $SP_x(-2{,}5\,|\,0)$

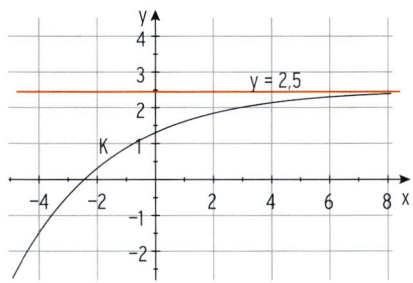

## Beispiel

➲ Die Abbildung zeigt den Graph K von f mit $f(x) = x - e^{-x};\ x \in \mathbb{R}$ und die Gerade g mit $y = x$. Beschreiben Sie den Verlauf von K. Begründen Sie: K verläuft stets unterhalb von g. Zeigen Sie: Die Nullstelle von f liegt zwischen 0,56 und 0,57.

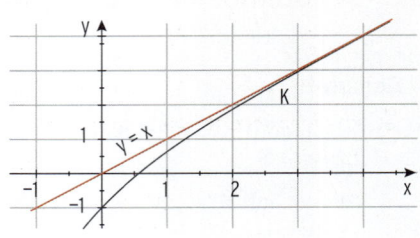

## Lösung

**Verlauf von K:**   • vom 3. in das 1. Feld   • monoton steigend   • $S_y(0\,|-1)$
• nähert sich für $x \to \infty$ der Geraden mit $y = x$ an **(schiefe Asymptote: y = x)**
K verläuft stets **unterhalb der Geraden,** da $e^{-x} > 0$ ist und damit $f(x) < x$ gilt für alle x.
**Nullstelle:** $f(0,56) = -0,011...;\ f(0,57) = 0,0047...$
$f(x)$ wechselt das Vorzeichen zwischen 0,56 und 0,57, also liegt (mindestens) eine Nullstelle auf diesem Bereich. Aus der Zeichnung: K verläuft **oberhalb der x-Achse** für $x > 0,57$.

---

### Beachten Sie:

Für $x \to \infty$ strebt $e^{-x} \to 0$
d.h., setzt man in $f(x) = x - e^{-x}$ und $y = x$ immer größere x-Werte ein, unterscheiden sich die errechneten Werte immer weniger, da $e^{-x} \to 0$ strebt: $f(x) \approx x$ für $x \to \infty$.
**Die schiefe Asymptote hat die Gleichung** $y = x$.

| x | $y = x - e^{-x}$ | $y = x$ |
|---|---|---|
| 1 | 0.6321 | 1 |
| 5 | 4.9932 | 5 |
| 10 | 9.9999 | 10 |
| 50 | 50 | 50 |

---

## Beispiel

➲ Gegeben ist die Funktion f durch $f(x) = (x - 2)e^x;\ x \in \mathbb{R}$.
Beschreiben Sie den Verlauf des Schaubildes K von f.

## Lösung

**Achsenschnittpunkte:** $N(2\,|\,0);\ S_y(0\,|-2)$.
**Verhalten von f(x) für $x \to -\infty$:**
Anhand der Wertetabelle erkennt man, dass das Produkt $(x - 2)e^x$
gegen null strebt.
**Hinweis:**
$-5\,E - 4$ bedeutet:
$-5 \cdot 10^{-4} = -0,0005$

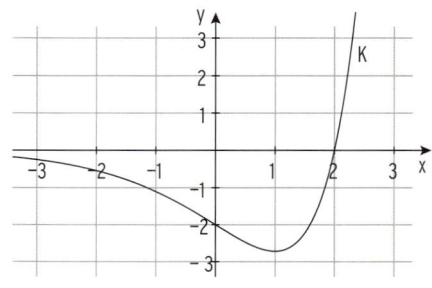

| x | f(x) |
|---|---|
| -40 | -1.4E16 |
| -30 | -2.1E12 |
| -20 | -4.1E8 |
| -10 | -5.1E4 |
| 0 | -2 |

---

### Beachten Sie:

Für $x \to -\infty$ strebt $e^x$ „schneller" gegen null als $(x - 2)$ gegen $-\infty$,
damit gilt: $f(x) = (x - 2)e^x \to 0$. Die **waagrechte Asymptote** hat die Gleichung $y = 0$.

## Asymptoten bei Schaubildern von Exponentialfunktionen

K: $f(x) = 0,5\,e^x$

$e^x \to 0$ für $x \to -\infty$

K hat eine **waagrechte Asymptote:**

**$y = 0$ (x-Achse)**

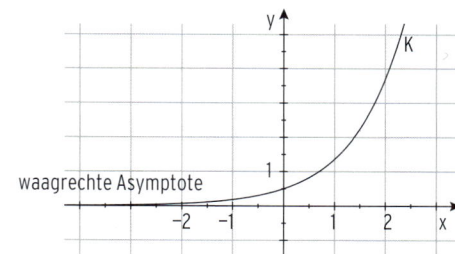

K: $f(x) = e^{-x} + 1$

$e^{-x} \to 0$ für $x \to \infty$

K hat eine **waagrechte Asymptote:**

**$y = 1$**

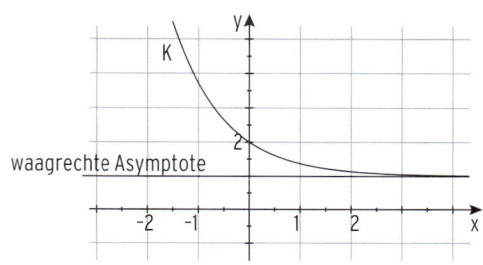

K: $f(x) = e^{-x} + x$

$e^{-x} \to 0$ für $x \to \infty$

K hat eine **schiefe Asymptote:**

**$y = x$**

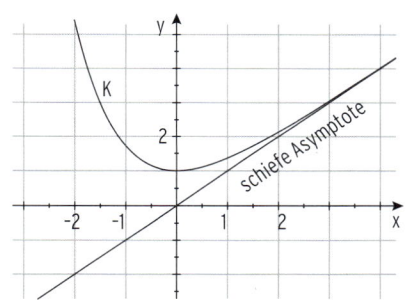

### Beachten Sie:

Wegen $e^{ax} \to 0$; $a \neq 0$, für $x \to \infty$ bzw. $x \to -\infty$ hat das Schaubild von f mit $f(x) = e^{ax} + bx + c$ die Asymptote mit der Gleichung $y = bx + c$.

K: $f(x) = 3(1 - x)\,e^{-x}$

Für $x \to \infty$ strebt $e^{-x}$ schneller gegen null als $3(1 - x)$ gegen $-\infty$.

$f(x) = (1 - x)e^{-x} \to 0$ für $x \to \infty$.

K hat eine **waagrechte Asymptote:**

**$y = 0$ (x-Achse)**

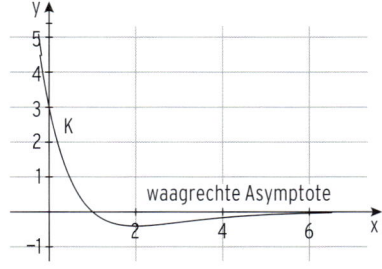

**1** Gegeben ist die Funktion f mit $f(x) = 2e^x$; $x \in \mathbb{R}$.
Skizzieren Sie das Schaubild K von f. Wie verläuft K?
Kennzeichnen Sie $f(-1)$. Wo schneidet K die y-Achse?
Begründen Sie, warum K keine gemeinsamen Punkte mit der x-Achse hat.
Formulieren Sie einen Zusammenhang von $f(x)$ und $f(x+1)$.
Wie verändert sich der Funktionswert, wenn man x um 1 verkleinert?

**2** Gegeben ist die Funktion f mit $f(x) = 2 - e^{-x}$; $x \in \mathbb{R}$.
Beschreiben Sie den Verlauf des Graphen K von f.
Zeigen Sie, die Nullstelle von f liegt zwischen $-0,69$ und $-0,70$.
Wie entsteht K von f aus dem Graphen von g mit $g(x) = e^{-x}$; $x \in \mathbb{R}$?

**3** K ist das Schaubild der Funkion f mit $f(x) = (2x - 1)e^x$; $x \in \mathbb{R}$.
**a)** Skizzieren Sie K. Beschreiben Sie den Verlauf von K.
**b)** Für $x < -4,50$ haben die zugehörigen Kurvenpunkte einen Abstand von der x-Achse, der kleiner als $\frac{1}{10}$ ist. Überprüfen Sie diese Behauptung.

**4** Die Schaubilder gehören zu einer Funktion vom Typ $f(x) = ax e^{bx}$.
Welche Aussagen lassen sich über a und b machen?

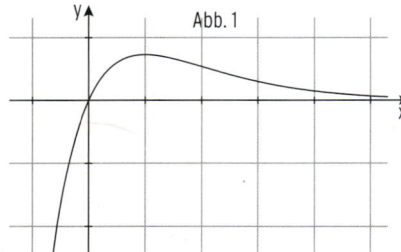
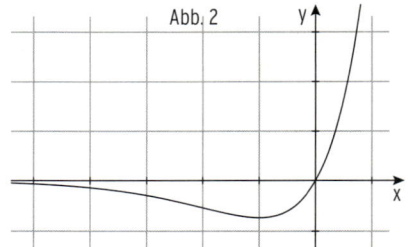

**5** Gegeben sind die Funktionen f mit $f(x) = (1 - 3x)e^{-0,5x}$ und $g(x) = 2e^{-x} + 1$; $x \in \mathbb{R}$ mit den Schaubildern $K_f$ und $K_g$.
Die Gerade mit der Gleichung $x = 0,5$ schneidet $K_f$ im Punkt P und $K_g$ im Punkt Q.
Berechnen Sie die Länge der Strecke PQ.

**6** Gegeben ist die Funktion f mit $f(x) = 2 - e^{2x}$ und die Funktion g mit $g(x) = e^{-2x}$; $x \in \mathbb{R}$.
**a)** Zeichnen Sie die Schaubilder der beiden Funktionen.
**b)** Lösen Sie die Gleichungen $f(x) = 0,5$; $g(x) = 4$ und $f(x) = g(x)$.
Interpretieren Sie Ihr Ergebnis geometrisch.

**7** Welches Schaubild gehört zu welcher Funktion? Begründen Sie Ihre Wahl.

A: $f(x) = 0,5\,e^x - 2$;
B: $f(x) = (x - 1)\,e^x$;
C: $f(x) = 0,5\,x + e^{-x}$;

D: $f(x) = (e^{-x} - 1)^2$;
E: $f(x) = e^{-x} + 2$;
F: $f(x) = e^x - x - 1$

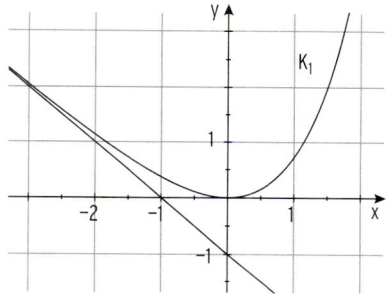
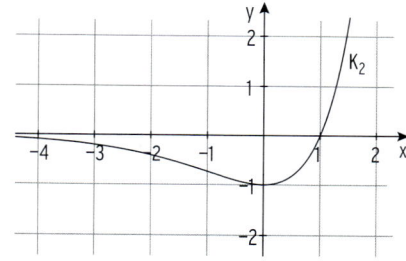

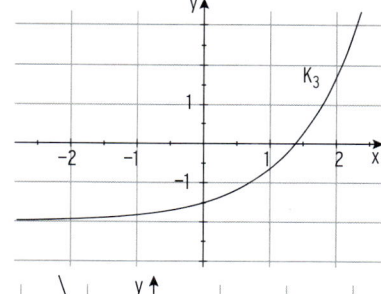
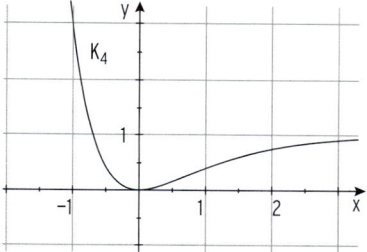

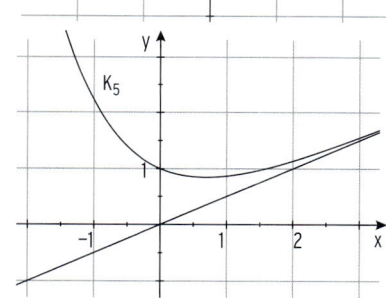
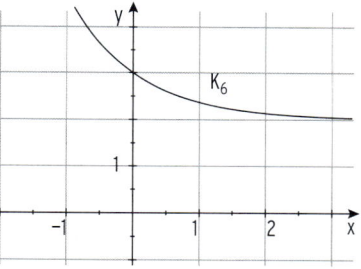

**8** Die Schaubilder gehören zu einer Funktion vom Typ $f(x) = a\,e^{-x} + b$.
Bestimmen Sie a und b und begründen Sie Ihre Wahl.

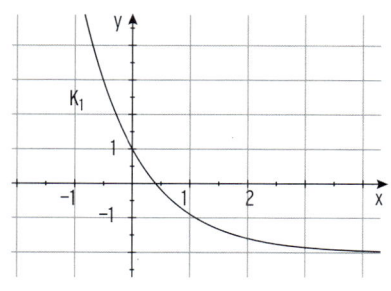
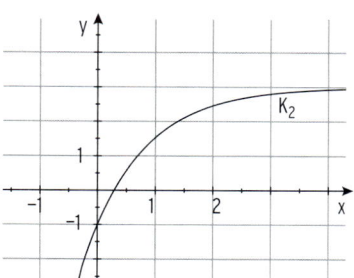

# 3.6 Exponentialgleichungen und geometrische Interpretation

## 3.6.1 Der natürliche Logarithmus

In der Gleichung $2^x = 8$ ist die Hochzahl x gesucht.

Die **Exponentialgleichung** $2^x = 8$ hat die Lösung $x = 3$.

Die gesuchte Hochzahl $x = 3$ heißt **Logarithmus von 8 zur Basis 2.**

| | |
|---|---|
| **Schreibweise:** | $3 = \log_2(8)$ |
| **Exponentialgleichung zur Basis e:** | $e^x = 4$ |
| Die gesuchte Hochzahl x heißt: | $x = \log_e(4) = \ln(4)$ (**Logarithmus** zur Basis e) |
| | $x \approx 1{,}386$, d.h., $e^{1{,}386} \approx 4$ |

Die **Hochzahl** $x = \ln(4)$ heißt der **natürliche Logarithmus von 4.**

---

**Beachten Sie:**

**Logarithmus-Definition:** $e^x = b \Leftrightarrow x = \ln(b)$, $b > 0$

$\ln(b)$ ist die **Hochzahl zur Basis** e, sodass die Potenz den Wert b hat.

---

**Beispiele**

$\ln(e^2) = \mathbf{2}$      denn $e^2 = e^2$

$\ln\left(\frac{1}{e}\right) = \mathbf{-1}$      denn $e^{-1} = \frac{1}{e}$

$\ln(1) = \mathbf{0}$      denn $e^0 = 1$

$e^{\ln(0{,}5)} = 0{,}5$

**Folgerungen**

$e^{\ln(5)} = 5$      **allgemein:** $e^{\ln(b)} = b$

$\ln(e^4) = 4$      **allgemein:** $\ln(e^x) = x$

$\ln(1) = 0$

$\ln(e) = 1$

**Hinweis:** Den **Logarithmus zur Basis e** kann man mithilfe des Taschenrechners (mit der ln-Taste) bestimmen.

Z.B. $\ln(3{,}5) = 1{,}25276\ldots$

$\ln(0{,}5) = -0{,}6931\ldots$

$\ln(-1)$ nicht definiert, da $e^x > 0$ für alle $x \in \mathbb{R}$.

```
ln (3.5)
            1.252762968
ln (0.5)
            -0.6931471806
ln (-1)
    Math.-Fehler
```

---

## Aufgaben

**1** Bestimmen Sie.

a) $\ln\left(\frac{e}{2}\right)$      b) $\ln(3e)$      c) $\ln(0{,}5)$      d) $\ln(100)$

e) $2\ln(5)$      f) $\frac{\ln(5)}{2}$      g) $3\ln(2) - 1$      h) $\ln(2) - \ln\left(\frac{1}{2}\right)$

**2** Berechnen Sie ohne Hilfsmittel.

a) $\ln(e)$      b) $\ln(e^{-3})$      c) $e^{\ln(2)}$      d) $\frac{1}{2}e^{\ln(1{,}5)}$

e) $6e^{\ln(0{,}5)}$      f) $\ln(e^4)$      g) $(e^{\ln(4)})^2$      h) $1 - 4\ln\left(\frac{1}{e}\right)$

## 3.6.2 Exponentialgleichungen

**Gleichungstyp 1:** Lösung durch Anwendung der Logarithmus-Definition

### Beispiele

Bestimmen Sie die ungerundeten Lösungen folgender Exponentialgleichungen.

1) $e^x = 5$

**Lösung**

Anwenden der Definition: $\qquad e^x = 5$

Exakte Lösung: $\qquad x = \ln(5)$

2) $\frac{1}{2}e^{1-x} - 3t = 0$; $t > 0$

**Lösung** $\qquad\qquad\qquad \frac{1}{2}e^{1-x} = 3t \;\Rightarrow\; e^{1-x} = 6t$

Anwenden der Definition: $\qquad 1 - x = \ln(6t)$

Exakte Lösung: $\qquad x = 1 - \ln(6t)$

3) $e^{2x} - 2e = 0$

**Lösung** $\qquad\qquad\qquad e^{2x} - 2e = 0 \;\Rightarrow\; e^{2x} = 2e$

Anwenden der Definition: $\qquad 2x = \ln(2e)$

Exakte Lösung: $\qquad x = 0{,}5\ln(2e)$

**Hinweis: e** wird wie eine Zahl behandelt.

4) $e^{-2x} + 3 = 0$

**Lösung** $\qquad\qquad\qquad e^{-2x} = -3$

Unlösbar wegen: $\qquad\qquad e^{-2x} > 0$

> **Bemerkung: Gleichungen der Form** $a \cdot e^u - b = 0$ (u ist ein Term in x.)
>
> werden **vereinfacht** zu $e^u = \frac{b}{a} \;\Leftrightarrow\; u = \ln\left(\frac{b}{a}\right)$
>
> Auflösen von u nach x ergibt für $\frac{b}{a} > 0$ die Lösung.

## Aufgaben

**1** Lösen Sie folgende Exponentialgleichungen.

a) $e^x = 30$ $\qquad$ b) $e^{3x} = 12$ $\qquad$ c) $e^{1-x} = 1000$

d) $\frac{e^{-x}}{2} - 3 = 0$ $\qquad$ e) $-e^{x-1} - 2 = 0$ $\qquad$ f) $-3e^{-3x} + 6e = 0$

g) $5 - e^{0{,}25x} = 0$ $\qquad$ h) $e^{-\frac{1}{2}x + 3} = 4$ $\qquad$ i) $-2e^{-\frac{1}{8}x} + 13 = 0$

j) $0{,}2\,e^{0{,}2x} = 10$ $\qquad$ k) $2e^{-0{,}1tx} = 1{,}5$; $t \neq 0$ $\qquad$ l) $6e^{\ln(3) \cdot x} - 18t = 0$; $t > 0$

**2** Für welche Werte von a hat die Gleichung $e^x - \frac{a}{2} = 0$ eine Lösung?

Geben Sie die Lösung in Abhängigkeit von a an.

10  Bohner, Ihlenburg, Ott, Deusch - ISBN 978-3-8120-0206-6

**Gleichungstyp 2:** Lösung durch Ausklammern und Anwendung des Satzes vom Nullprodukt

### Beispiele

Lösen Sie die folgenden Exponentialgleichungen.

1) $e^x - e^{2x} = 0$

**Lösung**

| | |
|---|---|
| **Ausklammern:** | $e^x(1 - e^x) = 0$ |
| Satz vom **Nullprodukt:** | $e^x = 0 \lor 1 - e^x = 0$ |
| Einzige Lösung wegen $e^x \neq 0$: | $x = \ln(1) = 0$ |

2) $4e^{-x} - 2e^x = 0$

**Lösung**

| | |
|---|---|
| **Ausklammern:** | $e^{-x}(4 - 2e^{2x}) = 0$ |
| Satz vom **Nullprodukt:** | $e^{-x} = 0 \lor 4 - 2e^{2x} = 0$ |
| Wegen $e^{-x} \neq 0$: | $4 - 2e^{2x} = 0$ |
| | $e^{2x} = 2 \Rightarrow 2x = \ln(2)$ |
| Exakte Lösung: | $x = 0{,}5\ln(2)$ |

**Alternative:**

| | |
|---|---|
| Beide Seiten mit $e^x$ multiplizieren: | $4e^{-x} - 2e^x = 0 \quad |\cdot e^x$ |
| | $4e^{-x} \cdot e^x - 2e^x \cdot e^x = 0$ |
| | $4 - 2e^{2x} = 0 \Leftrightarrow x = 0{,}5\ln(2)$ |

Seite 292

> **Beachten Sie:**
>
> $e^x \cdot e^x = e^{x+x} = e^{2x}$ $\qquad$ $e^x \cdot e^{-x} = e^{x-x} = e^0 = 1$
>
> $e^{2x} \cdot e^{-x} = e^{2x-x} = e^x$ $\qquad$ $e^x \cdot e^y = e^{x+y}$

3) $3e^x - xe^x = 0$

**Lösung**

| | |
|---|---|
| **Ausklammern:** | $e^x(3 - x) = 0$ |
| Satz vom **Nullprodukt:** | $e^x = 0 \lor 3 - x = 0$ |
| Wegen $e^x \neq 0$: | $3 - x = 0$ |
| Einzige Lösung: | $x = 3$ |

### Aufgaben

**1** Lösen Sie folgende Exponentialgleichung.

a) $2e^{2x} - 3e^x = 0$ $\qquad$ b) $0{,}5e^{-x} - 5e^x = 0$ $\qquad$ c) $-\frac{1}{2}e^{-x} + 2e^x = 0$

d) $\frac{e^x}{2} - \frac{e^{-x}}{4} = 0$ $\qquad$ e) $-4e^{2x} + 2te^{-2x} = 0;\ t > 0$ $\qquad$ f) $e^{-x} = \frac{4}{3}e^{2x}$

g) $2xe^x - 3te^x = 0$ $\qquad$ h) $\frac{x}{2}e^{t-x} = 2x$ $\qquad$ i) $-x^2e^{-x} + 2e^{-x} = 0$

**2** Für welche Werte von a hat die Gleichung $ae^{2x} - e^x = 0$ keine bzw. eine Lösung?

### Gleichungstyp 3: Lösung durch Substitution

## Beispiele

Lösen Sie die folgenden Exponentialgleichungen.

1) $e^{2x} - 5e^x + 6 = 0$

**Lösung**

| | |
|---|---|
| Gleichung: | $e^{2x} - 5e^x + 6 = 0$ |

**Substitution**

| | |
|---|---|
| Man setzt $u = e^x$ und erhält: | $u^2 = (e^x)^2 = e^{2x}$ |
| Quadratische Gleichung in u: | $u^2 - 5u + 6 = 0$ |
| Auflösung nach u: | $u_1 = 3;\ u_2 = 2$ |
| Auflösung nach x (Rücksubstitution): | $u_1 = e^x = 3 \Rightarrow x_1 = \ln(3)$ |
| | $u_2 = e^x = 2 \Rightarrow x_2 = \ln(2)$ |
| Lösungen: | $x_1 = \ln(3);\ x_2 = \ln(2)$ |

2) $e^x - 20e^{-x} = -1$

**Lösung**

| | |
|---|---|
| Gleichung: | $e^x - 20e^{-x} = -1$ |
| Nullform: | $e^x - 20e^{-x} + 1 = 0 \quad \mid \cdot e^x$ |
| Form: | $e^{2x} + e^x - 20 = 0$ |

**Substitution:**

| | |
|---|---|
| | $u = e^x;\ u^2 = e^{2x}$ |
| Quadratische Gleichung in u: | $u^2 + u - 20 = 0$ |
| Auflösung nach u: | $u_1 = 4;\ u_2 = -5$ |
| Auflösung nach x (Rücksubstitution): | $u_1 = e^x = 4 \Rightarrow x_1 = \ln(4)$ |
| | $u_2 = e^x = -5$ unlösbar, wegen $e^x > 0$ |
| Lösung: | $x_1 = \ln(4)$ |

---

Seite 292

**Beachten Sie:**

$$e^{-x} = \frac{1}{e^x} \qquad (e^x)^2 = e^{2x} \qquad (e^{-x})^2 = e^{-2x}$$

---

## Aufgaben

**1** Lösen Sie folgende Exponentialgleichung.

a) $e^{2x} - \frac{17}{2}e^x + 4 = 0$ 　　 b) $e^{2x} - 8e^x + 16 = 0$ 　　 c) $-\frac{1}{5}e^x - 1 + 10e^{-x} = 0$

d) $e^x - 4 - 5e^{-x} = 0$ 　　 e) $e^{-2x} = 3e^{-x} + 4$ 　　 f) $4 - 3e^{-0,5x} = e^{0,5x}$

g) $e^{2x} - 4e^x + 3 = 0$ 　　 h) $9e^{-x} + 9e^x - 82 = 0$ 　　 i) $5e^x + 25e^{-x} - 126 = 0$

**2** Zeigen Sie: $e^{2x} + te^x - 1 = 0$ hat für $t > 0$ genau eine Lösung.

> **Beachten Sie:**
>
> **Lösung von Exponentialgleichungen** durch
>
> – **Anwendung der Definition**    Beispiel: $e^{-2x} = 4$
>
> – **Ausklammern**                 $2e^{-2x} - e^x = 0$
>
> – **Substitution**                $e^{2x} - 5e^x + 2 = 0$

## Aufgaben

Lösen Sie die Aufgaben 1. bis 4. exakt.

**1**
a) $2e^{-2x} - e^x = 0$
b) $-\frac{1}{3}e^{-x} + \frac{1}{6}e^x = 0$
c) $e^{-2x} = 4e^{-x}$

d) $e^{-0,5x} + 2 = 2(1 + e^x)$
e) $e^{2x-3} = e^{-x}$
f) $e^{3x-2} - e = 0$

**2**
a) $-e^{-x} + 4 = 0$
b) $4te^{0,4x+2} - 6 = 0;\ t > 0$
c) $2e^x - 0,5e^{3x} = 0$

d) $\frac{1}{4}(6 - e^{-tx}) = 0;\ t \neq 0$
e) $(x - 5)e^x = 0$
f) $e^x(e^x - 2) = 0$

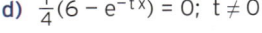

**3**
a) $e - 2e^{0,5x} = 0$
b) $\frac{2}{3}e^{-x} - 2 = 0$
c) $e^{2x} - 5xe^{2x} = 0$

d) $e^{2-x} = 1$
e) $e^{0,2x+1} - 1 = 0$
f) $3 - 0,5e^{0,25x} = 0$

g) $(3 + 2x)e^{x-1} = 0$
h) $8 - e^x = 7e^{-x}$
i) $2e^{0,5x} = e^x$

**4**
a) $3e^{2x} - e^x - 2 = 0$
b) $2e^x - \frac{4}{e^x} = 0$
c) $\frac{e}{2} - e^{-2x} = 0$

d) $2t - te^{4x} = 0;\ t \neq 0$
e) $\frac{e}{2} - e^{tx} = 0;\ t \neq 0$
f) $(x - t)e^{x+t} = 0$

g) $(2 - e^x)^2 = (e^x - 3)^2$
h) $\frac{1}{2}e^x - 8e^{-x} = 3$
i) $\frac{2x}{e^x+1} = 0$

**5** Bestimmen Sie die Lösung auf zwei Dezimalen gerundet.
a) $200\,e^{0,0125x} = 450$
b) $300\,e^{0,75t} = 450$

**6** Für welche Werte von a hat die Gleichung $ae^{-0,14x} + 1 = 0$ keine Lösung?

**7** Bestimmen Sie a so, dass $x = \ln(3)$ Lösung der Gleichung $ae^x - 9 = 0$ ist.

**8** Gegeben ist die Gleichung $e^x - e + a = 0$.
a) Für welche Werte von a hat die Gleichung eine Lösung?
b) Bestimmen Sie a so, dass $x = \ln(2)$ Lösung der Gleichung ist.

**9** Zeigen Sie:
a) Die Gleichung $e^x + e^{-x} = 0$ hat keine Lösung.
b) Für alle $x \in \mathbb{R}$ gilt $e^x + e^{-x} \geq 1$.

## Exponentialgleichungen mit der Basis $a > 0$

### Beispiel

⮞ Lösen Sie die Gleichung $2^x = 7$ exakt.

### Lösung

Zum Lösen solcher Gleichungen verwendet man die Logarithmengesetze.

> **Beachten Sie:**
>
> **Logarithmengesetze:** Für $u, v > 0$ gilt:
> 1. $\ln(u \cdot v) = \ln(u) + \ln(v)$
> 2. $\ln\left(\dfrac{u}{v}\right) = \ln(u) - \ln(v)$
> 3. $\ln(u^r) = r \cdot \ln(u)$

| | |
|---|---|
| Exponentialgleichung: | $2^x = 7$ |
| Beide Seiten **logarithmieren:** | $\ln(2^x) = \ln(7)$ |
| Mit $\ln(2^x) = x \cdot \ln(2)$ erhält man: | $x \cdot \ln(2) = \ln(7)$ |
| Nach x auflösen: | $x = \dfrac{\ln(7)}{\ln(2)}$ |

### Beispiel

⮞ Für welche $x \in \mathbb{R}$ gilt $1{,}5^x = 10$?

### Lösung

| | |
|---|---|
| **Logarithmieren:** | $1{,}5^x = 10$ |
| | $\ln(1{,}5^x) = \ln(10)$ |
| Mit $\ln(1{,}5^x) = x \cdot \ln(1{,}5)$ erhält man: | $x \cdot \ln(1{,}5) = \ln(10)$ |
| Nach x auflösen: | $x = \dfrac{\ln(10)}{\ln(1{,}5)}$ |

## Aufgaben

**1** Lösen Sie folgende Exponentialgleichung.

a) $1{,}075^x = 2$    b) $2500 \cdot 0{,}855^x = 1000$    c) $60 \cdot 10^{-0{,}025\,x} = 20$

**2** Bestimmen Sie die Lösungsmenge.

a) $2^{x-2} = 23$    b) $\dfrac{1}{4} \cdot 2^x = 3^x$    c) $2^{2x-2} - 2^x = 8$

**3** Geben Sie mögliche Werte für a und b an, sodass die Gleichung $a^x = b$ die Lösung $x = 2$, $x = 0$ bzw. keine Lösung hat.

Begründen Sie: $2^x = b$ hat höchstens eine Lösung.

### 3.6.3 Bestimmung von Schnittpunkten

**Beispiele**

**Beispiel**

➡ Gegeben ist die Funktion f durch $f(x) = e^{\frac{1}{2}x} - 2e$; $x \in \mathbb{R}$.

a) Wie verläuft das Schaubild K von f im Koordinatensystem? Skizzieren Sie K.
   In welchem Bereich verläuft K unterhalb der x-Achse?
   Geben Sie die exakten Intervallgrenzen an.

b) K wird in y-Richtung verschoben, sodass die verschobene Kurve die x-Achse in 2
   schneidet. Bestimmen Sie einen möglichen Funktionsterm.

**Lösung**

a) **Verlauf von K:**

   – Vom 3. in das 1. Feld,
   – nähert sich für $x \to -\infty$ der
     Geraden mit $y = -2e$ an
     **(waagrechte Asymptote),**
   – monoton steigend,
   – K hat einen SP mit der x-Achse.

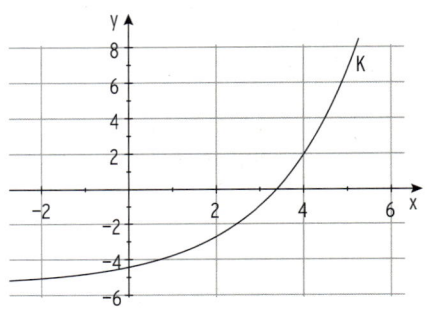

**Schnittpunkt mit der x-Achse:**

Bedingung: $f(x) = 0$

$$e^{\frac{1}{2}x} - 2e = 0$$
$$e^{\frac{1}{2}x} = 2e \;\Rightarrow\; \tfrac{1}{2}x = \ln(2e)$$

Nullstelle: $\quad x = 2\ln(2e)$

SP mit der x-Achse: $\quad N(2\ln(2e)\,|\,0)$

Für $x < 2\ln(2e)$ gilt $f(x) < 0$; K **verläuft unterhalb der x-Achse.**

**Schnittpunkt mit der y-Achse:**

Bedingung: $x = 0$  $\qquad f(0) = e^0 - 2e = 1 - 2e$

SP mit der y-Achse: $\qquad S_y(0\,|\,1 - 2e)$

b) Punkt auf K mit x-Koordinate 2: $\qquad f(2) = e^1 - 2e = -e$

   $P(2\,|-e)$ wird nach $P^*(2\,|\,0)$
   verschoben.
   K muss also um e nach oben
   verschoben werden.

   **Funktionsterm:** $g(x) = e^{\frac{1}{2}x} - e$

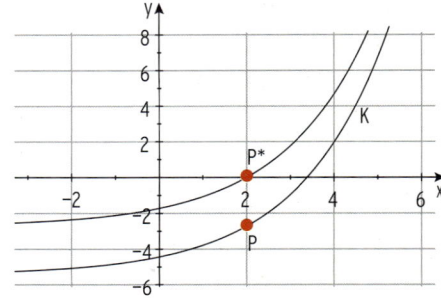

## Beispiel

⮕ Gegeben ist die Exponentialfunktion f durch $f(x) = e^{2x} - 3e^x$; $x \in \mathbb{R}$.

a) Zeigen Sie, dass das Schaubild K von f nur einen gemeinsamen Punkt mit der x-Achse hat.

b) Lösen Sie die Ungleichung $f(x) > 0$? Interpretieren Sie Ihr Ergebnis.

c) Das Schaubild von g mit $g(x) = 2 - 3e^x$; $x \in \mathbb{R}$, ist G.

Zeigen Sie: K und G schneiden sich in $x = 0,5\ln(2)$.

## Lösung

a) **Schnittpunkt mit der x-Achse:**

| | |
|---|---|
| Bedingung: $f(x) = 0$ | $e^{2x} - 3e^x = 0$ |
| Ausklammern: | $e^x(e^x - 3) = 0$ |
| Satz vom Nullprodukt $(e^x \neq 0)$: | $e^x - 3 = 0 \Leftrightarrow e^x = 3$ |
| Logarithmieren: | $x = \ln(3)$ |

Wegen $e^x \neq 0$ $(e^x > 0)$ ist $x = \ln(3)$ die **einzige** Nullstelle von f.

**Ergebnis:** K von f hat nur einen gemeinsamen Punkt mit der x-Achse.

b) **Lösung der Ungleichung $f(x) > 0$**

Aus Teilaufgabe a): $f(x) = 0$ für

$x = \ln(3)$

Ablesen aus dem Schaubild K:

Für $x > \ln(3)$ gilt: $f(x) > 0$

**Interpretation**

Für $x < 0$ existiert keine Nullstelle von f

(vgl. a)).

Für $x \to \infty$ strebt $f(x) \to \infty$.

K verläuft für $x > \ln(3)$ oberhalb der x-Achse.

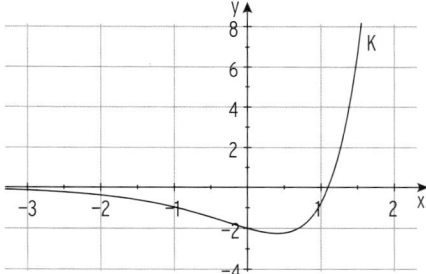

c) **Schnittstelle von K und G**

| | |
|---|---|
| Gleichsetzen: $f(x) = g(x)$ | $e^{2x} - 3e^x = 2 - 3e^x$ |
| Zusammenfassen: | $e^{2x} = 2$ |
| Logarithmieren: | $2x = \ln(2)$ |
| Schnittstelle: | $x = 0,5\ln(2)$ |

**Ergebnis:**

K und G schneiden sich in $x = 0,5\ln(2)$.

**Alternative:**

Einsetzen von $x = 0,5\ln(2)$ in $f(x)$ und $g(x)$:

$f(0,5\ln 2) = e^{2 \cdot 0,5\ln(2)} - 3e^{0,5\ln(2)}$

$\qquad = 2 - 3e^{0,5\ln(2)}$ $\quad (e^{\ln(2)} = 2)$

$g(0,5\ln(2)) = 2 - 3e^{0,5\ln(2)}$

Die Funktionswerte stimmen überein.

K und G schneiden sich in $x = 0,5\ln(2)$.

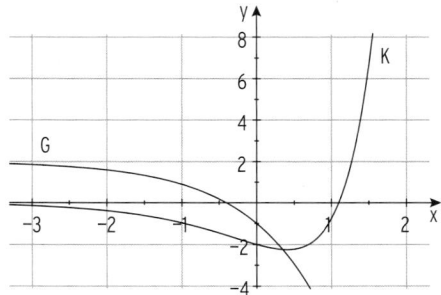

## Beispiel

➲ Die monatliche Nachfrage nach und das monatliche Angebot von Ventilen werden durch folgende Funktionen modelliert:

$$p_N(x) = -6e^{0,2x} + 300; \quad p_A(x) = 0,5e^{0,4x} + 220; \quad x \text{ in ME}; \; p_N(x), p_A(x) \text{ in GE}.$$

Stellen Sie die Marktsituation grafisch dar.

Berechnen Sie die Gleichgewichtsmenge und den Gleichgewichtspreis.

## Lösung

### Schnittpunkt von Nachfrage- und Angebotskurve

| | |
|---|---|
| Gleichsetzen: $p_N(x) = p_A(x)$ | $-6e^{0,2x} + 300 = 0,5e^{0,4x} + 220$ |
| Nullform: | $0,5e^{0,4x} + 6e^{0,2x} - 80 = 0$ |
| **Substitution:** $u = e^{0,2x}$; $u^2 = e^{0,4x}$: | $0,5u^2 + 6u - 80 = 0$ |
| Lösung der quadratischen Gleichung: | $u_1 = -20 < 0$; $u_2 = 8$ |

Mit $u = e^{0,2x} = 8$ folgt $x = 5\ln(8)$

Gleichgewichtsmenge: $x_G = 5\ln(8)\,\text{ME}$

Gleichgewichtspreis:

$p_N(5\ln(8)) = -6 \cdot 8 + 300 = 252 \; (\text{GE})$

**Nachfrage- und Angebotskurve**

**schneiden sich im Marktgleichgewicht.**

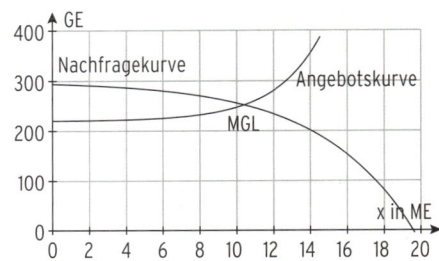

---

## Aufgaben

**1** Untersuchen Sie das Schaubild K der gegebenen Funktion f mit $x \in \mathbb{R}$ auf Achsenschnittpunkte (exakte Werte verlangt) und auf Asymptoten. Zeichnen Sie K.

**a)** $f(x) = e^{-0,4x} - 3$ 
**b)** $f(x) = e^{2x} - 2e^x$ 
**c)** $f(x) = -1 + 2e^{1,25x}$

**d)** $f(x) = e^{-x} - 0,2e^x$ 
**e)** $f(x) = 10(x-3)e^{-0,5x}$ 
**f)** $f(x) = (x-2)^2 e^{\frac{x}{2}}$

**2** Gegeben sind die Funktionen f und g durch $f(x) = 0,5e^x - 2$ und $g(x) = 2 - e^x$; $x \in \mathbb{R}$.

Zeigen Sie: Die Nullstelle von f ist doppelt so groß wie die Nullstelle von g.

Zeichnen Sie $K_f$ und $K_g$ in ein Koordinatensystem ein.

Berechnen Sie die exakten Koordinaten des Schnittpunktes S von $K_f$ und $K_g$.

P und Q sind die Schnittpunkte von $K_f$ und $K_g$ mit der y-Achse.

Berechnen Sie den exakten Inhalt des Dreiecks PSQ.

**3** Wenn der Behälter vollständig gefüllt ist, wird die Abflussrate näherungsweise durch die Funktion w beschrieben mit $w(t) = 60e^{-0,0625t}$; $t \geq 0$; t in s; w(t) in Liter pro s.

Wie lange dauert es, bis so wenig Wasser im Behälter ist, dass weniger als ein halber Liter pro Sekunde herausfließt?

## Aufgaben zu Exponentialfunktionen

**1**  Gegeben ist die Funktion f durch $f(x) = 2e - e^{-2x}$; $x \in \mathbb{R}$, mit Schaubild $K_f$.

**a)**  Bestimmen Sie die Achsenschnittpunkte ohne Verwendung gerundeter Werte.
Begründen Sie: $K_f$ hat eine waagrechte Asymptote. Zeichnen Sie $K_f$.
Liegt der Punkt $(1 \mid 2\,e)$ auf, unterhalb oder oberhalb von $K_f$? Begründen Sie.

**b)**  $K_f$ schneidet die Gerade h mit der Gleichung $y = 0{,}5\,e$ im Punkt S.
Berechnen Sie die exakten Koordinaten von S.

**c)**  $K_f$ wird an der x-Achse gespiegelt und es entsteht $K_g$ von g. Bestimmen Sie $g(x)$.

**2**  K ist das Schaubild der Funktion f mit $f(x) = 4e^x - e^{2x}$; $x \in \mathbb{R}$.

**a)**  Zeichnen Sie K in ein geeignetes Koordinatensystem ein, sodass die wichtigsten Eigenschaften von K erkennbar sind.

**b)**  Wo schneidet K seine Asymptote? Berechnen Sie exakt.

**c)**  Bestimmen Sie den Abstand der beiden Achsenschnittpunkte.

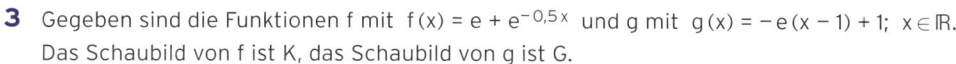

**3**  Gegeben sind die Funktionen f mit $f(x) = e + e^{-0{,}5x}$ und g mit $g(x) = -e(x - 1) + 1$; $x \in \mathbb{R}$.
Das Schaubild von f ist K, das Schaubild von g ist G.

**a)**  Das Schaubild K von f hat keinen Schnittpunkt mit der x-Achse. Begründen Sie.

**b)**  Zeigen Sie, dass sich K und G auf der y-Achse schneiden.
Kennzeichnen Sie $g(-2) - f(-2)$ in einer Zeichnung.
Es gibt ein x etwa bei $-1{,}5$ sodass gilt $g(x) - f(x) = 3$.
Ist dieser Wert von x kleiner als $-1{,}5$? Begründen Sie Ihre Antwort.

**4**  K ist die Kurve von f mit $f(x) = (x - 1)e^{x-1}$, G ist die Kurve von g mit $g(x) = x - 1$.
Zeigen Sie: K und G haben genau einen Punkt gemeinsam. Interpretieren Sie Ihr Ergebnis.

**5**  Das Schaubild der Funktion f mit $f(x) = a + e^{bx}$; $x \in \mathbb{R}$, verläuft durch die Punkte $S(0 \mid -e)$ und $B(4 \mid -1)$. Bestimmen Sie a und b.

**6**  Gegeben ist die Exponentialfunktion f durch $f(x) = e^{-0{,}5x} + 0{,}5x$; $x \in \mathbb{R}$.

**a)**  Zeigen Sie, dass das Schaubild K von f nur im 1. und 2. Feld verläuft.
Zeigen Sie: Für $x > 10$ gilt $f(x) - 0{,}5x < 0{,}01$. Interpretieren Sie diese Aussage.

**b)**  Das Schaubild von g mit $g(x) = e^{-0{,}25x}$; $x \in \mathbb{R}$, ist G.
Bestimmen Sie die Koordinaten der Schnittpunkte von K und G.
Begründen Sie: Für positive x-Werte gibt es keine gemeinsamen Punkte.

**c)**  Verschieben Sie K so, dass die verschobene Kurve H die x-Achse berührt.
Bestimmen Sie eine Kurvengleichung von H.

**7**  Nachfrage und Angebot eines Gutes werden beschrieben durch $f(x) = e^{x-2}$ und $g(x) = 4 - 0{,}5e^{x-2}$; x in ME. Ordnen Sie zu. Stellen Sie die Marktsituation grafisch dar.
Berechnen Sie die Gleichgewichtsmenge und den Gleichgewichtspreis.

**8** Welcher Graph gehört zu welchem Funktionsterm:

$f_1(x) = \frac{1}{2}ex + e$; $\qquad$ $f_2(x) = 2e - e^x$; $\qquad$ $f_3(x) = (e^x - 2)^2$;

$f_4(x) = (x - 1)e^x$; $\qquad$ $f_5(x) = 4(e^x - 2)e^{-2x}$; $\qquad$ $f_6(x) = 2e^{-\ln(2)\cdot x} - 4$?

A
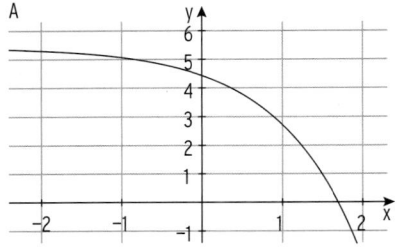

B
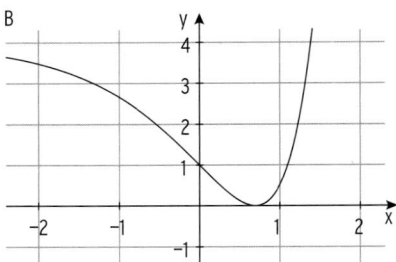

C
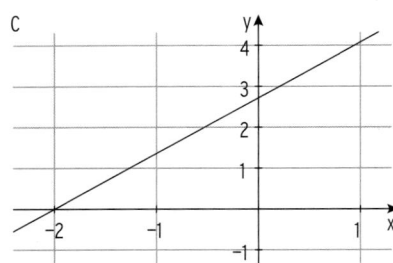

D
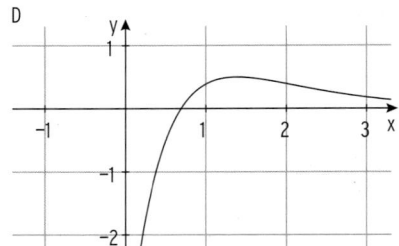

E
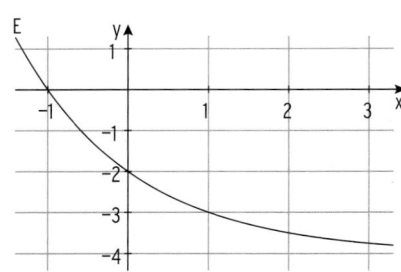

F
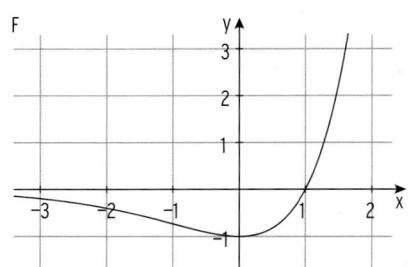

**9** Eine Abbildung zeigt einen Ausschnitt aus dem Schaubild der Funktion f mit $f(x) = (3 - 2x)e^{1,2x}$; $x \in \mathbb{R}$. Ordnen Sie zu und begründen Sie, warum die andere Abbildung nicht das Schaubild von f zeigt.

A
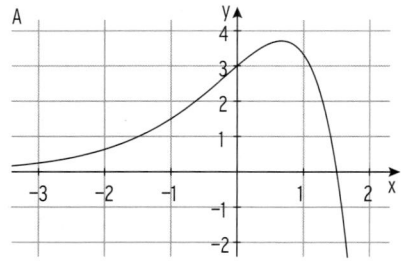

B
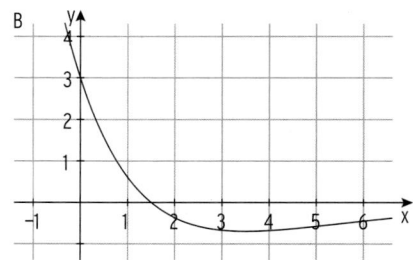

**10** Die Abbildungen zeigen drei Schaubilder von Funktionen, die zum Typ $f(x) = a e^{kx} + b$
gehören. Machen Sie Aussagen über a, b und k.
Welches Schaubild lässt sich nicht zuordnen? Begründen Sie.

A

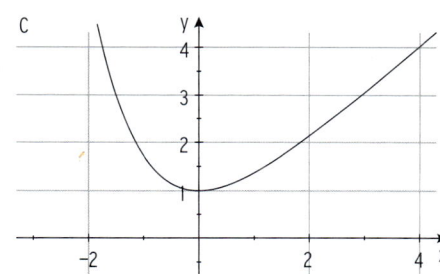

B

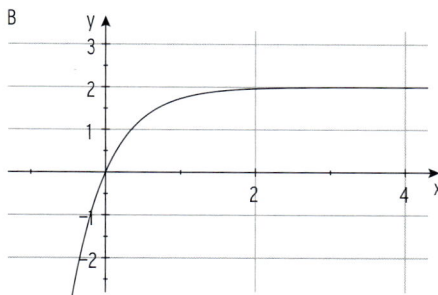

C

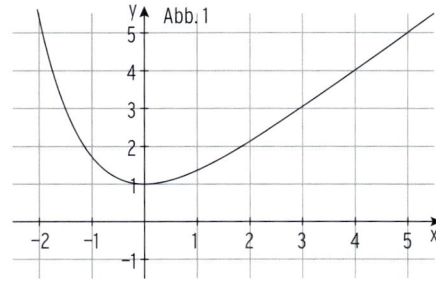

D

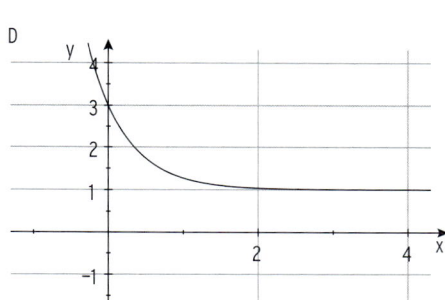

**11** Welche der folgenden Schaubilder können zu einer Funktion g mit
$g(x) = ax + e^{-x}$; $x, a \in \mathbb{R}$, gehören, welche nicht? Begründen Sie Ihre Entscheidung und
ermitteln Sie gegebenenfalls den zugehörigen Wert von a.

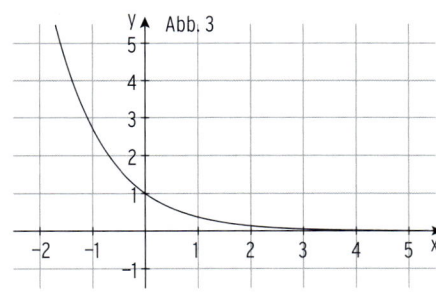

Abb. 1

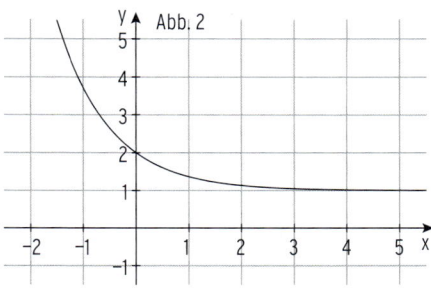

Abb. 2

Abb. 3

Abb. 4

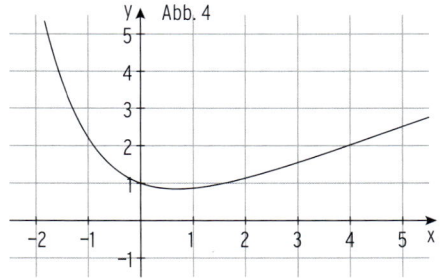

## 3.7 Modellierung und anwendungsorientierte Aufgaben

### 3.7.1 Exponentielles Wachstum

**Beispiel**

➲ Auf einem Konto sind 1000,00 €
fest angelegt.
Der jährliche Zinssatz beträgt 8 %.

a) Wie kann man das Kapital nach einer
beliebigen Zeit berechnen?

b) Nach welcher Zeit hat sich das Kapital
auf 1400,00 € erhöht?

c) Nach wie vielen Jahren verdoppelt
sich das Kapital?

**Lösung**

a) Kapital nach t Jahren (mit Zins und Zinseszins)  $y = 1000 \cdot 1{,}08^t$

Dieses **exponentielle Wachstum** wird mit der **Exponentialfunktion** f mit
$f(t) = 1000 \cdot 1{,}08^t$; t in Jahren, beschrieben.

In der Praxis wählt man als **Basis die Zahl e.**

Mit $1{,}08 = e^{\ln 1{,}08}$ erhält man: $f(t) = 1000 \cdot 1{,}08^t = 1000 \, (e^{\ln 1{,}08})^t = 1000 \, e^{0{,}0770\, t}$

**Zum Zeitpunkt  t = 0** ergibt sich für das Kapital:  $f(0) = 1000$ **(Anfangsbestand).**

**Festlegung:** $k = \ln(1{,}08) = 0{,}0770 > 0$  ist die **Wachstumskonstante.**

**Hinweis:** Das Kapital vermehrt sich mit dem **Wachstumsfaktor** 1,08.

$y = 1000 \, e^{0{,}0770\, t}$  bezeichnet man als **Wachstumsgleichung.**

---

**Beachten Sie:**

Prozesse **exponentiellen Wachstums** können mit einer Exponentialfunktion beschrieben werden: $f(t) = a \, e^{kt}$; $t \geq 0$

$k > 0$ ist die Wachstumskonstante; $a = f(0)$ ist der Anfangsbestand.

---

b) Bedingung für t: $f(t) = 1400$     $1000 \, e^{0{,}0770\, t} = 1400 \Leftrightarrow e^{0{,}0770\, t} = 1{,}4$

Gesuchter t-Wert          $0{,}0770\, t = \ln(1{,}4) \Leftrightarrow t = 4{,}4$

**Ergebnis:** Nach ungefähr 4,4 Jahren hat man 1400,00 € auf dem Konto.

c) Bed. für die **Verdoppelungszeit:** $f(t) = 2 \cdot f(0)$

                              $2000 = 1000 \, e^{0{,}0770\, t} \Leftrightarrow e^{0{,}0770\, t} = 2$

Logarithmieren ergibt:          $t = \dfrac{\ln(2)}{0{,}0770} = 9{,}0 \; \left( t_V = \dfrac{\ln(2)}{k} \right)$

Die **Verdoppelungszeit** wird mit $t_V$ bezeichnet und beträgt 9 Jahre.

---

**Beachten Sie:**

Die **Verdoppelungszeit $t_V$** ist die Zeit, in der sich der Bestand **verdoppelt.**

$t_V$ ist unabhängig vom Anfangswert: $t_V = \dfrac{\ln(2)}{k}$.

## Beispiel

⮑ Die Anzahl der Bakterien einer Kultur wurde im Laufe von 5 Wochen gemessen:

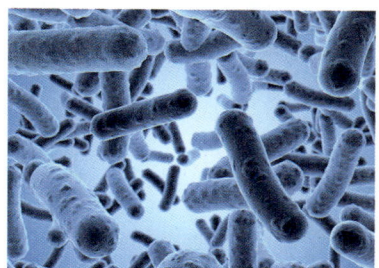

| t (in Wochen) | 0 | 1 | 2 | 3 | 4 | 5 |
|---|---|---|---|---|---|---|
| Bestand f(t) | 825 | 968 | 1135 | 1333 | 1564 | 1836 |

a) Begründen Sie die Annahme, dass $f(t)$ ungefähr exponentiell zunimmt.
Bestimmen Sie das Wachstumsgesetz.

b) Wie groß ist voraussichtlich der Bestand nach den ersten 10 Wochen? In welcher Zeit verdoppelt sich die Zahl der Individuen?

## Lösung

a) **Exponentielles Wachstum** liegt vor, wenn die Anzahl der Individuen in einer Woche stets mit dem gleichen Faktor wächst.

$$\frac{f(1)}{f(0)} \approx 1{,}173; \quad \frac{f(2)}{f(1)} \approx 1{,}173; \quad \frac{f(3)}{f(2)} \approx 1{,}174 \quad \Rightarrow \quad \frac{f(t+1)}{f(t)} \approx 1{,}174$$

Der **Wachstumsfaktor** beträgt also etwa 1,174.

Die Anzahl der Individuen nimmt in einer Woche um 17,4 % des letzten Bestandes zu (Bestand zu Wochenbeginn).

**Wachstumsgesetz** $\qquad\qquad\qquad\qquad f(t) = 825 \cdot 1{,}174^t$

Mit $1{,}174 = e^{\ln 1{,}174} = e^{0{,}16}$ erhält man $f(t)$ in e-Basis: $f(t) = 825 \cdot e^{0{,}16\,t}$

---

### Beachten Sie:

**Exponentielles Wachstum** bedeutet: $\dfrac{f(t+1)}{f(t)} = e^k$

Wachstum um den gleichen Faktor in der gleichen Zeiteinheit.

---

**Hinweis:** Hier bietet sich der **Einsatz eines elektronischen Hilfsmittels** an.
Stichwort: **Exponentielle Regression.**

b) **Bestand nach 10 Wochen:**

$f(10) = 825\,e^{0{,}16 \cdot 10} = 4086{,}3$

Nach 10 Wochen sind etwa 4086 Individuen vorhanden.

**Verdoppelungszeit:**

Bedingung: $f(t) = 2 \cdot f(0) \qquad e^{0{,}16\,t} = 2$

Logarithmieren: $\qquad\qquad t = \dfrac{\ln(2)}{0{,}16} \approx 4{,}33$

Die **Verdoppelungszeit** $t_V$ beträgt etwa 4,3 Wochen.

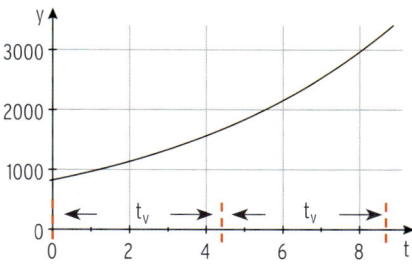

## Beispiel

➲ Ein Zerfallsprozess eines radioaktiven Präparats lässt sich beschreiben durch
$f(t) = a \cdot e^{kt}$; t in Tagen.

a) Berechnen Sie a und k, wenn nach 5 Tagen noch 12 g, nach 10 Tagen noch 4,3 g vorhanden sind.

b) Nach wie vielen Tagen sind 90 % der ursprünglichen Masse des Präparats zerfallen?

c) Berechnen Sie die Halbwertszeit.

## Lösung

a) Bestimmung von a und k:

$f(5) = 12$:    $a \cdot e^{k \cdot 5} = 12$    (1)

$f(10) = 4,3$:   $a \cdot e^{k \cdot 10} = 4,3$   (2)

Aus (1): $a = 12\,e^{-5k}$; einsetzen in (2):   $12\,e^{-5k} \cdot e^{k \cdot 10} = 12\,e^{5k} = 4,3$

**Logarithmieren:**    $k = -0,2053$

Aus $a \cdot e^{-0,2053 \cdot 5} = 12$ folgt:    $a = 33,5$

**Zerfallsgleichung:**    $f(t) = 33,5 \cdot e^{-0,2053 \cdot t}$

**Bemerkung:** $k = -0,2053 < 0$ ist die **Zerfallskonstante,** $f(0) = a$ ist der **Anfangsbestand.**

b) 90 % der ursprünglichen Masse des Präparats sind zerfallen, d.h., 10 % sind noch vorhanden.

Bedingung für t: $f(t) = 0,1 \cdot 33,5$    $33,5\,e^{-0,2053t} = 3,35 \;\Leftrightarrow\; e^{-0,2053t} = 0,1$

Logarithmieren ergibt:    $t = 11,2$

Ergebnis: Nach etwa 11,2 Tagen sind 90 % der ursprünglichen Masse zerfallen.

c) **Halbwertszeit** ist die Zeit, in der sich die Masse einer radioaktiven Substanz auf die Hälfte des Anfangswertes vermindert.

Bedingung für die Halbwertszeit:    $f(t) = 0,5 \cdot 33,5$

$33,5\,e^{-0,2053t} = 0,5 \cdot 33,5 \;\Leftrightarrow\; e^{-0,2053t} = 0,5$

Logarithmieren ergibt:    $t = \dfrac{\ln(0,5)}{-0,2053}$

$t = t_H = 3,4 \; \left( t_H = \dfrac{\ln(0,5)}{k} = -\dfrac{\ln(2)}{k} \right)$

Die **Halbwertszeit wird mit** $t_H$ bezeichnet und beträgt etwa 3,4 Tage.

---

**Beachten Sie:**

Prozesse **exponentiellen Wachstums** und **Zerfalls** können mithilfe einer Exponentialfunktion beschrieben werden: $f(t) = f(0) \cdot e^{kt}$; $t \geq 0$

Dabei gilt: $f(0)$ ist der **Anfangsbestand**, $e^k$ ist der **Wachstumsfaktor** (Zerfallsfaktor).

Für $k > 0$ ist k die **Wachstumskonstante,** für $k < 0$ ist k die **Zerfallskonstante.**

**f(t) gibt den vorhandenen Bestand zum Zeitpunkt t an.**

**Halbwertszeit** und **Verdoppelungszeit** sind unabhängig vom Anfangswert: $t_H = -\dfrac{\ln(2)}{k}$ bzw. $t_V = \dfrac{\ln(2)}{k}$.

## Beispiel

➲ Die Bevölkerung eines Landes (2014: 80 Millionen) schrumpft in den letzten Jahren um 2 % jährlich. Modellieren Sie die Bevölkerungsentwicklung für die nächsten 50 Jahre. Welche Folgerungen ergeben sich?

## Lösung

**Reale Situation:**

Bevölkerungsentwicklung eines Landes, das heute 80 Millionen Einwohner hat.

**Reales Modell:**

Vereinfachung: Die Bevölkerung schrumpft in den nächsten 50 Jahren jährlich um 2 %. Die Bevölkerungszahl für das Jahr t (2014 entspricht t = 0) soll durch eine Funktion beschrieben werden.

**Mathematisches Modell:**

t: Jahr nach 2014;  B (t): Bevölkerung des Landes in Millionen

für  $0 < t < 50$  ergibt sich  $B(t) = 80 \cdot 0{,}98^t$

Dieser Funktionsterm beschreibt die Bevölkerungszahl in Abhängigkeit von der Zeit t.

**Mathematische Lösung:**

$B(50) = 29{,}13\ldots$

Die Bevölkerung nimmt unter der Annahme auf etwa 29,13 Millionen ab.

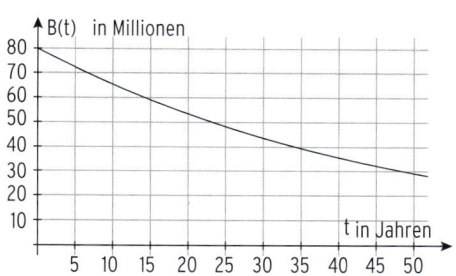

**Bewertung:**

Das Modell kann geeignet sein für die nächsten 20 Jahre. Auf lange Sicht ist es nicht geeignet, da sich die Bedingungen durch politische und wirtschaftliche Entscheidungen ändern.

## Aufgaben

**1** Bei einem Reaktorunfall werden durch die Spaltung von Uran 235 große Mengen radioaktiver Stoffe freigesetzt, z. B. Cäsium 137.

Dieser Stoff hat eine Halbwertszeit von 30,2 Jahren.

Wie lange dauert es, bis nur noch 10 % des heutigen Cäsiums 137 vorhanden sind? Modellieren Sie die Situation.

**2** Die Wasserrose vermehrt sich auf einem See mit 8 ha Größe.

Die bedeckte Fläche nimmt wöchentlich um 30 % zu.

Anfangs sind 150 m² der Oberfläche bedeckt.

Analysieren Sie die Situation.

**3** Um wie viel % nimmt ein eingesetztes Kapital in 8 Jahren zu, wenn der jährliche Zinssatz 4,6% beträgt?

**4** Eine radioaktive Substanz zerfällt nach dem Gesetz $g(t) = g(0) e^{-0,0122\,t}$.
Dabei gibt $g(t)$ die Masse des Präparates in Gramm zum Zeitpunkt t (t in Tagen) nach Beginn der Messung an.

**a)** Welche Masse war zu Beginn der Messung $(t = 0)$ vorhanden, wenn nach 20 Tagen noch 24 g übrig sind? Geben Sie das Zerfallsgesetz an.

**b)** Nach wie viel Tagen ist nur noch 1% der ursprünglichen Masse vorhanden?

**c)** Berechnen Sie die tägliche Zerfallsrate in Prozent und die Halbwertszeit der radioaktiven Substanz.

**5** Ein Wetterballon misst während seines Aufstieges den Luftdruck p in hPa (Hektopascal).
Die Tabelle zeigt den Zusammenhang zwischen der Höhe h (über NN) und dem Luftdruck p.

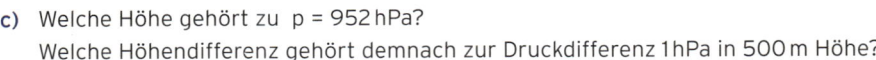

| h (in m)   | 0    | 500 | 1000 | 2000 |
|------------|------|-----|------|------|
| p (in hPa) | 1016 | 953 | 895  | 787  |

**a)** Begründen Sie die Annahme, dass p ungefähr exponentiell abnimmt. Bestimmen Sie das Abnahmegesetz.

**b)** Berechnen Sie die beim Luftdruck 1000 hPa bzw. 500 hPa erreichte Höhe.

**c)** Welche Höhe gehört zu $p = 952$ hPa?
Welche Höhendifferenz gehört demnach zur Druckdifferenz 1 hPa in 500 m Höhe?

**6** Der Tabelle kann man die Bevölkerungsentwicklung eines Landes für den Zeitraum von 30 Jahren entnehmen (Angabe in Millionen).

| Zeit t in Jahren      | 0   | 10  | 20  | 30   |
|-----------------------|-----|-----|-----|------|
| Anzahl N in Millionen | 3,9 | 5,3 | 7,2 | 9,78 |

Bei einer Bevölkerungszahl von über 13 Millionen droht Wasserknappheit.
Modellieren Sie die Bevölkerungsentwicklung. Bewerten Sie Ihr Modell.

**7** Ein Auto verliert pro Jahr 20 % an Wert.
**a)** In welchem Zeitraum sinkt der Wert auf die Hälfte des Neuwagenpreises?
**b)** Welchen Prozentsatz seines Neuwertes hat es noch nach 6 Jahren?
**c)** Berechnen Sie den jährlichen Wertverlust der ersten drei Jahre, jeweils bezogen auf den Neuwert.

**8** Zur Untersuchung eines Organs werden dem Patienten 59 mg eines Farbstoffes gespritzt.
Der gesunde Körper baut pro Minute 4 % des Momentanbestandes ab.
Ist der Patient gesund, wenn nach 20 Minuten noch 30 mg Farbstoff im Blut sind?

## 3.7.2 Beschränktes Wachstum

### Beispiel

➲ Die Höhe einer Bergkiefer zur Zeit t kann näherungsweise durch eine Funktion f mit
$f(t) = a + b\,e^{-0,536\,t}$; $t \geq 0$, beschrieben werden. Dabei ist t die Zeit in Wochen seit dem
Beginn der Beobachtung und $f(t)$ die Höhe in Meter.
Zu Beginn der Beobachtung war die Pflanze 0,62 m hoch. Nach 5 Wochen hat sie eine
Höhe von 1,09 m.

a) Bestimmen Sie a und b. Zeichnen Sie das Schaubild von f.

b) Wie hoch kann die Pflanze höchstens werden?

### Lösung

a) Ansatz:  $f(0) = 0{,}62$     $a + b = 0{,}62$
$f(5) = 1{,}09$     $a + b\,e^{-0,536\cdot5} = 1{,}09 \;\Rightarrow\; a + 0{,}068\,56\,b = 1{,}09$

Lösung des LGS:  $a = 1{,}12$; $b = -0{,}5$

Funktionsterm:  $f(t) = 1{,}12 - 0{,}5\,e^{-0,536\,t}$

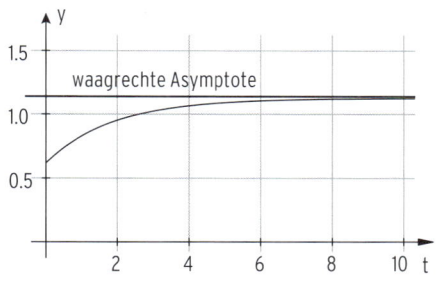

b) Schaubild von f:  $f(t) \to 1{,}12$ für $t \to \infty$

Das Schaubild von f hat die **waagrechte Asymptote** mit der Gleichung $y = 1{,}12$.
Die Pflanze kann höchstens 1,12 m hoch werden, wenn die Funktion f die Höhe der Pflanze richtig beschreibt.
Es gibt eine natürliche Schranke $S = 1{,}12$.

**S heißt Sättigungsgrenze.** Man spricht von einem **beschränkten Wachstum.**

---

### Beachten Sie:

Prozesse **beschränkten Wachstums und Zerfalls** können mithilfe einer **Exponential-funktion** beschrieben werden.

**Beschränktes Wachstum:**

$f(t) = S - b\,e^{k\,t}$; $t \geq 0$, $k < 0$, $b > 0$

Anfangsbestand: $f(0) = S - b$

**Beschränkter Zerfall:**

$f(t) = S + b\,e^{k\,t}$; $t \geq 0$, $k < 0$, $b > 0$

Anfangsbestand: $f(0) = S + b$

**k** ist die **Wachstums- oder Zerfallskonstante:** k ist stets negativ.

**f(t) gibt den vorhandenen Bestand zum Zeitpunkt t an.**

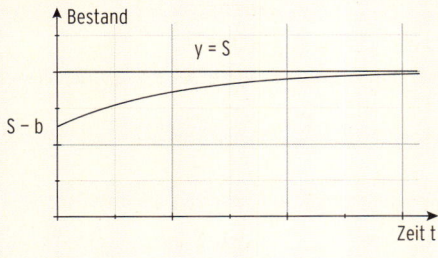 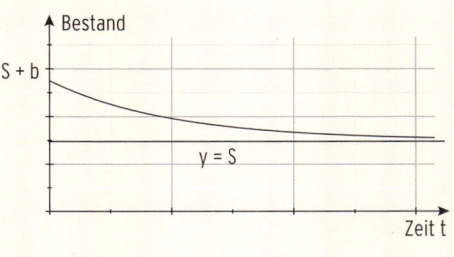

---

11 Bohner, Ihlenburg, Ott, Deusch - ISBN 978-3-8120-0206-6

## Aufgaben

**1** Das Newton'sche Abkühlungsgesetz $T(t) = T_U + (T_0 - T_U)e^{kt}$ beschreibt den Temperaturverlauf eines auf die Temperatur $T_0$ erwärmten Körpers, der z.B. durch eine Umgebung mit konstanter Temperatur $T_U$ abgekühlt wird.

$T(t)$ ist die momentane Temperatur (in °C) zur Zeit t (in Min.) mit $t \geq 0$.

**a)** Bei einer Umgebungstemperatur von 20 °C hat sich der Körper von anfangs 80 °C in den ersten 30 Minuten auf 24,7 °C abgekühlt.

Bestimmen Sie k auf drei Dezimalen gerundet. (Kontrollergebnis: $k = -0{,}085$)

**b)** Zeichnen Sie das Schaubild von T. Beschreiben Sie den Verlauf.

Welche Bedeutung hat die Asymptote?

**c)** Nach welcher Zeit ist die Temperatur um 30 °C abgesunken?

**d)** Ab der 19. Minute nimmt die Temperatur des Körpers für dieses k in einer Minute um weniger als ein Grad ab. Bestätigen Sie diese Behauptung.

**2** Die Entwicklung der Biomasse eines Gehölzbestandes in Abhängigkeit von der Zeit kann durch den Funktionsterm $g(t) = a - 10 e^{-kt}$; $t \geq 0$; $a, k > 0$, näherungsweise beschrieben werden.

Dabei ist $g(t)$ die Maßzahl der Biomasse in $10^2$ Tonnen und t die Maßzahl der Zeit in Jahren.

Die Parameter a und k sind Konstanten, die u.a. von der Gehölzart und den klimatischen Bedingungen abhängen.

Die Biomasse zu bestimmten Zeiten ist in der Tabelle angegeben:

| Zeit t in Jahren | 0 | 10 |
|---|---|---|
| Biomasse in $10^2$ Tonnen | 10 | 16,321 |

**a)** Berechnen Sie den jeweiligen Wert von a und k und bestimmen Sie einen Funktionsterm $g(t)$ für die Biomasse. (Teilergebnis zur Kontrolle: $k = 0{,}1$)

**b)** Für $t \to \infty$ strebt die Biomasse gegen einen „Grenzwert".

Bestimmen Sie diesen Wert.

**c)** Der Bestand soll wirtschaftlich verwertet werden, wenn die Biomasse 95 % dieses „Grenzwertes" erreicht hat.

Berechnen Sie die Zeit bis zur Verwertung.

## Test zur Überprüfung Ihrer Grundkenntnisse

**1** Lösen Sie folgende Gleichungen.

a) $e^{x-4} = 2$  b) $e^x = 2e^{-x}$  c) $\left(2 + \frac{3}{2}x\right)e^{x+1} = 0$

**2**

a) Der Graph von g mit $g(x) = ae^{-x} + b$ verläuft durch die Punkte A (0|4) und B(1|2). Bestimmen Sie a und b.

b) Die Abbildung zeigt das Schaubild einer Funktion, die zum Typ $f(x) = ae^{kx} + b$ gehört. Machen Sie Aussagen über a, b und k.

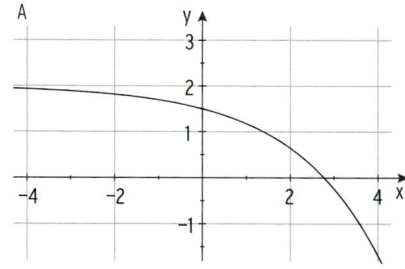

**3** Gegeben sind die Funktionen f und g durch $f(x) = -2e^{-x} + 4$ und $g(x) = 2e^x$; $x \in \mathbb{R}$. Wie liegen die Schaubilder $K_f$ und $K_g$ zueinander? Begründen Sie Ihre Antwort durch eine Rechnung.

**4** $K_f$ ist das Schaubild der Funktion f mit $f(x) = (3-x)e^x$; $x \in \mathbb{R}$. $K_f$ wird um 2 nach rechts verschoben und mit Faktor 2 in y-Richtung gestreckt. Dadurch entsteht $K_g$. Wo schneidet $K_g$ die x-Achse? Begründen Sie Ihre Antwort.

**5** Gegeben ist die Exponentialfunktion f mit $f(x) = -\frac{1}{2}e^x + 3$; $x \in \mathbb{R}$, mit Schaubild C.

a) Beschreiben Sie den Verlauf von C. In welchem Bereich verläuft C unterhalb der x-Achse? Geben Sie die exakten Intervallgrenzen an.

b) C wird in y-Richtung verschoben, sodass die verschobene Kurve die x-Achse in 2 schneidet. Bestimmen Sie einen möglichen Funktionsterm.

**6** Am 01.01.2009 lebten etwa 6,8 Milliarden Menschen auf der Erde. In welchem Jahr überschreitet die Erdbevölkerung die 10-Milliarden-Grenze, wenn man ein jährliches Wachstum von 1,8 % unterstellt? Nach Berechnungen der Vereinten Nationen sollen bis 2050 etwa 9,1 Milliarden auf der Erde leben. Vergleichen Sie.

# 4 Trigonometrische Funktionen

### Modellierung einer Situation

Das Riesenrad in Wien hat einen
Durchmesser von 61 Meter.
Die Gondel erreicht (mit Ihrer Auf-
hängung A) eine Höhe von 64,75
Meter.
Eine Umdrehung dauert etwa
300 Sekunden.

a) Beschreiben Sie die Höhe des höchsten Punktes A im Verlauf einer Umdrehung.
Stellen Sie die Höhe von A in Abhängigkeit von der Zeit in einem geeigneten
Koordinatensystem dar und geben Sie einen passenden Funktionsterm an.
b) Wie hoch ist der Punkt A nach einer Minute?
c) Welche Strecke legt der Punkt A in einer Stunde zurück?
d) Welche Entfernung haben die Gondeln, wenn 15 Gondeln angebracht sind.

Bearbeiten Sie diese Situation, nachdem
Sie die rechts aufgeführten **Qualifikationen
und Kompetenzen** erworben haben.

### Qualifikationen & Kompetenzen

• Realitätsbezogene Zusammenhänge mit Trigonometrischen Funktionen **mathematisch modellieren**
• mathematisch argumentieren
• Probleme mathematisch lösen
• Die mathematische Fachsprache
verwenden

## 4.1 Einführungsbeispiele

Viele Vorgänge in der Natur laufen **periodisch** ab:

Wasserstand bei Ebbe und Flut, Lungenatmung, Schallwelle, Pendeluhr, Mondphasen.
Mithilfe von Messungen erhält man Daten. Durch deren Darstellung in einem rechtwinkligen
Koordinatensystem erkennt man den periodischen Verlauf.

### Beispiele

1) Die Tageslänge (Zeit zwischen Sonnenaufgang und Sonnenuntergang) ändert sich im
   Laufe eines Jahres. Am Diagramm erkennt man, dass sich dieser Ablauf jedes Jahr
   wiederholt. Die Funktion, die die Veränderung der Tageslänge beschreibt, hat die Periode
   ein Jahr.

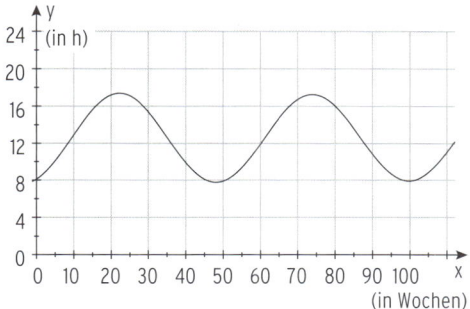 

2) Die Gezeiten verhalten sich nahezu periodisch. Damit lässt sich der Wasserstand voraus-
   berechnen. Das Diagramm zeigt die Änderung des Wasserstands an der Nordsee für zwei
   Tage im März 2008.

   Dabei ist x die Zeit in Stunden, x = 0
   entspricht 0:30 Uhr am 9.03.2008, y der
   Wasserstand in Meter über Seekartennull.

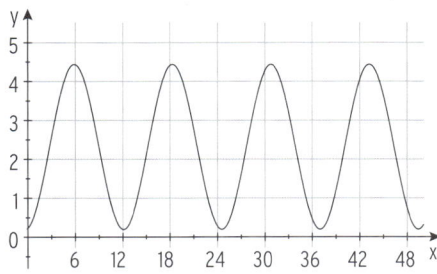 

## 4.2 Definition der Winkelfunktionen

### 4.2.1 Definition der Winkelfunktionen für Winkel von 0° bis 90°

In der **Trigonometrie** beschäftigt man sich mit Dreiecken, insbesondere mit rechtwinkligen Dreiecken.

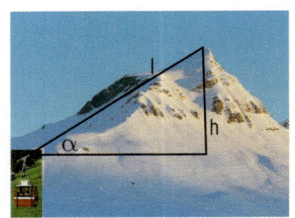

Im **rechtwinkligen Dreieck** nennt man die dem rechten Winkel gegenüberliegende Seite **Hypotenuse,** die anderen beiden Seiten heißen **Katheten.**
Die Kathete, die dem Winkel $\alpha$ anliegt, nennt man **Ankathete** von $\alpha$, die dem Winkel $\alpha$ gegenüberliegende Seite nennt man **Gegenkathete** von $\alpha$.

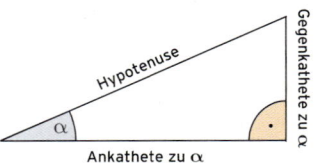

Rechtwinkliges Dreieck mit $\alpha = 36{,}9°$
Aus der Abbildung ersieht man, dass die **Verhältnisse** von Gegenkathete zu Hypotenuse im Dreieck ABC und im Dreieck AB'C' **gleich** sind: $\frac{3}{5} = \frac{6}{10}$.

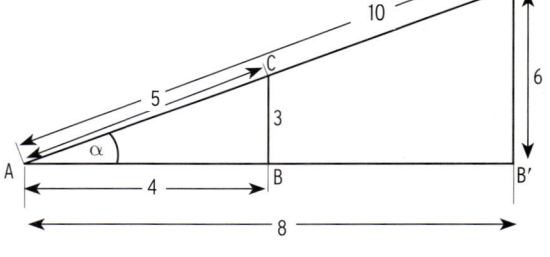

Beide Dreiecke haben den gleichen Winkel $\alpha$, der durch das **Verhältnis von Gegenkathete zu Hypotenuse** eindeutig festgelegt ist.
Dieses Verhältnis nennt man den **Sinus des Winkels** $\alpha$: $\sin(\alpha) = \frac{3}{5} = \frac{6}{10}$

Auch das **Verhältnis von Ankathete zu Hypotenuse** legt den Winkel $\alpha$ fest, man nennt es den **Kosinus des Winkels** $\alpha$: $\cos(\alpha) = \frac{4}{5} = \frac{8}{10}$

Das **Verhältnis von Gegenkathete zu Ankathete** nennt man den **Tangens des Winkels** $\alpha$: $\tan(\alpha) = \frac{3}{4} = \frac{6}{8}$

---

**Definition der Winkelfunktionen:**

$$\sin(\alpha) = \frac{\text{Gegenkathete von } \alpha}{\text{Hypotenuse}}$$

$$\cos(\alpha) = \frac{\text{Ankathete von } \alpha}{\text{Hypotenuse}}$$

$$\tan(\alpha) = \frac{\text{Gegenkathete von } \alpha}{\text{Ankathete von } \alpha}$$

## Beispiel

➲ Wie bestimmt man aus einem Seitenverhältnis im rechtwinkligen Dreieck den zugehörigen Winkel?

## Lösung

Man legt die Spitze A des **rechtwinkligen Dreiecks** in den Ursprung eines rechtwinkligen Koordinatensystems.

Legt man den Eckpunkt C auf einen Kreis mit Radius 10 LE (= Länge der Hypotenuse), erhält man ein Dreieck mit einem Winkel $\alpha$ von 0° bis 90° und jedem Seitenverhältnis ist eindeutig ein Winkel zugeordnet.

Dem Seitenverhältnis $\frac{\text{Gegenkathete}}{\text{Hypotenuse}} = \frac{6}{10}$ wird der Winkel 36,9° zugeordnet.

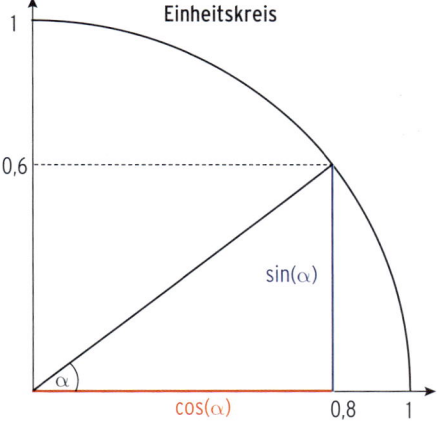

$\sin(\alpha) = \frac{6}{10} \Rightarrow \alpha = 36{,}9°$

Entsprechend erhält man für das Verhältnis $\frac{\text{Ankathete}}{\text{Hypotenuse}}$: $\cos(\alpha) = \frac{8}{10} \Rightarrow \alpha = 36{,}9°$

Wählt man für die Länge der Hypotenuse eine Längeneinheit (1 LE), erhält man

$\sin(\alpha) = \frac{0{,}6\ \text{LE}}{1\ \text{LE}} = 0{,}6.$

**Beachten Sie:**

Für $0° \leq \alpha \leq 90°$ gilt:
$0 \leq \sin(\alpha) \leq 1$
$0 \leq \cos(\alpha) \leq 1$

**Festlegung:** $\sin(0°) = 0$; $\sin(90°) = 1$
$\cos(0°) = 1$; $\cos(90°) = 0$

Durch diese Vereinfachung kann man bei gegebenen Winkeln **sin($\alpha$)** als Maßzahl der Länge der **Gegenkathete**, **cos($\alpha$)** als Maßzahl der Länge der **Ankathete** ablesen.

### Beispiel

⮫ Bestimmen Sie sin$(\alpha)$ und cos$(\alpha)$ im nebenstehenden Dreieck mithilfe von a, b und c.

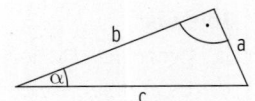

### Lösung

Im rechtwinkligen Dreieck ist c die **Hypotenuse,** a und b sind die **Katheten** von $\alpha$.

Der Sinus des Winkels $\alpha$ ist das Verhältnis von Gegenkathete zur Hypotenuse.

Also gilt: $\sin(\alpha) = \frac{a}{c}$

Der Kosinus des Winkels $\alpha$ ist das Verhältnis von Ankathete zur Hypotenuse.

Also gilt: $\cos(\alpha) = \frac{b}{c}$

### Beispiel

⮫ Bestimmen Sie den exakten Wert von sin(30°) und cos(30°).

### Lösung

Man zeichnet ein rechtwinkliges Dreieck mit den Winkeln 30° bzw. 60°.
Im gleichseitigen Dreieck sind alle Winkel 60° groß.
Die Höhe im Dreieck halbiert das Dreieck und es gilt für die Winkel:
$\alpha$ = 30° und $\beta$ = 60°
Im rechtwinkligen Dreieck ist a die **Hypotenuse.**
Die **Gegenkathete** von $\alpha$ ist $\frac{a}{2}$.

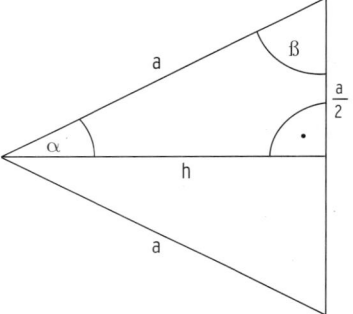

Also gilt: $\sin(\alpha) = \sin(30°) = \dfrac{\frac{a}{2}}{a} = \frac{1}{2}$

Für cos(30°) braucht man die Höhe h.

Mit dem Satz von Pythagoras ergibt sich: $h^2 = a^2 - \left(\frac{a}{2}\right)^2 = \frac{3}{4}a^2$

Die Höhe h erhält man durch Wurzelziehen: $h = a\sqrt{\frac{3}{4}} = \frac{a}{2}\sqrt{3}$

Also gilt: $\cos(\alpha) = \cos(30°) = \dfrac{\frac{a}{2}\sqrt{3}}{a} = \frac{1}{2}\sqrt{3}$

Tabelle der wichtigsten **Werte:**

| $\alpha$ | 0° | 30° | 45° | 60° | 90° |
|---|---|---|---|---|---|
| $\sin(\alpha)$ | 0 | $\frac{1}{2}$ | $\frac{1}{2}\sqrt{2}$ | $\frac{1}{2}\sqrt{3}$ | 1 |
| $\cos(\alpha)$ | 1 | $\frac{1}{2}\sqrt{3}$ | $\frac{1}{2}\sqrt{2}$ | $\frac{1}{2}$ | 0 |

### Beispiel

**a)** Berechnen Sie mit dem TR:   • sin (65°)   • cos (12°)

**b)** Bestimmen Sie den zugehörigen Winkel.   • sin ($\alpha$) = 0,850   • cos ($\alpha$) = 0,625

### Lösung

Mit der Einstellung DEG (wie degree = Grad)

```
1:Mth2D  2:Linear
3:Deg    4:Rad
5:Gra    6:Fix
7:Sci    8:Norm
```

**a) Tastenfolge**

- SIN (65) = 0,90631

  d.h., sin (65°) = 0,91
- COS (12) = 0,97815

  d.h., cos (12°) = 0,98

```
sin(65)
        0,906307787
cos(12)
        0,9781476007
```

**b) Tastenfolge**

- SHIFT SIN (0,850) = 58,21

  d.h., sin ($\alpha$) = 0,850 $\Rightarrow$ $\alpha$ = 58,2°
- cos ($\alpha$) = 0,625 $\Rightarrow$ $\alpha$ = 51,32°

```
sin⁻¹(,850)
        58,21166938
cos⁻¹(,625)
        51,31781255
```

## Aufgaben

**1** Berechnen Sie mit dem TR. Runden Sie auf 2 Dezimalen.

**a)** sin (54°)   **b)** sin (18,5°)   **c)** cos (88,2°)   **d)** cos (9,4°)   **e)** sin (4,2°)

**2** Ermitteln Sie den zugehörigen Winkel $\alpha$ mit $0° \leq \alpha \leq 90°$.

**a)** sin ($\alpha$) = 0,380   **b)** sin ($\alpha$) = 0,922   **c)** cos ($\alpha$) = 0,185   **d)** cos ($\alpha$) = 0,788

**3** Bestimmen Sie den zugehörigen Winkel zeichnerisch und mit dem TR.

**a)** sin ($\alpha$) = 0,5   **b)** sin ($\alpha$) = $\frac{1}{3}$   **c)** cos ($\alpha$) = $\frac{2}{3}$   **d)** cos ($\alpha$) = $\frac{4}{5}$

**4** In einem rechtwinkligen Dreieck ABC ist c = 6 cm und $\alpha$ = 50°.
Berechnen Sie die fehlenden Winkel und Seiten im Dreieck.

**5** Eine Zahnradbahn steigt auf einer Strecke von
1250 m mit einen Neigungswinkel von 10,5°
(gegen die Horizontale gemessen).
Wie viel m Höhendifferenz bewältigt sie?

**6** Bestimmen Sie den exakten Wert von sin (45°).

## 4.2.2 Definition der Winkelfunktionen für beliebige Winkel

**Der Winkel $\alpha$ liegt zwischen 0° und 90° (I. Quadrant)**
**Der Winkel $\alpha_1$ liegt zwischen 90° und 180° (II. Quadrant)**
Es gilt: $\alpha_1 = 180° - \alpha$ für $0° < \alpha < 90°$.

**Einheitskreis**

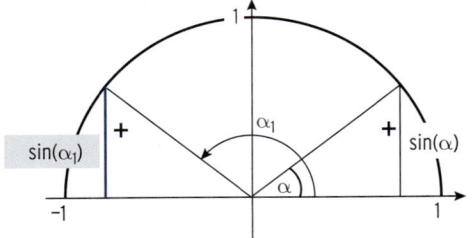 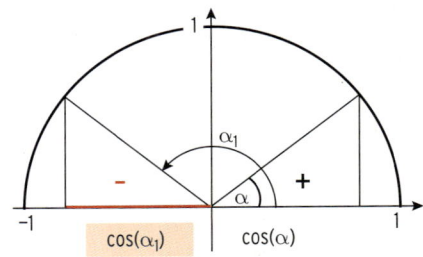

Der **Winkel $\alpha_1$** legt im II. Quadrant ein kongruentes Dreieck fest.
**sin ($\alpha_1$)** wird festgelegt als die Länge der blau markierten Strecke.
Es gilt: $\qquad\qquad \sin(\alpha_1) = \sin(180° - \alpha) = \sin(\alpha)$

Da die Länge der Ankathete in beiden Dreiecken gleich ist, sie aber auf der positiven bzw. negativen x-Achse liegen, gilt:
$$\cos(\alpha_1) = \cos(180° - \alpha) = -\cos(\alpha)$$

### Beispiele
$\sin(150°) = \sin(180° - 30°) = \sin(30°);$ $\qquad \cos(110°) = \cos(180° - 70°) = -\cos(70°)$
Bestätigen Sie mit dem TR.

**Der Winkel $\alpha_1$ liegt zwischen 180° und 270° (III. Quadrant)**
Es gilt: $\alpha_1 = 180° + \alpha$ für $0° < \alpha < 90°$

---

**Beachten Sie**

$\sin(\alpha_1) = \sin(180° + \alpha) = -\sin(\alpha)$
$\cos(\alpha_1) = \cos(180° + \alpha) = -\cos(\alpha)$

---

### Beispiele
$\sin(200°) = \sin(180° + 20°)$
$\qquad\quad = -\sin(20°)$
$\cos(240°) = \cos(180° + 60°)$
$\qquad\quad = -\cos(60°)$

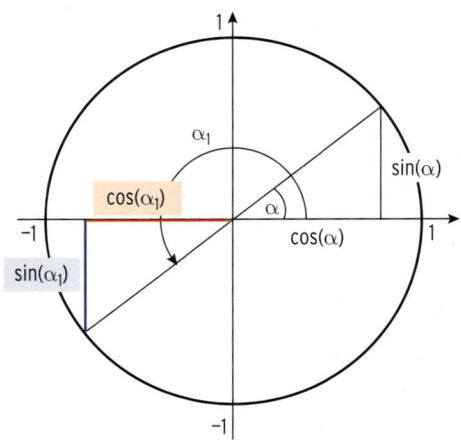

**Der Winkel $\alpha_1$ liegt zwischen 270° und 360° (IV. Quadrant)**

Es gilt:

$\alpha_1 = 360° - \alpha$ für $0° < \alpha < 90°$

Für Sinus und Kosinus gilt:

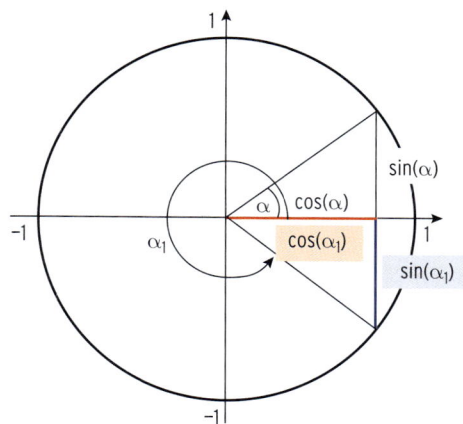

> **Beachten Sie**
>
> $\sin(\alpha_1) = \sin(360° - \alpha) = -\sin(\alpha)$
> $\cos(\alpha_1) = \cos(360° - \alpha) = \cos(\alpha)$

**Beispiele**

$\sin(300°) = \sin(360° - 60°)$
$\qquad\quad = -\sin(60°)$
$\cos(310°) = \cos(360° - 50°)$
$\qquad\quad = \cos(50°)$

Trägt man einen Winkel **gegen die Drehrichtung des Uhrzeigers** ab, ist der Winkel **positiv.**
**In Drehrichtung des Uhrzeigers abgetragene Winkel sind negativ.**

Für Sinus und Kosinus gilt:

> **Beachten Sie**
>
> $\sin(360° - \alpha) = \sin(-\alpha) = -\sin(\alpha)$
> $\cos(360° - \alpha) = \cos(-\alpha) = \cos(\alpha)$

Für Winkel größer als 360° gilt:

> **Beachten Sie**
>
> $\sin(360° + \alpha) = \sin(\alpha)$
> $\cos(360° + \alpha) = \cos(\alpha)$

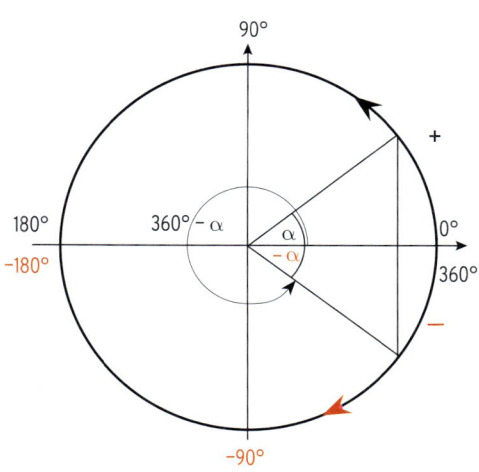

**Beispiele**

$\sin(-50°) = \sin(360° - 50°)$
$\qquad\quad = -\sin(50°)$
$\cos(-30°) = \cos(360° - 30°)$
$\qquad\quad = \cos(30°)$
$\sin(-150°) = \sin(360° - 150°) = \sin(210°)$
$\qquad\quad = -\sin(150°) = -\sin(180° - 30°)$
$\qquad\quad = -\sin(30°)$
$\cos(-100°) = \cos(360° - 100°)$
$\qquad\quad = \cos(100°)$

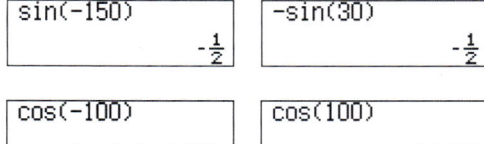

## Zusammenfassung

Wie lassen sich die Sinuswerte (Kosinuswerte) beliebiger Winkel auf die Sinuswerte (Kosinuswerte) spitzer Winkel $\alpha$ zwischen 0° und 90° zurückführen?

**I. Quadrant:  0° ≤ α ≤ 90°**

> ### Beachten Sie
> $\sin(0°) = 0$; $\sin(90°) = 1$
> $\cos(0°) = 1$; $\cos(90°) = 0$

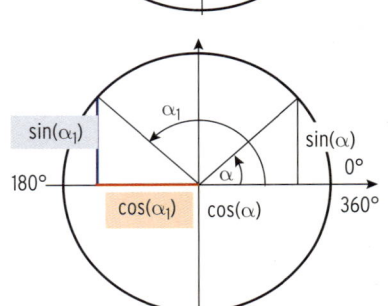

**II. Quadrant:  90° ≤ $\alpha_1$ ≤ 180°**

> ### Beachten Sie
> $\sin(\alpha_1) = \sin(180° - \alpha) = \sin(\alpha)$
> $\cos(\alpha_1) = \cos(180° - \alpha) = -\cos(\alpha)$
> $\sin(180°) = 0$
> $\cos(180°) = -1$

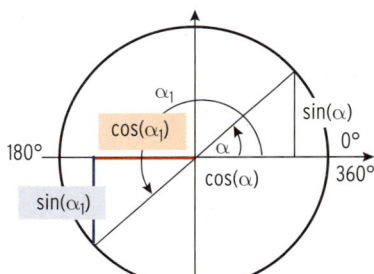

**III. Quadrant:  180° ≤ $\alpha_1$ ≤ 270°**

> ### Beachten Sie
> $\sin(\alpha_1) = \sin(180° + \alpha) = -\sin(\alpha)$
> $\cos(\alpha_1) = \cos(180° + \alpha) = -\cos(\alpha)$
> $\sin(270°) = -1$
> $\cos(270°) = 0$

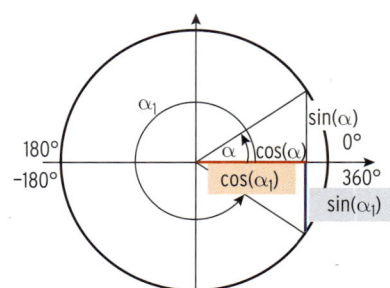

**IV. Quadrant:  270° ≤ $\alpha_1$ ≤ 360°**
     **bzw.  −90° ≤ $\alpha_1$ ≤ 0°**

> ### Beachten Sie
> $\sin(\alpha_1) = \sin(360° - \alpha)$
> $\qquad = \sin(-\alpha) = -\sin(\alpha)$
> $\cos(\alpha_1) = \cos(360° - \alpha)$
> $\qquad = \cos(-\alpha) = \cos(\alpha)$
> $\sin(360°) = 0$
> $\cos(360°) = 1$

**Winkel und Quadrant**

| 2. Quadrant $180° - \alpha$ | 1. Quadrant $\alpha$ |
|---|---|
| 3. Quadrant $180° + \alpha$ | 4. Quadrant $360° - \alpha$ $- \alpha$ |

**Vorzeichen** von Sinuswerten und Kosinuswerten in den **4 Quadranten**:

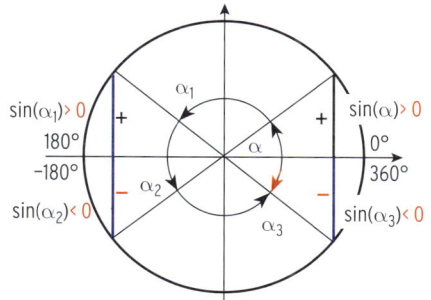
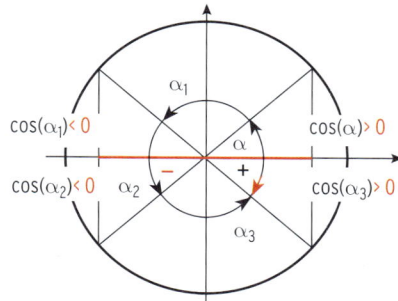

**Vorzeichentabelle** für die Sinuswerte        für die Kosinuswerte

## Aufgaben

**1** Berechnen Sie mit dem TR. Runden Sie ggf. auf 2 Dezimalen.

a) $\sin(145°)$

b) $\sin(225°)$

c) $\sin(312,5°)$

d) $\sin(-105°)$

e) $\cos(165°)$

f) $\cos(195,2°)$

g) $\cos(345°)$

h) $\cos(-30°)$

i) $\sin(423°)$

j) $\cos(500°)$

k) $\sin(-220°)$

l) $\cos(-468,3°)$

**2** Für welche Winkel $\alpha$ ist

a) $\sin(\alpha)$ positiv und $\cos(\alpha)$ negativ?

b) $\sin(\alpha)$ positiv und $\cos(\alpha)$ positiv?

c) $\sin(\alpha)$ negativ und $\cos(\alpha)$ negativ?

d) $\sin(\alpha)$ negativ und $\cos(\alpha)$ positiv?

**3** Bestimmen Sie die zwischen $-360°$ und $360°$ liegenden Werte von $\alpha$, wenn

a) $\sin(\alpha) = 0,707$

b) $\sin(\alpha) = 0,866$

c) $\sin(\alpha) = -0,5$

d) $\cos(\alpha) = -0,707$

e) $\sin(\alpha) = -0,245$

f) $\cos(\alpha) = 0,909$

g) $\cos(\alpha) = 0,5$

h) $\sin(\alpha) = 0$

i) $\cos(\alpha) = -1$

j) $\cos(\alpha) = -0,866$

k) $\sin(\alpha) = -0,5\sqrt{3}$

l) $\cos(\alpha) = -0,5\sqrt{2}$

m) $\sin(\alpha) = -\frac{3}{4}$

n) $\cos(\alpha) = \frac{5}{16}$

o) $\cos(\alpha) = 1 - \sqrt{3}$

## 4.2.3 Das Bogenmaß eines Winkels

Der Winkel $\alpha$ wird in der Einheit **Grad** angegeben, z. B.
$\alpha = 45°$. Ein anderes Winkelmaß ist das Bogenmaß.
Die Größe eines Winkels wird durch die **Länge** des
entsprechenden **Bogens im Einheitskreis** gemessen.
Man ordnet dem Winkel 360° den Umfang des Einheits-
kreises $U = 2 \cdot \pi \cdot 1 = 2\pi$ zu, d. h., $360° \triangleq 2\pi = 6{,}28$ zu.

**Beispiele für die Zuordnung von Winkel und Bogenlänge:**

| Winkel $\alpha$ in Grad | 180° | 90° | 60° | 45° | 30° |
|---|---|---|---|---|---|
| Maßzahl der Bogenlänge x (x ist eine reelle Zahl) | $\pi = 3{,}14$ | $\frac{\pi}{2} = 1{,}57$ | $\frac{\pi}{3} = 1{,}05$ | $\frac{\pi}{4} = 0{,}79$ | $\frac{\pi}{6} = 0{,}52$ |

### Beachten Sie

Jedem Winkel $\alpha$ lässt sich eindeutig eine reelle Zahl x (Bogenmaß) zuordnen.

**Umrechnungsformel:** $\frac{2\pi}{360°} = \frac{x}{\alpha}$ ergibt $x = \frac{\pi\alpha}{180°}$ oder $\alpha = \frac{x \cdot 180°}{\pi}$

**Beispiele**

Gradmaß $\alpha = 36{,}7°$ $\Leftrightarrow$ Bogenmaß $x = \frac{36{,}7° \cdot \pi}{180°} = 0{,}64$

Bogenmaß $x = \frac{\pi}{10}$ $\Leftrightarrow$ Gradmaß $\alpha = \frac{\pi \cdot 180°}{10\pi} = 18°$

**Berechnung mit dem TR:**

$\sin(0{,}5) = 0{,}48$ $\qquad \cos(0{,}5\pi) = 0$

$\sin(-2{,}5) = -0{,}60$ $\qquad \cos(\pi) + 1 = 0$

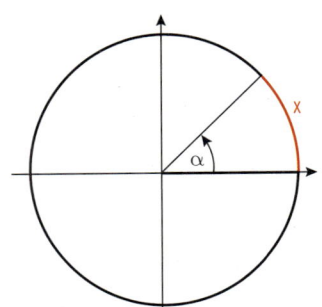

### Beachten Sie

Ist der Winkel im

- **Gradmaß ($\alpha$)** gegeben, rechnet man im **Modus DEG,**
- **Bogenmaß (x)** gegeben, rechnet man im **Modus RAD.**

## Aufgaben

**1** Welcher Winkel $\alpha$ gehört zum Bogenmaß x oder umgekehrt?

a) $x = 1{,}5$ b) $\alpha = 45°$ c) $x = 3$ d) $\alpha = 120°$ e) $x = -1$

**2** Bestimmen Sie.

a) $\sin(1{,}8)$ b) $\cos(0{,}9)$ c) $\sin(3{,}14)$ d) $\cos(1{,}57)$ e) $\sin(-1{,}57)$

**3** Kennzeichnen Sie am Einheitskreis.

a) $x = 1$ und $\sin(1)$ b) $x = 4$ und $\cos(4)$ c) $x = -0{,}5$ und $\sin(-0{,}5)$

**4** Schätzen Sie ab: $\sin(1{,}5°)$ und $\sin(1{,}5)$. Erklären Sie Ihr Ergebnis.

# 4.3 Trigonometrische Funktionen

## 4.3.1 Sinus- und Kosinusfunktion

Die Funktion f mit $f(x) = \sin(x)$; $x \in \mathbb{R}$, heißt **Sinusfunktion.**
Schaubild **(Sinuskurve)**

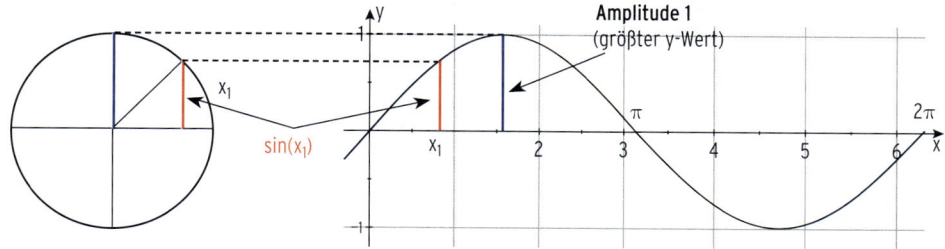

Die Funktion g mit $g(x) = \cos(x)$; $x \in \mathbb{R}$, heißt **Kosinusfunktion.**
Schaubild **(Kosinuskurve)**

**Wertetabelle**
(Schrittweite 1):

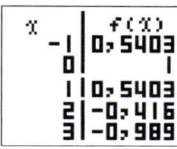

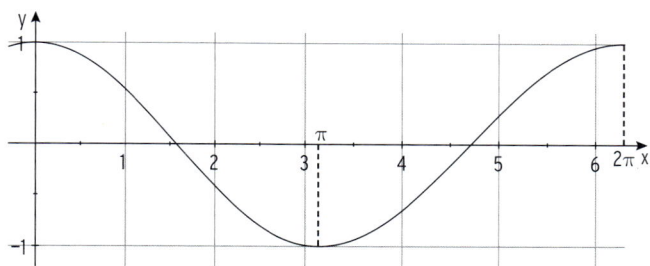

**Beachten Sie die folgenden Eigenschaften von Sinus- und Kosinusfunktion:**

1) **Wertebereich:** $W = [-1; 1]$ d.h.:        $-1 \le \sin(x) \le 1$ bzw. $-1 \le \cos(x) \le 1$

     Sinus- und Kosinusfunktion haben die **Amplitude 1.**

2) **Periodizität:**   Wegen $\sin(x) = \sin(x \pm 2\pi)$ bzw. $\cos(x) = \cos(x \pm 2\pi)$ gilt:

     Sinus- und Kosinusfunktion haben die **Periode $2\pi$.**

3) **Nullstellen** von f mit $f(x) = \sin(x)$; $x \in \mathbb{R}$

     Bedingung: $f(x) = 0$                     $\sin(x) = 0$ für $x = 0$; $\pm\pi$; $\pm 2\pi$; ...

     Nullstellen von f:             $x_1 = 0$; $x_{2|3} = \pm\pi$; $x_{4|5} = \pm 2\pi$; ...

     allgemein:                     $x_k = k \cdot \pi$; $k \in \mathbb{Z}$

     **Nullstellen** von g mit $g(x) = \cos(x)$; $x \in \mathbb{R}$

     Bedingung: $g(x) = 0$                     $\cos(x) = 0$ für $x = \pm\dfrac{\pi}{2}$; $\pm\dfrac{3}{2}\pi$; ...

     Nullstellen von g:             $x_{1|2} = \pm\dfrac{\pi}{2}$; $x_{3|4} = \pm\dfrac{3}{2}\pi$; $x_{5|6} = \pm\dfrac{5}{2}\pi$; ...

     allgemein:                     $x_k = \dfrac{\pi}{2} + k \cdot \pi$; $k \in \mathbb{Z}$

## 4.3.2 Funktionen der Form $f(x) = a\sin(x) + d$ bzw. $f(x) = a\cos(x) + d$

### Beispiel

⮕ Gegeben ist die Funktion f für $x \in \mathbb{R}$.

Wie entsteht das Schaubild K von f aus der Sinuskurve?

Bestimmen Sie die Amplitude und den Wertebereich von f und zeichnen Sie K.

**a)** $f(x) = 3\sin(x)$     **b)** $f(x) = \cos(x) + 2$     **c)** $f(x) = 0,5\sin(x) - 1$

### Lösung

**a)** $f(x) = 3\sin(x)$

Die Sinuskurve $(y = \sin(x))$

wird mit Faktor 3 in y-Richtung gestreckt.

**Amplitude** (größter „Ausschlag") a = 3

**Periode** $p = 2\pi$

**Wertebereich** $W = [-3; 3]$

**Hinweis:** Nullstellen von f: $x_k = k \cdot \pi;\ k \in \mathbb{Z}$

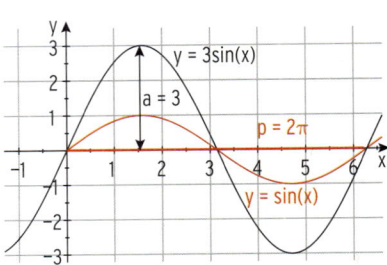

**b)** $f(x) = \cos(x) + 2$

Die Kosinuskurve $(y = \cos(x))$ wird

um 2 nach oben verschoben.

Amplitude a = 1; Periode $p = 2\pi$

Wertebereich: [1; 3]

**Hinweis:** Keine Nullstelle von f, da

$\quad -1 \leq \cos(x) \leq 1$

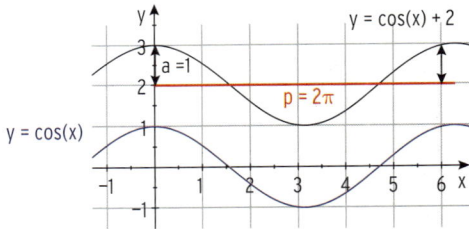

---

**Beachten Sie:**

Die **Amplitude** ist die halbe y-Differenz des höchsten und des tiefsten Punktes: $0,5\,(y_H - y_T)$.

---

**c)** Die Sinuskurve wird mit Faktor 0,5 in y-Richtung gestreckt:

$g(x) = 0,5\sin(x)$ mit Amplitude a = 0,5.

Der Graph von g mit $g(x) = 0,5\sin(x)$ wird um 1 nach unten verschoben:

$f(x) = 0,5\sin(x) - 1$ mit Amplitude a = 0,5; Periode $p = 2\pi$ und

Wertebereich $W = \left[-\dfrac{3}{2}; -\dfrac{1}{2}\right]$;

**Hinweis:** keine Nullstellen, da $-0,5 \leq 0,5\sin(x) \leq 0,5$.

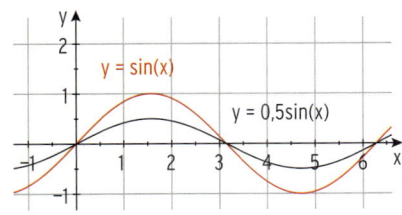

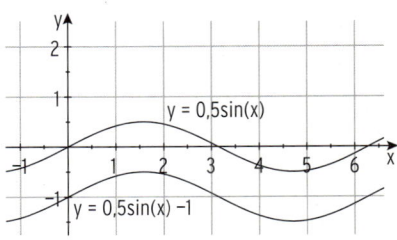

## Beispiel

⮑ Gegeben ist die Funktion f für $x \in \mathbb{R}$.
Wie entsteht das Schaubild K von f aus der Sinuskurve bzw. der Kosinuskurve?
Bestimmen Sie die Amplitude und den Wertebereich von f.

a) $f(x) = -2\sin(x)$ \qquad\qquad b) $f(x) = 2 + 3\cos(x)$

## Lösung

a) $f(x) = -2\sin(x)$

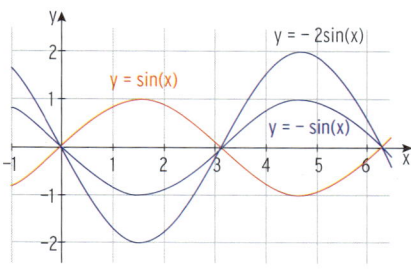

Die Sinuskurve $(y = \sin(x))$ wird an der
x-Achse gespiegelt: $h(x) = -\sin(x)$
Der Graph von h mit $h(x) = -\sin(x)$ wird
mit Faktor 2 in y-Richtung gestreckt:
$f(x) = -2\sin(x)$ mit Amplitude $|a| = 2$
$a = -2$, aber Amplitude $|a| = |-2| = 2$

**Hinweis:** Der Betrag von $-2$ ist die positive Zahl 2.
Wertebereich von f: $[-2; 2]$; Periode $p = 2\pi$
**Hinweis:** Nullstellen von f: $x_1 = 0$; $x_2 = \pm\pi$; $x_3 = \pm 2\pi$, also $x_k = k \cdot \pi$; $k \in \mathbb{Z}$

b) $f(x) = 2 + 3\cos(x)$

Die Kosinuskurve $(y = \cos(x))$ wird mit Faktor 3 in **y-Richtung gestreckt**:
$h(x) = 3\cos(x)$
Der Graph von h mit $h(x) = 3\cos(x)$ wird um 2 nach oben verschoben:
$f(x) = 3\cos(x) + 2$
Amplitude $|a| = 3$; Periode $p = 2\pi$
Wertebereich: $[1; 5]$

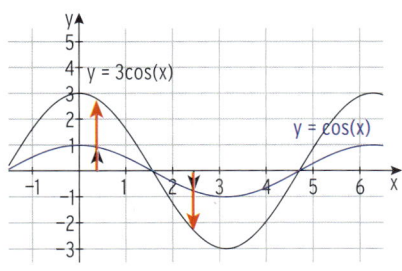 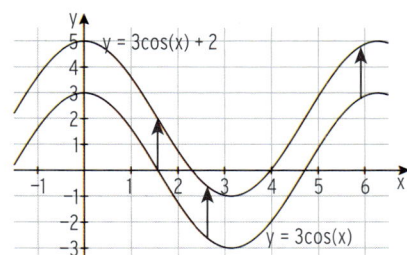

---

### Beachten Sie

Der Graph $K_g$ von g entsteht aus dem Graph $K_f$ von f durch

- **Spiegelung** an der x-Achse. Dann gilt: \qquad $g(x) = -f(x)$.
- **Verschiebung** in y-Richtung. Dann gilt: \qquad $g(x) = f(x) + d$.
- **Streckung** in y-Richtung. Dann gilt: \qquad $g(x) = a \cdot f(x)$; $a > 0$.

Die trigonometrische Funktion f mit $f(x) = a \cdot \sin(x) + b$ bzw. $f(x) = a \cdot \cos(x) + b$; $a \neq 0$
hat die **Amplitude** $|a|$ und die **Periode** $p = 2\pi$.

12 Bohner, Ihlenburg, Ott, Deusch - ISBN 978-3-8120-0206-6

## Beispiel

➲ Das Schaubild $K_f$ einer Funktion f mit der Gleichung $y = -2\sin(x)$ entspricht keinem der dargestellten Schaubilder.

Begründen Sie obige Aussage, indem Sie je eine Eigenschaft der Schaubilder nennen, die mit den Funktionseigenschaften nicht vereinbar ist.

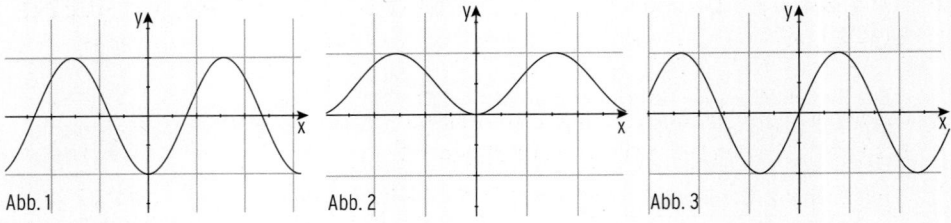

Abb. 1  Abb. 2  Abb. 3

## Lösung

Eigenschaften von $K_f$: $K_f$ schneidet die x-Achse im Ursprung O.

$\quad\quad\quad\quad\quad\quad\quad\quad$ f(x) wechselt in O das Vorzeichen von + nach −.

Schaubild 1 verläuft nicht durch den Koordinatenursprung.

Schaubild 2 berührt die x-Achse im Ursprung.

Schaubild 3: Die y-Werte der Kurvenpunkte wechseln bei O das Vorzeichen von − nach +.

## Beispiel

➲ Das Schaubild einer Funktion f mit $f(x) = a\cos(x) + b$ ist dargestellt.

Bestimmen Sie den Funktionsterm aus der Abbildung.

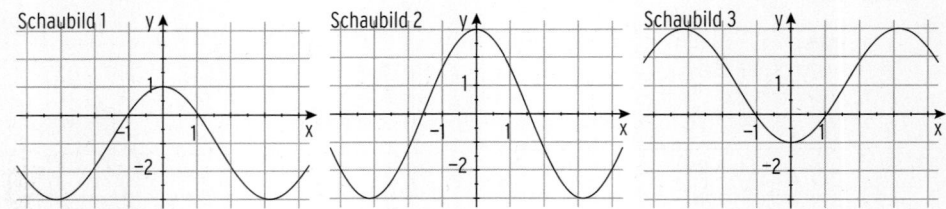

Schaubild 1  Schaubild 2  Schaubild 3

## Lösung

**Alle Schaubilder haben die Periode** $p = 2\pi$.

Schaubild 1 hat die **Amplitude** $a = 2$ und K: $y = 2\cos(x)$ ist um 1 in negativer y-Richtung verschoben worden. $\quad\quad\quad\quad\quad\quad$ $K_1$: $f(x) = 2\cos(x) - 1$

Schaubild 2 hat die **Amplitude** $a = 3$ und K: $y = 3\cos(x)$ ist nicht in y-Richtung verschoben. $\quad\quad\quad\quad\quad\quad\quad\quad$ $K_2$: $f(x) = 3\cos(x)$

Schaubild 3 hat die **Amplitude** 2 und K: $y = 2\cos(x)$ ist an der x-Achse gespiegelt und danach um 1 nach oben verschoben worden. $\quad\quad$ $K_3$: $f(x) = -2\cos(x) + 1$ $(a = -2)$

**Oder:** $K_3$ erhält man durch Spiegelung von $K_1$ an der x-Achse.

## Aufgaben

**1**  Gegeben ist die Funktion f mit $x \in \mathbb{R}$.
Zeichnen Sie K im angegebenen Intervall.
Bestimmen Sie die Amplitude und den Wertebereich von f.
Wie entsteht K aus der Sinuskurve bzw. Kosinuskurve?

**a)** $f(x) = 3\sin(x) + 1;\ D = [-1; 7]$ **b)** $f(x) = -0,5\cos(x) + 2;\ D = [-0,5; 2\pi]$

**c)** $f(x) = 4 - 2\cos(x);\ D = [-4; 4]$ **d)** $f(x) = 2\sin(x) - 1,5;\ D = [-2; 6]$

**2**  Das Schaubild einer Funktion f mit $f(x) = a\sin(x) + b$ ist dargestellt.
Bestimmen Sie den Funktionsterm aus der Abbildung.

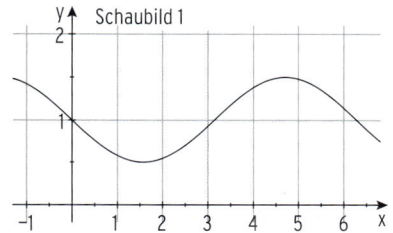
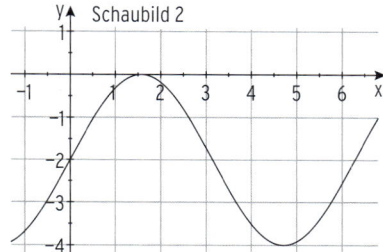

**3**  Das Schaubild einer Funktion f mit der Gleichung $y = -2\cos(x)$ entspricht keinem der
dargestellten Schaubilder.
Begründen Sie obige Aussage, indem Sie je eine Eigenschaft der Schaubilder nennen, die
mit den Funktionseigenschaften von f nicht vereinbar ist.

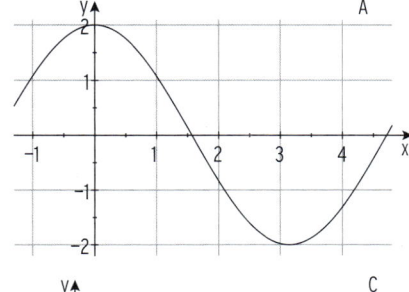
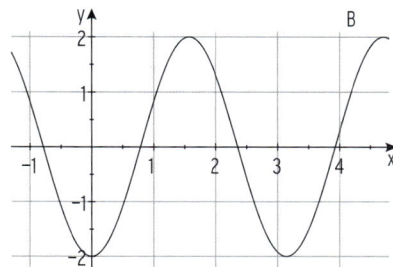
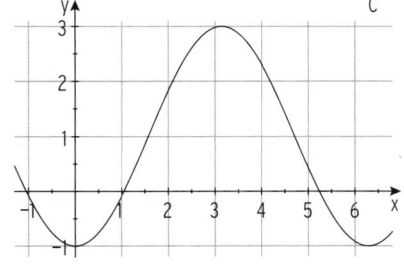
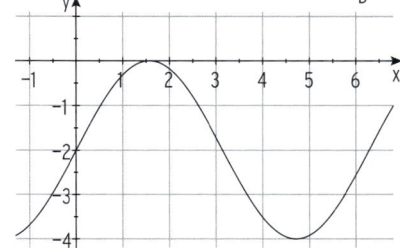

### 4.3.3 Funktionen der Form $f(x) = a\sin(bx) + d$ bzw. $f(x) = a\cos(bx) + d$

**Beispiel**

⮕ Gegeben ist die Funktion f mit $x \in \mathbb{R}$.
Wie entsteht $K_f$ aus der Sinuskurve bzw. Kosinuskurve?

**a)** $f(x) = \sin(2x)$        **b)** $f(x) = \cos(\pi x)$

**Lösung**

**a)**

|  | $y = \sin(x)$ | $y = \sin(2x)$ |
|---|---|---|
| Periode p | $2\pi$ | $\pi$ |
| Nullstellen | $0; \pi; 2\pi; \dots$ | $0; \frac{\pi}{2}; \pi; \dots$ |

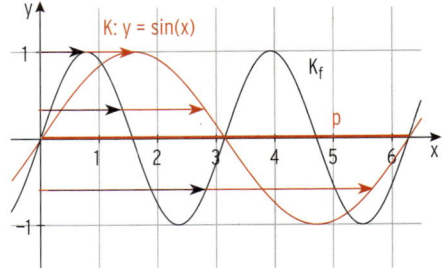

Die Periode hat sich **halbiert**.
$K_f$ entsteht aus der Sinuskurve
$(y = \sin(x))$ durch **Streckung in x-Richtung mit Faktor $\frac{1}{2}$.**

**Hinweis:** Eine **Periode** ist der **Abstand** von einer Nullstelle bis zur übernächsten Nullstelle, wenn keine Verschiebung in y-Richtung vorliegt.

**b)**

|  | $y = \cos(x)$ | $y = \cos(\pi x)$ |
|---|---|---|
| Periode p | $2\pi$ | $2 = \frac{2\pi}{\pi}$ |
| Nullstellen | $\frac{\pi}{2}; \frac{3}{2}\pi; \dots$ | $\frac{1}{2}; \frac{3}{2}; \dots$ |

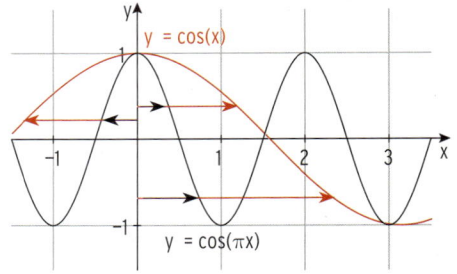

Die Periode hat sich mit dem Faktor $\frac{1}{\pi}$ verändert. $K_f$ entsteht aus der Kosinuskurve $(y = \cos(x))$ durch **Streckung in x-Richtung mit Faktor $\frac{1}{\pi}$.**

**Hinweis:** Eine **Periode** ist der **Abstand** der x-Werte von zwei aufeinanderfolgenden „Hochpunkten" bzw. „Tiefpunkten".

**Periode** von f mit $f(x) = \mathbf{sin(bx)}$ bzw. g mit $g(x) = \mathbf{cos(bx)}$

| Faktor b | 1 | 2 | 0,5 | 3 | $\pi$ | 4 | allgemein: b |
|---|---|---|---|---|---|---|---|
| **Periode p** | $2\pi$ | $\pi$ | $4\pi$ | $\frac{2}{3}\pi$ | 2 | $\frac{\pi}{2}$ | $\frac{2\pi}{b}$ |
| Streckung von K: $y = \sin(x)$ bzw. K: $y = \cos(x)$ in x-Richtung mit Faktor | 1 | $\frac{1}{2}$ | 2 | $\frac{1}{3}$ | $\frac{1}{\pi}$ | $\frac{1}{4}$ | $\frac{1}{b}$ |

---

**Beachten Sie:**

Für die Periode p von f mit $f(x) = \sin(bx)$ bzw. g mit $g(x) = \cos(bx)$ gilt $\mathbf{p = \frac{2\pi}{b}}$.

$K_f$ entsteht aus der Sinuskurve bzw. Kosinuskurve durch **Streckung in x-Richtung**

mit Faktor $\frac{1}{b}$.

---

### Beispiel

➲ Gegeben ist die Funktion f mit $f(x) = \frac{1}{2} - \cos\left(\frac{x}{2}\right); \ x \in \mathbb{R}$.

Bestimmen Sie Amplitude und Periode mithilfe einer Zeichnung.
Wie entsteht $K_f$ aus der Kosinuskurve?

### Lösung

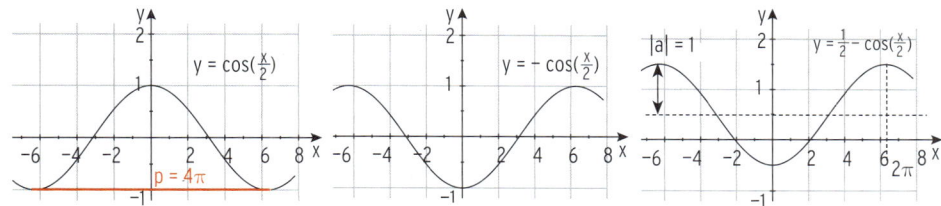

$K_f$ hat die **Amplitude** $|a| = 1$ und ist **symmetrisch** zur y-Achse; f hat die **Periode** $\mathbf{p = 4\pi}$.

Das Schaubild mit der Gleichung $y = \cos(x)$ wird in folgender Reihenfolge abgebildet:

1. in x-Richtung mit Faktor 2 gestreckt $\left(y = \cos\left(\frac{x}{2}\right)\right)$,

2. an der x-Achse gespiegelt $\left(y = -\cos\left(\frac{x}{2}\right)\right)$

3. um $\frac{1}{2}$ nach oben verschoben.

### Beispiel

➲ Das gezeichnete Schaubild hat die Gleichung $y = a\sin(bx) + d$.
Bestimmen Sie a, b und d sowie die Periodenlänge. Begründen Sie.

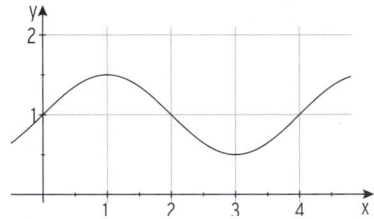

### Lösung

y-Differenz von höchstem und tiefstem Punkt:

$y_H - y_T = 1,5 - 0,5 = 1$

**Amplitude:** $\qquad a = \frac{y_H - y_T}{2} = 0,5$

**Periode:** $\qquad p = 4 = \frac{2\pi}{b} \Rightarrow b = \frac{\pi}{2}$

K: $y = 0,5\sin\left(\frac{\pi}{2}x\right)$ wird um 1 nach oben

verschoben: $\qquad d = 1$

**Funktionsterm:** $\qquad f(x) = 0,5\sin\left(\frac{\pi}{2}x\right) + 1$

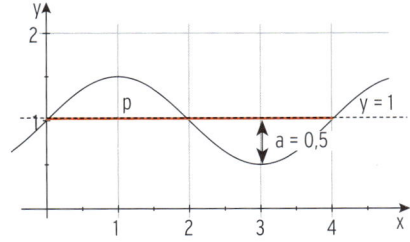

## Aufgaben

**1** $K_f$ ist das Schaubild der Funktion f mit $x \in \mathbb{R}$.

Wie entsteht $K_f$ aus der Sinus- bzw. der Kosinuskurve? Zeichnen Sie $K_f$ im angegebenen Intervall. Bestimmen Sie die Periodenlänge und den Wertebereich.

a) $f(x) = 1 - 3\sin(\pi x)$; $D = [-1; 3]$ 　　　　b) $f(x) = 2\cos(3x) + 1$; $D = [0; \pi]$

**2** $K_f$ ist das Schaubild der Funktion f mit $f(x) = 1 - \frac{4}{5}\sin(2x)$; $x \in \mathbb{R}$

a) Zeigen Sie: Das Schaubild $K_f$ hat keinen gemeinsamen Punkt mit der x-Achse.

b) Verschieben Sie $K_f$ so, dass die verschobene Kurve mindestens einen gemeinsamen Punkt mit der x-Achse hat.

c) Die Lösung von $1 - \frac{4}{5}\sin(2x) = x$ liegt vor 0,42. Überprüfen Sie.

Interpretieren Sie Ihr Ergebnis geometrisch.

**3** $K_f$ ist das Schaubild der Funktion f mit $f(x) = \sqrt{2} - 2\sin(0,5x)$; $D = [-4; 6]$.

Zeigen Sie: Die Gerade g mit $y = -\frac{2}{3\pi}x + 1$ schneidet $K_f$ in $x = \frac{3}{2}\pi$.

Begründen Sie, dass $K_f$ und g im 1. Quadranten einen weiteren gemeinsamen Punkt haben.

**4** Das gezeichnete Schaubild (siehe Abb.) hat die Gleichung $y = a\sin(0,5x) + d$. Bestimmen Sie a und d sowie die Periodenlänge. Begründen Sie.

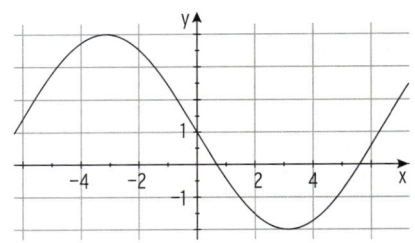

**5** Das gezeichnete Schaubild hat die Gleichung $y = a\cos(bx) + d$.

Bestimmen Sie a, b und d sowie die Periodenlänge. Begründen Sie.

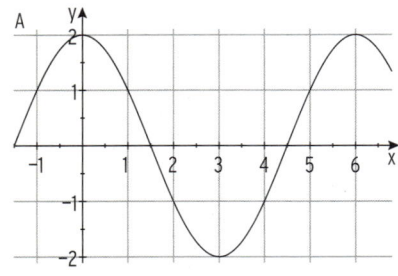

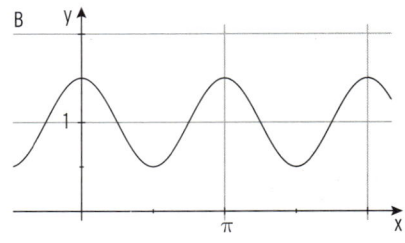

**6** Wie entsteht das Schaubild $K_g$ aus $K_f$?

a) $f(x) = \cos(x)$; $g(x) = 3\cos(0,5x)$ 　　　　b) $f(x) = \sin(x)$; $g(x) = -0,5\sin(2x) - 2$

c) $f(x) = 2\sin(3x)$; $g(x) = \sin(3x) - 1$ 　　　　d) $f(x) = -\cos(4x)$; $g(x) = \cos(4x) + 5$

**7** Welche Gleichung ist lösbar, welche nicht? Begründen Sie Ihr Ergebnis.

a) $\cos(3x) = 2$
b) $\cos(2x) = 3 + \sin(x)$
c) $2\sin(x) = 4 - 0,4x$

**8** Bestimmen Sie ohne Hilfsmittel.

a) $\sin(\pi)$
b) $\cos(-\pi)$
c) $\cos\left(\frac{3}{2}\pi\right)$
d) $\sin\left(-\frac{\pi}{2}\right)$

**9** Geben Sie den Term einer trigonometrischen Funktion an mit der Amplitude a und der Periode p.

a) $a = 3;\ p = \pi$
b) $a = 0,5;\ p = 6$
c) $a = 2,5;\ p = 3\pi$

**10** Welche Funktion gehört zu welchem Graphen? Begründen Sie Ihre Wahl.

a) $f(x) = 2\cos(2x)$
b) $f(x) = -1,5\cos(2x)$
c) $f(x) = 2\cos\left(\frac{2\pi}{3}x\right)$

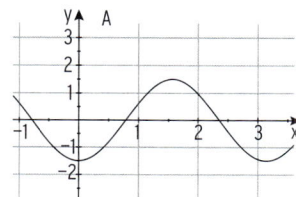 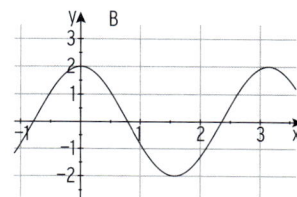 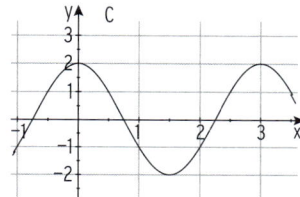

**11** Die Funktion f mit $f(x) = 2\sin(2x) - 1$ hat das Schaubild $K_f$.
Keines der gezeigten Schaubilder ist $K_f$. Begründen Sie an jeweils einer Eigenschaft.

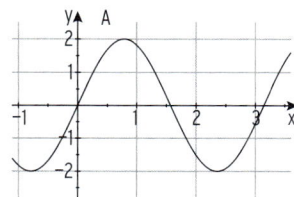 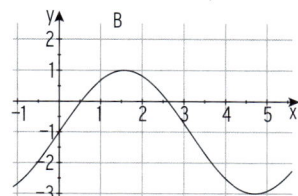 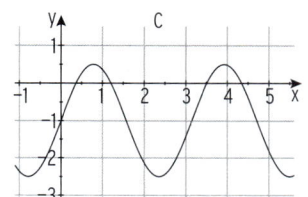

**12** Bestimmen Sie einen passenden Funktionsterm.

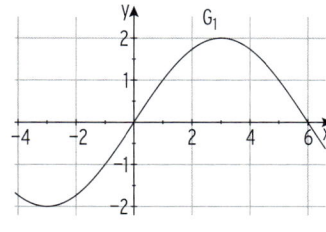 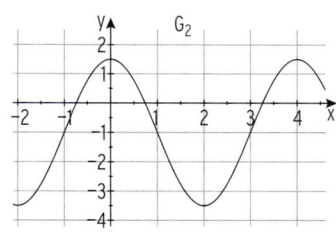

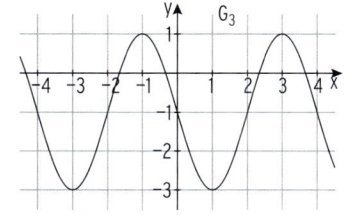 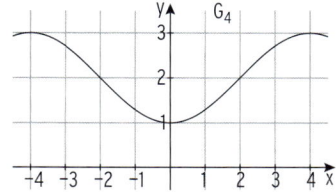

### 4.3.4 Funktionen der Form $f(x) = a\sin[b(x-c)] + d$
### bzw. $f(x) = a\cos[b(x-c)] + d$

**Beispiel**

➲ Der Graph von f mit $f(x) = 2{,}5\sin\left[3\left(x-\frac{2}{3}\right)\right]$; $x \in \mathbb{R}$, heißt G.

Beschreiben Sie, wie G aus der Sinuskurve entsteht.

**Lösung**

K: Sinuskurve mit $y = \sin(x)$

**Streckung** von K **in y-Richtung**

mit Faktor 2,5

$K_1$: $f_1(x) = 2{,}5\sin(x)$

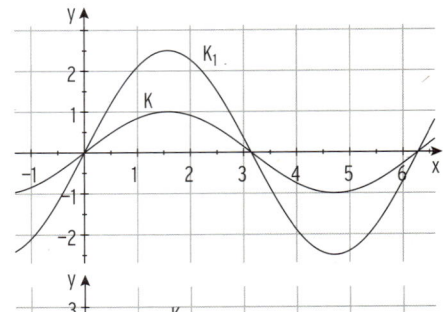

**Streckung** von $K_1$ **in x-Richtung**

mit Faktor $\frac{1}{3}$

$K_2$: $f_2(x) = 2{,}5\sin(3x)$

Ersetzen Sie x durch $(3x)$.

Die **Periode** ändert sich von $2\pi$ auf

$\frac{1}{3}\cdot 2\pi = \frac{2}{3}\pi$.

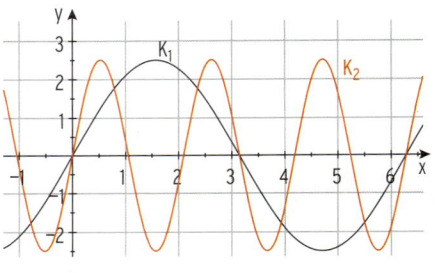

**Verschiebung** von $K_2$ **nach rechts um** $\frac{2}{3}$

G: $f(x) = 2{,}5\sin\left[3\left(x-\frac{2}{3}\right)\right]$

Ersetzen Sie x durch $\left(x-\frac{2}{3}\right)$.

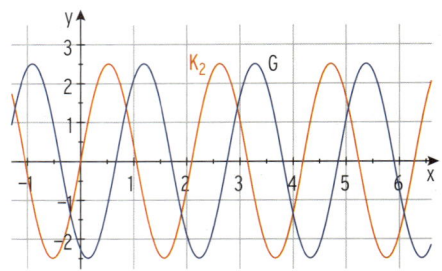

**Beispiel**

➲ Der Graph von f mit $f(x) = 4\cos(2x + 1) + 2$; $x \in \mathbb{R}$, heißt G.

Beschreiben Sie, wie G aus der Kosinuskurve entsteht.

**Lösung**

**Funktionsterm:** $f(x) = 4\cos(2x + 1) + 2 = 4\cos[2(x + 0{,}5)] + 2$

K: $y = \cos(x)$       **Streckung in y-Richtung** mit Faktor 4 ergibt $K_1$: $y = 4\cos(x)$

$K_1$: $y = 4\cos(x)$      **Streckung in x-Richtung** mit Faktor $\frac{1}{2}$ ergibt $K_2$: $y = 4\cos(2x)$

$K_2$: $y = 4\cos(2x)$     **Verschiebung nach links um** $\frac{1}{2}$ ergibt $K_3$: $y = 4\cos\left[2\left(x+\frac{1}{2}\right)\right]$

$K_3$: $y = 4\cos[2(x + 0{,}5)]$   **Verschiebung nach oben** um 2 ergibt G: $y = 4\cos(2x + 1) + 2$

**Beachten Sie:**

Das Schaubild einer Funktion f mit $f(x) = a\sin[b(x-c)] + d$
bzw. $f(x) = a\cos[b(x-c)] + d$
entsteht aus der Sinuskurve
bzw. der Kosinuskurve durch ① ② ③ ④

| Streckung in y-Richtung mit Faktor $|a|$ Für $a < 0$: Spiegelung an der x-Achse | Streckung in x-Richtung mit Faktor $\frac{1}{b}$; $b > 0$ | Verschiebung in x-Richtung um c | Verschiebung in y-Richtung um d |
|---|---|---|---|

Die Funktion f hat die **Amplitude $|a|$** und die **Periode** $p = \frac{2\pi}{b}$.

## Beispiel

K: $f(x) = 2\sin[\pi(x + 0{,}5)] + 1$
Dabei ist $a = 2$, $b = \pi$, $c = -0{,}5$ und $d = 1$.

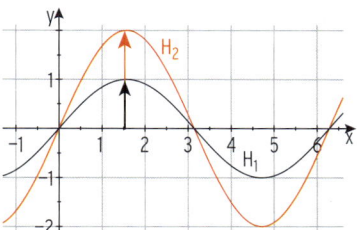

**Zu 1:**

$a = 2$

**Streckung von** $H_1$: $y = \sin(x)$ **in y-Richtung**
**mit Faktor** $a = 2$ ergibt $H_2$: $y = 2\sin(x)$.

**Zu 2:**

$b = \pi$

**Streckung von** $H_2$: $y = 2\sin(x)$ **in x-Richtung**

**mit Faktor** $\frac{1}{b} = \frac{1}{\pi}$ **ergibt** $H_3$: $y = 2\sin(\pi x)$.

$H_3$ hat die **Periode** $p = \frac{2\pi}{b} = 2$.

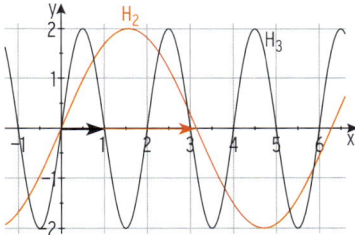

**Zu 3:**

$c = -0{,}5$

**Verschiebung von** $H_3$: $y = 2\sin(\pi x)$ **in x-Richtung**
**um c** (0,5 nach links) **ergibt**
$H_4$: $y = 2\sin[\pi(x + 0{,}5)]$.

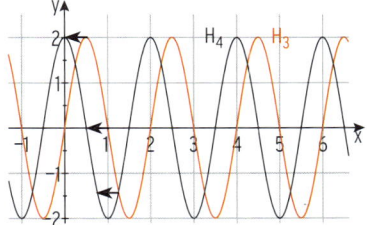

**Zu 4:**

$d = 1$

**Verschiebung von** $H_4$: $y = 2\sin[\pi(x + 0{,}5)]$
**in y-Richtung um d** (1 nach oben) ergibt:
K: $y = 2\sin[\pi(x + 0{,}5)] + 1$

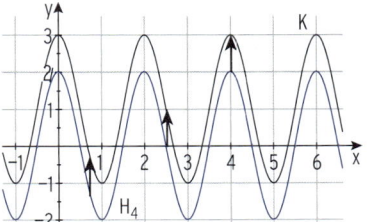

## Aufgaben

**1** $K_f$ ist das Schaubild der Funktion f mit $x \in \mathbb{R}$.
Bestimmen Sie die Periodenlänge und den Wertebereich von f.
Zeichnen Sie $K_f$ auf dem gegebenen Bereich in ein Koordinatensystem ein.

a) $f(x) = 3\sin[\pi(x + 1)]$; $D = [-1; 3]$

b) $f(x) = 2\cos(x - 1) - 1$; $D = [0; 2\pi]$

**2** Das gezeichnete Schaubild (siehe Abb.)
hat die Gleichung $y = a\sin(0{,}5x - c) + d$.
Bestimmen Sie a, c und d sowie die exakte Periodenlänge. Begründen Sie.

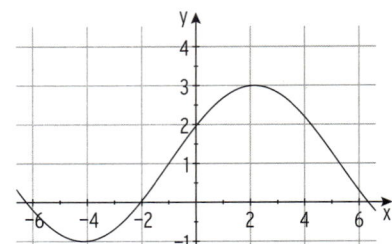

**3** Geben Sie zu jedem Graphen die Periode, die Amplitude und den zugehörigen Funktionsterm an.

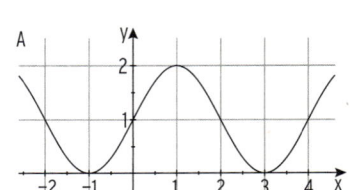

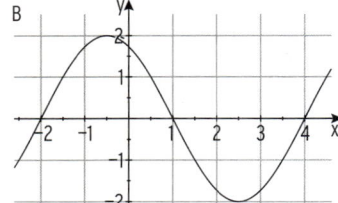

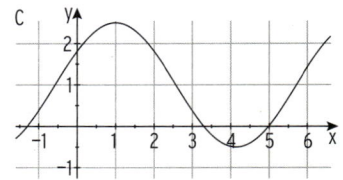

**4** Wie entsteht das Schaubild $K_g$ aus $K_f$?

a) $f(x) = \cos(x)$; $g(x) = 3\cos(x + 2)$

b) $f(x) = \sin(x)$; $g(x) = -\sin(2x - 5) - 3$

c) $f(x) = 4\sin(x)$; $g(x) = \sin(0{,}5x) - 1$

d) $f(x) = -\cos(4x)$; $g(x) = \cos[4(x - 2)] + 1$

**5** In einem Einfamilienhaus wird Erdgas sowohl zum Heizen der Räume als auch für die Warmwasserzubereitung genutzt. Pro Monat werden $20\,m^3$ Gas zur Warmwasserbereitung benötigt. In den Monaten 4 bis 12 seit Aufzeichnungsbeginn $(x = 0)$ wird geheizt und der monatliche Gasverbrauch schwankt zwischen $20\,m^3$ und $160\,m^3$.
Er soll für diesen Zeitraum durch eine Funktion f beschrieben werden. Für den Funktionsterm wird der Ansatz $f(x) = a + b\sin[c(x - d)]$ gewählt; dabei steht x für die Zeit in Monaten seit Aufzeichnungsbeginn. Die Periode von f entspricht der Dauer der Heizperiode.
Bestimmen Sie die Parameter a, b, c und d.

# 4.4 Trigonometrische Gleichungen und geometrische Interpretation

## 4.4.1 Lösung von trigonometrischen Gleichungen

### Gleichungen der Form $\sin(z) = 0$ bzw. $\cos(z) = 0$

**Vorbetrachtung:**

Man liest ab: $\sin(0) = 0$; $\sin(\pm\pi) = 0$; $\sin(\pm 2\pi) = 0$

Allgemein gilt:

$\sin \blacksquare = 0$ für $\blacksquare = 0$; $\pm\pi$; $\pm 2\pi$; $\pm 3\pi$; ...

$\blacksquare = k \cdot \pi$; $k \in \mathbb{Z}$

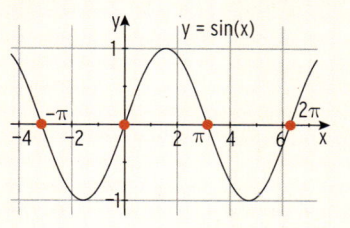

### Beispiel

➲ Bestimmen Sie alle Lösungen exakt.

a) $\sin(2x) = 0$, $x \in [0; 4]$

b) $-2\sin(x + 1) = 0$ für $-2 < x < 6$

c) $\sin\left(\frac{\pi}{4}x\right) = 0$, $x \in [-2; 10]$

### Lösung

a) Zu lösende Gleichung:

$$\sin(2x) = 0$$
$$2x = 0; \pm\pi; \pm 2\pi; \pm 3\pi; ... \qquad | : 2$$
$$x = 0; \ \pm\frac{\pi}{2}; \pm\pi; ...$$

Lösungen im Intervall $[0; 4]$:

$$x_1 = 0; \ x_2 = \frac{\pi}{2}; \ x_3 = \pi$$

b) Zu lösende Gleichung:

$$-2\sin(x + 1) = 0$$
$$\sin(x + 1) = 0$$
$$x + 1 = 0; \ \pm\pi; \pm 2\pi; \pm 3\pi; ... \qquad | -1$$
$$x = -1; \pm\pi - 1; \pm 2\pi - 1; \ \pm 3\pi - 1; ...$$

Lösungen für $-2 < x < 6$:

$$x_1 = -1; \ x_2 = \pi - 1; \ x_3 = 2\pi - 1$$

c) Zu lösende Gleichung:

$$\sin\left(\frac{\pi}{4}x\right) = 0$$
$$\frac{\pi}{4}x = 0; \ \pm\pi; \pm 2\pi; \pm 3\pi; ... \qquad | \cdot \frac{4}{\pi}$$
$$x = 0; \ \pm 4; \pm 8; ...$$

Lösungen im Intervall $[-2; 10]$:

$$x_1 = 0; \ x_2 = 4; \ x_3 = 8$$

**Bemerkung:** $x_4 = -4 < -2$ bzw. $x_5 = 12 > 10$

$x_4$ und $x_5$ sind **keine Lösungen** auf dem gegebenen Intervall $[-2; 10]$.

Sind **alle Lösungen** auf $\mathbb{R}$ gesucht, so gilt: $L = \{0; \pm 4; \pm 8; \pm 12; ...\}$

Die Lösungen lassen sich beschreiben durch $x_k = 4k$; $k \in \mathbb{Z}$

**Vorbetrachtung:**

Man liest ab: $\cos\left(\pm\frac{\pi}{2}\right) = 0$; $\cos\left(\pm\frac{3}{2}\pi\right) = 0$; …

Allgemein gilt: $\cos\blacksquare = 0$ für $\blacksquare = \pm\frac{\pi}{2}; \pm\frac{3}{2}\pi; \pm\frac{5\pi}{2}$

$\blacksquare = \frac{\pi}{2} + k\cdot\pi$; $k \in \mathbb{Z}$

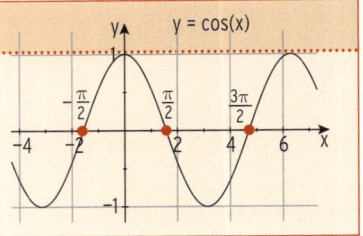

### Beispiel

➲ Bestimmen Sie alle Lösungen von $\cos\left(\frac{2}{3}x\right) = 0$ für $-4 < x < 4$ exakt.

### Lösung

Zu lösende Gleichung:

$$\cos\left(\frac{2}{3}x\right) = 0$$

$$\frac{2}{3}x = \pm\frac{\pi}{2}; \pm\frac{3}{2}\pi; \pm\frac{5}{2}\pi; \dots \quad | \cdot \frac{3}{2}$$

$$x = \pm\frac{3}{4}\pi; \pm\frac{9}{4}\pi; \dots$$

Zwei Lösungen für $-4 < x < 4$: $\quad x_{1/2} = \pm\frac{3}{4}\pi \qquad \left(x_3 = \frac{9}{4}\pi > 4\right).$

### Beispiel

➲ Bestimmen Sie drei Lösungen von $\cos(\pi x) = 0$ exakt.

### Lösung

Zu lösende Gleichung:

$$\cos(\pi x) = 0$$

$$\pi x = \pm\frac{\pi}{2}; \pm\frac{3}{2}\pi; \pm\frac{5}{2}\pi; \dots \quad | : \pi$$

$$x = \pm\frac{1}{2}; \pm\frac{3}{2}; \pm\frac{5}{2}; \dots$$

Lösungen:

Drei Lösungen: $x_1 = \frac{1}{2}$; $x_2 = \frac{3}{2}$; $x_3 = \frac{5}{2}$

**Bemerkung:** f mit $f(x) = \cos(\pi x)$ hat die Periode $p = \frac{2\pi}{\pi} = 2$. $\cos(\pi x) = 0$ hat auf einer Periode die Lösungen $x_1 = \frac{1}{2}$ und $x_2 = \frac{3}{2}$.
Der Abstand der Lösungen ist jeweils eine halbe Periode. Weitere Lösungen erhält man durch Addition einer Periode $p = 2$.

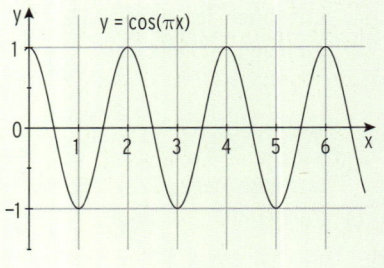

**Hinweis:** Hat man alle **Lösungen auf einer Periode** bestimmt, erhält man alle **weiteren Lösungen** durch **Addition von Vielfachen der Periode.**

## Aufgaben

**1** Bestimmen Sie die exakten Lösungen, die im Intervall $[-\pi; \pi]$ liegen.

a) $\cos(3x) = 0$      b) $\sin(2x) = 0$      c) $3\cos\left(\frac{\pi}{4}\cdot x\right) = 0$      d) $-4\sin\left(\frac{3}{4}x\right) = 0$

e) $\cos(x - 2) = 0$      f) $\sin(2x + 1) = 0$      g) $\cos[\pi(x - 1)] = 0$      h) $\sin(x - 0{,}5) = 0$

## Gleichungen der Form sin(z) = u

### Beispiel

➲ Bestimmen Sie alle Lösungen von $\sin(x) = \frac{1}{2}$ im Intervall $[0; 2\pi]$.

Lösung
Eine exakte Lösung entnimmt man der folgenden
**Tabelle der wichtigsten Sinus- und Kosinus-Werte:**

| $x$ | $0$ | $\frac{\pi}{6}$ | $\frac{\pi}{4}$ | $\frac{\pi}{3}$ | $\frac{\pi}{2}$ | $\frac{2\pi}{3}$ | $\frac{3\pi}{4}$ | $\frac{5\pi}{6}$ | $\pi$ |
|---|---|---|---|---|---|---|---|---|---|
| $\sin(x)$ | $0$ | $\frac{1}{2}$ | $\frac{1}{2}\sqrt{2}$ | $\frac{1}{2}\sqrt{3}$ | $1$ | $\frac{1}{2}\sqrt{3}$ | $\frac{1}{2}\sqrt{2}$ | $\frac{1}{2}$ | $0$ |
| $\cos(x)$ | $1$ | $\frac{1}{2}\sqrt{3}$ | $\frac{1}{2}\sqrt{2}$ | $\frac{1}{2}$ | $0$ | $-\frac{1}{2}$ | $-\frac{1}{2}\sqrt{2}$ | $-\frac{1}{2}\sqrt{3}$ | $-1$ |

Lösungen nach Tabelle:           $x_1 = \frac{\pi}{6}; \ x_2 = \frac{5}{6}\pi$

Nicht immer liegt eine Tabelle mit allen Werten von 0 bis $\pi$ vor.

Eine Möglichkeit ist die Bestimmung der
**weiteren Lösungen** mithilfe der Sinuskurve.
Man **zeichnet** die **Sinuskurve
(y = sin(x)) und eine Parallele zur
x-Achse** und bestimmt die **Schnittstellen.**

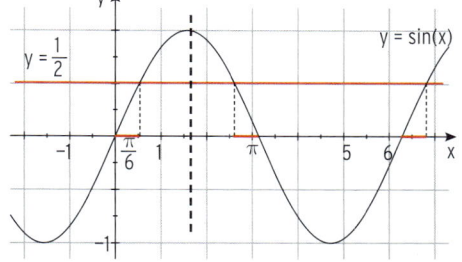

Die Kurve mit der Gleichung $y = \sin(x)$ ist
**symmetrisch zur Geraden** mit der
Gleichung $x = \frac{\pi}{2}$.

Zweite Lösung:           $x_2 = \pi - \frac{\pi}{6} = \frac{5}{6}\pi$

Weitere Lösungen erhält man durch **Addition** von Vielfachen der **Periode** $p = 2\pi$:
Keine weiteren Lösungen, da           $x_3 = 2\pi + \frac{\pi}{6} > 2\pi$

Lösungen zwischen 0 und $2\pi$:           $x_1 = \frac{\pi}{6}; \ x_2 = \frac{5}{6}\pi$

**Bemerkung:** Die rot gekennzeichneten Strecken auf der x-Achse sind gleich lang,
nämlich $\frac{\pi}{6}$.

## Beispiel

➲ Bestimmen Sie die exakten Lösungen der Gleichung im gegebenen Intervall.

a) $\sin(x) = 1$; $[-1{,}5; 10]$

b) $\sin(\pi x) = -\frac{1}{2}\sqrt{3}$; $[-1; 3]$

## Lösung

a) Zu lösende Gleichung: $\sin(x) = 1$

Aus der Tabelle: $x_1 = \frac{\pi}{2}$

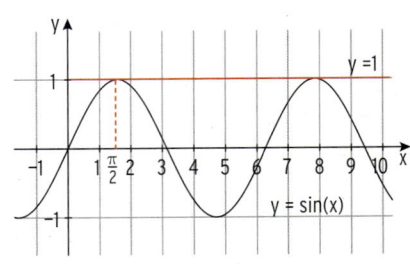

Aus der Zeichnung mit K: $y = \sin(x)$ ist zu erkennen, dass $x_1$ die einzige Lösung auf einer Periode ($p = 2\pi$) ist, also gilt:

$x_2 = \frac{\pi}{2} + 2\pi = \frac{5}{2}\pi$; $x_3 = \frac{\pi}{2} - 2\pi = -\frac{3}{2}\pi$

$x_4 = \frac{\pi}{2} + 4\pi$; $x_5 = \frac{\pi}{2} - 4\pi$; ...

Lösungen auf $[-1{,}5; 10]$: $x_1 = \frac{\pi}{2}$; $x_2 = \frac{5}{2}\pi$

b) Der WTR liefert eine exakte Lösung von $\sin(z) = -\frac{1}{2}\sqrt{3}$: $z_1 = -\frac{\pi}{3}$

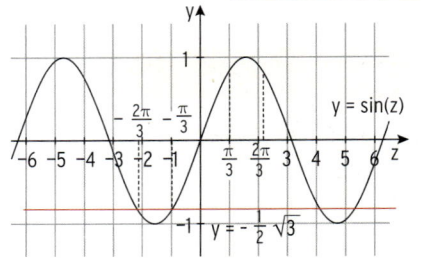

Aus der **Zeichnung** mit K: $y = \sin(z)$

liest man ab: $z_2 = -\frac{2\pi}{3}$

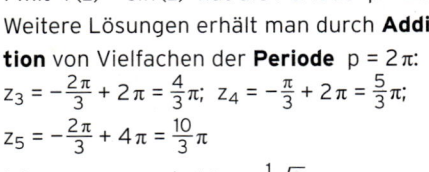

f mit $f(z) = \sin(z)$ hat die Periode $p = 2\pi$. Weitere Lösungen erhält man durch **Addition** von Vielfachen der **Periode** $p = 2\pi$:

$z_3 = -\frac{2\pi}{3} + 2\pi = \frac{4}{3}\pi$; $z_4 = -\frac{\pi}{3} + 2\pi = \frac{5}{3}\pi$;

$z_5 = -\frac{2\pi}{3} + 4\pi = \frac{10}{3}\pi$

Lösungen von $\sin(z) = -\frac{1}{2}\sqrt{3}$:

$z = -\frac{\pi}{3}$; $-\frac{2\pi}{3}$; $\frac{4}{3}\pi$; $\frac{5}{3}\pi$; $\frac{10}{3}\pi$

mit $z = \pi x$:

$\pi x = -\frac{\pi}{3}$; $-\frac{2\pi}{3}$; $\frac{4}{3}\pi$; $\frac{5}{3}\pi$; $\frac{10}{3}\pi$  $|:\pi$

Auflösen nach x:

$x = -\frac{1}{3}$; $-\frac{2}{3}$; $\frac{4}{3}$; $\frac{5}{3}$ $\left(\frac{10}{3} > 3\right)$

Lösungen auf $[-1; 3]$:

$x_1 = -\frac{1}{3}$; $x_2 = -\frac{2}{3}$; $x_3 = \frac{4}{3}$; $x_4 = \frac{5}{3}$

**Alternative:** Bekannt sind

$z_1 = -\frac{\pi}{3}$; $z_2 = -\frac{2\pi}{3}$

Mit $z = \pi x$:

$\pi x = -\frac{\pi}{3}$; $-\frac{2\pi}{3}$  $|:\pi$

Auflösen nach x:

$x = -\frac{1}{3}$; $-\frac{2}{3}$

Weitere Lösungen erhält man durch **Addition** von Vielfachen der **Periode** $p = \frac{2\pi}{\pi} = 2$:

(f mit $f(x) = \sin(\pi x)$ hat die Periode $p = 2$)

$x = -\frac{1}{3} + 2 = \frac{5}{3}$; $-\frac{2}{3} + 2 = \frac{4}{3}$; $-\frac{2}{3} + 4 = \frac{10}{3} > 3$

Lösungen auf $[-1; 3]$:

$x_1 = -\frac{1}{3}$; $x_2 = -\frac{2}{3}$; $x_3 = \frac{4}{3}$; $x_4 = \frac{5}{3}$

## Beispiel

⮕ Bestimmen Sie die Lösungen von $\sin(x + 1) = 0{,}4$ im Intervall $[0; 2\pi]$.

### Lösung

Der WTR bestimmt eine Lösung von
$\sin(z) = 0{,}4$:

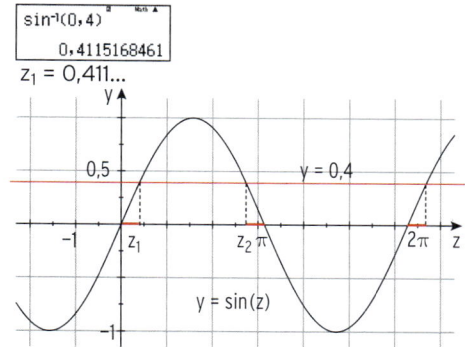

$\sin^{-1}(0{,}4)$
0,4115168461
$z_1 = 0{,}411\ldots$

Aus der **Zeichnung** mit K: $y = \sin(z)$
liest man ab: Die Sinuskurve ist
symmetrisch zur Parallelen zur y-Achse
mit $z = \frac{\pi}{2}$ d.h., für eine Lösung gilt:

$z_2 = \pi - 0{,}41 = 2{,}73$

Weitere Lösungen durch Addition von Vielfachen von $p = 2\pi$:

| | |
|---|---|
| $\sin(z) = 0{,}4$ | $z = 0{,}41; \ 2{,}73; \ 6{,}59; \ 9{,}01; \ \ldots$ |
| mit $z = x + 1$: | $x + 1 = 0{,}41; \ 2{,}73; \ 6{,}59; \ 9{,}01; \ \ldots \qquad |-1$ |
| Auflösen nach x: | $x = -0{,}59; \ 1{,}73; \ 5{,}59; \ 8{,}01; \ \ldots$ |
| Lösungen auf $[0; 2\pi]$: | $x_1 = 1{,}73; \ x_2 = 5{,}59$ |

## Aufgaben

**1** Bestimmen Sie alle Lösungen exakt, die im Intervall $[0; 2\pi]$ liegen.

a) $\sin(x) = 0$      b) $\sin(x) = 0{,}5\sqrt{2}$      c) $\sin(x) = -0{,}5$

d) $-4\sin\left(\frac{\pi}{4}x\right) = 4$      e) $\sin(x + 1) = 1$      f) $\sin\left(\frac{\pi}{2}x\right) = \frac{1}{2}\sqrt{3}$

**2** Bestimmen Sie alle Lösungen, die im Intervall $[-1; 6{,}5]$ liegen.

a) $3\sin(x) - 2 = 0$      b) $\sin(x) = \frac{1}{3}$      c) $-5\sin(2x) = 3$

**3** Berechnen Sie x ungerundet so, dass die Gleichung im Intervall $[-4; 4]$ erfüllt ist.

a) $2\sin(2x) = \sin(2x) - 1$      b) $-4\sin(\pi x) + 2\sqrt{3} = 0$      c) $\sqrt{3}\sin(x) - \sqrt{3} = 0$

d) $2\sin\left(\frac{x}{2}\right) + \sqrt{2} = 0$      e) $2\sin\left(\frac{2}{3}x\right) = 3\sin\left(\frac{2}{3}x\right)$      f) $1 - 2\sin(x - 1) = 0$

**4** Welche Gleichung hat eine Lösung, welche nicht? Begründen Sie Ihre Antwort.

a) $\sin(2x + 1) - 3 = 0$      b) $4\sin(x) - 3 = 0$      c) $\sin(2x) = 3 + \sin(x)$

**5** Für welchen Wert von a ist $x = \frac{\pi}{6}$ Lösung der Gleichung $a \cdot \sin(x) - 2 = 0$?
Berechnen Sie für diesen Wert von a alle Lösungen für $0 < x < 7$.

**6** Bestimmen Sie alle Lösungen von $\sin(3x) = 0$ für $x \in \mathbb{R}$.

## Gleichungen der Form cos (z) = u

### Beispiel

➲ Bestimmen Sie alle exakten Lösungen von $4\cos(x) - 2 = 0$ auf dem Intervall $[0; 2\pi]$.

### Lösung

**Umformung:**

Aus der Tabelle:

$$4\cos(x) - 2 = 0 \Rightarrow \cos(x) = \tfrac{1}{2}$$
$$x_1 = \tfrac{\pi}{3}$$

| $x$ | $0$ | $\frac{\pi}{6}$ | $\frac{\pi}{4}$ | $\frac{\pi}{3}$ | $\frac{\pi}{2}$ | $\frac{2\pi}{3}$ | $\frac{3\pi}{4}$ | $\frac{5\pi}{6}$ | $\pi$ |
|---|---|---|---|---|---|---|---|---|---|
| $\sin(x)$ | $0$ | $\frac{1}{2}$ | $\frac{1}{2}\sqrt{2}$ | $\frac{1}{2}\sqrt{3}$ | $1$ | $\frac{1}{2}\sqrt{3}$ | $\frac{1}{2}\sqrt{2}$ | $\frac{1}{2}$ | $0$ |
| $\cos(x)$ | $1$ | $\frac{1}{2}\sqrt{3}$ | $\frac{1}{2}\sqrt{2}$ | $\frac{1}{2}$ | $0$ | $-\frac{1}{2}$ | $-\frac{1}{2}\sqrt{2}$ | $-\frac{1}{2}\sqrt{3}$ | $-1$ |

Die Kosinuskurve ist symmetrisch zur y-Achse und zur Geraden mit $x = \pi$ und hat die Periode $p = 2\pi$.

Weitere Lösung mithilfe der Kosinuskurve:

$$x_2 = 2\pi - \tfrac{\pi}{3} = \tfrac{5}{3}\pi$$

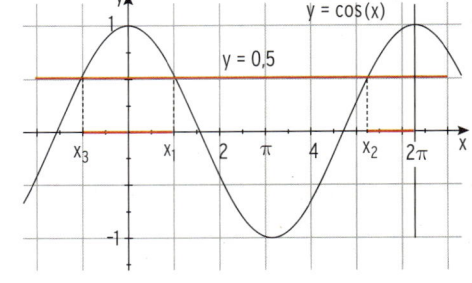

Lösungen zwischen 0 und $2\pi$:

$$x_1 = \tfrac{\pi}{3}; \ x_2 = \tfrac{5}{3}\pi$$

**Alternative:**

Die Kosinuskurve ist **symmetrisch zur y-Achse.**

Weitere Lösung:

$$x_3 = -\tfrac{\pi}{3}$$

Nun sind **zwei aufeinanderfolgende Lösungen** bekannt: $x_1 = \tfrac{\pi}{3}; \ x_3 = -\tfrac{\pi}{3}$

Weitere Lösungen erhält man nun durch **Addition von Vielfachen einer Periode** $p = 2\pi$.

$$x_2 = -\tfrac{\pi}{3} + 2\pi = \tfrac{5}{3}\pi$$
$$x_4 = \tfrac{\pi}{3} + 2\pi = \tfrac{7}{3}\pi > 2\pi$$

Lösungen zwischen 0 und $2\pi$:
$$x_1 = \tfrac{\pi}{3}; \ x_2 = \tfrac{5}{3}\pi$$

### Beachten Sie

Ist $x_1 \in [0; 2\pi]$ eine Lösung der Gleichung $\cos(x) = u$, gilt:
$x_2 = 2\pi - x_1$ und $x_3 = -x_1$.

Weitere Lösungen erhält man nun durch **Addition von Vielfachen der Periode** $p = 2\pi$.

⋯⋯

### Beispiel

➲ Bestimmen Sie alle exakten Lösungen der Gleichung

$\cos\left(\frac{3}{4}x\right) = -\frac{1}{2}\sqrt{2}$ im Intervall $[-1; 7]$.

### Lösung

Die **Tabelle** liefert eine Lösung von $\cos(z) = -\frac{1}{2}\sqrt{2}$: $z_1 = \frac{3}{4}\pi$

Die Kosinuskurve ($f$ mit $f(z) = \cos(z)$) ist **symmetrisch zur y-Achse,** also $z_2 = -\frac{3}{4}\pi$

**Zwei aufeinanderfolgende Lösungen** von $\cos(z) = -\frac{1}{2}\sqrt{2}$: $z_1 = \frac{3}{4}\pi$; $z_2 = -\frac{3}{4}\pi$

Weitere Lösungen erhält man nun durch **Addition von Vielfachen einer Periode** $p = 2\pi$.

($f$ mit $f(z) = \cos(z)$ hat die Periode $p = 2\pi$)

$z_3 = -\frac{3}{4}\pi + 2\pi = \frac{5}{4}\pi$

$z_4 = \frac{3}{4}\pi + 2\pi = \frac{11}{4}\pi$

Lösungen von $\cos(z) = -\frac{1}{2}\sqrt{2}$:　　$z = -\frac{3}{4}\pi; \frac{3}{4}\pi; \frac{5}{4}\pi; \frac{11}{4}\pi; \ldots$

Mit $z = \frac{3}{4}x$:　　$\frac{3}{4}x = -\frac{3}{4}\pi; \frac{3}{4}\pi; \frac{5}{4}\pi; \frac{11}{4}\pi; \ldots \mid \cdot \frac{4}{3}$

Auflösen nach x:　　$x = -\pi; \pi; \frac{5}{3}\pi; \frac{11}{3}\pi; \ldots$

Lösungen von $\cos\left(\frac{3}{4}x\right) = -\frac{1}{2}\sqrt{2}$ auf $[-1; 7]$:　　$x_1 = \pi$; $x_2 = \frac{5}{3}\pi$

⋯⋯

### Beispiel

➲ Bestimmen Sie alle Lösungen der Gleichung $\cos\left(\frac{\pi}{3}x\right) = -0{,}7$ im Intervall $[0; 2\pi]$.

### Lösung

Der WTR liefert eine Lösung für $\cos(z) = -0{,}7$: $z_1 = 2{,}346\ldots$

Die Kosinuskurve ist **symmetrisch zur y-Achse,** also $z_2 = -2{,}346\ldots$

$$\boxed{\begin{array}{l}\cos^{-1}(-0{,}7) \\ \phantom{xxxxx}2{,}346193823\end{array}}$$

Weitere Lösungen erhält man nun durch **Addition von Vielfachen einer Periode** $p = 2\pi$.

$z_3 = -2{,}346 + 2\pi = 3{,}937$　　　　$z_4 = 2{,}346 + 2\pi = 8{,}629$

Mit $z = \frac{\pi}{3}x$ folgt $x = \frac{3z}{\pi}$ und damit

$x_1 = \frac{2{,}346 \cdot 3}{\pi} = 2{,}240$; $x_2 = -2{,}240$;

$x_3 = 3{,}760$; $x_4 = 8{,}240$

Lösungen im Intervall $[0; 2\pi]$:　　$x_1 = 2{,}240$; $x_3 = 3{,}760$

---

## Aufgaben

**1** Bestimmen Sie die exakten Lösungen, die im Intervall $[-\pi; 2\pi]$ liegen.

**a)** $\cos(x) = 0$ 　　　　**b)** $\cos(x) = 0{,}5$ 　　　　**c)** $\cos(2x) = \frac{\sqrt{2}}{2}$

**2** Bestimmen Sie alle Lösungen x, die im Intervall $[0; 6{,}5]$ liegen.

**a)** $1 + 2\cos(x) = 0$ 　　　**b)** $3 - 3\cos(x) = 0$ 　　　**c)** $4\cos(x) = -1$

**3** Bestimmen Sie x ungerundet so, dass die Gleichung im Intervall $[-4; 4]$ erfüllt ist.

**a)** $\frac{3}{4} - \frac{3}{2}\cos(2x) = 0$ 　　**b)** $4\cos(\pi x) + 2\sqrt{2} = 0$ 　　**c)** $2 + 2\cos(x + 1) = 0$

**d)** $2\cos(2x + 1) = \sqrt{3}$ 　　**e)** $3\cos\left(\frac{x}{3}\right) = 4\cos\left(\frac{x}{3}\right)$ 　　**f)** $4\cos(x) + 2\sqrt{3} = 0$

13 Bohner, Ihlenburg, Ott, Deusch - ISBN 978-3-8120-0206-6

## 4.4.2 Berechnung von Schnittstellen

### Beispiel

➲ Gegeben ist die Funktion f mit $f(x) = 1{,}5\sin(3x)$; $x \in [-0{,}5; \pi]$.
Zeigen Sie: Je zwei aufeinanderfolgende Nullstellen haben einen Abstand von $\frac{\pi}{3}$.

### Lösung

Bedingung für die **Nullstellen**: $f(x) = 0$

$1{,}5\sin(3x) = 0 \Rightarrow \sin(3x) = 0$

$3x = 0; \pm\pi; \pm2\pi; \pm3\pi; \dots \quad |:3$

$x = 0; \pm\frac{\pi}{3}; \pm\frac{2}{3}\pi; \pm\pi; \dots$

**Nullstellen von f auf D:**

$x_1 = 0$; $x_2 = \frac{\pi}{3}$; $x_3 = \frac{2}{3}\pi$; $x_4 = \pi$

Je zwei aufeinanderfolgende Nullstellen haben einen Abstand von $\frac{\pi}{3}$.

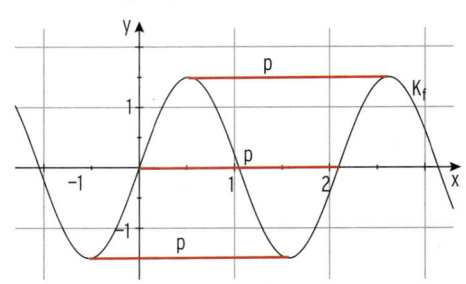

**Bemerkung:** $\sin(z) = 0$ für

$z = 0; \pm\pi; \pm2\pi; \dots$

Aus $z = 3x$ folgt $x = \frac{z}{3}$ und durch Einsetzen:

$x = 0; \pm\frac{\pi}{3}; \pm\frac{2}{3}\pi; \dots$

Nullstellen von f mit $f(x) = 1{,}5\sin(3x)$; $x \in \mathbb{R}$

$x_k = \frac{k}{3}\pi$; $k \in \mathbb{Z}$

### Beispiel

➲ Gegeben ist die Funktion f mit $f(x) = 3\cos\left(\frac{\pi}{4}x\right)$; $x \in \mathbb{R}$.
Bestimmen Sie die exakte Periode und damit die Nullstellen von f.

### Lösung

f hat die Periode $p = \frac{2\pi}{\frac{\pi}{4}} = 8$.

Wegen der Symmetrie von $K_f$:

$f(x) = 3\cos\left(\frac{\pi}{4}x\right)$

zur Geraden mit $x = 4$

(4 ist die halbe Periode, siehe Abb.),

hat f die Nullstellen $x_1 = 2$ und $x_2 = 6$.

Weitere Nullstellen: $x_3 = 2 + 8 = 10$;

$x_4 = 6 + 8 = 14$; $x_5 = 10 + 8 = 18$; $\dots$

Alle Nullstellen von f auf $\mathbb{R}$: $x_k = 4k - 2$; $k \in \mathbb{Z}$

**Hinweis:** $K_f$ ist nicht in y-Richtung verschoben.

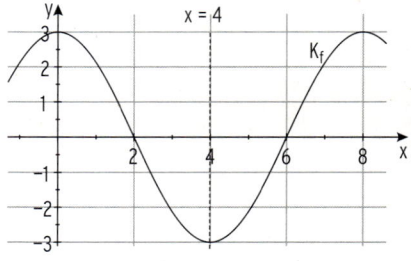

**Bemerkung:** $\cos(z) = 0$ für $z = \pm\frac{\pi}{2}; \pm\frac{3}{2}\pi; \pm\frac{5\pi}{2}$

Aus $z = \frac{\pi}{4}x$ folgt $x = \frac{4z}{\pi}$ und durch Einsetzen: $x = \pm2; \pm6; \pm10; \dots$

Nullstellen von f mit $f(x) = 3\cos\frac{\pi}{4}x$; $x \in \mathbb{R}$: $x_k = 4k - 2$; $k \in \mathbb{Z}$

## Beispiel

⮕ Gegeben ist die Funktion f mit $f(x) = \sin(2x) + 1$; $x \in \mathbb{R}$.
Skizzieren Sie ihr Schaubild $K_f$.
Es gibt unendlich viele Stellen, an denen die Funktionswerte von f null sind.
Bestimmen Sie diejenige exakt, die am nächsten bei null liegt.
Erläutern Sie, wie sich die anderen Stellen aus dieser berechnen lassen.
Die Nullstellen sind Berührstellen. Erläutern Sie diese Behauptung.

### Lösung

**Nullstellen von f**

Bedingung: $f(x) = 0$

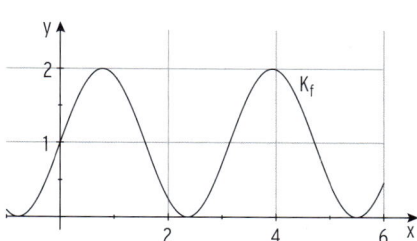

$$\sin(2x) = -1$$
$$2x = -\frac{\pi}{2};\ \frac{3}{2}\pi;\ ... \quad |:2$$
$$x = -\frac{\pi}{4};\ \frac{3}{4}\pi;\ ...$$

Nullstellen von f: $\quad x_1 = -\frac{\pi}{4};\ x_2 = \frac{3}{4}\pi$

**Exakte Nullstelle, die am nächsten bei null liegt:** $x = -\frac{\pi}{4}$

Die weiteren Nullstellen erhält man durch Addition oder Subtraktion einer Periode.

Für die Periode von f gilt: $\qquad\qquad p = \frac{2\pi}{2} = \pi$

**Nullstellen auf $\mathbb{R}$:** $\qquad\qquad x = -\frac{\pi}{4} + k\pi;\ k \in \mathbb{Z}$

($k\pi$: Vielfache von $\pi$; dabei ist k eine ganze Zahl, also ..., −1, 0, 1, 2, ...)

Die **Nullstellen von f**: $x = -\frac{\pi}{4} + k\pi$ sind Berührstellen.

Das Schaubild $K_f$ berührt die x-Achse.

**Begründung:**

Es gilt: $f(x) \geq 0$ wegen $\qquad\qquad -1 \leq \sin(2x) \leq 1$:
$$0 \leq \sin(2x) + 1 \leq 2$$

$K_f$ hat gemeinsame Punkte mit der x-Achse.

Es gibt aber keinen Vorzeichenwechsel von $f(x)$.

## Beachten Sie

Es gilt: $\sin\left(-\frac{\pi}{2}\right) = -1$; $\sin\left(\frac{3}{2}\pi\right) = -1$; $\sin\left(\frac{7}{2}\pi\right) = -1$

Allgemein gilt: $\sin(z) = -1$ für $z = -\frac{\pi}{2};\ \frac{3}{2}\pi;\ ...$

(Abstand benachbarter Lösungen: $2\pi$)

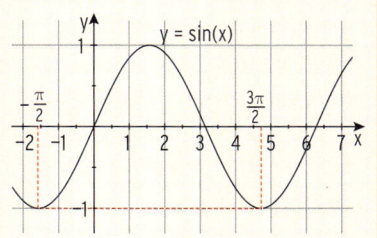

### Beispiel

➲ Die Graphen der Funktionen f und g mit $f(x) = 2\sin(x) - \sqrt{3}$ und $g(x) = 4\sin(x) - \sqrt{3}$ schneiden sich für $x \in [-1,5; 7]$ in drei Punkten. Bestimmen Sie diese Punkte.

### Lösung

**Gleichsetzen:** $f(x) = g(x)$

$2\sin(x) - \sqrt{3} = 4\sin(x) - \sqrt{3} \Leftrightarrow \sin(x) = 0$

Schnittstellen: $x_1 = 0$; $x_2 = \pi$; $x_3 = 2\pi$

**Schnittpunkte:**

$S_1(0 \mid -\sqrt{3})$; $S_2(\pi \mid -\sqrt{3})$; $S_3(2\pi \mid -\sqrt{3})$

Die Schnittpunkte liegen auf einer **Parallelen zur x-Achse** mit der Gleichung $y = -\sqrt{3}$.

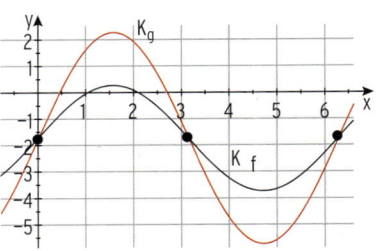

### Beispiel

➲ Gegeben ist die Funktion f mit $f(x) = 2\cos(x - a)$; $x \in \mathbb{R}$, $a > 0$.
Skizzieren Sie ihr Schaubild K für $a = 2$. Bestimmen Sie die Nullstellen von f in Abhängigkeit von a. Bestimmen Sie einen Wert von a, sodass $x = 0$ Nullstelle von f ist. Geben Sie den Wertebereich von f für dieses a an.

### Lösung

Schaubild von f für $a = 2$:

Nullstellen von f : $f(x) = 0$   $\cos(x - a) = 0$

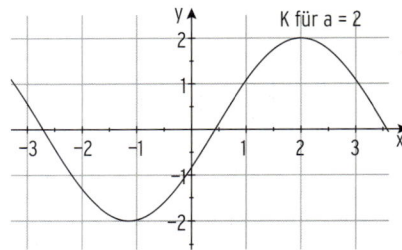

$$x - a = \pm\frac{\pi}{2}; \pm\frac{3}{2}\pi; \ldots \; | + a$$

Nullstellen von f: $\qquad x = \pm\frac{\pi}{2} + a; \pm\frac{3}{2}\pi + a; \ldots$

Nullstellen auf $\mathbb{R}$: $\qquad x = \frac{\pi}{2} + k\pi + a; \; k \in \mathbb{Z}$

Alternative: Nullstellen durch zeichnerische Überlegungen

Die Kosinuskurve $(G: y = \cos(x))$ schneidet die x-Achse in $x = \pm\frac{\pi}{2}; \pm\frac{3}{2}\pi; \ldots$

Alle Schnittstellen von G mit der x-Achse: $\qquad x = \frac{1}{2}\pi + k\pi$

K entsteht aus G durch Verschiebung um a nach rechts.

Daraus ergeben sich die Nullstellen von f: $\qquad x = \frac{1}{2}\pi + k\pi + a$

**Punktprobe mit O(0|0) ergibt:** $\qquad\qquad f(0) = 2\cos(-a) = 0$

$$-a = \frac{\pi}{2} \Leftrightarrow a = -\frac{\pi}{2}$$

Für $a = -\frac{\pi}{2}$ verläuft K durch den Ursprung.

**Wertebereich**

Es gilt: $-1 \le \cos\left(x + \frac{\pi}{2}\right) \le 1 \qquad | \cdot 2 \qquad\qquad -2 \le 2\cos\left(x + \frac{\pi}{2}\right) \le 2$

Wertebereich: $\qquad\qquad\qquad\qquad\qquad\qquad\qquad W = [-2; 2]$

## Aufgaben

**1** Bestimmen Sie die exakten Nullstellen der Funktion f auf $D = [-4; 6,5]$.

a) $f(x) = 2\cos(x) - \sqrt{3}$      b) $f(x) = \sqrt{2}\cos(x) - 1$      c) $f(x) = -2\cos(x) + 1$

d) $f(x) = 4\sin(x) + 2$      e) $f(x) = 2\sin(x) + \sqrt{2}$      f) $f(x) = 1 - 2\sin\left(x + \frac{\pi}{6}\right)$

**2** Beschreiben Sie die Eigenschaften der Funktion f und ihres Schaubildes (Periode, Amplitude, Wertebereich, Symmetrie). Skizzieren Sie das Schaubild von f.
Berechnen Sie zwei Nullstellen von f ohne Verwendung eines Hilfsmittels.

a) $f(x) = \frac{1}{2}\sin\left(\frac{\pi}{4}x\right)$      b) $f(x) = 2 - 2\cos\left(\frac{3}{2}x\right)$      c) $f(x) = -3\sin\left(\frac{2}{3}x - 1\right)$

**3** Gegeben ist die Funktion f mit $f(x) = 0,5\sin(x) + 0,25$; $x \in [-1; 2\pi]$.

a) Berechnen Sie zwei aufeinanderfolgende Nullstellen ungerundet.

b) Das Schaubild von f schneidet die Parallele zur x-Achse durch $(0|0,5)$ in zwei Punkten. Bestimmen Sie die exakten Koordinaten.

**4** K ist das Schaubild der Funktion f mit $f(x) = \cos(2x) + 1$; $x \in [-2; 5]$.

a) Zeigen Sie, dass f in $x = \frac{\pi}{2}$ eine Nullstelle hat.
Bestimmen Sie die weiteren Nullstellen im Definitionsbereich.

b) Der Punkt $P(u|f(u))$ liegt für $0 < u < 1,5$ auf K. Die Parallele zur x-Achse durch P schneidet K in einem weiteren Punkt Q. Für welches u hat das zur y-Achse symmetrische Dreieck OPQ den Inhalt $A = 0,5$?

**5** Gegeben ist die Funktion f mit $f(x) = 3\sin(\pi x - \pi)$; $x \in [-0,5; 2,5]$.
Zeigen Sie: Zwei aufeinanderfolgende Nullstellen haben einen Abstand von 1.

**6** Bestimmen Sie mithilfe der Periode die exakten Nullstellen von f bzw. g im gezeichneten Bereich. Geben Sie einen möglichen Funktionsterm an.

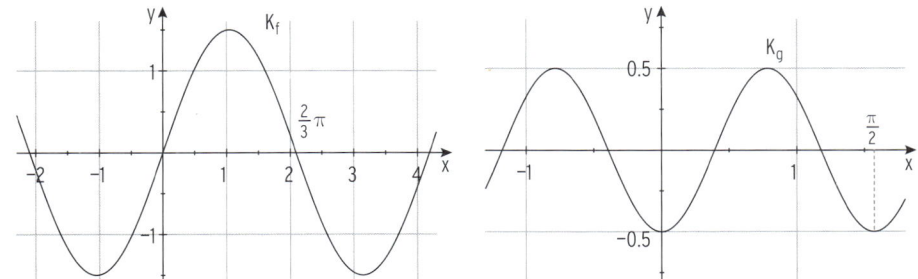

**7** Eine trigonometrische Funktion f hat die Periode $p = 6$. Ihr Graph verläuft durch den Ursprung. Der Wertebereich ist das Intervall $[-5; 5]$.
Bestimmen Sie einen möglichen Funktionsterm und geben Sie zwei Nullstellen von f an.

**8** Eine trigonometrische Funktion f hat die Periode $p = \frac{\pi}{2}$.
Der Wertebereich ist das Intervall $[-1; 7]$.
Bestimmen Sie einen möglichen Funktionsterm.
Wie ändert sich Ihr Funktionsterm, wenn der zugehörige Graph um 2 nach rechts verschoben wird?

**9** Gegeben ist die Funktion f mit $f(x) = 1{,}5 \sin\left(\frac{\pi}{2}x\right)$; $x \in \mathbb{R}$.
**a)** Skizzieren Sie das Schaubild K von f.
**b)** Es gibt unendlich viele Stellen, an denen die Funktionswerte von f null sind.
Bestimmen Sie diejenige exakt, die am nächsten bei null liegt.
**c)** Erläutern Sie, wie sich die anderen Stellen aus dieser berechnen lassen.
Geben Sie den Wertebereich von f an.

**10** Zu jedem der Schaubilder gehört eine der Funktionen f, g und h.
Treffen Sie eine Zuordnung und begründen Sie diese.
Bestimmen Sie a, b, c und d.
$$f(x) = 1 - 1{,}5 \sin(ax); \qquad g(x) = b \sin(2x) + c; \qquad h(x) = 2 \cos\left(\frac{2}{3}x\right) + d$$

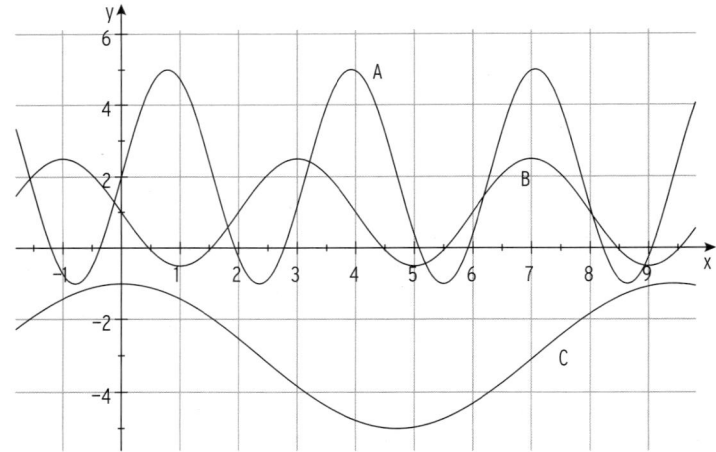

**11** Die Abbildung zeigt einen Ausschnitt aus dem Schaubild einer trigonometrischen Funktion.
Bestimmen Sie die Periode, alle Nullstellen im gezeichneten Bereich und einen möglichen Funktionsterm.

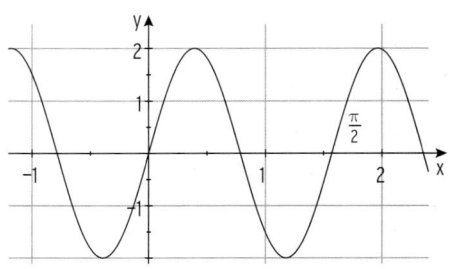

**12** Gegeben ist die Funktion f mit $f(x) = a\cos(x - a)$; $x \in \mathbb{R}$, $a > 0$.
Welche Bedeutung hat der Parameter a für das Schaubild K von f?
Wie entsteht K aus dem Schaubild von g mit $g(x) = \cos(x)$; $x \in \mathbb{R}$?
Bestimmen Sie den Wertebereich von f in Abhängigkeit von a.

**13** Gegeben ist für $t \in \mathbb{R}^*$ eine Funktion f durch $f(x) = t \cdot \cos(2x) + 1$; $x \in \mathbb{R}$.
Welche Schaubilder gehören zu einer Funktion f, welche nicht?
Begründen Sie Ihre Entscheidung und ermitteln Sie gegebenenfalls den zugehörigen
Wert von t.

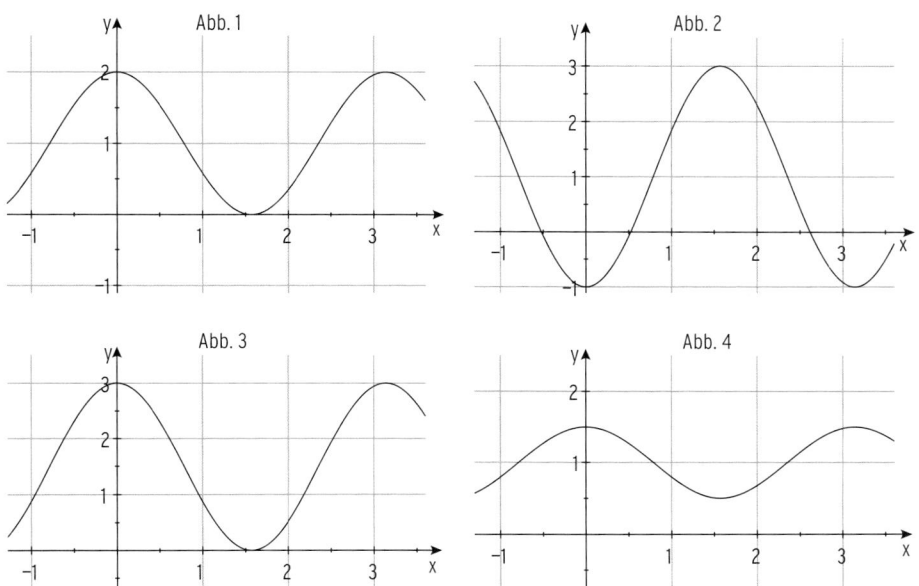

**14** Das Diagramm zeigt den zeitlichen Verlauf des Luftvolumens in der Lunge.
Dabei ist x die Zeit in Sekunden, $f(x)$ das Luftvolumen in Liter.

a) Wie groß ist die minimale Luftmenge in der
Lunge?
b) Wie lange dauert ein vollständiger Atemzug?
c) Bestimmen Sie einen Funktionsterm.
d) Bestimmen Sie drei Zeitpunkte, in denen die
Lunge jeweils die Halfte des maximalen Luftvolumens enthält.

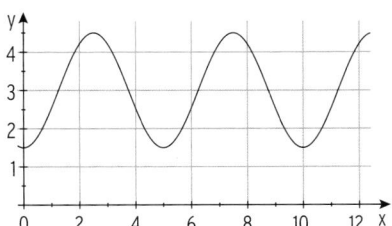

## Was man wissen sollte – über trigonometrische Funktionen

**Definition:** Die Funktion f mit $f(x) = \sin(x)$; $x \in \mathbb{R}$, heißt **Sinusfunktion.**

**Beachten Sie:**

$\sin(0) = 0$

$-1 \leq \sin(x) \leq 1$

Periode $p = 2\pi$

**Nullstellen:**

$\sin(x) = 0 \Leftrightarrow x = k\pi; \; k \in \mathbb{Z}$

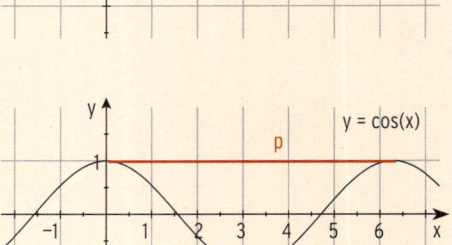

**Definition:** Die Funktion f mit $f(x) = \cos(x)$; $x \in \mathbb{R}$, heißt **Kosinusfunktion.**

**Beachten Sie:**

$\cos(0) = 1$

$-1 \leq \cos(x) \leq 1$

Periode $p = 2\pi$

**Nullstellen:**

$\cos(x) = 0 \Leftrightarrow x = \frac{1}{2}\pi + k\pi; \; k \in \mathbb{Z}$

Das Schaubild einer Funktion f mit

$\mathbf{f(x) = a\sin[b(x-c)] + d}$ bzw.

$\mathbf{f(x) = a\cos[b(x-c)] + d}$

hat die **Amplitude** $|a|$

und die **Periode** $p = \frac{2\pi}{b}$; $b > 0$

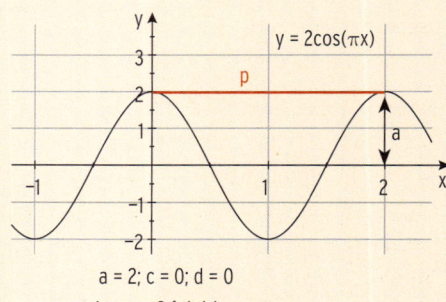

$a = 2$; $c = 0$; $d = 0$

Aus $p = 2$ folgt $b = \pi$.

Es entsteht aus der Sinus- (Kosinus-) kurve durch:

**Streckung in y-Richtung mit Faktor $|a|$**

(Für $a < 0$: zusätzlich eine Spiegelung an der x-Achse)

**Streckung in x-Richtung mit Faktor $\frac{1}{b}$**

**Verschiebung in x-Richtung um c**

**Verschiebung in y-Richtung um d**

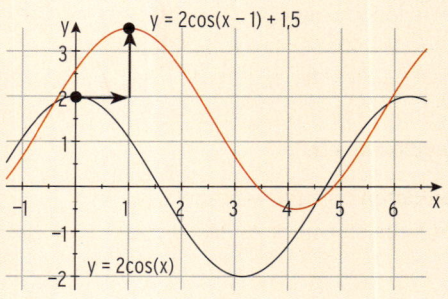

# 4.5 Modellierung und anwendungsorientierte Aufgaben

### Beispiel

⤷ Die Pegelstände der Argen in Wangen während des Hochwassers im Mai 2014 können näherungsweise durch eine trigonometrische Funktion f beschrieben werden. Auf den Höchststand von 2,52 Meter am 24. Mai um 8:00 Uhr folgte der nächste Tiefststand von 1,84 Meter am 25. Mai um 14:00 Uhr. Weitere Regenfälle lassen die Argen auf den neuen Höchststand von 2,53 Meter am 26. Mai um 20.00 Uhr ansteigen.

Skizzieren Sie den Verlauf der Pegelstände im angegebenen Zeitraum.
Ermitteln Sie den Term einer geeigneten Funktion f.
Welchen Pegelstand hatte demnach die Argen in Wangen am 26. Mai um 12:00 Uhr?

### Lösung

Wir setzen: t in Stunden
t = 0 entspricht 8:00 Uhr am 24. Mai

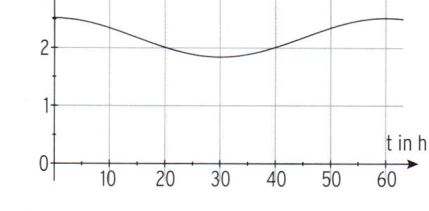

**Ansatz:** $f(t) = a\cos(kt) + b$

Der Zeitraum von 8:00 Uhr (Höchststand) bis 14:00 Uhr am nächsten Tag (Tiefststand), beträgt 30 Stunden. Weitere 30 Stunden später gibt es wieder einen etwa gleichen Höchststand. 30 Stunden entspricht einer halben Periode, also Periode p = 60 (Stunden).

Aus der Periode p folgt:  $p = \frac{2\pi}{k} = 60 \Rightarrow k = \frac{\pi}{30}$

Amplitude:  $a = 0,5(y_{max} - y_{min})$

Einsetzen ergibt:  $a = 0,5(2,52 - 1,84) = 0,34$

Wegen $f(0) = 2,52$ und $\cos(0) = 1$ muss die Kurve mit $y = 0,34\cos\left(\frac{\pi}{30}\cdot t\right)$ um 2,18 nach oben verschoben werden.

**Funktionsterm:**  $f(t) = 0,34\cos\left(\frac{\pi}{30}\cdot t\right) + 2,18$

**Pegelstand** am 26. Mai um 12:00 Uhr:  $f(52) \approx 2,41$

Der Pegelstand am 26. Mai um 12:00 Uhr betrug 2,41 Meter.

## Beispiel

⮕ Ein Fadenpendel der Länge $l = 1,5\,m$ und einer Pendelmasse m wird um den Winkel $\alpha = 3°$ nach rechts aus der Ruhelage ausgelenkt und losgelassen.

a) Bestimmen Sie die Schwingungsamplitude.

b) Bestimmen Sie die Schwingungszeit $T = 2\pi\sqrt{\frac{l}{g}}$.

Stellen Sie einen Term für die Auslenkung s in Abhängigkeit von der Zeit t auf. Dabei schwingt das Pendel in $t = 0$ durch die Ruhelage.

Stellen Sie s für zwei Schwingungen grafisch dar.

## Lösung

a) Die **maximale Amplitude** ergibt sich aus

$$s_{max} = \frac{\pi\alpha}{180°} \cdot l.$$

Einsetzen ergibt:  $s_{max} = \frac{\pi 3°}{180°} \cdot 150$

s in cm:  $s_{max} = 7,85$

Die Schwingungsamplitude beträgt 7,85 cm.

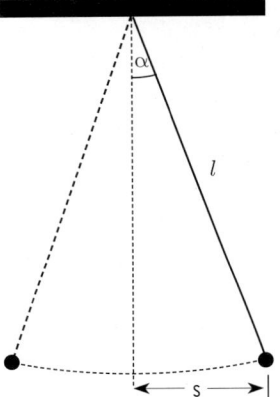

b) Die Schwingungsdauer eines Fadenpendels ist $T = 2\pi\sqrt{\frac{l}{g}}$.

Dabei ist $g = 9,81\,\frac{m}{s^2}$ die Erdbeschleunigung.

Einsetzen ergibt:  $T = 2,46$

Die **Schwingungszeit** beträgt $T = 2,46\,s$.

**Weg-Zeit-Gleichung der Schwingung:**  $s(t) = s_{max} \cdot \sin\left(\frac{2\pi}{T} \cdot t\right)$

Einsetzen ergibt:  $s(t) = 7,85 \sin(2,55\,t)$

Schaubild von s etwa auf [0; 5]:

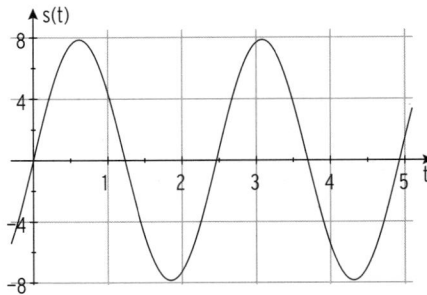

## Aufgaben

**1** Ein Riesenrad mit Durchmesser d macht in der Zeit $t_1$ eine ganze Umdrehung. Die Abb. beschreibt den Zusammenhang zwischen der Höhe der Gondel über Grund in m und der Zeit t in s. Der Boden des Riesenrades liegt ein Meter über Grund. Bestimmen Sie d, $t_1$ und den zugehörigen Funktionsterm.

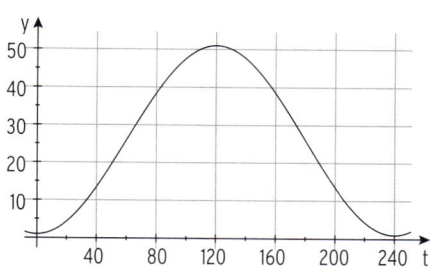

**2** Mit einer Funktion f soll die mittlere Temperatur in °C für alle Tage t eines Jahres ($0 \leq t \leq 360$; 12 Monate zu je 30 Tagen) angegeben werden.
Bestimmen Sie f(t), wenn die Funktion folgende Bedingungen erfüllt:
Die Temperaturschwankungen im Jahresverlauf verhalten sich näherungsweise sinusförmig, die höchste mittlere Temperatur beträgt 19 °C und wird im langjährigen Mittel am 5. Juli erreicht, die niedrigste mittlere Temperatur beträgt −25 °C.
An welchen Tagen liegt die mittlere Temperatur bei 0 °C?

**3** Die Abb. zeigt die monatlichen Verkaufszahlen eines Produktes.
Nennen Sie besondere Punkte und Bereiche des Schaubildes und ihre Bedeutung für das Unternehmen.
Welche Art von Produkt wird verkauft?
Wie könnte die weitere Entwicklung der Verkaufszahlen aussehen?

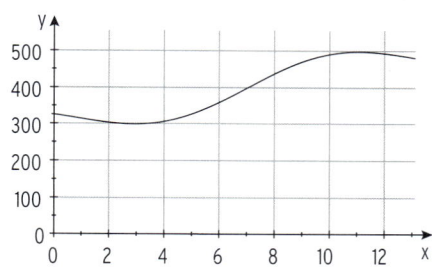

**4** Ein Fadenpendel der Länge $l = 2\,\text{m}$ wird um den Winkel $\alpha = 5°$ nach rechts aus der Ruhelage ausgelenkt und losgelassen.

a) Bestimmen Sie die Schwingungsamplitude.

b) Bestimmen Sie die Schwingungszeit $T = 2\pi\sqrt{\frac{l}{g}}$.

Stellen Sie einen Term für die Auslenkung s in Abhängigkeit von der Zeit t auf.

**5** Die Tabelle zeigt die mittlere Temperatur einiger Monate in einem Ferienort in Ägypten. (Januar entspricht t = 0.) Lässt sich der Temperaturverlauf für ein Jahr durch ein mathematisches Modell beschrieben? Welchen höchsten Temperaturwert liefert das Modell?

| t | 0 | 2 | 3 | 5 | 7 | 8 | 10 |
|------|----|----|----|----|----|----|----|
| f(t) | 21 | 24 | 28 | 34 | 34 | 31 | 24 |

**6** Der Stand der Sonne über dem Horizont zur Sommersonnenwende (21. Juni) am Nordkap ist in einer Tabelle aufgelistet.

Dabei ist x die Uhrzeit eines Tages (MEZ, Sommerzeit), y ist die Höhe über dem Horizont (x-Achse) in Grad.

| Uhrzeit x | 0 | 2 | 4 | 8 | 11 | 12 | 13 | 16 | 20 | 22 | 24 |
|---|---|---|---|---|---|---|---|---|---|---|---|
| Höhe y über dem Horizont in Grad | 5,6 | 11 | 19 | 37 | 41 | 41,3 | 41 | 37 | 19 | 11 | 5,6 |

Diese Höhe soll durch eine Funktion f mit $f(x) = a\cos(kx) + b$ für $x \in [0; 24]$ beschrieben werden.

Bestimmen Sie die Konstanten a, b und k mithilfe der Tabellenwerte.

Erläutern Sie Ihre Vorgehensweise. Wie lange steht die Sonne höher als 28 Grad über dem Horizont?

**7** Ein Skihändler legt der Preisgestaltung für ein Paar Skier folgendes Modell zugrunde:

$f(t) = 50\cos\left(\frac{\pi}{180} \cdot t\right) + 200;\ 1 \le t \le 360.$

Dabei steht t für den einzelnen Tag im laufenden Jahr, $t = 1$ entspricht also dem 1. Januar.

$f(t)$ gibt den Preis für ein Paar Skier in € an.

Es wird davon ausgegangen, dass jeder Monat 30 Tage hat.

Skizzieren Sie den Preisverlauf für ein Paar Skier während eines Jahres.

Berechnen Sie, wann der Preis am niedrigsten ist.

Zwischen welchen Werten schwankt der Preis?

In welchen Monaten liegt der Preis an allen Tagen unter 175 €?

**8**

**a)** Die Monatsmittelwerte der Lufttemperatur in Stuttgart sind in der Tabelle aufgelistet.

| Monat | Jan | Feb | März | April | Mai | Juni | Juli | Aug | Sep | Okt | Nov | Dez |
|---|---|---|---|---|---|---|---|---|---|---|---|---|
| Mittlere Temperatur in °C | −2,1 | −0,9 | 3,3 | 8,0 | 12,5 | 15,8 | 17,5 | 16,6 | 13,4 | 7,9 | 3,0 | −0,7 |

Der Temperaturverlauf soll durch eine Funktion g mit

$g(x) = a \cdot \sin[b(x + c)] + d;\ x \in [0; 12]$

angenähert werden.

$x = 0,5$ entspricht Januar, d.h. $g(0,5) = -2,1$.

Welche Bedeutung haben die Konstanten a und d für den Temperaturverlauf in Stuttgart während eines Jahres?

Bestimmen Sie die Konstanten a, b, c und d.

**b)** Die Lufttemperatur in °C in Freiburg während eines Tages kann näherungsweise beschrieben werden durch die Funktion f mit $f(x) = 9,7 \cdot \sin\left[\frac{\pi}{12}(x - 9,4)\right] + 14,8$ für $x \in [0; 24]$, dabei ist x die Zeit in Stunden nach Mitternacht.

Zwischen welchen Werten schwankt die Tagestemperatur?

## Test zur Überprüfung Ihrer Grundkenntnisse

**1** Lösen Sie folgende Gleichung exakt auf dem gegebenen Bereich

**a)** $\sin(2x) = \frac{1}{2}$; $x \in [0; 5]$     **b)** $\cos(1+x) = -1$; $x \in [0; 10]$   **c)** $4\cos(2x) = 0$; $x \in \mathbb{R}$

**2**

**a)** Bestimmen Sie Amplitude, Periode und Wertebereich von f mit
$f(x) = -4\cos\left(\frac{2}{3}x\right) + 3$; $x \in \mathbb{R}$.
Wie entsteht das Schaubild von f aus der Kosinuskurve?

**b)** Der Graph von g mit $g(x) = a\sin(kx) + b$ hat einen höchsten Punkt $A(1|5)$ und den nachfolgend tiefsten Punkt $B(3|-2)$. Bestimmen Sie a, b und k.

**c)** Die Abbildung zeigt das Schaubild einer trigonometrischen Funktion.
Bestimmen Sie den Funktionsterm.

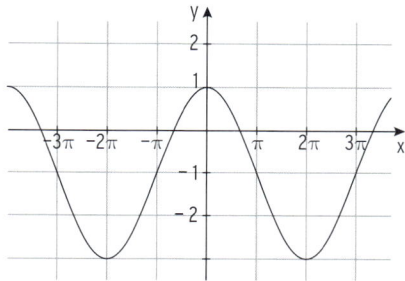

**3** $K_f$ ist das Schaubild der Funktion f mit $f(x) = -2\sin(3x)$; $x \in \mathbb{R}$.
$K_f$ wird um 1 nach rechts verschoben, mit Faktor 4 in y-Richtung gestreckt und danach um 2 nach unten verschoben. Dadurch entsteht $K_g$.
Bestimmen Sie den Wertebereich von g. Begründen Sie Ihre Antwort.

**4** Im Verlauf eines Jahres ändert sich die astronomische Sonnenscheindauer, d.h. die Zeitspanne zwischen Sonnenaufgang und -untergang.
In Stuttgart ist die Sonne am 21. Juni mit ca. 16,5 Stunden am längsten und am 21. Dezember mit ca. 8 Stunden am kürzesten zu sehen.
Die Tageslänge soll in Abhängigkeit von der Zeit t (t in Monaten ab dem 21. März) durch die Funktion f mit $f(t) = a\sin\left(\frac{\pi}{6} \cdot t\right) + d$ beschrieben werden.
Bestimmen Sie a und d.
Welche Tageslängen ergeben sich hieraus am 21. April und am 6. Juli?

# 5 Umkehrfunktionen

## 5.1 Bestimmung einer Umkehrfunktion

### Beispiel

➲ Bei der Temperaturskala nach Fahrenheit liegt der Gefrierpunkt des Wassers bei 32 °F und die Siedetemperatur bei 212 °F.
Die bei uns gebräuchliche Skala nach Celsius legt den Gefrierpunkt des Wassers bei 0 °C und den Siedepunkt bei 100 °C fest.

a) Stellen Sie den Term einer linearen Funktion f auf, der den Zusammenhang von °F und °C ausdrückt (y °F für x °C). Bestimmen Sie $f(30)$.

b) Bestimmen Sie eine Funktionsvorschrift $g(x)$, mit der man umgekehrt °F in °C umrechnen kann.

c) Gibt es einen Zusammenhang zwischen $K_f$ und $K_g$?

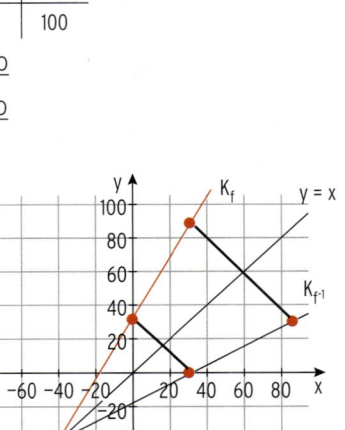

### Lösung

a) Mit dem linearen Ansatz $\quad f(x) = ax + b$

erhält man aus der Wertetabelle

| x in °C | 0 | 100 |
|---|---|---|
| f (x) in °F | 32 | 212 |

die Unbekannten a und b: $\quad a = \frac{9}{5};\ b = 32$

**Funktionsterm:** $\quad f(x) = \frac{9}{5}x + 32$

Einsetzen ergibt: $\quad f(30) = 86$
30 °C entspricht 86 °F.

b) Mit dem linearen Ansatz $\quad g(x) = cx + d$

erhält man aus der Wertetabelle

| x in °F | 32 | 212 |
|---|---|---|
| g (x) in °C | 0 | 100 |

die Unbekannten c und d: $\quad c = \frac{5}{9};\ d = -\frac{160}{9}$

**Funktionsterm:** $\quad g(x) = \frac{5}{9}x - \frac{160}{9}$

**Hinweis:** $g(86) = 30$, d.h., $86\,°F = 30\,°C$

c) $P_1(0\,|\,32)$ und $P_2(30\,|\,86)$ liegen auf $K_f$.
$Q_1(32\,|\,0)$ und $Q_2(86\,|\,30)$ liegen auf $K_g$.
**Vertauschen** der Koordinaten bedeutet **Spiegelung** an der 1. Winkelhalbierenden (s. Abb.).

Spiegelt man $K_f$ an der 1. Winkelhalbierenden, erhält man das Schaubild der Funktion g.
Die Funktion g ist die Umkehrfunktion von f.
Schreibweise: $g(x) = f^{-1}(x)$

# Rechnerische Bestimmung der Umkehrfunktion

### Beispiel

⮐ Gegeben ist die Funktion f mit $f(x) = 0{,}5x + 1$; $x \in \mathbb{R}$.

a) Zeichnen Sie das Schaubild von f und das Schaubild der Umkehrfunktion $f^{-1}$ in ein Koordinatensystem ein.

b) Bestimmen Sie den Term der Umkehrfunktion von f.

c) Für welche x-Werte gilt $f^{-1}(x) \geq f(x)$?

### Lösung

a) Spiegelt man $K_f$ an der 1. Winkelhalbierenden, erhält man $K_{f^{-1}}$.

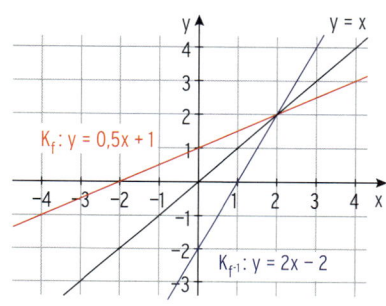

b) Ersetzen von $f(x)$ durch y:      $y = 0{,}5x + 1$

   **1. Schritt: Vertauschen von x und y:**    $x = 0{,}5y + 1$

   **2. Schritt: Auflösen nach y:**        $x - 1 = 0{,}5y$

                                           $y = 2x - 2$

   Funktionsterm der Umkehrfunktion:      $f^{-1}(x) = 2x - 2$

---

### Rechnerische Bestimmung des Terms der Umkehrfunktion in zwei Schritten

**1. Schritt:**   **Ersetzen von f(x) durch y und Vertauschen der Variablen x und y.**

**2. Schritt:**   **Auflösen nach y; Ersetzen von y durch $f^{-1}(x)$.**

---

### Grafische Bestimmung des Schaubildes der Umkehrfunktion

**Grafisch** erhält man das Schaubild der Umkehrfunktion $f^{-1}$ durch **Spiegelung** des Funktionsgraphen von f **an der 1. Winkelhalbierenden**.

---

c) Schnittstelle der Schaubilder von f und $f^{-1}$:      $x = 2$

   Mithilfe dieser Schnittstelle und der Zeichnung erkennt man: $f^{-1}(x) \geq f(x)$ für $x \geq 2$.

### Beispiel

➲ Gegeben ist die Funktion f mit $f(x) = 0{,}4x + 20$; $x \geq 0$.
Bestimmen Sie die Umkehrfunktion $f^{-1}$ mit Definitions- und Wertemenge.

### Lösung

**Definitionsmenge $D_f$ von f:** $\qquad$ $D_f = \{x \mid x \geq 0\}$

**Wertemenge $W_f$ von f**

$f(0) = 20$;  f ist wachsend: $\qquad$ $W_f = \{y \mid y \geq 20\}$

**Bestimmung von $f^{-1}$**

Kurvengleichung: $\qquad$ $y = 0{,}4x + 20$

**1. Schritt: Vertauschen von x und y:** $\qquad$ $x = 0{,}4y + 20$

**2. Schritt: Auflösen nach y:** $\qquad$ $y = 2{,}5(x - 20)$

**Funktionsterm der Umkehrfunktion $f^{-1}$:** $\qquad$ $f^{-1}(x) = 2{,}5x - 50$

Definitionsmenge $D_{f^{-1}}$ von $f^{-1}$:
$D_{f^{-1}} = \{x \mid x \geq 20\}$
Wertemenge $W_{f^{-1}}$ von $f^{-1}$:
$f^{-1}(20) = 0$ und $f^{-1}$ ist wachsend
$W_{f^{-1}} = \{y \mid y \geq 0\}$

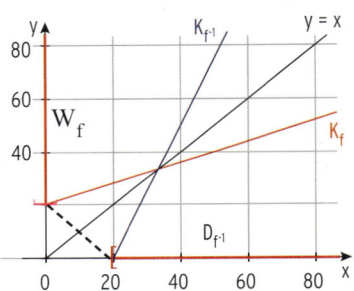

**Beachten Sie:**

$D_f = [0; \infty[ = W_{f^{-1}}$
$W_f = [20; \infty[ = D_{f^{-1}}$

## Aufgaben

**1** Bestimmen Sie die Umkehrfunktion für $x \in \mathbb{R}$.

a)  $f(x) = -3x + 7$ $\qquad$ b)  $f(x) = 0{,}05x - 4$ $\qquad$ c)  $f(x) = 2{,}5(x - 1)$

**2** Gegeben ist die Funktion f mit  $f(x) = 12x + 40$; $x > 0$.
Bestimmen Sie die Umkehrfunktion mit Definitionsmenge und Wertemenge.

**3** Spiegeln Sie die Gerade mit  $y = 2{,}5$  an der
1. Winkelhalbierenden.
Ist die Bildgerade das Schaubild einer Funktion?
Begründen Sie Ihre Entscheidung.

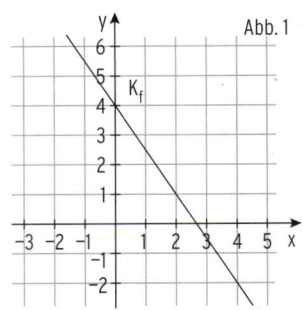

Abb. 1

**4** Die Abb. 1 zeigt das Schaubild von f.
Zeichnen Sie das Schaubild von f und das von $f^{-1}$
in ein Koordinatensystem ein.

# 5.2 Logarithmusfunktion

## Beispiel

➲ $K_f$ ist das Schaubild der Funktion f mit  $f(x) = e^x$; $x \in \mathbb{R}$.
Wie lautet die Umkehrfunktion $f^{-1}$?

## Lösung

Die Spiegelung von $K_f$ an der
1. Winkelhalbierenden ergibt $K_{f^{-1}}$.

Kurvengleichung:          $y = e^x$

**Vertauschen von x und y:**  $x = e^y$

Auflösen nach y:          $x = e^y \Rightarrow y = \ln(x)$

**Funktionsterm der Umkehrfunktion $f^{-1}$**

$f^{-1}(x) = \ln(x)$

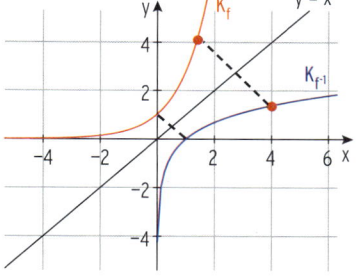

**Hinweis:** $D_f = \mathbb{R}$; $W_f = \mathbb{R}_+^*$          $D_{f^{-1}} = \mathbb{R}_+^*$; $W_{f^{-1}} = \mathbb{R}$

**Bemerkung:** Spiegelt man $K_f$ an der 1. Winkelhalbierenden, erkennt man:
Die Wertemenge von f entspricht der **Definitionsmenge
der Umkehrfunktion $f^{-1}$.**

## Beispiel

➲ K ist das Schaubild der Funktion f mit  $f(x) = \ln(x)$; $x > 0$.
Wie entsteht das Schaubild G von g mit  $g(x) = \ln(x - 3)$  aus K?
Bestimmen Sie den Definitionsbereich und die Nullstelle von g.

## Lösung

G ensteht aus K durch Verschiebung um
3 nach rechts. x wird durch $x - 3$ ersetzt.

Definitionsbereich von f:    $D_f = ]0: \infty[$

Definitionsbereich von g:    $D_g = ]3: \infty[$

Nullstelle von g:          $x = 1 + 3 = 4$

oder mit dem Ansatz:      $g(x) = 0$

                          $\ln(x - 3) = 0$

**Hinweis:** $\ln(1) = 0$      $x - 3 = 1$

                          $x = 4$

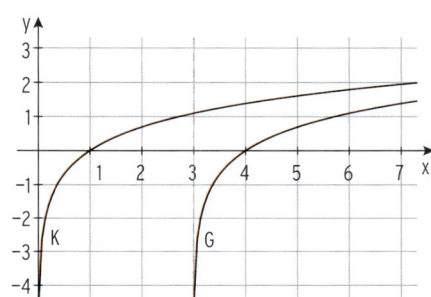

14 Bohner, Ihlenburg, Ott, Deusch - ISBN 978-3-8120-0206-6

## Aufgaben

**1** Zeichnen Sie den Graphen der Logarithmusfunktion f.
Geben Sie den Definitionsbereich von f an.

a) $f(x) = \ln(x) + 2$  b) $f(x) = \ln(x - 2)$  c) $f(x) = 2 \cdot \ln(x)$  d) $f(x) = \ln(-x)$

**2** Bestimmen Sie die Umkehrfunktion von f.

a) $f(x) = e^{5x}$  b) $f(x) = e^{2x} - 3$  c) $f(x) = \frac{1}{3}\ln(x - 1)$

**3** Gegeben ist die Funktion f auf $D = \mathbb{R}$. Ist $h(x)$ der Term der Umkehrfunktion von f?
Wenn ja, geben Sie den Definitionsbereich und den Wertebereich von $f^{-1}$ an.

a) $f(x) = e^{0,5x}$; $h(x) = 2\ln(x)$  b) $f(x) = e^{3x}$; $h(x) = \ln(3x)$

**4** Ordnen Sie jedem Schaubild in der
Abbildung den zugehörigen
Funktionsterm zu.
Begründen Sie Ihre Wahl.
$f_1(x) = \ln(x + 2)$
$f_2(x) = -\ln(x)$
$f_3(x) = 1,5 \cdot \ln(x)$

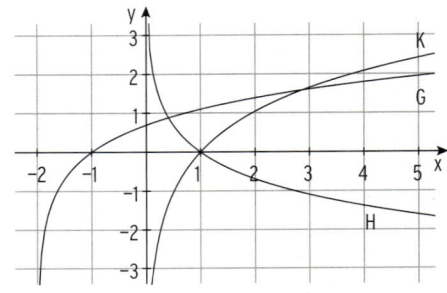

**5** Skizzieren Sie das Schaubild von f und das von $f^{-1}$ in ein Koordinatensystem ein.
Bestimmen Sie $f^{-1}(x)$.
Geben Sie mithilfe der Abbildung den Definitionsbereich von $f^{-1}$ an.

a)

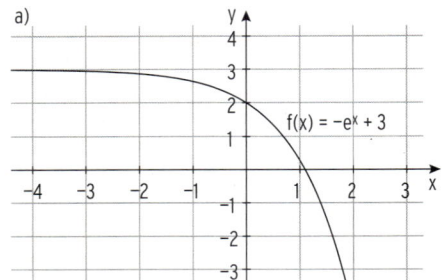

$f(x) = -e^x + 3$

b)

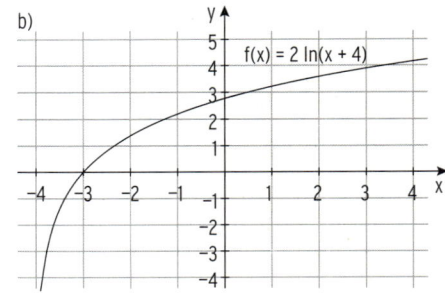

$f(x) = 2\ln(x + 4)$

**6** Welche Gleichung kann mithilfe der
nebenstehenden Abbildung gelöst werden?

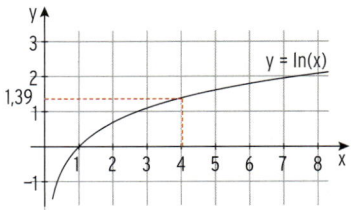

$y = \ln(x)$

# 5.3 Wurzelfunktion

## Spiegelung der Normalparabel an der 1. Winkelhalbierenden

Das Spiegelbild der Normalparabel ist
**nicht mehr** das Schaubild einer Funktion.
Begründung: Einem x-Wert, z.B. $x = 2$,
werden zwei y-Werte zugeordnet.

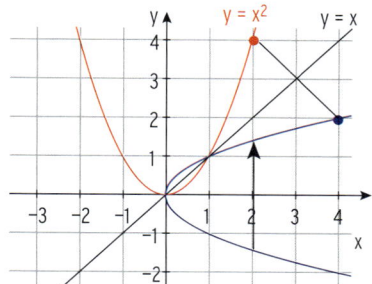

Um eine Umkehrfunktion zu erhalten,
muss man den **Definitionsbereich einschränken,**
z.B. $D_f = \mathbb{R}_+$.

Beim „Umkehren" werden die **Koordinaten** in
den Zahlenpaaren **vertauscht.**

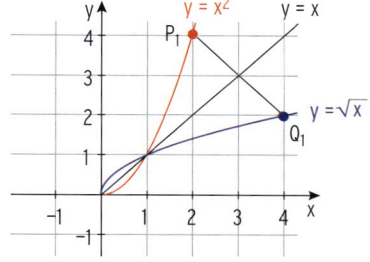

| Kurvenpunkt auf | $K_f$ | auf $K_{f^{-1}}$ |
|---|---|---|
| | $P_0(1\,|\,1)$ | $Q_0(1\,|\,1)$ |
| | $P_1(2\,|\,4)$ | $Q_1(4\,|\,2)$ |
| | $P_2\left(\frac{5}{2}\,\middle|\,\frac{25}{4}\right)$ | $Q_2\left(\frac{25}{4}\,\middle|\,\frac{5}{2}\right)$ |
| | $P(x\,|\,x^2)$ | $Q(x\,|\,\sqrt{x})$ |

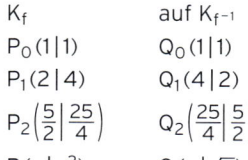

---

**Beachten Sie:**

Die Umkehrfunktion von f mit $f(x) = x^2$; $x \geq 0$ ist die **Wurzelfunktion**
$f^{-1}$ mit $f^{-1}(x) = \sqrt{x}$; $D_{f^{-1}} = \mathbb{R}_+$.

---

Woran erkennt man, ob eine Funktion f eine Umkehrfunktion besitzt?

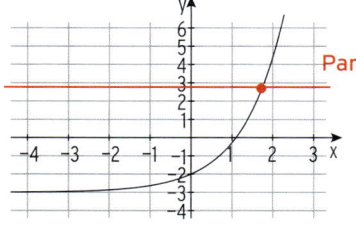

Parallele zur x-Achse

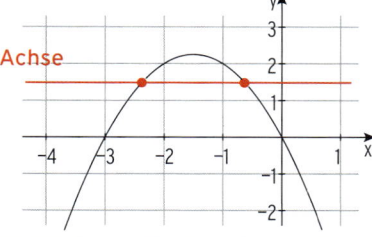

f hat eine **Umkehrfunktion,** wenn
**jede Parallele zur x-Achse**
das Schaubild von f
**höchstens einmal schneidet.**

f besitzt **keine Umkehrfunktion,** wenn es
**eine Parallele zur x-Achse** gibt,
die das Schaubild von f
**mindestens zweimal schneidet.**

## Beispiel

➲ $K_f$ ist das Schaubild der Funktion f mit $f(x) = \sqrt{x}$; $x \geq 0$.
Wie entsteht das Schaubild $K_g$ der Funktion g aus dem Schaubild $K_f$?
Geben Sie den Definitionsbereich und den Wertebereich von g an.
Untersuchen Sie g auf Nullstellen.

a) $g(x) = \sqrt{x} + 2$

b) $g(x) = \sqrt{x + 2}$

## Lösung

a) $K_g$ entsteht aus dem Schaubild $K_f$ durch
Verschiebung von $K_f$ um 2 nach oben.
Definitionsbereich von g: $D_g = \mathbb{R}_+$
Wertebereich von g: $W_g = [2; \infty[$
g hat keine Nullstellen.

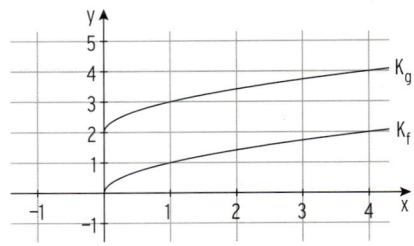

b) $K_g$ entsteht aus dem Schaubild $K_f$ durch
Verschiebung von $K_f$ um 2 nach links.
Definitionsbereich von g: $D_g = [-2; \infty[$
Wertebereich von g: $W_g = \mathbb{R}_+$
Nullstelle von g: $x = -2$

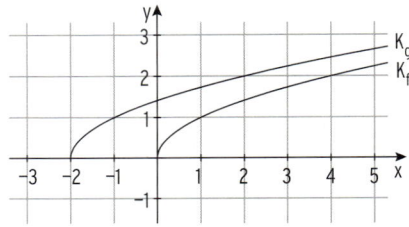

## Wurzelfunktion als Potenzfunktion

Eine Wurzel, z. B. $\sqrt{5}$, kann man als Potenz $5^{\frac{1}{2}}$ schreiben.
Demzufolge kann $f(x) = \sqrt{x}$; $x \geq 0$ auch geschrieben werden als $f(x) = x^{\frac{1}{2}}$.
Dies ist der Term einer Potenzfunktion mit **gebrochener (rationaler) Hochzahl.**
Für f mit $f(x) = \sqrt[3]{x}$; $x \geq 0$ erhält man die Schreibweise $f(x) = x^{\frac{1}{3}}$.

> ### Beachten Sie:
>
> Die **Wurzelfunktion** f mit $f(x) = \sqrt[n]{x}$; $x \geq 0$, $n \in \mathbb{N}^*$ ist
> die **Potenzfunktion** f mit $f(x) = x^{\frac{1}{n}}$; $x \geq 0$, $n \in \mathbb{N}^*$.

### Beispiele

$f(x) = \sqrt[3]{x} = x^{\frac{1}{3}}$; $x \geq 0$

$g(x) = 2\sqrt[4]{x} = 2x^{\frac{1}{4}}$; $x \geq 0$

$h(x) = -2\sqrt[4]{x} = -2x^{\frac{1}{4}}$; $x \geq 0$

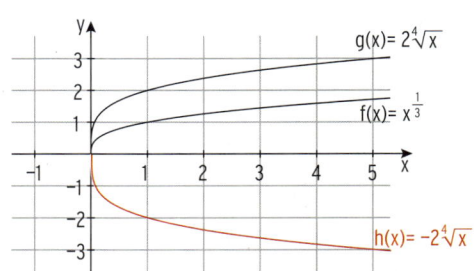

## Aufgaben

**1** Zeichnen Sie das Schaubild der Funktion f in ein Koordinatensystem ein.
Geben Sie den Definitionsbereich von f an.

**a)** $f(x) = \sqrt{x} - 3$     **b)** $f(x) = \sqrt{x - 3}$     **c)** $f(x) = -\sqrt{x}$     **d)** $f(x) = \sqrt{-x}$

**2** Ordnen Sie jeder Kurve einen Funktionsterm zu. Begründen Sie Ihre Wahl.

$f(x) = \sqrt{2x - 1}$     $g(x) = \sqrt{1 - 2x}$     $h(x) = \sqrt{8 - x^2}$     $k(x) = \sqrt{1 + x^2}$

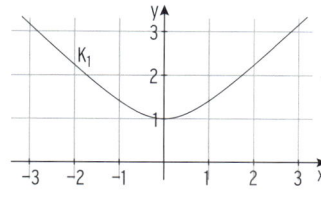
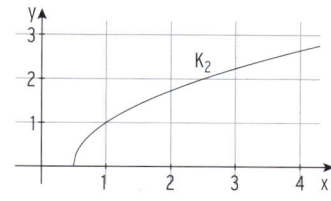
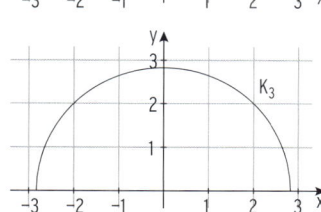
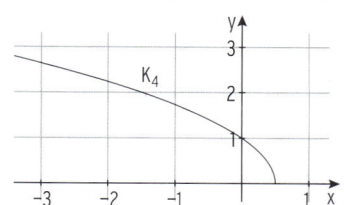

**3** Die Abbildung zeigt das Schaubild einer Funktion f auf ihrem Definitionsbereich.
Welche Funktion hat keine Umkehrfunktion? Begründen Sie Ihre Antwort.

a)
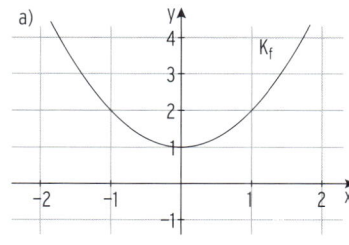

b)
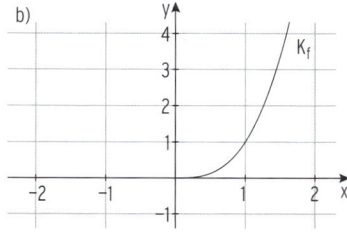

c)
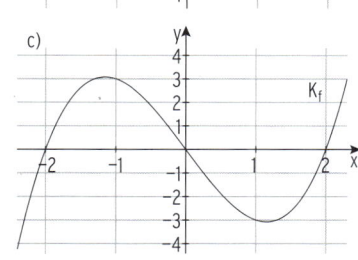

d)
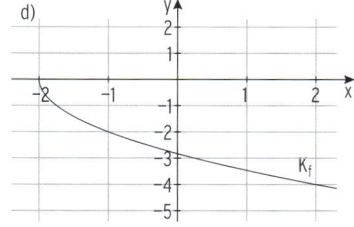

**4** Gegeben ist die Funktion f auf $D_{max}$. Ist $h(x)$ der Term der Umkehrfunktion von f?
Wenn ja, geben Sie den maximalen Definitionsbereich von $f^{-1}$ an.

**a)** $f(x) = \frac{1}{2}x^2 - 2$; $h(x) = \sqrt{2x + 4}$       **b)** $f(x) = (3x)^{\frac{1}{2}}$; $h(x) = 3x^2$

## 5.4 Die Funktion f mit $f(x) = \frac{1}{x}$; $x \neq 0$

### Beispiel

➲ K ist das Schaubild der Funktion f mit $f(x) = \frac{1}{x}$; $x \neq 0$.
Zeichnen Sie K und das Schaubild der Umkehrfunktion von f in ein Koordinatensystem.
Welche Besonderheit können Sie feststellen?

### Lösung

Das Schaubild der Umkehrfunktion von f
erhält man, indem man K an der 1. Winkelhalbierenden
spiegelt. Man stellt fest, dass bei dieser Spiegelung
K auf sich selbst abgebildet wird.

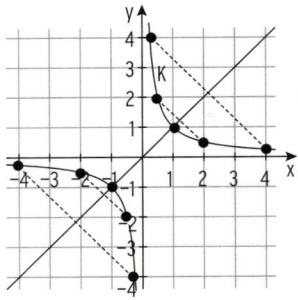

Die Funktion f und ihre Umkehrfunktion $f^{-1}$
sind identisch.   $f(x) = f^{-1}(x)$; $x \neq 0$

**Hinweis:** Schreibweise: $f(x) = \frac{1}{x} = x^{-1}$; $x \neq 0$
f ist eine Potenzfunktion. Ihr Schaubild heißt **Hyperbel.**

---

### Beachten Sie:

Die Funktion f mit $f(x) = \frac{1}{x^n}$; $x \in \mathbb{R}^*$, $n \in \mathbb{N}^*$ ist die
**Potenzfunktion** f mit $f(x) = x^{-n}$; $x \in \mathbb{R}^*$, $n \in \mathbb{N}^*$.
Für $n = 1$ heißt das Schaubild **Hyperbel.**

---

**Die „Vielfalt" der Potenzfunktion f mit $f(x) = x^r$; $x \in D$, $r \in \mathbb{Q}$**

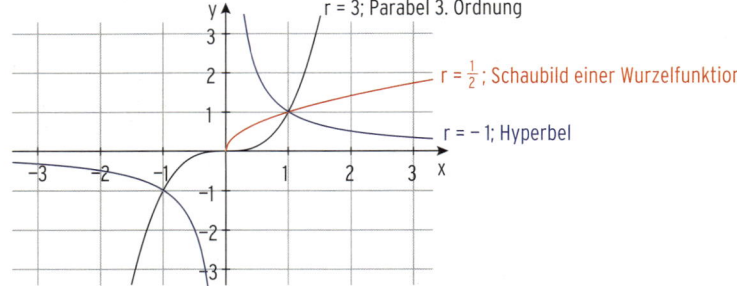

r = 3; Parabel 3. Ordnung

$r = \frac{1}{2}$; Schaubild einer Wurzelfunktion

r = –1; Hyperbel

---

### Aufgaben

**1** Geben Sie zwei Funktionen an, für die jeweils gilt: $f(x) = f^{-1}(x)$; $x \in D$.

**2** K ist das Schaubild der Funktion f mit $f(x) = \frac{1}{x}$; $x \neq 0$.
Verschieben Sie K um 3 nach rechts und um 2 nach oben.
Geben Sie den zugehörigen Funktionsterm und den Definitionsbereich an.

# 6 Näherungsverfahren

## 6.1 Intervallhalbierungsverfahren

Zur Bestimmung einer Nullstelle der Funktion f ist die Gleichung $f(x) = 0$ zu lösen.
Eine Gleichung kann nicht immer exakt gelöst werden.
Die Nullstelle kann in diesem Fall nur **näherungsweise** bestimmt werden.
Ein Näherungsverfahren, das **Intervallhalbierungsverfahren,** wird hier vorgestellt.

### Beispiel

➲ Gegeben ist die Funktion f mit $f(x) = x^3 - x - 1,5; \; x \in \mathbb{R}$.
a) Zeigen Sie: Eine Nullstelle von f liegt im Intervall [1; 2].
b) Berechnen Sie diese Nullstelle mit einem Näherungsverfahren auf eine
   Nachkommastelle gerundet.

### Lösung

a) $f(1) = -1,5$
   $f(2) = +4,5$ **VZW**

   f(1) und f(2) haben verschiedene Vorzeichen,
   damit gibt es (mindestens) eine Nullstelle von f im
   Intervall [1; 2].
   Das Schaubild verläuft im Intervall [1; 2]
   von unten nach oben.

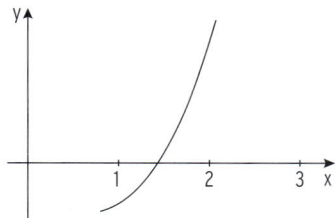

b) Zur weiteren Eingrenzung bestimmt man die Intervallmitte.

   Intervallmitte m:
   $$m = \frac{x_1 + x_2}{2} = \frac{1 + 2}{2} = 1,5$$

   Funktionswert an der Stelle m:
   $$f(m) = f(1,5) = 0,375 > 0$$

   Vorzeichenwechsel von f(x) im Intervall [1; 1,5].
   Die gesuchte Nullstelle liegt im Intervall [1; 1,5].

   **Hinweis:** Das **Vorzeichen von f(m)** entscheidet,
   mit welchem Intervall man weiterarbeitet.

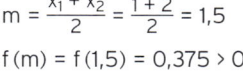

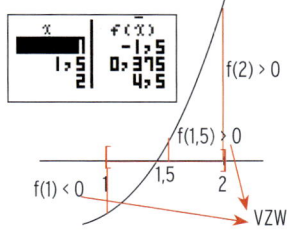

   Das Verfahren mit der Intervallhalbierung wird nun
   auf das Intervall [1; 1,5] angewendet.

   Intervallmitte: $m = \frac{1 + 1,5}{2} = 1,25$

   Es liegt ein VZW von f(x) im Intervall [1,25; 1,5] vor.
   Die gesuchte Nullstelle liegt im Intervall [1,25; 1,5]

**Intervall [1,25; 1,5]**

Intervallmitte: $m = \dfrac{1,25 + 1,5}{2} = 1,375$

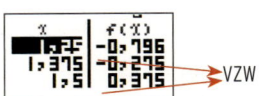VZW

Die Nullstelle liegt im Intervall [1,375; 1,5]

**Intervall [1,375; 1,5]**

Intervallmitte: $m = \dfrac{1,375 + 1,5}{2} = 1,4375$

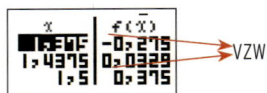VZW

die Nullstelle liegt im Intervall [1,375; 1,4375]

Die auf eine Nachkommastelle gerundete Nullstelle von f lautet $x_N = 1,4$.

---

## Vorgehensweise beim Intervallhalbierungsverfahren

Ein Intervall [a; b], welches die gesuchte Nullstelle enthält, bestimmen.
Haben die Werte f(a) und f(b) verschiedene Vorzeichen, so hat die (stetige)
Funktion f (mindestens) eine Nullstelle in [a; b].

- Intervallmitte $m = \dfrac{a + b}{2}$ berechnen.
- Vorzeichen von f(m) bestimmen (z. B. mit Tabelle WTR).
- Neues Intervall [a; m] bzw. [m; b] (VZW beachten) festlegen.

Diese Schritte auf das neue Intervall anwenden.

---

## Aufgaben

**1** Gegeben ist die Funktion f mit $f(x) = x^4 - x^3 - 2x - 1; \; x \in \mathbb{R}$.
Die Funktion f hat eine Nullstelle im Intervall [1; 2].
Berechnen Sie diese Nullstelle mit einem Näherungsverfahren auf eine Dezimale genau.

**2** Die Gleichung $x^3 - 3x + 6 = 0$ hat eine Lösung zwischen $-3$ und $-2$.
Berechnen Sie diese Lösung mit einem Näherungsverfahren auf eine Nachkommastelle
gerundet.

**3** K ist das Schaubild der Funktion f mit
$f(x) = -x^3 - x + 14; \; x \in \mathbb{R}$.
Berechnen Sie die Nullstelle von f mit einem
Näherungsverfahren auf eine Dezimale genau.

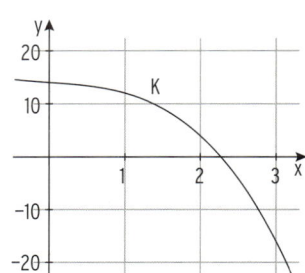

**4** Gegeben ist die Funktion f mit $f(x) = e^x + x; \; x \in \mathbb{R}$.
Zeigen Sie: Eine Nullstelle von f liegt im Intervall [$-1$; 0].
Berechnen Sie diese Nullstelle mit einem Näherungsverfahren auf eine Stelle nach dem
Komma genau.

## 6.2 Regression

In Anwendungssituationen werden oft zwei Größen x und y gemessen. Um einen Zusammenhang dieser Größen zu beschreiben, passt man eine Kurve den zugehörigen Punkten $P(x \mid y)$ an. Diese Kurve heißt **Anpassungskurve** oder **Regressionskurve.**

### Beispiel

➲ Um den Erfolg einer Neuzüchtung einer Birnensorte beurteilen zu können, wurde das mittlere Gewicht einer bestimmten Anzahl von Birnen im Laufe ihres Wachstums gemessen. Für jede Stichprobe wurde die gleiche Anzahl frisch gepflückter Birnen genommen.

| Tage | 0 | 5 | 10 | 15 | 20 | 25 | 30 | 35 | 40 | 45 | 50 | 55 | 60 | 65 | 70 | 75 | 80 | 85 | 90 |
|---|---|---|---|---|---|---|---|---|---|---|---|---|---|---|---|---|---|---|---|
| Gewicht (g) | 2 | 2 | 2 | 2 | 5 | 10 | 18 | 26 | 38 | 50 | 65 | 83 | 103 | 118 | 128 | 134 | 139 | 144 | 148 |

Wählen Sie verschiedene Anpassungskurven.

### Lösung

**Punktwolke**

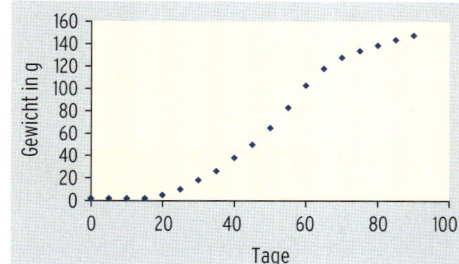

**Lineare Regression**

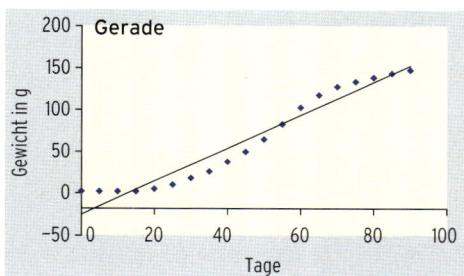

Man erkennt, dass es hier nicht sinnvoll ist, einen durch eine Regressionsgerade beschriebenen linearen Zusammenhang anzunehmen.

**Nichtlineare Regression**

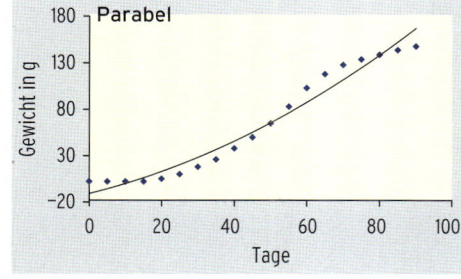

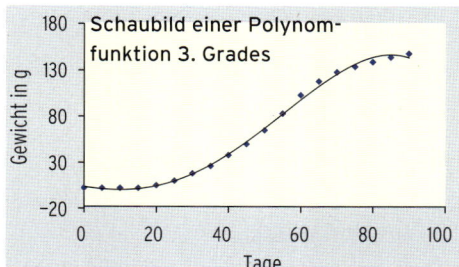

Das Schaubild einer **Polynomfunktion 3. Grades** liefert eine gute Annäherung.

Erfolgt die Annäherung nicht durch eine Gerade, spricht man von einer **nichtlinearen Regression.**

## Anpassung (Regression) mit Angabe von Kurvengleichung und Güte

### Beispiel

➔ Gegeben ist folgende Tabelle:
Führen Sie verschiedene Anpassungen durch und bewerten Sie diese.

| x | 1 | 3 | 5 | 6 | 8 |
|---|---|---|---|---|---|
| y | 2,5 | 1,2 | 2,8 | 3,8 | 4,1 |

### Lösung

**Diagramm:**

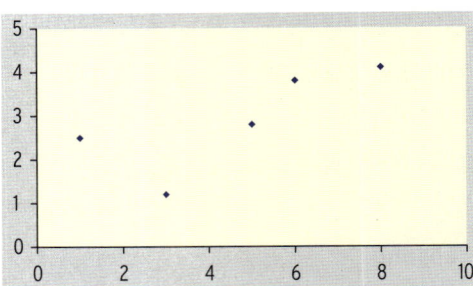

**Lineare Regression
(Anpassung ergibt eine Gerade):**

$y = 0,324\,x + 1,3897$

$R^2 = 0,5774$

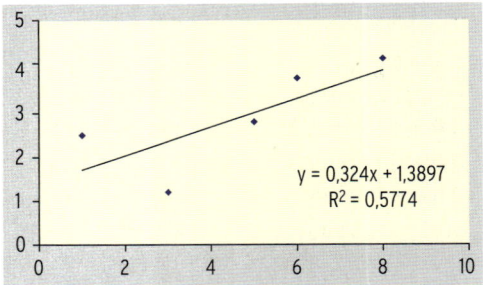

**Quadratische Regression
(Anpassung ergibt eine Parabel):**

$y = 0,0681\,x^2 - 0,2828\,x + 2,3409$

$R^2 = 0,6989$

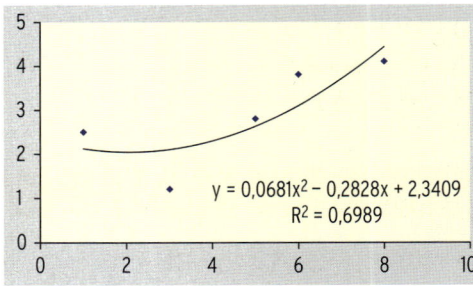

**Kubische Regression
(Anpassung ergibt das Schaubild einer
Polynomfunktion 3. Grades):**

$y = -0,0635\,x^3 + 0,9391\,x^2 - 3,5854\,x + 5,2216$

$R^2 = 0,9999$

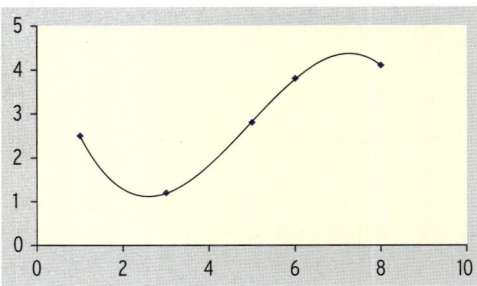

**Güte (Bestimmtheitsmaß)**

Die Punkte im Diagramm zeigen deutlich, dass kein oder nur ein schwacher linearer Zusammenhang gegeben ist. Eine Anpassung kann hier mit einer Parabel oder einem Schaubild einer Polynomfunktion 3. Grades erfolgen. Die Anpassung mit einem Schaubild einer Polynomfunktion 3. Grades liefert ein optimales Ergebnis.

Den ersten Hinweis auf die Güte liefert das **Bestimmtheitsmaß** $R^2$.

Die Werte von $R^2$ streben von $R^2 = 0,5774$ (linear) über $R^2 = 0,6989$ (quadratisch) und $R^2 = 0,9999$ (kubisch) gegen 1.

$R^2 = 1$ bedeutet, alle Datenpunkte liegen auf der Regressionskurve.

**Hinweis:** Für eine lineare Regression heißt R (= r) **Korrelationskoeffizient.**

## Sonderfall: Alle Punkte liegen auf einer Kurve

### Beispiel

⮕ Die Parabel K einer quadratischen Funktion f verläuft durch die Punkte $A(-2|-5)$, $B(1|4)$ und $C(2|3)$. Bestimmen Sie die Parabelgleichung.

### Lösung

Es gibt genau eine Parabel K, die durch diese 3 Punkte verläuft. In diesem Fall ist K auch die Anpassungskurve.

Bei der Durchführung der quadratischen Regression erhält man somit die Parabelgleichung von K.

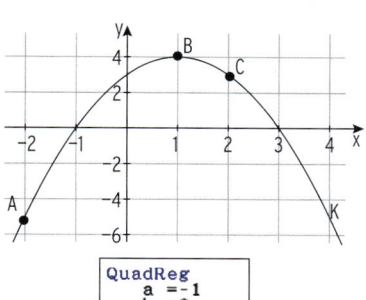

**Quadratische Regression**

$a = -1$, $b = 2$ und $c = 3$

$R^2 = r^2 = 1$ Alle Punkte liegen auf der Kurve K.

Kurvengleichung: $y = -x^2 + 2x + 3$

## Aufgabe

**1** Bei sechs Schülerinnen einer AG wurden Körpergröße und Körpergewicht gemesssen.

| Größe in cm | 170 | 165 | 175 | 155 | 175 | 180 |
|---|---|---|---|---|---|---|
| Gewicht in kg | 55 | 53 | 54 | 47 | 58 | 59 |

a) Bestimmen Sie aus den gegebenen Daten die Gleichung der Regressionsgeraden, die das Gewicht in Abhängigkeit von der Größe wiedergibt.

b) Bestimmen Sie den Korrelationskoeffizienten r (= R). Interpretieren Sie.

**2** Das Schaubild einer quadratischen Funktion f verläuft durch die Punkte $A(-1|8)$, $B(1|6)$ und $C(2|11)$. Bestimmen Sie den Funktionsterm $f(x)$.

# II Stochastik 1

## Modellierung einer Situation

Die Firma Joser stellt elektronische Präzisionsmessgeräte her. Herr Lutz ist Qualitätsprüfer und hat festgestellt: 10 % der produzierten Geräte sind fehlerhaft.

a) Herr Lutz entnimmt der laufenden Produktion eine Stichprobe von vier Geräten. Bestimmen Sie die Wahrscheinlichkeiten für folgende Ereignisse:

$E_1$: Kein Gerät ist fehlerhaft.

$E_2$: Höchstens ein Gerät ist fehlerhaft.

$E_3$: Höchstens drei Geräte sind fehlerhaft.

b) Bei der Endkontrolle werden drei verschiedene, voneinander unabhängige Prüfverfahren eingesetzt. Es gibt einen Schnelltest A, mit dem 70 % aller fehlerhaften Messgeräte entdeckt und aussortiert werden. Außerdem gibt es zwei aufwändigere Verfahren: Bei Verfahren B werden 90 % aller fehlerhaften Geräte entdeckt und aussortiert. Bei Verfahren C werden 95 % aller fehlerhaften Geräte entdeckt und aussortiert. Geräte, die in Ordnung sind, werden bei keinem der Verfahren aussortiert. Ein aussortiertes Gerät wird nicht mehr mit einem anderen Verfahren geprüft.

b1) Die Endkontrolle läuft zunächst so ab, dass alle drei Prüfverfahren nacheinander

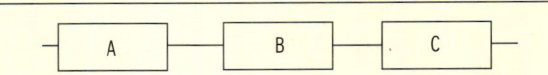

angewendet werden: Mit welcher Wahrscheinlichkeit wird ein fehlerhaftes Messgerät bei der Endkontrolle nicht aussortiert? Mit welcher Wahrscheinlichkeit wird ein fehlerhaftes Gerät erst im Prüfverfahren C aussortiert?

Pro Gerät dauert das Prüfverfahren A 1 Stunde, B 24 Stunden und C 30 Stunden. Schätzen Sie ab, wie lange die Endkontrolle eines Geräts im Durchschnitt mindestens dauert.

b2) Um Zeit zu sparen, wird die Endkontrolle folgendermaßen abgeändert:

Alle Messgeräte werden mit Verfahren A geprüft und jeweils die Hälfte der nicht aussortierten Geräte zusätzlich mit Verfahren B bzw. C. Mit welcher Wahrscheinlichkeit wird ein fehlerhaftes Messgerät nun bei der Endkontrolle nicht entdeckt?

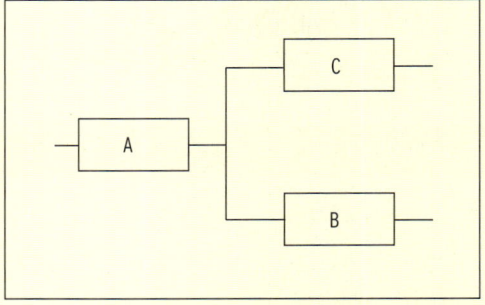

Bearbeiten Sie diese Situation, nachdem Sie die rechts aufgeführten **Qualifikationen und Kompetenzen** erworben haben.

## Qualifikationen & Kompetenzen

- Zufallsexperimente beschreiben
- Häufigkeiten berechnen
- Wahrscheinlichkeiten berechnen
- Zufallsvariable und deren Kennzahlen (Erwartungswert, Standardabweichung) zur Modellierung verwenden.

# 1 Zufallsexperimente

**Viel LOTTO-Glück!**

**Glück ist kein Zufall!
Die Sterne bestimmen
deine Glückszahlen.**

**Glück ohne Ende**

Den Traum von „sechs Richtigen" im Lotto träumen in
Deutschland wöchentlich mehrere Millionen Menschen.
Die Hoffnung auf den glücklichen Zufall ist groß – die Zahl
derer, die zufällig das große Glück haben, bleibt jedoch
klein. Denn die Mathematik ist grausam: 1 zu 13.983.816
beträgt die Wahrscheinlichkeit auf „sechs Richtige".

**Das doppelte Lotto-Glück**
Höchster Gewinn: Frau kassiert 16,6 Millionen
Euro aus dem Jackpot und noch 3,6 Euro aus der
Klasse zwei.

## Quarks & Co

### Die Wissenschaft vom Zufall

Autoren:
Axel Bach, Daniel Münter, Jan Krüger, Martin Rosenberg

Redaktion: Ingo Knopf

Vielleicht kennen Sie die Situation: Sie haben es eilig und stehen im
Supermarkt in der Schlange. Endlich sind Sie an der Reihe. Aber zufällig muss
die Kassiererin genau in diesem Augenblick mühsam die Kassenrolle
wechseln.

Ist das wirklich ein Zufall?
Und nach welchem Zufallsprinzip werden die Zahlen beim Lotto gezogen?
Gibt es eine Möglichkeit, den Zufall dabei zu überlisten?
Welche Rolle spielt der Zufall beim Roulette? Wie kommen Wirtschaftsprüfer
scheinbar zufällig auf die Spur von Steuerbetrügern?
Welche Rolle spielt die Statistik in der Zufallsforschung?
Und wie groß ist die Wahrscheinlichkeit, dass außerirdisches Leben existiert?

Bei der Ziehung der Lottozahlen können wir nicht vorhersagen, welche Zahl gezogen wird. Ein mögliches Ergebnis ist die Zahl 10. Dass die Zahl 10 gezogen wird, hängt vom **Zufall** ab. Die Ziehung der Lottozahlen ist ein Zufallsexperiment, das folgende Eigenschaften erfüllt:

- Durchführung unter genau festgelegten Vorschriften;
- beliebig oft wiederholbar unter völlig gleichen Bedingungen;
- mindestens zwei mögliche Ergebnisse;
- Ergebnis nicht vorhersagbar.

---

**Beachten Sie**

Ein **Zufallsexperiment** hat verschiedene Ergebnisse.
Welches Ergebnis bei der Durchführung eintritt, kann nicht vorhergesagt werden.
Ein Zufallsexperiment kann unter gleichbleibenden Bedingungen beliebig oft durchgeführt werden.

---

## 1.1 Einstufiges Zufallsexperiment

Wird ein Zufallsexperiment einmal ausgeführt, so spricht man von einem einstufigen Zufallsexperiment.

**Beispiel**
Zufallsexperiment: „Verkehrszählung"
Bei einer Verkehrszählung soll die Anzahl der vorbeifahrenden Lkw, Pkw und sonstigen Fahrzeuge (SF) festgestellt werden.
Mögliche Ergebnisse:       Lkw, Pkw, SF
Ergebnismenge:              S = {Lkw; Pkw; SF}

Darstellung des Zufallsexperiments in einem **Baumdiagramm:**

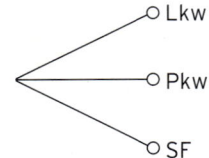

**Beispiel**
Zufallsexperiment: „Werfen einer Münze"
Mögliche Ergebnisse:    Wappen; Zahl
Ergebnismenge:          S = {W; Z}
Darstellung des Zufallsexperiments in einem Baumdiagramm:

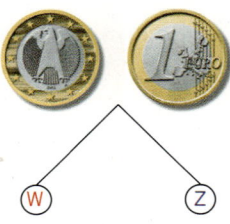

---

**Beachten Sie**

Die Ergebnismenge enthält alle möglichen Ergebnisse.

---

### Beispiel

Zufallsexperiment: „Werfen eines Würfels und Feststellen, welche Augenzahl gefallen ist."

Mögliches Ergebnis:     Augenzahl 2

Ergebnismenge:      $S = \{1; 2; 3; 4; 5; 6\}$

Baumdiagramm

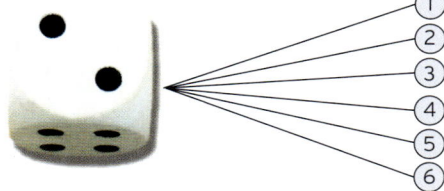

---

**Beachten Sie**

Ein einzelner **Ausgang** von mehreren möglichen Ausgängen eines Zufallsexperiments heißt **Ergebnis**. Die **Ergebnismenge** S ist die Zusammenfassung aller möglichen **Ergebnisse.**

$S = \{e_1; e_2; ...; e_n\}$

---

### Beispiel

„Ziehen einer Skatkarte"

Mögliches Ergebnis: Kreuz-Dame

Ergebnismenge:

$S = \{\text{Karo 7; Herz 7; ... ; Kreuz As}\}$

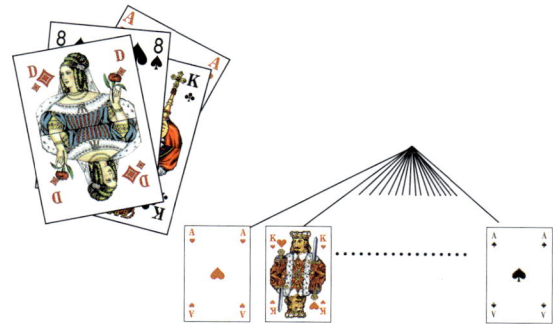

---

## Aufgaben

**1** In einer Umfrage soll der Familienstand der befragten Person festgestellt werden. Geben Sie eine Ergebnismenge an, wenn die Befragung als Zufallsexperiment aufgefasst wird.

**2** Bei einem Glücksspiel werden 2 Würfel auf einmal geworfen. Wer zwei Sechsen wirft, erhält den Hauptpreis von 50 €, wer einen anderen Pasch wirft, bekommt die Augensumme in € als Trostpreis.
Geben Sie eine Ergebnismenge für dieses Zufallsexperiment an.

## 1.2 Mehrstufiges Zufallsexperiment

Wird ein Zufallsexperiment **mehrmals hintereinander** ausgeführt, so liegt ein **mehrstufiges Zufallsexperiment** vor. Ein mehrstufiges Zufallsexperiment lässt sich mit einem **Baumdiagramm** übersichtlich darstellen.

### Beispiel: Zufallsexperiment „Zweimaliges Werfen einer Münze"

➲ Bestimmen Sie mithilfe eines Baumdiagramms alle möglichen Ergebnisse.

### Lösung
**Baumdiagramm**

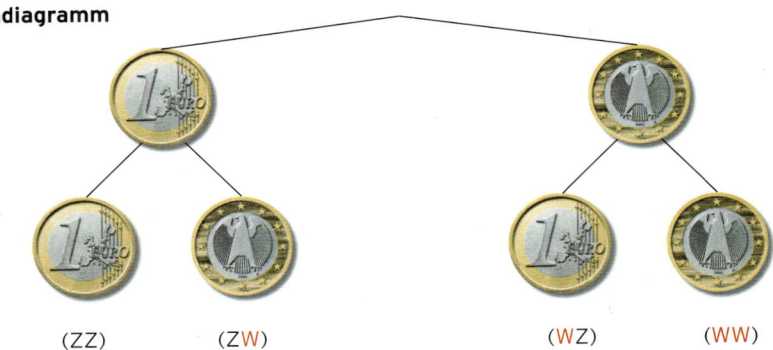

    (ZZ)       (ZW)            (WZ)       (WW)

Aus dem Baumdiagramm liest man ab:
Jeder Pfad im Baumdiagramm führt zu einem Ergebnis, das als Paar geschrieben wird.
Es gibt 4 mögliche Ergebnisse.
**Ergebnismenge:** S = {(W W); (W Z); (Z W); (Z Z)}

### Beispiel: Zufallsexperiment „Ziehen ohne Zurücklegen"

➲ In einer Urne befinden sich 2 schwarze und 1 rote Kugel. Es werden nacheinander zwei Kugeln ohne Zurücklegen aus der Urne gezogen.
Bestimmen Sie mithilfe eines Baumdiagramms die Ergebnismenge.

### Lösung
**Baumdiagramm**

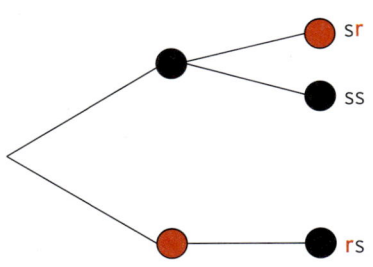

Das Baumdiagramm zeigt, es gibt drei Ergebnisse.
**Ergebnismenge:** S = {(s r); (s s); (r s)}

## Beispiel: Zufallsexperiment „Ziehen mit Zurücklegen"

➲ Die chinesische Firma Guangzhoi stellt Billardkugeln her, die sich nur durch ihre
Aufschrift einer Ziffer unterscheiden. Die zur Zeit produzierten Billardkugeln sind mit
der Ziffer „5" oder mit „3" oder mit „2" beschriftet. Der laufenden Produktion werden
nacheinander zwei Kugeln entnommen und jedes Mal die Ziffer notiert.
Bestimmen Sie mithilfe eines Baumdiagramms alle möglichen Ergebnisse.

### Lösung

**Baumdiagramm**           **Ergebnis**

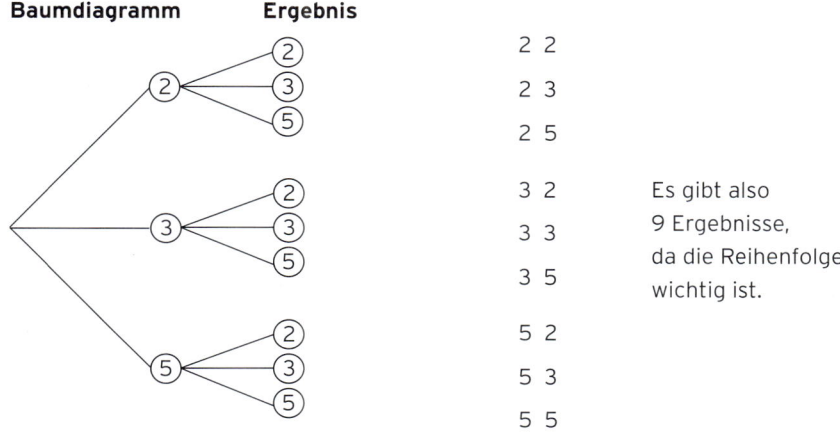

|       |
|-------|
| 2 2   |
| 2 3   |
| 2 5   |

3 2          Es gibt also
3 3          9 Ergebnisse,
3 5          da die Reihenfolge
              wichtig ist.

5 2
5 3
5 5

**Ergebnismenge:** S = {2 2; 2 3; 2 5; 3 2; 3 3; 3 5; 5 2; 5 3; 5 5}

**Bemerkung:** Der laufenden Produktion entnommen, entspricht dem Ziehen von Kugeln
aus einer Urne mit Zurücklegen.

## Beispiel: Zufallsexperiment „Verkehrszählung"

➲ Bei einer Verkehrszählung wird u. a. festgestellt, ob es sich um einen Lkw (L) oder um
keinen Lkw (L̄) handelt. Es wird dreimal hintereinander die Art des Fahrzeugs notiert.
Bestimmen Sie mithilfe eines Baumdiagramms alle möglichen Ergebnisse.

### Lösung

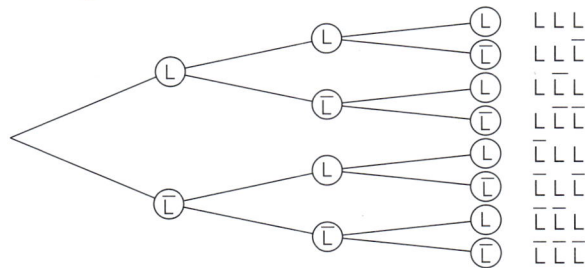

L L L
L L L̄
L L̄ L
L L̄ L̄
L̄ L L
L̄ L L̄
L̄ L̄ L
L̄ L̄ L̄

15  Bohner, Ihlenburg, Ott, Deusch - ISBN 978-3-8120-0206-6

## Aufgaben

**1** Was ist ein Zufallsexperiment? Geben Sie drei Zufallsexperimente an.

**2** Die Firma Novyla stellt Dunstabzugshauben in den Farben grau, braun und schwarz her. Der laufenden Produktion werden nacheinander zwei Dunstabzugshauben entnommen um die Farbqualität zu prüfen.
Bestimmen Sie mithilfe eines Baumdiagramms alle möglichen Ergebnisse.

**3** Die skizzierte Spielanordnung besteht aus zwei Glücksrädern, deren Einzelsektoren gleich groß sind. Ein Spiel besteht darin, dass beide Räder in eine unabhängige Drehung versetzt und zufällig gestoppt werden. Ein Spiel ist beendet, wenn jeder Pfeil auf die Mitte eines Sektors zeigt. Geben Sie für ein Spiel den Ergebnisraum (Ergebnismenge) in aufzählender Form an.

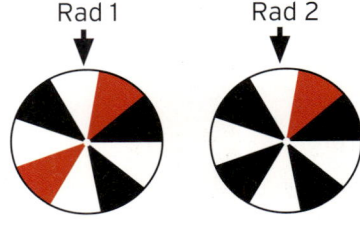

**4** Zwei Freunde spielen gegeneinander Tischfußball. Gewinner ist derjenige, der als erster zwei Spiele gewinnt. Geben Sie die Ergebnismenge mithilfe eines Baumdiagramms an.

**5** Ein Zahlenschloss besteht aus drei Rädern mit den Zahlen 0 bis 9. Jemand kennt die Zahlen, die das Schloss öffnen, aber leider nicht die Reihenfolge. Wie viele Möglichkeiten gibt es für ihn? Zeichnen Sie ein Baumdiagramm.

**6** Zwei Apfelsorten A und B sind in Kisten verpackt.
In jeder Kiste befinden sich 20 Äpfel der Sorte A und 10 Äpfel der Sorte B.
Das Entnehmen der Äpfel geschieht „blind".
Aus einer Kiste werden drei Äpfel entnommen (ohne Zurücklegen).
Zeichnen Sie für dieses Experiment ein Baumdiagramm.

**7** Eine Urne enthält 6 weiße (w) und 4 schwarze (s) Kugeln. Aus ihr werden nacheinander drei Kugeln ohne Zurücklegen gezogen.
Geben Sie die Ergebnismenge S an, wenn nach jedem Zug die Kugelfarbe notiert wird.
Wie ändert sich die Ergebnismenge, wenn die Urne 6 w und 2 s Kugeln enthält?

**8** In einer Tüte befinden sich sieben Gummibärchen. Zwei der Gummibärchen sind rot. Man entnimmt der Tüte nacheinander drei Bärchen. Wie viele Kombinationen gibt es, der Tüte drei Gummibärchen zu entnehmen?
Zeichnen Sie ein Baumdiagramm.

# 2 Ereignisse

## Beispiel

⮊ Eine Münze wird dreimal geworfen und man beobachtet, in welcher Reihenfolge Zahl (Z) und Wappen (W) oben liegen.

a) Geben Sie die Ergebnismenge S an.

b) A ist das Ereignis: Es erscheint kein Wappen. Geben Sie A als Menge an.

c) Es sei B das Ereignis, dass zwei- oder dreimal hintereinander Zahl erscheint. Geben Sie die Menge B an.

d) Stellen Sie S und B mit dem Baumdiagramm dar.

## Lösung

a) S = {ZZZ; ZZW; ZWZ; ZWW; WZZ; WZW; WWZ; WWW}

b) Kein Wappen bedeutet, es erscheint dreimal Zahl. A = {ZZZ}

c) B = {ZZZ; ZZW; WZZ}

Die Menge B ist eine Teilmenge der Ergebnismenge S.

Man sagt, B ist ein Ereignis. Die Teilmenge A = {ZZZ} enthält nur ein Element, in diesem Fall spricht man von einem Elementarereignis.

---

### Festlegung

Ein Zufallsexperiment habe die Ergebnismenge S. Jede **Teilmenge A** von S ist ein **Ereignis.** Endet die Durchführung des Zufallsexperiments mit einem Ergebnis aus A, so ist das Ereignis A eingetreten.

---

d) Baumdiagramm

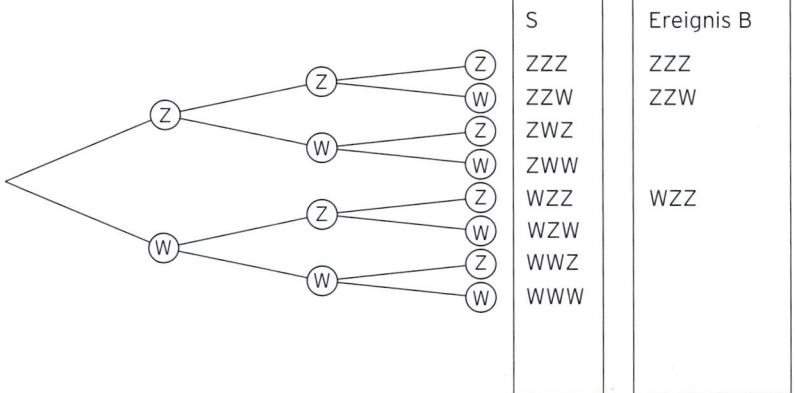

| S | Ereignis B |
|------|------------|
| ZZZ | ZZZ |
| ZZW | ZZW |
| ZWZ | |
| ZWW | |
| WZZ | WZZ |
| WZW | |
| WWZ | |
| WWW | |

**Bemerkung:** Man sagt: A ist eingetreten, wenn eines ihrer Ergebnisse (z. B. WZZ) bei der Durchführung des Experiments als Ergebnis aufgetreten ist.

**Zufallsexperiment:** Werfen eines Würfels     Ergebnismenge S = {1; 2; 3; 4; 5; 6}

**Ereignisse**

| **Beschreibung in Worten** | **Aufzählende Schreibweise** |
|---|---|
| A: Augenzahl ist gerade | A = {2; 4; 6} |
| B: Augenzahl ist eine Primzahl | B = {2; 3; 5} |
| **Hinweis:** Die Zahl 1 ist keine Primzahl. | |
| C: Augenzahl ist kleiner als 7 | C = {1; 2; 3; 4; 5; 6} |

**Bemerkung:** C = S, das Ereignis C tritt bei jeder Durchführung ein und heißt daher **sicheres Ereignis**.

D: Augenzahl ist negativ     D = ∅

**Bemerkung:** Das Ereignis D = ∅ tritt niemals ein. D = ∅ heißt das **unmögliche Ereignis**.

E: Augenzahl ist größer als 5     E = {6}

**Bemerkung:** Enthält ein Ereignis E = {$e_1$} nur **ein Element**, so spricht man von einem **Elementarereignis**.

F: Augenzahl ist größer als 4     F = {5; 6}
$\overline{F}$: Augenzahl ist kleiner oder gleich 4     $\overline{F}$ = {1; 2; 3; 4}

**Bemerkung:** $\overline{F}$ ist das **Gegenereignis** von F, d.h., $\overline{F}$ enthält diejenigen Ergebnisse der Ergebnismenge, die **nicht zu F** gehören.
Es gilt: $\overline{F} = S\backslash F$; $F \cup \overline{F} = S$

## Beispiele zum Gegenereignis

| **Ereignis** | **Gegenereignis** |
|---|---|
| A: kein Auto ist rot | $\overline{A}$: mindestens ein Auto ist rot |
| B: mindestens zwei Autos sind defekt | $\overline{B}$: höchstens ein Auto ist defekt, d.h., kein oder ein Auto ist defekt |
| C: genau ein Pilz von drei Pilzen ist giftig | $\overline{C}$: kein Pilz oder zwei oder drei Pilze sind giftig |
| D: höchstens 3 Lampen sind defekt | $\overline{D}$: mindestens 4 Lampen sind defekt |

**Bemerkung:** Das Gegenereignis zu „höchstens 3 defekte Lampen" heißt „mehr als 3 defekte Lampen" bzw. „mindestens 4 defekte Lampen".

**Bemerkung:** Mit jedem **Ergebnis** treten viele **Ereignisse** ein.

## Aufgaben

**1** Die Ergebnismenge ist S = {4; 5; 6}. Bilden Sie alle möglichen Ereignisse.

**2** Geben Sie folgende Ereignisse für das Werfen eines Würfels in aufzählender Schreibweise an:

A: Ungerade Augenzahl             B: Augenzahl größer 4

C: keine 6                        D: Gegenereignis von B

Geben Sie jeweils das Gegenereignis an.

**3** Ein Würfel wird zweimal geworfen. Stellen Sie folgende Ereignisse als Teilmengen der Ergebnismenge dar.

a) Die Augensumme ist 5.          b) Augensumme ist gerade und mindestens 7.

c) Die Augensumme ist höchstens 4.      d) Das Produkt der Augenzahlen ist 10.

**4** Zwei Münzen werden gleichzeitig geworfen und die Seiten, die sie zeigen, werden notiert. Formulieren Sie zwei Ereignisse, die bei diesem Zufallsexperiment eintreten können.

**5** Eine Urne enthält 4 weiße und 2 schwarze Kugeln.
Ihr werden nacheinander 3 Kugeln ohne Zurücklegen entnommen.

a) Geben Sie die Ergebnismenge S an, wenn nach jedem Zug die Kugelfarbe notiert wird.

b) Die Ereignisse A und B sind folgendermaßen definiert:
A: Die ersten beiden Kugeln haben die gleiche Farbe.
B: Spätestens nach dem 3. Zug sind alle schwarzen Kugeln gezogen worden.
Ermitteln Sie die Ereignisse A und B und ihre Gegenereignisse in aufzählender Form.

**6** In einer Klasse kandidieren die Schüler Peter, Horst und Walter für das Amt des Kassenwartes der Juniorenfirma oder des Stellvertreters. Ermitteln Sie zu folgenden Ereignissen die Gegenereignisse:

a) Peter wird Kassenwart.

b) Walter wird Kassenwart oder Stellvertreter.    c) Horst wird nicht Kassenwart.

**7** Eine Maschine produziert Spezialschrauben. In einer Qualitätskontrolle werden 4 Schrauben der Reihe nach darauf untersucht, ob sie brauchbar (b) oder unbrauchbar (u) sind. Geben Sie folgende Ereignisse in aufzählender Form an:

a) Die dritte Schraube ist unbrauchbar.      b) Mindestens drei sind brauchbar.

c) Genau drei sind brauchbar.             d) Die ersten beiden sind brauchbar.

## Verknüpfung von Ereignissen

### Beispiel

➲ Ein Würfel wird einmal geworfen. Die Ereignisse $E_1$, $E_2$ und $E_3$ sind folgendermaßen
festgelegt: $E_1$: die Augenzahl ist kleiner als 4,

$E_2$: die Augenzahl ist eine ungerade Zahl,

$E_3 = \{4; 5\}$.

Beschreiben Sie folgende Ereignisse auf zwei Arten:

a) $E_1 \cup E_2$       b) $E_1 \cap E_2$       c) $\overline{E_1} \cap E_2$       d) $E_1 \cap E_3$

**Bemerkung:** Aus der Mengenlehre: $\cup$ heißt „vereinigt"; $\cap$ heißt „geschnitten".

$A \cup B$ enthält alle Ergebnisse, die zu A oder B gehören.

$A \cap B$ enthält alle Ergebnisse, die zu A und B gehören.

### Lösung

Bestimmung der Ereignisse in **aufzählender Form:** $E_1 = \{1; 2; 3\}$; $E_2 = \{1; 3; 5\}$

a) **Aufzählende Form:**     $E_1 \cup E_2 = \{1; 2; 3; 5\}$

   **Beschreibende Form:**    Die Augenzahl ist kleiner als 4 oder eine ungerade Zahl.

**Bemerkung:** Sind $E_1$ und $E_2$ Ereignisse desselben Zufallsexperiments, so nennt man
$E_1 \cup E_2$ das Ereignis $E_1$ **oder** $E_2$.

b) **Aufzählende Form:**     $E_1 \cap E_2 = \{1; 3\}$

   **Beschreibende Form:**    Die Augenzahl ist kleiner als 4 und eine ungerade Zahl.

**Bemerkung:** Sind $E_1$ und $E_2$ Ereignisse desselben Zufallsexperiments, so nennt man
$E_1 \cap E_2$ auch das Ereignis $E_1$ **und** $E_2$.

c) $\overline{E_1} = \{4; 5; 6\}$       $\overline{E_1} \cap E_2 = \{5\}$

   $\overline{E_1}$: Die Augenzahl ist größer als 3.

   $\overline{E_1} \cap E_2$: Die Augenzahl ist größer als 3 und ungerade.

d) $E_1 \cap E_3 = \emptyset$. Solche Ereignisse nennt man **schnittfremd (disjunkt oder unvereinbar).**

   $E_1 \cap E_3$: Die Augenzahl ist kleiner als 4 und (4 oder 5).

**Bemerkung:** Zwei Ereignisse A und B heißen **schnittfremd**, wenn gilt: $A \cap B = \emptyset$.

Ereignis A und Gegenereignis $\overline{A}$ sind stets schnittfremd: $A \cap \overline{A} = \emptyset$.

### Beachten Sie

| | |
|---|---|
| $A \cup \overline{A} = S$ | $A \cap \overline{A} = \emptyset$ |
| $A \cup S = S$ | $A \cap S = A$ |

## Aufgaben

**1** Gegeben ist die Ergebnismenge $S = \{1; 2; 3; 4; 5; 6\}$.
Die Teilmengen A, B und C sind festgelegt durch: $A = \{1; 2; 4\}$, $B = \{1; 2; 5; 6\}$ und
$C = \{2; 4\}$.

a) Bestimmen Sie $A \cap B$, $A \cap C$ und $B \cup C$.

b) Bestimmen Sie $\overline{A}$ und $\overline{A \cap C}$.

c) Geben Sie ein Ereignis D von S an, sodass die Ereignisse A und D schnittfremd sind.

**2** Ein Würfel wird einmal geworfen.
$E_1$ ist das Ereignis „die Augenzahl ist kleiner als 4",
$E_2$ ist definiert durch „die Augenzahl ist ungerade".
Bestimmen Sie folgende Ereignisse:

a) $E_1 \cup E_2$          b) $E_1 \cap E_2$          c) $\overline{E_1}$

**3** Eine Urne enthält drei Kugeln, zwei weiße und eine rote.
Aus der Urne werden nacheinander 3 Kugeln mit Zurücklegen entnommen.

a) Geben Sie die Ergebnismenge S an, wenn man nach jedem Zug die Kugelfarbe notiert.
Wie viele Elemente enthält S?

b) Die Ereignisse A und B sind definiert durch:
A: Die ersten beiden Kugeln haben verschiedene Farben.
B: Die erste und die dritte Kugel haben dieselbe Farbe.
Geben Sie die folgenden Ereignisse in aufzählender Form an: $A \cap B$; $\overline{A}$; $A \cup \overline{B}$.

**4** Die Firma Fischer stellt Kugellager her. In der Produktionshalle
befinden sich 15 000 Kugellager, davon sind durchschnittlich 1%
defekt. Es werden drei Kugellager gezogen.
Geben Sie folgende Ereignisse in aufzählender Schreibweise an:
$E_1$: Es werden nur fehlerhafte Kugellager gezogen.
$E_2$: Genau ein Kugellager ohne Fehler wird gezogen.
$E_3$: Das zuletzt gezogene Kugellager ist fehlerhaft.

**5** In einer Urne befinden sich 15 Kärtchen, davon sind 10 Kärtchen Nieten und 5 Kärtchen
Gewinnkarten. Aus der Urne werden nacheinander ohne Zurücklegen 2 Kärtchen gezogen.
Geben Sie folgende Ereignisse in aufzählender Schreibweise an.
$E_1$: Es werden nur Nieten gezogen.          $E_2$: Genau eine Gewinnkarte wird gezogen.
$E_3$: Die zuletzt gezogene Karte ist eine Niete.

**6** Von zwei Ereignissen A und B weiß man, dass $A \cup B = S$ und $A \cap B = \emptyset$.
Was kann man über die Ereignisse A und B aussagen?

**7** Welcher Unterschied besteht zwischen $A \cap B = \emptyset$ und „A ist das Gegenereignis von B".
Erklären Sie diesen Unterschied anhand eines Beispiels.

# 3 Wahrscheinlichkeit

## 3.1 Absolute und relative Häufigkeiten

Eine Häufigkeitsverteilung dient zur statistischen Beschreibung von Daten.

An einer Kreuzung werden innerhalb einer halben Stunde 125 Fahrzeuge gezählt.
Davon sind 18 Fahrzeuge Lkw. Die **absolute Häufigkeit** der Lkw ist somit 18.
Dies sagt wenig darüber aus, wie groß der Anteil der Lkw am Verkehr auf dieser Kreuzung ist. Um ein brauchbares Maß für diesen Anteil zu bekommen, benötigt man die relative Häufigkeit. Die **relative Häufigkeit** ist der Quotient $\frac{18}{125} = 0{,}144 = 14{,}4\,\%$, d.h., ca. 14 % der vorbeigefahrenen Fahrzeuge waren Lkw.

### Beispiel

Ein Schüler erkundigt sich bei einer Zulassungsstelle nach der Anzahl der zugelassenen Autos, sortiert nach Automarken. Er erstellt eine **Häufigkeitstabelle.**

| Marke x | Ford | VW | Mercedes | andere | Summe |
|---|---|---|---|---|---|
| abs. Häufigkeit $n_i = H(x_i)$ | 2810 | 3211 | 1398 | 2081 | $n = 9500$ |
| rel. Häufigkeit $h = \frac{n_i}{n}$ | $\frac{2810}{9500} \approx 0{,}29$ | $\frac{3211}{9500} \approx 0{,}34$ | $\frac{1398}{9500} \approx 0{,}15$ | $\frac{2081}{9500} \approx 0{,}22$ | $\frac{9500}{9500} = 1$ |
| rel. Häufigkeit h in % | 29 % | 34 % | 15 % | 22 % | 100 % |

---

### Festlegung

Unter der **absoluten Häufigkeit** H(E) **eines Ereignisses E** versteht man die Anzahl der Fälle, in denen das Ereignis eintritt.

Ist n die Anzahl der Durchführungen (Stichprobenumfang), so ist $h(E) = \frac{H(E)}{n}$ die relative Häufigkeit **eines Ereignisses E.**

$$\text{Relative Häufigkeit} = \frac{\text{absolute Häufigkeit}}{\text{Stichprobenumfang}}$$

---

**Eigenschaften der relativen Häufigkeit:**

- Für die **relative Häufigkeit** gilt: $0 \leq h \leq 1$.
- Die **Summe** der relativen Häufigkeiten ist 1 bzw. 100 %.

Aus der Tabelle:

| | |
|---|---|
| Ereignis E: | VW |
| Gegenereignis $\overline{E}$: | kein VW |
| Zusammenhang: | $h(E) + h(\overline{E}) = 1$ bzw. $h(\overline{E}) = 1 - h(E)$ |

---

### Beachten Sie:

Für ein Ereignis E und sein Gegenereignis $\overline{E}$ gilt: $h(E) + h(\overline{E}) = 1$.

## Aufgaben

**1** Ein Forschungsinstitut befragte 1000 Haushalte nach der Ausstattung mit bestimmten Konsumgütern. Das Ergebnis der Untersuchung ist in einem Balkendiagramm dargestellt. Berechnen Sie die relative Häufigkeit der Haushalte mit

| | |
|---|---:|
| PC | 851 |
| Telefon | 915 |
| Auto | 702 |
| Autoradio | 653 |
| Trockner | 181 |

a) PC      b) keinem Trockner      c) Auto      d) Auto ohne Autoradio.

**2** Bei einer Mathematikklassenarbeit gab es folgende Noten:
3; 4; 3; 2; 3; 1; 5; 5; 4; 3; 3; 2; 1; 4; 2; 5; 4; 2; 4; 3
Erstellen Sie eine Häufigkeitstabelle.
Stellen Sie die Verteilung in einem Kreisdiagramm dar.

**3** Werfen Sie einen Würfel 200-mal und notieren Sie die Anzahl der Sechser nach 20, 40, ..., 200 Würfen.
a) Berechnen Sie die relative Häufigkeit der Anzahl der Sechser nach 20, ..., 200 Würfen.
b) Geben Sie eine Prognose ab: Wie oft wird die Augenzahl 6 nach 1000 Würfen gefallen sein?

**4** Eine Fabrik produziert Stifte.
Die Stifte werden auf Abweichungen im Durchmesser und in der Länge geprüft.
Ein Stift ist fehlerhaft, wenn er im Durchmesser oder in der Länge abweicht.

| Von 2000 Stiften gab es Abweichungen | |
|---|---:|
| im Durchmesser | 65 |
| in der Länge | 87 |
| im Durchmesser und in der Länge | 25 |

Bestimmen Sie die relative Häufigkeit der fehlerhaften Stifte.

**5** Schulbücher wurden sortiert nach „Mathematikbuch" (M) und „Neue Auflage" (N).
Es ergab sich folgende Tabelle.
a) Bestimmen Sie die fehlenden Häufigkeiten.
b) Berechnen Sie die relativen Häufigkeiten $h(\overline{M})$, $h(M \cap N)$ und $h(\overline{M} \cap \overline{N})$.

| | M | $\overline{M}$ | Summe |
|---|---|---|---|
| N | | 200 | 280 |
| $\overline{N}$ | 112 | | 302 |
| Summe | 192 | | 582 |

**6** Bei einer Aufnahmeprüfung sind von jedem Bewerber 5 Aufgaben zu bearbeiten. Das Ergebnis der Prüfung zeigt die folgende Tabelle, wobei $H(k)$ die Anzahl der Bewerber angibt, die k Aufgaben richtig bearbeitet haben:

| k | 5 | 4 | 3 | 2 | 1 | 0 |
|---|---|---|---|---|---|---|
| H(k) | 4 | 7 | 14 | 11 | 8 | 6 |

a) Ermitteln Sie für $k \in \{0; 1; 2; 3; 4; 5\}$ die relative Häufigkeit dafür, dass ein Bewerber k Aufgaben richtig gelöst hat. Stellen Sie die Häufigkeitsverteilung grafisch dar.
b) Wie viele Aufgaben hat jeder Bewerber im Mittel richtig bearbeitet?
c) Wie viel Prozent der bearbeiteten Aufgaben wurden richtig gelöst?

## 3.2 Definition der Wahrscheinlichkeit

Beim Lotto wird zusätzlich eine Superzahl gezogen (vgl. Tabelle). Im Jahr 2010 (10 Ziehungen) kam z. B. die Zahl „2" nicht vor, die

| Superzahlen am Samstag | | | | | | | | | | |
|---|---|---|---|---|---|---|---|---|---|---|
| | 1 | 2 | 3 | 4 | 5 | 6 | 7 | 8 | 9 | 0 |
| Treffer 2010 | 2 | – | – | 2 | 1 | 1 | 1 | 1 | 1 | 1 |
| Gesamt | 191 | 198 | 197 | 193 | 216 | 183 | 196 | 181 | 193 | 188 |

Zahl „4" kam jedoch zweimal vor. Bei vielen Ziehungen (seit 07.12.91) kommt die Zahl „2" etwa gleich häufig vor wie die anderen Zahlen. Lässt sich über die Häufigkeit der gezogenen Zahlen eine Aussage machen, wenn das Experiment sehr oft durchgeführt wird?

**Diese Frage untersuchen wir an einem Würfel.**
Ein Würfel wird 10-; 20-; ... ; 100-mal geworfen.
Es wird geprüft, wie oft das Ereignis E: „Augenzahl ist 2" aufgetreten ist.
Häufigkeitstabelle (n gibt die Anzahl der Würfe an)

| n | 10 | 20 | 30 | 40 | 50 | 60 | 70 | 80 | 90 | 100 |
|---|---|---|---|---|---|---|---|---|---|---|
| $H_n(E)$ | 4 | 6 | 6 | 8 | 9 | 10 | 12 | 13 | 15 | 18 |
| $h_n(E)$ | 0,4 | 0,3 | 0,2 | 0,2 | 0,18 | 0,17 | 0,17 | 0,16 | 0,17 | 0,18 |

Um einen Überblick zu bekommen, erstellen wir mit einem Tabellenprogramm ein Punktdiagramm. Das Diagramm zeigt, dass die Folge der relativen Häufigkeiten am Anfang schwankt. Mit wachsendem n werden die Schwankungen geringer. Nach vielen Durchführungen des Zufallsex-

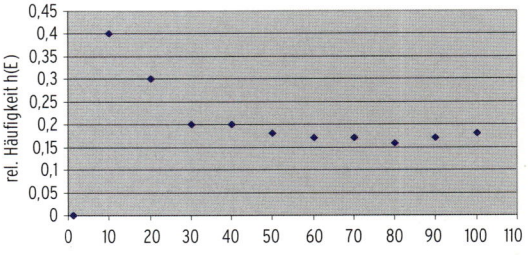

periments kann man beobachten, dass sich die **relativen Häufigkeiten** um den Wert 0,17 **stabilisieren.** Diese Zahl wird als **statistische Wahrscheinlichkeit** für das Ereignis E angesehen.

> **Beachten Sie**
>
> **Das empirische Gesetz der großen Zahlen:** Wird ein Zufallsexperiment sehr oft durchgeführt, so **stabilisieren sich die relativen Häufigkeiten** um einen festen Wert.

**Bestimmung der Wahrscheinlichkeit** P(E) **ohne Häufigkeitstabelle**
Beim (idealen) Würfel kann man aufgrund seiner Symmetrie die Annahme machen, dass die Augenzahlen 1, 2, 3, 4, 5 und 6 etwa gleich häufig auftreten, wenn man „oft genug" würfelt. Für das Ereignis A: „Augenzahl ist 2" **setzt** man die Wahrscheinlichkeit P **fest** durch
$P(A) = \frac{1}{6}$ ($\approx$ 0,17).

## Beispiel 1

Zufallsexperiment: **Werfen eines idealen Würfels**

Ergebnismenge                                       $S = \{1; 2; 3; 4; 5; 6\}$

**Wahrscheinlichkeit P für das Ereignis**

**A: Augenzahl ist 2**                              $P(A) = \frac{1}{6}$

A = {2} ist ein **Elementarereignis**.

**Wahrscheinlichkeit für das Ereignis E: „Augenzahl ist kleiner als 3"**

Ereignis E:                                         $E = \{1; 2\}$

Wahrscheinlichkeit für E:  $P(E) = P(AZ = 1) + P(AZ = 2) = \frac{1}{6} + \frac{1}{6} = \frac{1}{3}$

## Beispiel 2

Zufallsexperiment: **Zweimaliges Werfen eines idealen Würfels**

Ergebnismenge                                       $S = \{1\,1; 1\,2; 1\,3; ...; 6\,6\}$

**Wahrscheinlichkeit P für das Ereignis**

**$E_1$: Pasch 2**                                  $P(A) = \frac{1}{36}$

$E_1$ = {2 2} ist ein **Elementarereignis** (von 36 möglichen).

**Wahrscheinlichkeit für das Ereignis**

**$E_2$: Pasch**                                    $E_2 = \{1\,1; 2\,2; 3\,3; 4\,4; 5\,5; 6\,6\}$

Ereignis $E_2$ besteht aus 6 Elementarereignissen.

Wahrscheinlichkeit für $E_2$:  $P(E_2) = P(1\,1) + P(2\,2) + ... + P(6\,6) = \frac{6}{36} = \frac{1}{6}$

---

### Definition: Axiome von Kolmogorov

Ein Zufallsexperiment besitzt die Ergebnismenge S.

Eine Funktion P, die jedem Ereignis E eine reelle Zahl P(E) zuordnet, heißt **Wahrscheinlichkeitsverteilung**, wenn gilt:

(1) $P(E) \geq 0$                       **Nichtnegativität**

(2) $P(S) = 1$                          **Normiertheit**

(3) $P(A \cup B) = P(A) + P(B)$; $A, B \subseteq S$ und $A \cap B = \emptyset$ **Additivität**

Der Funktionswert P(E) heißt **Wahrscheinlichkeit von E.**

---

## Beispiel 3

Eine Statistik belegt, dass bei Mäusen von 100 Nachkommen 47 weiblich sind.

**Ergebnismenge** S = {Männchen, Weibchen}

Die statistische Wahrscheinlichkeit, dass eine Maus weibliche Nachkommen hat, liegt also bei 0,47.

Die Wahrscheinlichkeit, dass eine Maus männliche Nachkommen hat, ist $1 - 0{,}47 = 0{,}53$.

Ist A das Ereignis „Weibchen", so ist das **Gegenereignis** $\overline{A}$ das Ereignis „Männchen".

Für die Wahrscheinlichkeit gilt:  $P(\overline{A}) + P(A) = 1 \;\Rightarrow\; P(\overline{A}) = 1 - P(A)$

---

### Beachten Sie

Für ein Ereignis A und sein Gegenereignis $\overline{A}$ gilt:  $P(A) = 1 - P(\overline{A})$.

## Beispiel 4

Zufallsexperiment: Kontrolle an einer bestimmten Zollstation

Ergebnismenge $\qquad$ S = {Schmuggler; Nichtschmuggler}

Wahrscheinlichkeit P für das Ereignis

A: Schmuggler $\qquad$ $P(A) = 0{,}15$

(Dieser Wert basiert z. B. auf einer Häufigkeitstabelle.)

$\overline{A}$: Nichtschmuggler $\qquad$ $P(\overline{A}) = 1 - P(A) = 0{,}85$

## Beispiel 5

Die Firma Ven & Söhne fertigt Ventile auf den Anlagen $A_1$, $A_2$ und $A_3$.

Die Wahrscheinlichkeit, dass ein Ventil von der Anlage $A_1$ produziert wird, beträgt

$P(A_1) = 0{,}7$, entsprechend ist $P(A_2) = 0{,}2$ und $P(A_3) = 0{,}1$.

$\overline{A_1}$: Ventil ist nicht von der Anlage $A_1$ $\qquad$ $P(\overline{A_1}) = 1 - P(A_1) = 1 - 0{,}7 = 0{,}3$

oder

$\overline{A_1}$: Ventil ist von der Anlage $A_2$ oder $A_3$ $\qquad$ $P(\overline{A_1}) = P(A_2 \cup A_3) = 0{,}2 + 0{,}1 = 0{,}3$

## Beispiel 6

Eine Verkehrszählung am Stadtrand von Potsdam in 24 h ergab folgende Daten.

| Fahrzeugart | Pkw | Lkw | Sonstige |
|---|---|---|---|
| absolute Häufigkeit H | 138 323 | 18 490 | 6034 |
| relative Häufigkeit h | 0,85 | 0,11 | 0,04 |
| Wahrscheinlichkeit | 0,85 | 0,11 | 0,04 |

Die Summe der relativen Häufigkeiten muss 1 ergeben.

Die relativen Häufigkeiten werden als Wahrscheinlichkeiten verwendet.

Wahrscheinlichkeit P für das Ereignis

A: kein Lkw $\qquad$ $P(A) = 0{,}85 + 0{,}04 = 0{,}89$

oder mithilfe des Gegenereignisses von A:

$\overline{A}$: Lkw $\qquad$ $P(A) = 1 - P(\overline{A}) = 1 - 0{,}11 = 0{,}89$

## Beispiel 7

Die Firma Super Univers stellt Sticks her. Erfahrungsgemäß haben 5 % der Sticks eine Funktionsstörung (F)
und 8 % sind falsch verpackt (V). Beide Mängel sollen
jedoch bei einem Stick nicht gleichzeitig auftreten.
Wahrscheinlichkeit P für das Ereignis: Stick hat einen
Mangel $F \cup V$: $P(F \cup V) = P(F) + P(V) = 0{,}08 + 0{,}05 = 0{,}13$

**Hinweis:** $F \cap V = \emptyset$

Wahrscheinlichkeit P für das Ereignis:

Stick ist mängelfrei $\overline{F \cup V}$:

$P(\overline{F \cup V}) = 1 - P(F \cup V) = 1 - 0{,}13 = 0{,}87$

## Aufgaben

**1** Die Wahrscheinlichkeit für eine Jungengeburt ist 0,514.
Mit welcher Wahrscheinlichkeit ist das Neugeborene ein Mädchen?

**2** Eine Umfrage ergab, dass jeder 3. Befragte seinen Urlaub in Spanien verbringen möchte.
40 % der übrigen Befragten gaben Italien, 25 % aller Befragten gaben die Türkei als
Reiseziel an. 90 Befragte machten keine Angaben. Wie viele Personen wurden befragt?
Ermitteln Sie eine Wahrscheinlichkeitsverteilung und stellen Sie diese grafisch dar.

**3** Bei einem Tag der offenen Tür des Beruflichen Schulzentrums besteht die Möglichkeit,
auf eine Torwand zu schießen. Ein Spiel besteht aus sechs Schüssen. Ein Treffer liegt vor,
wenn der Ball ins Tor geht. Bei einer Veranstaltung wurde für jeden Teilnehmer die Anzahl
der Treffer notiert. Die Auswertung ergab folgende Tabelle:

| Anzahl der Treffer | 0 | 1 | 2 | 3 | 4 | 5 | 6 |
|---|---|---|---|---|---|---|---|
| Anzahl der Teilnehmer | 28 | 40 | 25 | 12 | 10 | 4 | 1 |

Stellen Sie eine Wahrscheinlichkeitsverteilung auf und stellen Sie diese grafisch dar.
Berechnen Sie, wie viel Prozent der Schüsse ins Tor gingen.

**4** Eine Scheibe in einem Spielautomaten ist in fünf Sektoren
aufgeteilt. Die nebenstehende Abbildung zeigt die Auftei-
lung. Die Scheibe wird in Drehung versetzt. Nach Stillstand
der Scheibe zeigt ein Pfeil auf genau einen Sektor. Die
zugehörige Zahl wird notiert. Damit ist ein Durchgang
beendet. Geben Sie die Wahrscheinlichkeitsverteilung für
einen Durchgang an.

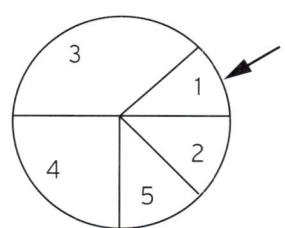

**5** Eine TÜV-Station hat die häufigsten Mängel an fünf Jahre alten Pkws erfasst.
Es wurden 2000 Pkws untersucht.

| Mangel | A: Handbremse | B: Ölverlust | C: Auspuffanlage | D: Scheinwerfer |
|---|---|---|---|---|
| h in % | 7,8 | 7,5 | 5,0 | 4,3 |

Es wird davon ausgegangen, dass die
Mängel A bis D unabhängig voneinander auftreten.
Begründen Sie, dass die angegebenen relativen Häufigkeiten als Wahrscheinlichkeiten für das Auftreten der
Mängel A bis D angesehen werden
können.

Ermitteln Sie die Wahrscheinlichkeit der folgenden Ereignisse:
E1: Ein Pkw hat den Mangel B.     E2: Ein Pkw hat die Mängel A oder B.
**Hinweis:** Die Mängel A und B sollen bei einem Pkw nicht gleichzeitig auftreten.
E3: Ein Pkw hat keinen dieser Mängel.

## 3.3 Wahrscheinlichkeit bei Gleichverteilung (Laplace-Experiment)

Bei einem idealen Würfel wird man die Wahrscheinlichkeit für das Ereignis E: „Augenzahl 4" wohl kaum über die relative Häufigkeit bestimmen, sondern man wird annehmen, dass alle Augenzahlen bei vielen Durchführungen etwa gleich oft fallen werden.

Man kann somit jeder Augenzahl die gleiche Wahrscheinlichkeit $\frac{1}{6}$ zuordnen. Die einzelnen Wahrscheinlichkeiten der Elementarereignisse fasst man in einer Tabelle zusammen, die man auch **Wahrscheinlichkeitsverteilung** nennt.

Wahrscheinlichkeitsverteilung für das Werfen eines Würfels

| $e_i$ | 1 | 2 | 3 | 4 | 5 | 6 |
|---|---|---|---|---|---|---|
| $P(e_i)$ | $\frac{1}{6}$ | $\frac{1}{6}$ | $\frac{1}{6}$ | $\frac{1}{6}$ | $\frac{1}{6}$ | $\frac{1}{6}$ |

In diesem Fall spricht man von einem Laplace-Experiment.

> **Beachten Sie**
>
> Wenn für alle Ergebnisse eines Zufallsexperiments **die gleiche Wahrscheinlichkeit** angenommen werden kann (Gleichverteilung), dann heißt dieses Experiment **Laplace-Experiment**. Ein idealer Würfel heißt auch Laplace-Würfel oder L-Würfel.

### Berechnung der Wahrscheinlichkeit für ein Laplace-Experiment

**Beispiel 1**

Zufallsexperiment: **Werfen eines idealen Würfels**

Ergebnismenge $\quad\quad\quad\quad\quad\quad\quad\quad S = \{1; 2; 3; 4; 5; 6\}$

Wahrscheinlichkeit P für das Ereignis

A: Augenzahl ist 1;  B: Augenzahl ist 2 $\quad P(A) = \frac{1}{6};\ P(B) = \frac{1}{6}$

C: Augenzahl ist 1 oder 2 $\quad\quad\quad\quad P(C) = P(A) + P(B)$

$$= \frac{1}{6} + \frac{1}{6} = \frac{1}{3}$$

S: Ergebnismenge $\quad\quad\quad\quad\quad\quad P(S) = 1$  sicheres Ereignis

**Wahrscheinlichkeit für das Ereignis E: „Augenzahl ist ungerade"**

Ereignis E: $\quad\quad\quad\quad\quad\quad\quad\quad E = \{1; 3; 5\}$

Wahrscheinlichkeit für E $\quad\quad\quad\quad P(E) = \frac{1}{6} + \frac{1}{6} + \frac{1}{6} = \frac{1}{2}$

Es gilt auch $\quad\quad\quad\quad\quad\quad\quad\quad P(E) = 3 \cdot \frac{1}{6} = \frac{3}{6}$

Interpretation:

Das Ereignis E tritt ein, wenn der Würfel 1, 3 oder 5 zeigt.

E hat 3 Ergebnisse (Ausgänge) von insgesamt 6 möglichen **gleichwahrscheinlichen Ergebnissen**.

P(E) ist die Anzahl der zu E gehörenden Ergebnisse (3 günstige Ergebnisse), dividiert durch die Gesamtzahl aller Ergebnisse (6 mögliche Ergebnisse). Es gilt:  $P(E) = \frac{g}{m}$ .

## Beispiel 2

Zufallsexperiment: **Drehen eines Glücksrades**

Nach jedem Stillstand des Rades zeigt der Pfeil auf die Mitte eines Sektors.

Ergebnismenge S = {grün; rot; weiß; blau}

Wahrscheinlichkeit P für das Ereignis A: grün     $P(A) = \frac{1}{4}$

**Gegenereignis $\overline{A}$ von A**

$\overline{A}$: nicht grün bzw. $\overline{A}$ = {rot; weiß; blau}     $P(\overline{A}) = \frac{3}{4}$

Weitere Lösungsmöglichkeit

für das Gegenereignis $\overline{A}$ von A     $P(\overline{A}) = 1 - P(A) = 1 - \frac{1}{4} = \frac{3}{4}$

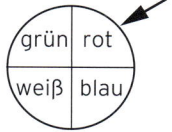

---

### Beachten Sie (Laplace-Formel)

Liegt ein **Laplace-Experiment** vor, so gilt für die Wahrscheinlichkeit P(E) eines

Ereignisses E:          $P(E) = \dfrac{\text{Anzahl der Ergebnisse, bei denen E eintritt}}{\text{Anzahl aller möglichen Ergebnisse}}$

Kurzschreibweise      $P(E) = \dfrac{g}{m} = \dfrac{\text{günstig}}{\text{möglich}}$

---

### Beispiel

⮕ Die Firma Buchmann feiert ihr 20-jähriges Jubiläum. Unter anderem findet auch eine Verlosung statt. In der Lostrommel befinden sich 3000 Lose, die von 1 bis 3000 durchnummeriert sind.

Mit welcher Wahrscheinlichkeit ist das erste Los ein Gewinn, wenn

a) jedes Los, dessen Nummer mit einer 1 beginnt, gewinnt?

b) nur jedes Los mit der Endziffer 2 gewinnt?

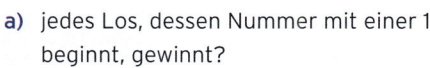

### Lösung

Anzahl der möglichen Ergebnisse:  m = 3000

a) A: Losnummer beginnt mit einer 1

Anzahl der Nummern, die mit einer 1 beginnen (einer, zehner, hunderter, tausender):

g = 1 + 10 + 100 + 1000 = 1111          $P(A) = \frac{g}{m} = \frac{1111}{3000} = 0{,}37$

b) B: Losnummer mit der Endziffer 2

Unter je 10 aufeinanderfolgenden Zahlen gibt es genau eine Zahl mit der Endziffer 2.

g = 300          $P(B) = \frac{g}{m} = \frac{300}{3000} = 0{,}1$

### Beispiele für Nicht-Laplace-Experimente

a) Geburt eines Kindes:  S = {männlich; weiblich}

P (männlich) = 0,514;  P (weiblich) = 0,486

b) Werfen von Reißnägeln

Reißnägel nehmen (in der Regel) zwei Lagen ein:  und

Diese beiden Lagen sind im Allgemeinen nicht gleich wahrscheinlich.

In diesem Fall muss man die relativen Häufigkeiten der beiden Lage von „vielen"
Reißnägeln bestimmen und dann kann man die Wahrscheinlichkeiten festlegen.

## Aufgaben

**1** Im Schulzentrum besuchen
1340 Schüler/-innen das Berufliche
Gymnasium, davon sind 240 in einem
Sportverein. Wie groß ist die Wahrscheinlichkeit, dass ein Schüler/eine Schülerin
dieser Schulart, den/die man auf dem
Pausenhof sieht, in keinem Sportverein
ist?

**2** In einer Lostrommel befinden sich 500 Lose. Jedes 10. Los ist ein Gewinn.

a) Mit welcher Wahrscheinlichkeit ist das erste gezogene Los ein Gewinn?

b) Man hat bereits 20 Lose gezogen und alle 20 Lose waren Nieten.
Wie groß ist die Wahrscheinlichkeit, beim nächsten Los einen Gewinn zu ziehen?

**3** Zwei Spieler werfen nacheinander einen Würfel. Wie groß ist die Wahrscheinlichkeit dafür,
dass sie verschiedene Augenzahlen werfen?

**4** Eine Urne enthält weiße und schwarze Kugeln.
Eine weiße Kugel wird mit der Wahrscheinlichkeit $\frac{1}{6}$ gezogen.

a) Geben Sie ein Beispiel dafür an, wie viele weiße und schwarze Kugeln in der Urne sein
könnten.

b) Wie viele Kugeln sind in der Urne, wenn man weiß, dass in der Urne 12 schwarze Kugeln
mehr als weiße liegen?

**5** Nach einem Betriebsfest der Firma Waldner sind noch Preise von der Tombola übrig.
Es gibt noch 3 kleine, 5 mittelgroße und 4 große Preise.
Der Lehrling darf einen Preis (blind) ziehen.
Die Ereignisse A und B sind definiert durch:
A: Er zieht einen mittelgroßen Preis.
B: Er zieht einen kleinen oder einen großen Preis.
Berechnen Sie die Wahrscheinlichkeiten $P(A)$, $P(B)$, $P(\overline{A})$ und $P(\overline{B})$.

# 3.4 Wahrscheinlichkeit bei mehrstufigen Zufallsexperimenten

### Beispiel

➲ Eine Urne enthält 2 weiße und 1 rote Kugel. Es wird zweimal mit Zurücklegen gezogen und die Farbe der gezogenen Kugeln nacheinander notiert.

a) Bestimmen Sie die Wahrscheinlichkeitsverteilung.

b) Berechnen Sie die Wahrscheinlichkeit für das Ereignis E: „die gezogenen Kugeln haben die gleiche Farbe".

### Lösung

a) Baumdiagramm (2-mal Ziehen mit Zurücklegen)

Das Experiment hat 9 Ergebnisse.

Das Ergebnis ww kommt 4-mal vor, somit ist $P(ww) = \frac{4}{9}$.

Wahrscheinlichkeitsverteilung

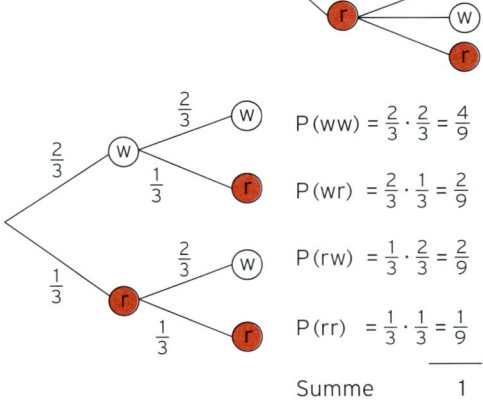

| Ausgang | ww | wr | rw | rr |
|---|---|---|---|---|
| P | $\frac{4}{9}$ | $\frac{2}{9}$ | $\frac{2}{9}$ | $\frac{1}{9}$ |

**Vereinfachung des Baumdiagramms:**

Bei diesem Baumdiagramm beachtet man nur die verschiedenen Kugelfarben. Die Wahrscheinlichkeit, eine weiße Kugel zu ziehen, ist bei jeder Ziehung $\frac{2}{3}$, eine rote zu ziehen $\frac{1}{3}$. Diese Wahrscheinlichkeiten werden an die jeweiligen Pfade geschrieben. Man erkennt, dass z.B. $P(ww)$ das Produkt der Wahrscheinlichkeiten auf den Teilstrecken des Pfades ist.

Es gilt allgemein die

**Pfadmultiplikationsregel.**

$P(ww) = \frac{2}{3} \cdot \frac{2}{3} = \frac{4}{9}$

$P(wr) = \frac{2}{3} \cdot \frac{1}{3} = \frac{2}{9}$

$P(rw) = \frac{1}{3} \cdot \frac{2}{3} = \frac{2}{9}$

$P(rr) = \frac{1}{3} \cdot \frac{1}{3} = \frac{1}{9}$

Summe $\quad$ 1

---

### Pfadmultiplikationsregel

Im Baumdiagramm ist die **Wahrscheinlichkeit eines Pfades** gleich dem **Produkt der Wahrscheinlichkeiten auf den Teilstrecken des Pfades.**

---

b) Ereignis E: gleiche Farbe $\qquad$ E = {ww; rr}

Oder-Zeichen $\vee$: $\qquad$ $P(E) = P(ww \vee rr) = P(ww) + P(rr) = \frac{4}{9} + \frac{1}{9} = \frac{5}{9}$

---

### Pfadadditionsregel

In einem Baumdiagramm ist die **Wahrscheinlichkeit eines Ereignisses** gleich der Summe der Wahrscheinlichkeiten der in diesem Ereignis **enthaltenen Ergebnisse.**

---

16 Bohner, Ihlenburg, Ott, Deusch - ISBN 978-3-8120-0206-6

## Beispiel

➲ Die Firma Kolb stellt Microchips her. Erfahrungsgemäß sind 10 % der produzierten Chips defekt. Der laufenden Produktion werden drei Chips entnommen.
Berechnen Sie die Wahrscheinlichkeit folgender Ereignisse:
A: Genau zwei Chips sind defekt.
B: Mindestens ein Chip ist defekt.
C: Der zweite entnommene Chip ist nicht defekt.

## Lösung

**Baumdiagramm**

d: defekt
$\overline{d}$: nicht defekt

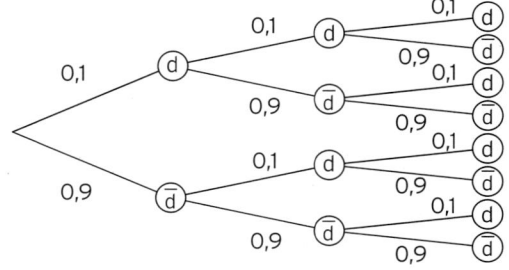

**Wahrscheinlichkeit von A**

Ereignis A: $\qquad$ A = {d d $\overline{d}$; d $\overline{d}$ d; $\overline{d}$ d d}

$P(A) = 0,1 \cdot 0,1 \cdot 0,9 + 0,1 \cdot 0,9 \cdot 0,1 + 0,9 \cdot 0,1 \cdot 0,1 = 3 \cdot 0,1^2 \cdot 0,9 = 0,027$

**Hinweis:** Da es **nicht** auf die **Reihenfolge** ankommt, gilt $P(C) = \mathbf{3} \cdot 0,1^2 \cdot 0,9$

**Wahrscheinlichkeit von B**

Ereignis B: $\qquad$ B = {d $\overline{d}$ $\overline{d}$; $\overline{d}$ d $\overline{d}$; $\overline{d}$ $\overline{d}$ d; d d $\overline{d}$; d $\overline{d}$ d; $\overline{d}$ d d; d d d}

$P(B) = 0,1 \cdot 0,9 \cdot 0,9 + 0,9 \cdot 0,1 \cdot 0,9 + 0,9 \cdot 0,9 \cdot 0,1 + 3 \cdot 0,1^2 \cdot 0,9 + 0,1^3$

$P(B) = 3 \cdot 0,1 \cdot 0,9^2 + 3 \cdot 0,1^2 \cdot 0,9 + 0,1^3 = 0,271$

Berechnung mit dem Gegenereignis $\overline{B}$ = {$\overline{d}$ $\overline{d}$ $\overline{d}$}

Wahrscheinlichkeit $\overline{B}$: $\qquad$ $P(\overline{B}) = 0,9^3 = 0,729$

Wahrscheinlichkeit von B: $\qquad$ $P(B) = 1 - P(\overline{B}) = 1 - 0,729 = 0,271$

**Wahrscheinlichkeit von C**

Der 1. und der 3. entnommene Chip sind für das Ereignis C **ohne Bedeutung,** also $P(C) = 0,9$.

## Beispiel

➲ Die Firma Würth stellt Schrauben auf zwei Anlagen I und II her. Die Schrauben werden in 10er-Schachteln zu 7 Schrauben aus Anlage I und 3 Schrauben aus Anlage II verpackt. Aus einer Schachtel werden wahllos 2 Schrauben hintereinander entnommen (ohne Zurücklegen).
Bestimmen Sie die Wahrscheinlichkeiten folgender Ereignisse:
$E_1$: Die erste Schraube stammt von Anlage I und die zweite von Anlage II.
$E_2$: Die zwei gezogenen Schrauben stammen von der gleichen Anlage.
$E_3$: Die zweite Schraube ist von der Anlage I.

## Lösung

$A_1$: Die gezogene Schraube ist von Anlage I.
$A_2$: Die gezogene Schraube ist von Anlage II.
Bemerkung:  $A_1 A_2$ bedeutet: 1. Schraube aus Anlage I **und** 2. Schraube aus Anlage II
**Baumdiagramm** mit den jeweiligen Wahrscheinlichkeiten auf den Teilstrecken.

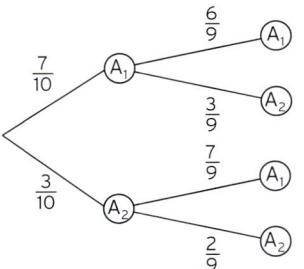

$$P(A_1A_1) = \frac{7}{10} \cdot \frac{6}{9} = \frac{7}{15}$$

$$P(A_1A_2) = \frac{7}{10} \cdot \frac{3}{9} = \frac{7}{30}$$

$$P(A_2A_1) = \frac{3}{10} \cdot \frac{7}{9} = \frac{7}{30}$$

$$P(A_2A_2) = \frac{3}{10} \cdot \frac{2}{9} = \frac{1}{15}$$

gleiche Anlage

$$P(E_1) = \frac{7}{10} \cdot \frac{3}{9} = \frac{7}{30}$$

$$P(E_2) = P(\text{gleiche Anlage}) = \frac{7}{15} + \frac{1}{15} = \frac{8}{15}$$

$$P(E_3) = P(A_1A_1) + P(A_2A_1) = \frac{7}{15} + \frac{7}{30} = \frac{7}{10}$$

## Berechnungen von Wahrscheinlichkeiten mit dem Baumdiagramm

**Pfadmultiplikationsregel**

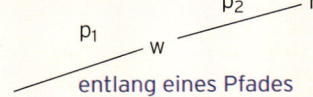

entlang eines Pfades

$P(w \wedge r)$
und

$= \quad p_1 \cdot p_2$
Wahrscheinlichkeiten multiplizieren

**Pfadadditionsregel**

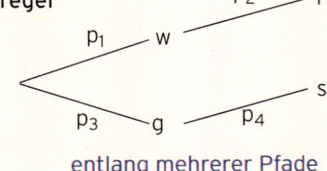

entlang mehrerer Pfade

$P(wr \vee gs)$
oder

$= \quad p_1 \cdot p_2 + p_3 \cdot p_4$
Wahrscheinlichkeiten addieren

## Urnenmodell

Die Durchführung vieler Zufallsexperimente lässt sich mit dem Ziehen von Kugeln aus einer Urne modellieren (Urnenmodell). Dabei stellt man sich eine Urne mit farbigen oder nummerierten Kugeln vor, die je nach Problemstellung mit oder ohne Zurücklegen gezogen werden.

**Zufallsexperiment**　　　　　　**Urnenmodell**

### Beispiel 1

In einer Gruppe von 10 Touristen schmuggeln 4. Ein Zöllner wählt zufällig einen Touristen aus dieser Gruppe heraus. Mit welcher Wahrscheinlichkeit ist es kein Schmuggler?

Urne mit 10 Kugeln, 6 weiße und 4 schwarze. Einmal ziehen. Gesuchte Wahrscheinlichkeit:
$$P(w) = \frac{6}{10} = 0{,}6$$

### Beispiel 2

Von 30 Monitoren einer Sendung sind 10 % defekt. Zwei Monitore dieser Sendung werden entnommen. Mit welcher Wahrscheinlichkeit sind beide Monitore defekt?

Urne mit 30 Kugeln, 27 weiße und 3 schwarze. Zweimal **ziehen ohne Zurücklegen.** Gesuchte Wahrscheinlichkeit:
$$P(ss) = \frac{3}{30} \cdot \frac{2}{29} = \frac{1}{145} = 0{,}0069$$

### Beispiel 3

Bei der Produktion von Tongefäßen hat man erfahrungsgemäß 10 % Ausschuss. Wie groß ist die Wahrscheinlichkeit, dass bei der Herstellung von zwei Gefäßen beide brauchbar sind?

Urne mit z. B. 10 Kugeln, 9 weiße und 1 schwarze. Zweimal **ziehen mit Zurücklegen.** Gesuchte Wahrscheinlichkeit:
$$P(ww) = \frac{9}{10} \cdot \frac{9}{10} = 0{,}81$$

**Hinweis:** Da die Produktion immer 10 % Ausschuss liefert, unabhängig von der Entnahme, wird das Experiment bei der Urne durch Ziehen mit Zurücklegen simuliert.

### Beispiel 4

Bei einer Verkehrszählung wurde festgestellt, dass 25 % der vorbeifahrenden Fahrzeuge Lkw waren, 70 % Pkw und 5 % sonstige Fahrzeuge. Wie groß ist die Wahrscheinlichkeit, dass unter drei vorbeifahrenden Fahrzeugen das erste ein Lkw, das zweite ein Pkw und das dritte ein sonstiges Fahrzeug ist?

Urne mit z. B. 100 Kugeln, 25 weiße, 70 schwarze und 5 grüne.

Dreimal **ziehen mit Zurücklegen.**

Gesuchte Wahrscheinlichkeit:
$$P(wsg) = \frac{25}{100} \cdot \frac{70}{100} \cdot \frac{5}{100} = 0{,}009$$

## Aufgaben

**1** Aus einer Urne mit 5 weißen, 3 schwarzen und 2 roten Kugeln werden nacheinander zwei Kugeln mit Zurücklegen entnommen.

a) Geben Sie die Wahrscheinlichkeitsverteilung an.

b) Mit welcher Wahrscheinlichkeit zieht man zwei gleichfarbige Kugeln?

c) Berechnen Sie die Wahrscheinlichkeit für das Ereignis A: „1. Zug weiße Kugel und 2. Zug rote Kugel".

d) Beantworten Sie die Teilaufgaben a), b) und c), wenn zwei Kugeln ohne Zurücklegen entnommen werden.

**2** Im Labor eines Forschungsinstitutes steht ein Korb mit Mäusen. Im Korb sind drei Weibchen und ein Männchen. Es werden (blind) nacheinander drei Mäuse ohne Zurücklegen aus dem Korb herausgenommen. Mit welcher Wahrscheinlichkeit hat man

a) kein Männchen,  b) genau zwei Weibchen,

c) mindestens 2 Weibchen,  d) höchstens zwei Weibchen?

**3** In einer Gruppe von sechs Personen schmuggeln vier. Ein Zöllner wählt zufällig drei Personen aus. Mit welcher Wahrscheinlichkeit wählt er drei (zwei, einen) Schmuggler aus?

**4** Bei einer Verkehrszählung wurde festgestellt, dass 23 % der vorbeifahrenden Fahrzeuge Lkw waren, 55 % Pkw, 10 % Mopeds und 12 % sonstige Fahrzeuge. Bestimmen Sie die Wahrscheinlichkeit dafür, dass unter drei vorbeifahrenden Fahrzeugen folgende Fahrzeuge sind:

a) drei Lkws,

b) drei Pkws oder drei Mopeds,

c) die ersten beiden jeweils ein Pkw und das dritte ein Lkw,

d) zwei Pkws und ein Lkw.

Welcher Unterschied besteht zwischen Teilaufgabe c) und d)?

**5** Die Firma Hirscher stellt Dichtungen her. Die Erfahrung zeigt, dass 5 % der hergestellten Dichtungen Mängel aufweisen. Das Qualitätsmanagement entscheidet, ein Testgerät anzuschaffen. Dieses Gerät erkennt mit einer Wahrscheinlichkeit von 96 % eine mangelhafte Dichtung. Eine Dichtung ohne Mängel wird von diesem Gerät mit einer Wahrscheinlichkeit von 2 % als mangelhaft eingestuft.

Mit welcher Wahrscheinlichkeit zeigt das Gerät einen Mangel an?

**6** Ein Test besteht aus drei Fragen und jeweils vier möglichen Antworten.

Jede Frage hat nur eine richtige Antwort. Ein unvorbereiteter Prüfling kann nur raten. Wie groß ist die Wahrscheinlichkeit, dass dieser Prüfling bei diesem Test

a) alle Antworten  b) keine Antwort  c) genau zwei Antworten  richtig ankreuzt?

## Aufgabentyp: Wie oft muss man mindestens ...

### Beispiel

⊃ Wie oft muss man einen idealen Würfel mindestens werfen, damit mit mindestens 96 % Wahrscheinlichkeit mindestens einmal die 6 fällt?

### Lösung

Vorüberlegung bei z. B. 4-mal werfen

Ereignis A: Mindestens eine 6 bei 4-mal werfen eines Würfels.

A: $6\,\overline{6}\,\overline{6}\,\overline{6}$; $\overline{6}\,6\,\overline{6}\,\overline{6}$; $\overline{6}\,\overline{6}\,6\,\overline{6}$; $\overline{6}\,\overline{6}\,\overline{6}\,6$; $6\,\overline{6}\,\overline{6}\,6$ usw.

**Bemerkung:** $\overline{6}$ bedeutet: keine 6

Das Ereignis A enthält alle Ergebnisse außer $\overline{6}\,\overline{6}\,\overline{6}\,\overline{6}$.

Das **Gegenereignis** $\overline{A}$ hat nur dieses Ergebnis. Man berechnet P(A) mithilfe von P($\overline{A}$).

verkürztes **Baumdiagramm**

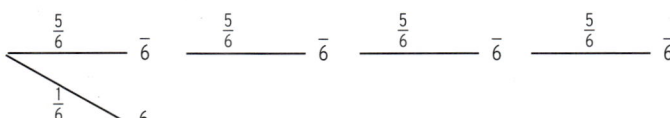

Mit $P(\overline{A}) = \left(\frac{5}{6}\right)^4$ gilt:

$P(A) = 1 - P(\overline{A}) = 1 - \left(\frac{5}{6}\right)^4 \approx 0{,}52 = 52\,\%$

**Ergebnis:** Die Wahrscheinlichkeit, dass bei 4-mal werfen mindestens eine 6 fällt, ist 0,52.

**Allgemein bei n-mal werfen**

Ereignis E: **Mindestens eine 6** bei n-mal werfen;

Gegenereignis $\overline{E}$: **keine** 6 bei n-mal werfen

Mit $P(\overline{E}) = \left(\frac{5}{6}\right)^n$ und $P(E) = 1 - P(\overline{E})$ gilt:

$P(E) = 1 - \left(\frac{5}{6}\right)^n$

**Ansatz:** $P(E) \geq 0{,}96$

$1 - \left(\frac{5}{6}\right)^n \geq 0{,}96$

$\left(\frac{5}{6}\right)^n \leq 0{,}04$

Beide Seiten logarithmieren

$n \cdot \ln\left(\frac{5}{6}\right) \leq \ln 0{,}04 \quad | : \ln\left(\frac{5}{6}\right) < 0$

Nach n auflösen

$n \geq 17{,}65$

**Hinweis:** Wegen $\ln\left(\frac{5}{6}\right) < 0$ muss das Ungleichheitszeichen umgedreht werden.

Z.B. $\quad 2 < 3 \quad | \cdot (-1)$

$\qquad -2 > -3$

**Ergebnis:** Man muss den Würfel mindestens 18-mal werfen, um mit einer Sicherheit von mindestens 96 % mindestens einmal die 6 zu erhalten.

**Hinweis:** Hier bietet sich auch der Einsatz eines zusätzlichen elektronischen Hilfsmittels an. Stichwort: **Schnittstelle**

## Aufgaben

**1** In einer Urne befinden sich 6 weiße und 4 rote Kugeln.
Aus der Urne wird dreimal nacheinander eine Kugel mit Zurücklegen gezogen.
Mit welcher Wahrscheinlichkeit ist keine der gezogenen Kugeln rot?
Wie oft muss man mindestens eine Kugel mit Zurücklegen ziehen, damit die Wahrschein-
lichkeit, dass wenigstens eine rote Kugel gezogen wird, größer als 0,98 ist?

**2** Die Firma Halux stellt Halogenbirnen für Autoscheinwerfer in großen Mengen her.
Dabei beträgt der Ausschussanteil an der Produktion 5 %.
Die Halogenbirnen werden in Kartons mit je 50 Birnen an den Handel geliefert.

**a)** Mit welcher Wahrscheinlichkeit ist in einem Karton mindestens eine defekte Birne?

**b)** Wie viele Birnen muss ein Kontrolleur der Produktion entnehmen, damit er mit einer
Wahrscheinlichkeit von mindestens 99 % wenigstens eine defekte Birne erhält?

**3** Ein Glücksrad mit vier Sektoren der Farben grün, rot, weiß
und blau wird in Drehung versetzt.
Ein Spiel ist beendet, wenn das Rad stillsteht.
Dann zeigt ein fester Pfeil auf die Mitte eines der vier Sektoren.
Eine Spielfolge besteht aus 3 Spielen.

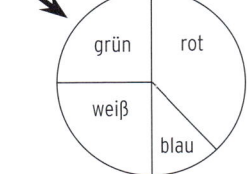

**a)** Berechnen Sie die Wahrscheinlichkeiten folgender Ereignisse für
eine Spielfolge:
$E_1$: Das Glücksrad bleibt nicht auf grün stehen.
$E_2$: Es kommt mindestens zweimal grün.
$E_3$: Erst im 3. Spiel zeigt der Pfeil auf grün.
Zeichnen Sie dazu ein geeignetes Baumdiagramm.

**b)** Wie viele Spielfolgen muss man mindestens durchführen, um mit mehr als 60 % Wahrscheinlichkeit wenigstens eine Spielfolge mit dreimal grün zu erhalten?

**4** Jana fährt mit dem Auto zur Schule. Unterwegs muss sie zwei unabhängig voneinander
geschaltete Verkehrsampeln sowie einen Bahnübergang passieren. Die Wahrscheinlichkeit, dass die Ampel Rot zeigt, beträgt bei der 1. Ampel 0,4 und bei der 2. Ampel 0,5.
Die Bahnschranke ist mit der Wahrscheinlichkeit 0,3 geschlossen.

**a)** Berechnen Sie die Wahrscheinlichkeiten folgender Ereignisse:
E1: Jana muss an keiner der drei Stellen anhalten.
E2: Jana muss an genau einer der drei Stellen anhalten.

**b)** Wie oft muss Jana mindestens zur Schule fahren, damit die Wahrscheinlichkeit wenigstens
einmal ohne Verzögerung anzukommen größer als 90 % ist?

## 3.5 Additionssatz

### Beispiel

⮕ Eine Befragung von 100 Haushalten ergab folgendes Ergebnis:

a) Wie viele Haushalte haben Radio (R) oder Fernseher (F)?

b) Ein Haushalt wird zufällig ausgewählt. Berechnen Sie die Wahrscheinlichkeit dafür, dass er Radio oder Fernseher hat.

| Von 100 Haushalten haben | |
| --- | --- |
| Radio | 87 |
| Fernseher | 75 |
| Radio und Fernseher | 70 |

### Lösung

a) **Hinweis:** Es können nicht $87 + 75 = 162$ Haushalte sein, da nur 100 Haushalte befragt wurden.

**87 Haushalte mit Radio**　　　　　　　75 Haushalte mit Fernseher

davon **70 mit Radio und Fernseher**　　davon **70 mit Radio und Fernseher**

17 nur mit Radio　　　　　　　　　　　5 nur mit Fernseher

Die 70 Haushalte mit Radio und Fernseher sind sowohl in den 87 Haushalten mit Radio als auch bei den 75 Haushalten mit Fernseher enthalten.

Addiert man die Anzahl der Haushalte mit Radio (87) und die Anzahl der Haushalte mit Fernseher (75), so hat man die Anzahl der Haushalte mit Radio und Fernseher doppelt gezählt. Daher muss man 70 von der Summe (162) subtrahieren.

**Anzahl der Haushalte mit Radio**　　　$87 + 75 - 70 = 92$　bzw.

**oder Fernseher**　　　　　　　　　　　$17 + 70 + 5 = 92$

b) Wahrscheinlichkeit $P = \frac{g}{m}$　　　　　$P(R \text{ \textbf{oder} } F) = \frac{87 + 75 - 70}{100} = \frac{92}{100} = 0{,}92$

mit einer Termumformung　　　　　　$P(R \text{ \textbf{oder} } F) = \frac{87}{100} + \frac{75}{100} - \frac{70}{100}$

$$P(R \cup F) = P(R) + P(F) - P(R \cap F)$$

---

### Additionssatz

Für zwei Ereignisse A und B gilt:

$P(A \cup B) = P(A) + P(B) - P(A \cap B)$　　　　(allgemeine Form)

$P(A \cup B) = P(A) + P(B)$, wenn $A \cap B = \emptyset$　　(spezielle Form)

Die Wahrscheinlichkeit eines **Oder**-Ereignisses ist die Summe der Wahrscheinlichkeiten der beiden Ereignisse vermindert um die Wahrscheinlichkeit des **Und**-Ereignisses.

## Beispiel

⮩ Hans spielt in zwei Lotterien. In der Lotterie I gewinnt jedes 3. Los.
In der Lotterie II sind von 170 Losen 90 Gewinne.
Hans kauft von jeder Lotterie ein Los.

a) Wie groß ist die Wahrscheinlichkeit, dass Hans in beiden Lotterien gewinnt?
b) Mit welcher Wahrscheinlichkeit gewinnt Hans?
c) Berechnen Sie die Wahrscheinlichkeit dafür, dass Hans nicht gewinnt.

## Lösung

Festlegung der Ereignisse

A: Gewinn in der Lotterie I          B: Gewinn in der Lotterie II          C: kein Gewinn

a) Gesucht ist die Wahrscheinlichkeit P von A und B d.h. von $A \cap B$ (Und-Ereignis)

Baumdiagramm
g: Gewinn

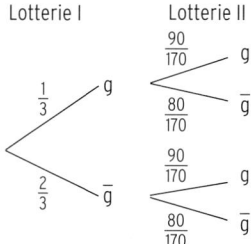

**Pfadmultiplikationsregel** $\qquad P(A \cap B) = P(g \wedge g) = \frac{1}{3} \cdot \frac{90}{170} = 0{,}176$

Die Wahrscheinlichkeit, dass Hans in beiden Lotterien gewinnt, ist 17,6 %.

b) Gesucht ist P von A oder B d.h. von $A \cup B$ (Oder-Ereignis)

**Additionssatz** $\qquad P(A \cup B) = P(A) + P(B) - P(A \cap B)$

$\qquad\qquad\qquad\qquad\qquad P(A \cup B) = \frac{1}{3} + \frac{90}{170} - \frac{1}{3} \cdot \frac{90}{170}$

Wahrscheinlichkeit $\qquad\qquad P(A \cup B) = 0{,}686$

**Alternativer Lösungsweg** mit Pfadmultiplikationsregel und Pfadadditionsregel

$P(A \cup B) = P(g\,g) + P(g\,\overline{g}) + P(\overline{g}\,g) = \frac{1}{3} \cdot \frac{90}{170} + \frac{1}{3} \cdot \frac{80}{170} + \frac{2}{3} \cdot \frac{90}{170} = 0{,}686$

Die Wahrscheinlichkeit, dass er in I oder II gewinnt ist 68,6 %.

c) C: kein Gewinn in Lotterie I und kein Gewinn in Lotterie II

Wahrscheinlichkeit $\qquad\qquad\qquad P(C) = P(\overline{g}\,\overline{g}) = \frac{2}{3} \cdot \frac{80}{170} = 0{,}314$

**Alternativer Lösungsweg** mit dem Gegenereignis $\overline{C}$

$\overline{C}$: Gewinn in Lotterie I oder in Lotterie II d. h. $\overline{C} = A \cup B$

$P(\overline{C}) = P(A \cup B) = 0{,}686 \qquad\qquad P(C) = 1 - P(\overline{C}) = 1 - 0{,}686 = 0{,}314$

## Zusammenhang von Pfadadditionsregel und Additionssatz

Pfadadditionsregel:  $P(A \cup B) = P(A) + P(B)$

Aus dem Baumdiagramm lässt sich ablesen: A und B können nicht gemeinsam auftreten, d.h.  $A \cap B = \emptyset$  und damit  $P(A \cap B) = 0$.

**Die Pfadadditionsregel ist ein Sonderfall des Additionssatzes.**

Baumdiagramm

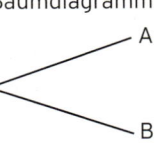

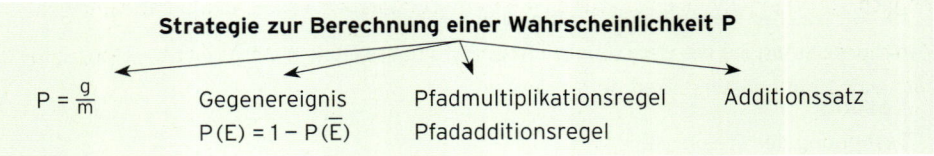

**Strategie zur Berechnung einer Wahrscheinlichkeit P**

| $P = \dfrac{g}{m}$ | Gegenereignis $P(E) = 1 - P(\overline{E})$ | Pfadmultiplikationsregel Pfadadditionsregel | Additionssatz |

## Aufgaben

**1** In einer Dose befinden sich fünf weiße, sieben blaue und sechs rote Kugeln.
Herbert zieht eine Kugel. Mit welcher Wahrscheinlichkeit ist diese Kugel weiß oder blau?
Lösen Sie diese Aufgabe mit und ohne Additionssatz.

**2** Die Ereignisse  A = {1; 3; 4}  und  B = {4; 5; 6}  sind Teilmengen der Ergebnismenge
S = {1; 2; 3; 4; 5; 6}  eines Laplace-Experiments.
Berechnen Sie $P(A)$; $P(B)$; $P(A \cap B)$; $P(A \cup B)$.

**3** Herr Huber kommt auf seinem Weg zur Firma Waldner an zwei Ampeln vorbei, die
unabhängig voneinander arbeiten. Er stellt fest, dass die erste Ampel in 60 % und die
zweite Ampel in 45 % seiner Fahrten grün zeigt.
Berechnen Sie die Wahrscheinlichkeit der folgenden Ereignisse:

a) Beide Ampeln zeigen grün.
b) Die 1. oder die 2. Ampel zeigt grün.
c) Mindestens eine Ampel zeigt grün.
d) Höchstens eine Ampel zeigt grün.

**4** Ein Gerät wird aus drei Bauteilen zusammengesetzt, die unabhängig voneinander
arbeiten. Jedes Bauteil arbeitet mit einer Wahrscheinlichkeit von 0,93 einwandfrei.
Fällt ein Bauteil aus, so funktioniert das Gerät nicht mehr.
Mit welcher Wahrscheinlichkeit fällt das Gerät aus?

**5** Bei einem Multiple-Choice-Test sind zu einer Testaufgabe vier Antwortmöglichkeiten
angegeben, von denen eine richtig ist. 30 % der Schüler haben sich gut vorbereitet und
wissen die richtige Antwort. Der Rest der Schüler muss raten, d.h., diese Schüler wählen
zufällig eine Antwortmöglichkeit aus.
Erstellen Sie ein Baumdiagramm. Bestimmen Sie
die Wahrscheinlichkeit dafür, dass ein zufällig
ausgewählter Schüler

- die richtige Antwort nicht weiß, sie aber durch
  Raten findet,
- die richtige Antwort angekreuzt hat.

> Welches ist kein Organ der Aktiengesellschaft?
> ☐ Vorstand
> ☐ Aufsichtsrat
> ☐ Hauptversammlung
> ☐ Gesellschafterversammlung

# 3.6 Bedingte Wahrscheinlichkeit

Die Wahrscheinlichkeit, mit einem idealen Würfel eine 6 zu werfen, ist $\frac{1}{6}$.
Ein Spieler würfelt mit geschlossenen Augen und möchte eine 6 würfeln. Ein Mitspieler sagt, dass die geworfene Augenzahl größer als 3 ist. Da das Ereignis Augenzahl größer als 3 schon eingetreten ist, sind nur noch die Ergebnisse 4, 5 und 6 (mit gleicher Wahrscheinlichkeit) möglich. Die Wahrscheinlichkeit für eine 6 beträgt in diesem Fall $\frac{1}{3}$ und nicht mehr $\frac{1}{6}$.

Man muss die **Voraussetzung bzw. Bedingung** (Augenzahl größer als 3) beachten, unter der nach einer Wahrscheinlichkeit gefragt wird.

## Beispiel

➲ In einer Urne befinden sich drei rote Kugeln und eine weiße Kugel.
Man zieht zweimal ohne Zurücklegen.

a) Berechnen Sie die Wahrscheinlichkeit für rot im 1. Zug und rot im 2. Zug.

b) Wie groß ist die Wahrscheinlichkeit für rot im 2. Zug, wenn schon im 1. Zug rot gezogen wurde?

## Lösung

Festlegung der Ereignisse      A: Rot im 1. Zug      B: Rot im 2. Zug

a) Gesucht ist $P(A \cap B)$.

Baumdiagramm

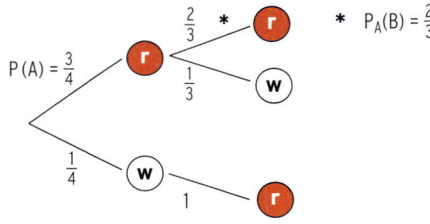

Mit der Pfadmultiplikationsregel: $P(A \cap B) = \frac{3}{4} \cdot \frac{2}{3} = \frac{1}{2}$

**Bemerkung:** $P(B) = \frac{1}{2} + \frac{1}{4} = \frac{3}{4}$      $P(A) \cdot P(B) = \frac{3}{4} \cdot \frac{3}{4} = \frac{9}{16} \neq P(A \cap B)$

b) Unter der Voraussetzung (Bedingung), dass im 1. Zug rot gezogen wurde, weiß man, dass noch 2 rote Kugeln und 1 weiße Kugel in der Urne sind.
Die Wahrscheinlichkeit für rot im 2. Zug ist dann $\frac{2}{3}$ (vgl. Baumdiagramm).
Für die Wahrscheinlichkeit von B (Rot im 2. Zug) unter der Voraussetzung dass A (Rot im 1. Zug) schon eingetreten ist, wählt man die Bezeichnung $P_A(B)$.
In diesem Fall gilt: $P_A(B) = \frac{2}{3} \neq P(B)$

**Zusammenhang von P(A ∩ B) und $P_A(B)$**

Vgl. Baumdiagramm von Beispiel Seite 251.

$P(A) = \frac{3}{4}$ —— **r** —— $P_A(B) = \frac{2}{3}$ —— **r** $P(A \cap B) = \frac{1}{2}$

**Pfadmultiplikationsregel:** $\qquad\qquad P(A \cap B) = P(A) \cdot P_A(B)$

In diesem Fall spricht man vom allgemeinen Multiplikationssatz.

> **Beachten Sie:**
>
> **Allgemeiner Multiplikationssatz: $P(A \cap B) = P(A) \cdot P_A(B)$**

Ist nach der Wahrscheinlichkeit $P_A(B)$ gefragt, so formt man diese Gleichung um.

> **Beachten Sie:**
>
> $P_A(B)$ ist die durch A bedingte Wahrscheinlichkeit von B. $\mathbf{P_A(B) = \dfrac{P(A \cap B)}{P(A)}}$ mit $P(A) \neq 0$
>
> Formulierung: $P_A(B)$ ist die Wahrscheinlichkeit von B unter der Bedingung, dass A schon eingetreten ist.

### Beispiel

⮕ In einer Gewerbeschule sind 70 % der zu unterrichtenden Personen männlich, davon besitzen 20 % ein Auto. Mit welcher Wahrscheinlichkeit ist eine zufällig befragte Person dieser Schule männlich und besitzt ein Auto?

### Lösung

Festlegung von Ereignissen

A: Person ist männlich $\qquad\qquad\qquad$ B: Person besitzt ein Auto

Gesuchte Wahrscheinlichkeit: $\qquad\qquad$ $P(A \cap B)$

Bekannt sind die Wahrscheinlichkeiten $\qquad$ $P(A) = 0,7;\ P_A(B) = 0,2$

**Hinweis:** $P_A(B)$ ist die Wahrscheinlichkeit dafür, dass eine Person ein Auto besitzt, wenn man weiß, dass es sich um eine männliche Person handelt.

$$P(A \cap B) = P(A) \cdot P_A(B) = 0,7 \cdot 0,2 = 0,14$$

Mit einer Wahrscheinlichkeit von 14 % ist eine zufällig ausgewählte Person männlich und besitzt ein Auto.

**Weiterer Lösungsweg (Plausibilitätsbetrachtung)**

Von z. B. 100 Personen sind 70 männlich. 20 % von 70 Personen besitzen ein Auto, d. h., 14 männliche Personen besitzen ein Auto.

14 Personen von 100 Personen entspricht 14 %.

## Beispiel

⮑ In einer Gruppe von 300 Personen haben sich 200 Personen prophylaktisch gegen Grippe impfen lassen. Nach einer bestimmten Zeit wurde jedes Gruppenmitglied danach befragt, wer an einer Grippe erkrankte. Die Ergebnisse werden in einer sogenannten **Vierfeldertafel** (2 Merkmale mit jeweils 2 Ausprägungen) dargestellt.

| Gruppe | B (erkrankt) | $\bar{B}$ (nicht erkrankt) | Summe |
|---|---|---|---|
| A (mit Impfung) | 20 | 180 | 200 |
| $\bar{A}$ (ohne Impfung) | 40 | 60 | 100 |
| Summe | 60 | 240 | 300 |

Das Ereignis A sei „Person ist geimpft" und das Ereignis B: „Person erkrankt". Berechnen Sie $P_A(B)$ und $P_B(A)$. Interpretieren Sie Ihre Ergebnisse.

## Lösung

$P(A) = \frac{200}{300} = \frac{2}{3} = 0{,}67$

**Bemerkung:** Hier wurde die relative Häufigkeit berechnet.

Diese relative Häufigkeit fasst man als Wahrscheinlichkeit für die zufällige Auswahl irgend einer Person auf.

$P(B) = \frac{60}{300} = 0{,}2$

$A \cap B$: „Eine geimpfte Person ist erkrankt."

$P(A \cap B) = \frac{20}{300} = 0{,}067$

$P_A(B) = \frac{P(A \cap B)}{P(A)} = \frac{\frac{1}{15}}{\frac{2}{3}} = 0{,}1$

|  | B | $\bar{B}$ | Summe |
|---|---|---|---|
| A | $\frac{1}{15}$ | $\frac{3}{5}$ | $\frac{2}{3}$ |
| $\bar{A}$ | $\frac{2}{15}$ | $\frac{1}{5}$ | $\frac{1}{3}$ |
| Summe | $\frac{1}{5}$ | $\frac{4}{5}$ | 1 |

**Interpretation:** Wenn man weiß, dass die Person geimpft wurde, kommen nur noch 200 Personen in Frage. 20 geimpfte Personen von 200 geimpften entsprechen einer Wahrscheinlichkeit von 0,1.

$P_B(A) = \frac{P(A \cap B)}{P(B)} = \frac{0{,}067}{0{,}2} = 0{,}33$

**Interpretation:** Man weiß, dass die Person erkrankt ist, somit kommen nur noch 60 Personen in Frage. 20 geimpfte und erkrankte Personen von 60 Personen entsprechen einer Wahrscheinlichkeit von 0,33.

## Vierfeldertafel für Wahrscheinlichkeiten

| Zwei Merkmale mit jeweils zwei Ausprägungen |  | B | $\bar{B}$ | Summe |
|---|---|---|---|---|
|  | A | $P(A \cap B)$ | $P(A \cap \bar{B})$ | $P(A)$ |
|  | $\bar{A}$ | $P(\bar{A} \cap B)$ | $P(\bar{A} \cap \bar{B})$ | $P(\bar{A})$ |
|  | Summe | $P(B)$ | $P(\bar{B})$ | 1 |

## Beispiel

➲ Eine ideale Münze wird dreimal geworfen. Die Ereignisse A und B sind definiert durch
A: 1. Wurf Wappen bzw. B: Genau einmal Zahl.
Berechnen Sie $P_A(B)$ und $P_B(A)$ und interpretieren Sie Ihre Ergebnisse.

## Lösung

| | |
|---|---|
| Wahrscheinlichkeit von A: | $P(A) = \frac{1}{2}$ |
| Ergebnisse des Ereignisses A ∩ B: | WZW; WWZ mit $P(WZW) = P(WWZ) = \frac{1}{8}$ |
| Wahrscheinlichkeit: | $P(A \cap B) = 2 \cdot \frac{1}{8} = \frac{1}{4}$ |
| Bedingte Wahrscheinlichkeit: | $P_A(B) = \frac{P(A \cap B)}{P(A)} = \frac{0{,}25}{0{,}5} = 0{,}5$ |

**Interpretation:** Wenn man weiß, dass A eingetreten ist, d.h., 1. Wurf war Wappen,
ergibt sich eine neue Ergebnismenge S* = {WWW; WWZ; WZW; WZZ}.
Mit dieser Ergebnismenge S* gilt B = {WWZ; WZW}. Jedes Ergebnis hat die
gleiche Wahrscheinlichkeit.                $P_A(B) = \frac{2}{4} = 0{,}5$

Lösung mit einem **Baumdiagramm**
A: 1. Wurf Wappen ist eingetreten
Die beiden rot gekennzeichneten
Äste beschreiben das Ereignis
B unter der Bedingung A.
$P_A(B) = 0{,}5 \cdot 0{,}5 + 0{,}5 \cdot 0{,}5 = 0{,}5$

## Ereignis B:

| | |
|---|---|
| | B = {ZWW; WZW; WWZ} |
| Wahrscheinlichkeit von B: | $P(B) = \frac{3}{8}$ |
| Bedingte Wahrscheinlichkeit: | $P_B(A) = \frac{P(B \cap A)}{P(B)} = \frac{P(A \cap B)}{P(B)}$ |
| | $P_B(A) = \frac{0{,}25}{0{,}375} = \frac{2}{3}$ |

**Interpretation:** Man weiß, dass B eingetreten ist, d. h., es trat ein Mal Zahl auf.
Es ist von einer neuen Ergebnismenge S* auszugehen: S* = {ZWW; WZW; WWZ}

Mit dieser Ergebnismenge S* ist A = {WZW; WWZ}: $P_B(A) = \frac{2}{3}$.

## Beispiel

➲ In einer Lostrommel befinden sich 100 Nieten und 20 Gewinnlose.
Es werden nacheinander drei Lose gezogen. Das dritte Los ist ein Gewinn.
Mit welcher Wahrscheinlichkeit war auch das erste Los ein Gewinn?

## Lösung

G: Gewinnlos;  N: Niete

| | |
|---|---|
| Ereignis A: | Das dritte Los ist ein Gewinn |
| | mit  A = {GGG; GNG; NGG; NNG} |
| Ereignis B: | Das erste Los ist ein Gewinn |
| | mit  B = {GGG; GNG; GGN; GNN} |
| Ereignis A ∩ B: | Das erste und das dritte Los ist ein Gewinn |
| | mit  A ∩ B = {GGG; GNG} |

**Wahrscheinlichkeiten**

$$P(A) = \frac{20}{120} \cdot \frac{19}{119} \cdot \frac{18}{118} + \frac{100}{120} \cdot \frac{20}{119} \cdot \frac{19}{118} \cdot 2 + \frac{100}{120} \cdot \frac{99}{119} \cdot \frac{20}{118} = \frac{1}{6}$$

$$P(A \cap B) = \frac{20}{120} \cdot \frac{100}{119} \cdot \frac{19}{118} + \frac{20}{120} \cdot \frac{19}{119} \cdot \frac{18}{118} = \frac{19}{714}$$

Für die bedingte Wahrscheinlichkeit  $P_A(B) = \frac{P(A \cap B)}{P(A)} = \frac{\frac{19}{714}}{\frac{1}{6}} = \frac{19}{119} = 0,16$

Mit einer Wahrscheinlichkeit von etwa 16 % war auch das erste Los ein Gewinn.

## Beispiel

➲ Eine Familie hat zwei Kinder. Die Geburt eines Jungen (J) bzw. eines Mädchens (M) soll die gleiche Wahrscheinlichkeit haben.
a)  Welche Wahrscheinlichkeit hat das Ereignis A: „Beide Kinder sind Jungen"?
b)  Wie groß ist die Wahrscheinlichkeit für das Ereignis B: „Die Familie hat zwei Jungen",
wenn man weiß, dass sie mindestens einen hat? Was vermuten Sie?

## Lösung

| | | |
|---|---|---|
| a) | Ergebnismenge: | $S = \{JJ; JM; MJ; MM\}$ |
| | Wahrscheinlichkeit von A: | $P(A) = P(JJ) = \frac{1}{4}$ |
| b) | Neue Ergebnismenge: | $S^* = \{JJ; JM; MJ\}$ |
| | Wahrscheinlichkeit von B: | $P(B) = P(JJ) = \frac{1}{3}$ |

**Bemerkung:** Man könnte vermuten, dass $P(B)$ den Wert 0,5 hat, weil es nur auf das zweite Kind ankommt. Hierbei handelt es sich um eine bedingte Wahrscheinlichkeit. Die Anzahl der möglichen Ereignisse ist 3, sodass  $P(JJ) = \frac{1}{3}$  ist.

## Aufgaben

**1** Für zwei Ereignisse A und B gelte: $P(A) = 0,3$; $P(B) = 0,6$ und $P(A \cap B) = 0,2$.
Berechnen Sie folgende Wahrscheinlichkeiten.

a) $P_A(B)$  b) $P_B(A)$  c) $P(A \cup B)$

**2** Eine Urne enthält 5 Kugeln mit den Buchstaben A, B, C und den Zahlen 7 und 8.
Maria zieht eine Kugel und notiert den Buchstaben bzw. die Zahl.
Die Ereignisse $E_1$ und $E_2$ sind definiert durch: $E_1$: Buchstabe; $E_2$: Zahl.
Geben Sie die Wahrscheinlichkeit $P(E_1)$; $P(E_2)$; $P_{E_1}(E_2)$ und $P_{E_2}(E_1)$ an.

**3** Aus einem Skatspiel (32 Karten mit 4 Königen) werden nacheinander ohne Zurücklegen
zwei Karten gezogen.
Wie groß ist die Wahrscheinlichkeit dafür, dass die zweite Karte ein König ist, wenn man
weiß, dass die erste Karte auch ein König war?

**4** Man wählt zufällig eine Zahl von 1 bis 50.
Mit welcher Wahrscheinlichkeit ist diese Zahl durch 5 teilbar, wenn man weiß, dass sie
durch 3 teilbar ist?

**5** Eine Urne $U_1$ enthält 7 Kugeln mit den Zahlen 1 bis 7.
Eine zweite Urne $U_2$ enthält 4 Kugeln mit den Zahlen 1 bis 4.
Aus einer der beiden Urnen wird eine Kugel gezogen.
Berechnen Sie die Wahrscheinlichkeit folgender Ereignisse:
A: „Die gezogene Kugel trägt eine gerade Zahl.",
B: „Die gezogene Kugel trägt eine ungerade Zahl.",
C: „Die gezogene Kugel stammt aus der Urne $U_1$.",
Mit welcher Wahrscheinlichkeit stammt die gezogene Kugel mit gerader Zahl aus der
Urne $U_1$?

**6** Die skizzierte Spielanordnung besteht
aus zwei Glücksrädern, deren Einzelsektoren gleich groß sind. Ein Spiel besteht darin, dass beide Räder in unabhängige
Drehung versetzt und zufällig gestoppt
werden. Ein Spiel ist beendet, wenn jeder
Pfeil auf die Mitte eines Sektors zeigt.
Für ein Spiel werden folgende Ereignisse
definiert:

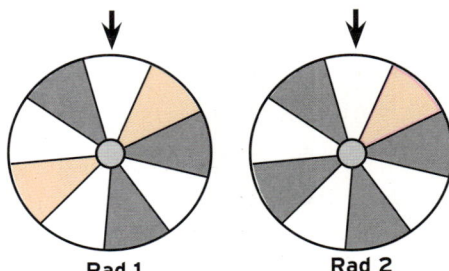

Rad 1  Rad 2

C: Der Pfeil von Rad 1 zeigt weder auf rot
noch auf schwarz.
D: Rot und weiß werden nicht gleichzeitig angezeigt.
Berechnen Sie $P_C(D)$ ohne und mithilfe der Formel für bedingte Wahrscheinlichkeit.

# 3.7 Unabhängigkeit von Ereignissen

### Beispiel

➲ Ein Würfel wird zweimal nacheinander geworfen.
Es sei A: Im 1. Wurf ist die Augenzahl 6 und B: Im 2. Wurf ist die Augenzahl 6.
Berechnen Sie $P(B)$; $P_A(B)$ und $P(A \cap B)$.

### Lösung

Wahrscheinlichkeit von B: $\qquad\qquad\qquad\qquad P(B) = \frac{1}{6}$

Die unter A bedingte Wahrscheinlichkeit von B: $\quad P_A(B) = P(B) = \frac{1}{6}$

**Hinweis:** $P_A(B)$ ist die Wahrscheinlichkeit von B, unter der Voraussetzung, dass im 1. Wurf die Augenzahl 6 war.

Da der 1. Wurf den 2. Wurf nicht beeinflusst, gilt $\quad P_A(B) = P(B) = \frac{1}{6}$

**Allgemeiner Multiplikationssatz:** $\qquad\qquad P(A \cap B) = P(A) \cdot P_A(B)$

Mit $P_A(B) = P(B)$: $\qquad\qquad\qquad\qquad P(A \cap B) = P(A) \cdot P(B)$

$$= \frac{1}{6} \cdot \frac{1}{6} = \frac{1}{36}$$

Gilt $P_A(B) = P(B)$, so beeinflusst das Eintreten des Ereignisses A die Wahrscheinlichkeit von B nicht. Man sagt die Ereignisse **A und B sind unabhängig.**

---

**Definition:**

Zwei Ereignisse A und B heißen (stochastisch) **unabhängig,** wenn gilt:

$$P(A \cap B) = P(A) \cdot P(B)$$

Andernfalls heißen die Ereignisse **abhängig.**

---

**Beachten Sie:**

**Allgemeiner Multiplikationssatz** $\qquad\qquad P(A \cap B) = P(A) \cdot P_A(B)$

Sonderfall mit $P_A(B) = P(B)$:
**Spezieller Multiplikationssatz** $\qquad\qquad P(A \cap B) = P(A) \cdot P(B)$

---

Für den Nachweis der Unabhängigkeit zweier Ereignisse A und B berechnet man $P(A)$; $P(B)$ und $P(A \cap B)$.

Gilt $P(A \cap B) = P(A) \cdot P(B)$, so sind die Ereignisse A und B voneinander unabhängig.

### Beispiel

⮞ Zwei Seitenflächen eines idealen Würfels tragen die Augenzahl 3, zwei die Augenzahl 4, eine Seitenfläche die Augenzahl 5 und eine die Augenzahl 6.
Der Würfel wird zweimal geworfen.
Die Ereignisse A und B sind folgendermaßen definiert:
A: Beim ersten Wurf erscheint die Augenzahl 3 oder 5.
B: Beim zweiten Wurf erscheint die Augenzahl 4 oder 6.

**a)** Untersuchen Sie, ob die Ereignisse A und B unabhängig sind.

**b)** Berechnen Sie $P(A \cup B)$.

### Lösung

**a)** Berechnung von $P(A)$ und $P(B)$:  $\quad P(A) = \frac{2}{6} + \frac{1}{6} = \frac{1}{2}; \ P(B) = \frac{2}{6} + \frac{1}{6} = \frac{1}{2}$

Ergebnisse des Ereignisses $A \cap B$:  $\quad (3\ 4); (3\ 6); (5\ 4); (5\ 6)$

$P(A \cap B) = \frac{1}{3} \cdot \frac{1}{3} + \frac{1}{3} \cdot \frac{1}{6} + \frac{1}{6} \cdot \frac{1}{3} + \frac{1}{6} \cdot \frac{1}{6} = \frac{1}{4}$

$P(A) \cdot P(B) = \frac{1}{4} = P(A \cap B)$.  Die Ereignisse A und B sind voneinander **unabhängig.**

**b)** Additionssatz  $P(A \cup B) = P(A) + P(B) - P(A \cap B) = \frac{1}{2} + \frac{1}{2} - \frac{1}{4} = \frac{3}{4}$

### Beispiel

⮞ Ein Glücksrad mit 4 gleich großen Sektoren der Farben
rot, blau, schwarz und weiß wird in Drehung versetzt.
Ein Spiel ist beendet, wenn das Rad stillsteht, wobei ein
fester Pfeil genau auf einen Sektor zeigt.
Das Rad wird zweimal gedreht.
Es werden folgende Ereignisse definiert:
A: Der Pfeil zeigt bei der ersten Drehung auf rot oder blau
und bei der zweiten Drehung nicht auf weiß.
B: Der Pfeil zeigt bei der zweiten Drehung auf eine andere Farbe als bei der ersten
Drehung.

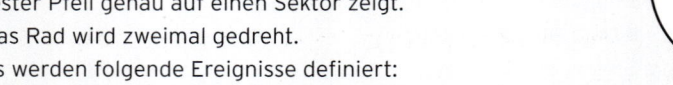

**a)** Sind A und B abhängige Ereignisse?

**b)** Berechnen Sie die unter A bedingte Wahrscheinlichkeit von B.

### Lösung

**a)** $P(A) = P((r \vee b) \wedge \overline{w}) = \frac{1}{2} \cdot \frac{3}{4} = \frac{3}{8};$

$P(B) = \frac{3}{4};$ für die zweite Drehung bleiben 3 von 4 Farben übrig.

Ergebnisse des Ereignisses $A \cap B$:  $\quad (r\ b); (r\ s); (b\ r); (b\ s)$

$P(A \cap B) = 4 \cdot \frac{1}{4} \cdot \frac{1}{4} = \frac{1}{4}; \ P(A) \cdot P(B) = \frac{9}{32} \neq P(A \cap B)$

Die Ereignisse A und B sind abhängig.

**b)** $P_A(B) = \dfrac{P(A \cap B)}{P(A)} = \dfrac{2}{3}$

## Beispiel

⮞ An einer beruflichen Schule wurden die Schüler/innen befragt, ob sie rauchen oder
nicht rauchen.

Das Ergebnis wurde in einer Vierfeldertafel
(2 Merkmale mit jeweils 2 Ausprägungen)
dargestellt.

|          | raucht | raucht nicht |
|----------|--------|--------------|
| männlich | 82     | 211          |
| weiblich | 131    | 250          |

a) Untersuchen Sie, ob das Ereignis „männlich" und das Ereignis „raucht" abhängige
Ereignisse sind.

b) Wie groß ist die Wahrscheinlichkeit für das Ereignis „Frau und raucht nicht"?

c) Der Schulleiter sieht eine Schülerin im Aufenthaltsraum.
Mit welcher Wahrscheinlichkeit ist diese Schülerin Nichtraucherin?

## Lösung

a) Festlegung der Ereignisse          A: männlich; B: raucht
Gegenereignisse:                      $\overline{A}$: weiblich; $\overline{B}$: raucht nicht

**Vierfeldertafel** für absolute Häufigkeiten

|                 | B   | $\overline{B}$ | Summe |
|-----------------|-----|----------------|-------|
| A               | 82  | 211            | 293   |
| $\overline{A}$  | 131 | 250            | 381   |
| Summe           | 213 | 461            | 674   |

**Vierfeldertafel** für Wahrscheinlichkeiten

|                 | B    | $\overline{B}$ | Summe |
|-----------------|------|----------------|-------|
| A               | 0,12 | 0,31           | 0,43  |
| $\overline{A}$  | 0,20 | 0,37           | 0,57  |
| Summe           | 0,32 | 0,68           | 1     |

$P(A) = \frac{293}{674} = 0,43$

$P(A \cap B) = \frac{82}{674} = 0,12$

$P(B) = \frac{213}{674} = 0,32$

$P(A) \cdot P(B) = 0,14 \neq P(A \cap B)$

Die Ereignisse A: „männlich" und B: „raucht" sind voneinander abhängig.

b) $P(\overline{A} \cap \overline{B}) = \frac{250}{674} = 0,37$

c) Man weiß, dass es eine Schülerin ist.
Somit handelt es sich um eine **bedingte Wahrscheinlichkeit.**
Gesuchte Wahrscheinlichkeit          $P_{\overline{A}}(\overline{B})$

Mit $P(\overline{A}) = \frac{381}{674} = 0,57$          $P_{\overline{A}}(\overline{B}) = \frac{P(\overline{A} \cap \overline{B})}{P(\overline{A})} = \frac{0,37}{0,57} = 0,65$

Mit einer Wahrscheinlichkeit von 65 % ist die Schülerin Nichtraucherin.

**Weitere Lösungsmöglichkeit**

Da man weiß, dass es sich um eine Schülerin handelt, kommen nur 381 Personen in
Frage. Insgesamt gibt es 250 Nichtraucherinnen.

Wahrscheinlichkeit  $P = \frac{g}{m}$          $P = \frac{250}{381} = 0,65$

## Aufgaben

**1** Ein Skatspiel enthält 32 Karten in 4 Farben (Karo, Pik, Herz, Kreuz) mit jeweils 8 Karten, darunter ein König. Es wird blind eine Karte gezogen.
Sind die Ereignisse A: Karokarte und B: König abhängig oder unabhängig?

**2** In einem Korb befinden sich ein roter Ball, drei schwarze, drei gelbe und zwei weiße Bälle. Es werden drei Bälle nacheinander und ohne Zurücklegen entnommen.
Die Ereignisse A: „Genau ein schwarzer Ball wird entnommen" und
B: „Mindestens zwei gelbe Bälle werden entnommen" werden definiert.
**a)** Beweisen Sie: Die Ereignisse A und B sind abhängig.
**b)** Berechnen Sie $P_B(A)$. Interpretieren Sie Ihr Ergebnis.

**3** Die Ereignisse A und B seien unabhängige Ereignisse.
Füllen Sie die freien Plätze der „Vierfeldertafel" aus.

|  | B | $\overline{B}$ | Summe |
|---|---|---|---|
| A | ? | ? | 200 |
| $\overline{A}$ | ? | ? | ? |
| Summe | 700 | ? | 1000 |

**4** Bei einer Abschlussprüfung sind erfahrungsgemäß 20 % der angemeldeten Studierenden Wiederholer. Von diesen treten 12 % von der Prüfung zurück.
Insgesamt treten 83,2 % der angemeldeten Studierenden zur Prüfung an.
Einer der angemeldeten Studierenden wird zufällig ausgewählt.
• Mit welcher Wahrscheinlichkeit ist er ein Wiederholer und tritt von der Prüfung zurück?
• Er nimmt an der Prüfung teil. Mit welcher Wahrscheinlichkeit ist er Wiederholer?

**5** In einer bestimmten Sportart sind 12 % aller Sportler in einem Wettkampf gedopt.
Ein Institut hat ein Verfahren entwickelt, mit dem man einen gedopten Sportler mit Sicherheit erkennt. Leider werden jedoch 7 % derjenigen Sportler, die nicht gedopt sind, auch positiv getestet. Die Ereignisse A und B sind definiert durch
A: Sportler ist gedopt. B: Sportler wird positiv getestet.
**a)** Zeigen Sie, dass die Ereignisse A und B abhängig sind.
**b)** Bestimmen Sie die Wahrscheinlichkeit dafür, dass ein zufällig ausgewählter Sportler dieses Wettkampfes gedopt ist, wenn die Untersuchung positiv ausfällt.

**6** Die Firma Uhl stellt Haushaltsgeräte her. Der Anteil der fehlerhaften Geräte ist 1,0 %.
In der Fertigungskontrolle werden 1,2 % der einwandfreien Geräte irrtümlich als fehlerhaft aussortiert, während 97,0 % der fehlerhaften Geräte auch als solche erkannt und aussortiert werden.
**a)** Erstellen Sie ein Baumdiagramm.
Wie viel Prozent der Geräte werden aussortiert?
**b)** Ein Gerät ist nicht aussortiert worden.
Mit welcher Wahrscheinlichkeit ist es fehlerhaft?

# 4 Kombinatorik

**Hilfsmittel zur Berechnung von Wahrscheinlichkeiten**

Bei einem Laplace-Experiment gilt für die Wahrscheinlichkeit P(E) eines Ereignisses E:

$$P(E) = \frac{\text{Anzahl der Ergebnisse, bei denen E eintritt}}{\text{Anzahl der möglichen Ergebnisse}}$$

Wird die Anzahl der Ergebnisse sehr groß, ist das Aufschreiben der Ergebnismenge oder das Zeichnen eines Baumdiagramms sehr umständlich. Die Anzahl der Ergebnisse lässt sich dann mit Hilfsmitteln aus der **Kombinatorik** berechnen.

## 4.1 Produktregel

### Beispiel

➲ Auf einer Baustelle arbeiten drei deutsche, zwei türkische und zwei polnische Bauarbeiter. Der Meister möchte ein Team aus drei Bauarbeitern unterschiedlicher Nationalität zusammenstellen. Wie viele Möglichkeiten hat er, eine Dreiergruppe zu bilden?

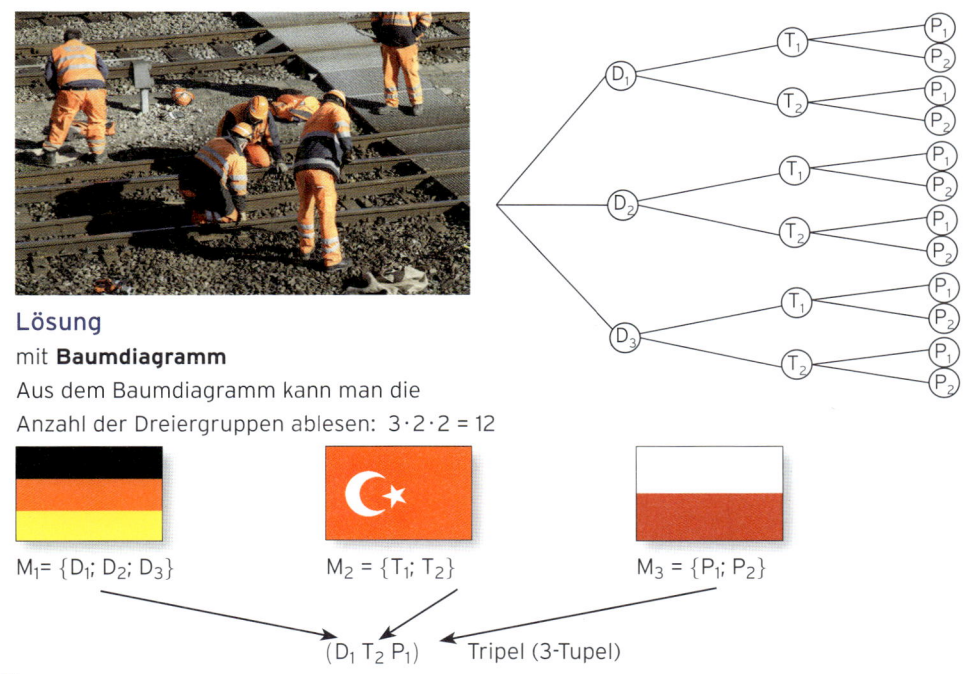

### Lösung

mit **Baumdiagramm**

Aus dem Baumdiagramm kann man die Anzahl der Dreiergruppen ablesen:  $3 \cdot 2 \cdot 2 = 12$

$M_1 = \{D_1; D_2; D_3\}$     $M_2 = \{T_1; T_2\}$     $M_3 = \{P_1; P_2\}$

$(D_1\ T_2\ P_1)$   Tripel (3-Tupel)

**Bemerkung:**

Aus k Mengen $M_1; \dots; M_k$ mit $n_1, \dots, n_k$ Elementen lassen sich  $n_1 \cdot n_2 \cdot \dots \cdot n_k$ verschiedene k-Tupel bilden.

## Aufgaben

**1** Eine Aufnahmeprüfung besteht aus sechs Fragen mit je drei Antworten. Wie viele Möglichkeiten gibt es, den Testbogen auszufüllen, wenn jeweils eine Antwort richtig ist?
Wie groß ist die Wahrscheinlichkeit, dass ein Prüfling alles falsch ankreuzt?

**2** Ein Fahrradhändler bietet seinen Kunden die Möglichkeit, sich ihr Fahrrad aus 6 verschiedenen Rahmen, 2 unterschiedlichen Bremsen und 3 Lenkerformen zusammenzustellen. Unter wie viel verschiedenen Fahrrädern kann der Kunde in diesem Fall wählen?

**3** In Deutschland sind etwa 100 Millionen Mobiltelefone im Einsatz.
Eine Handynummer besteht aus den Ziffern 0 bis 9 (die erste Ziffer ist keine Null).
Wie viele Stellen muss eine Handynummer mindestens haben, wenn 4 Mobilfunkanbieter etwa den gleichen Marktanteil haben?

**4** Berechnen Sie die Anzahl der dreiziffrigen Zahlen, aus den Ziffern 1 bis 9, in denen keine Ziffer doppelt vorkommt.

**5** Ein Landkreis hat ca. $6 \cdot 10^6$ Einwohner. Ein Autokennzeichen besteht nach dem Landkreiskennzeichen aus zwei Buchstaben und einer Zahlenfolge, die nicht mit null beginnt und mindestens aus zwei Ziffern besteht. Aus wie vielen Ziffern muss die Zahlenfolge bestehen, damit im Extremfall jeder Einwohner mit einem Autokennzeichen versorgt werden kann?

**6** In Frankreich lässt sich die 100-fache Anzahl von Pkw wie in Deutschland zulassen.
Nehmen Sie Stellung.

**7** Torstens kleine Schwester besitzt für ihre Puppe 6 Pullover, 4 Hosen und 2 Paar Schuhe. Wie viele Möglichkeiten gibt es, der Puppe einen Pullover, eine Hose und Schuhe anzuziehen?

## 4.2 Stichproben

In der Wahrscheinlichkeitsrechnung werden Teilmengen einer Grundmenge als
Ereignisse oder als Stichproben bezeichnet. Beim Ziehen von Stichproben unterscheiden
wir drei Fälle:
1. **Geordnete Stichprobe mit** Zurücklegen ⎫
2. **Geordnete Stichprobe ohne** Zurücklegen ⎬ Die **Reihenfolge** ist wichtig.
3. **Ungeordnete Stichprobe** ohne Zurücklegen **(Ziehung mit einem Griff)**

## 4.2.1 Geordnete Stichprobe mit Zurücklegen

### Beispiel

➲ In einer Urne befinden sich sechs gleichartige Kugeln mit den Nummern 1 bis 6. Man zieht blind eine Kugel, notiert ihre Nummer und legt sie in die Urne zurück.
Dieser Vorgang wird einmal wiederholt.

a) Wie viele Ergebnisse gibt es?

b) Berechnen Sie die Wahrscheinlichkeit für die Ereignisse
$A_1$: Man erhält zweimal eine Sechs;  $A_2$: Man erhält genau eine Sechs.

**Bemerkung:**

Man unterscheidet bei der geordneten Stichprobe zwischen den Ergebnissen (2 3) und (3 2).

### Lösung

a) Die Produktregel liefert $6 \cdot 6 = 6^2$ Ergebnisse.

**Verallgemeinerung:** k Ziehungen mit n Kugeln

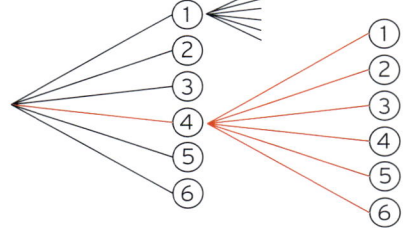

| n | k | Möglichkeiten |
|---|---|---|
| 6 | 4 | $6^4$ |
| 6 | k | $6^k$ |
| n | k | $n^k$ |

### Beachten Sie

Beim Ziehen mit Zurücklegen gibt es $n \cdot n \cdot \ldots \cdot n = n^k$ ($n, k \in \mathbb{N}^*$) Möglichkeiten, eine **geordnete Stichprobe** vom Umfang k aus n Elementen mit Zurücklegen zu ziehen.

b) Es gibt 36 mögliche Ergebnisse, nur ein Ergebnis ist für $A_1$ günstig.

Wahrscheinlichkeit für $A_1$:  $P(A_1) = \frac{1}{36}$

Anzahl der für $A_2$ günstigen Ergebnisse:  $1 \cdot 5 + 5 \cdot 1 = 10$  (vgl. Baumdiagramm)

Wahrscheinlichkeit für $A_2$:  $P(A_2) = \frac{10}{36}$

## Aufgaben

**1** Ein Aktenkofferschloss besitzt drei drehbare Rädchen mit jeweils 10 Ziffern. Wie groß ist die Wahrscheinlichkeit, das Schloss mit der ersten Zahlenkombination zu öffnen?

**2** Um beim Fußballtoto zu gewinnen, muss man den Spielausgang von 13 Spielen voraussagen. Wie groß ist die Wahrscheinlichkeit für 13 Richtige?

## 4.2.2 Geordnete Stichprobe ohne Zurücklegen

### Beispiel

➲ Bei einem Fahrradrennen kämpfen vier Fahrer A, B, C und D um den 1. und 2. Platz.

**a)** Wie viel Möglichkeiten gibt es, den ersten und den zweiten Platz zu belegen?

**b)** Bestimmen Sie die Anzahl der Möglichkeiten, bei 4 Fahrern die ersten 3 Plätze zu belegen.

### Lösung

**a)** Baumdiagramm

Die Produktregel liefert

$4 \cdot 3 = 12$ Möglichkeiten.

**1. Platz   2. Platz**

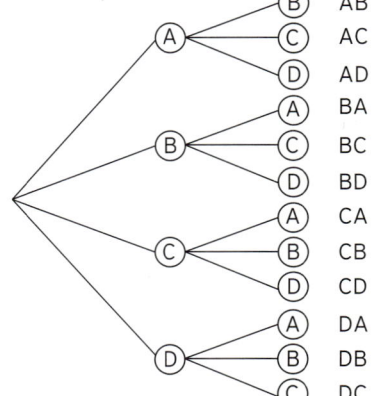

geordnete Stichprobe

**b)**

| Fahrer | Spitzenplätze | Anzahl der Möglichkeiten |
|--------|---------------|--------------------------|
| 4 | 3 | $4 \cdot 3 \cdot 2 = 24$ |

Verallgemeinerung auf n Fahrer und 3 bzw. k Spitzenplätzen

| Fahrer | Spitzenplätze | Anzahl der Möglichkeiten |
|--------|---------------|--------------------------|
| n | 3 | $n \cdot (n-1) \cdot (n-2)$ |
| n | k | $n \cdot (n-1) \cdot (n-2) \cdot \ldots \cdot (n-k+1)$ |

Bei n Fahrern und k Spitzenplätzen gibt es $n \cdot (n-1) \cdot (n-2) \cdot \ldots \cdot (n-k+1)$ Möglichkeiten.

**Berechnung der Anzahl mithilfe der Fakultät:** $6 \cdot 5 \cdot 4 = \dfrac{6 \cdot 5 \cdot 4 \cdot 3 \cdot 2 \cdot 1}{3 \cdot 2 \cdot 1} = \dfrac{6!}{3!}$

Festlegung:

$6! = 6 \cdot 5 \cdot 4 \cdot 3 \cdot 2 \cdot 1$ (6! lies 6-Fakultät)            $3! = 3 \cdot 2 \cdot 1$ (3! lies 3-Fakultät)

$n! = n \cdot (n-1) \cdot (n-2) \cdot \ldots \cdot 3 \cdot 2 \cdot 1$            $(n-k)! = (n-k) \cdot (n-k-1) \cdot \ldots \cdot 3 \cdot 2 \cdot 1$

$n \cdot (n-1) \cdot (n-2) \cdot \ldots \cdot (n-k+1) = \dfrac{n \cdot (n-1) \cdot (n-2) \cdot \ldots \cdot (n-k+1) \cdot \mathbf{(n-k)} \cdot \ldots \cdot \mathbf{3 \cdot 2 \cdot 1}}{\mathbf{(n-k)} \cdot \ldots \cdot \mathbf{3 \cdot 2 \cdot 1}} = \dfrac{n!}{(n-k)!}$

### Beachten Sie

Aus einer Menge (Gesamtheit) von n Elementen erhält man durch k-faches Ziehen

$n \cdot (n-1) \cdot (n-2) \cdot \ldots \cdot (n-k+1) = \dfrac{n!}{(n-k)!}$ **geordnete Stichproben ohne Zurücklegen.**

Man legt fest: **0! = 1** und **1! = 1**

### Beachten Sie

Für n verschiedene Objekte gibt es $n \cdot (n-1) \cdot \ldots \cdot 4 \cdot 3 \cdot 2 \cdot 1 = n!$, $n \in \mathbb{N}^*$

**Vertauschungen oder Permutationen.**

## Aufgaben

**1** Berechnen Sie.

a) $7!$    b) $\frac{10!}{8!}$    c) $\frac{18!}{9!}$    d) $20 \cdot 19 \cdot 18 \cdot \ldots \cdot 7$

**2** Wie viele Wörter (auch unsinnige) kann man aus dem Wort MATHE durch Vertauschen der Buchstaben erhalten?

**3** Wie viele siebenstellige Zahlen kann man aus den Zahlen 1 bis 9 bilden, wenn jede Zahl nur einmal vorkommen darf?

**4** In einer Urne liegen 7 Kugeln mit den Nummern 1 bis 7. Man zieht nacheinander drei Kugeln ohne Zurücklegen. Wie viele solcher 3-Tupel gibt es?

**5** In einer Klasse mit 20 Schülern werden drei Gutscheine im Wert von 10 €, 20 € und 5 € verlost. Auf wie viele Arten ist dies möglich?

**6** Das Besprechungszimmer des Personalrats hat einen Tisch mit 6 Stühlen.
Der 6-köpfige Personalrat möchte eine Sitzung abhalten.
Wie viele Sitzmöglichkeiten gibt es?

**7** Bei einem Pferderennen starten zehn Pferde.
Geben Sie die Anzahl der möglichen Reihenfolgen an, in der

a) alle Pferde im Ziel ankommen,
b) die ersten drei Pferde ankommen,
c) die letzten drei am Ziel ankommen.

**8** Bei einem Preisausschreiben werden unter den 968 eingegangenen richtigen Lösungen drei verschiedene Preise verlost. Wie groß ist die Wahrscheinlichkeit, einen Preis zu gewinnen?

**9** In der Firma Waldner gab es einen Kabelbrand.
Der Auszubildende Huber soll den Schaden beheben. Dazu muss er 12 Drähte mit 12 Anschlüssen verbinden.
Wie oft muss Herr Huber im ungünstigsten Fall probieren?
Wie lange würde Herr Huber dann ungefähr brauchen, wenn er für die Verbindung aller 12 Drähte im Durchschnitt 20 Sekunden benötigt?

### 4.2.3 Ungeordnete Stichprobe ohne Zurücklegen

#### Beispiel

➲ Bei einem Fahrradrennen kämpfen vier Fahrer A, B, C und D um den Etappensieg. Für die ersten zwei Plätze gibt es je einen Preis. Wie viele Möglichkeiten gibt es, die Preise auf die vier Fahrer zu verteilen?

#### Lösung

Da nur nach den ersten zwei Plätzen gefragt wird, ist deren Reihenfolge egal (ungeordnete Stichprobe). Auf das Urnenmodell übertragen bedeutet dies: Ziehung von zwei Kugeln **mit einem Griff.**

| | geordnete Stichprobe | ungeordnete Stichprobe |
|---|---|---|
| (A B); (B A) | | (A B) = (B A) |
| (A C); (C A) | | (A C) = (C A) |
| (A D); (D A) | | (A D) = (D A) |
| (B C); (C B) | | (B C) = (C B) |
| (B D); (D B) | | (B D) = (D B) |
| (C D); (D C) | | (C D) = (D C) |

#### Ergebnis

Es gibt $4 \cdot 3 = 12$ Möglichkeiten (geordnete Stichproben). Da es auf die Reihenfolge nicht ankommt, kann man zwischen (A B) und (B A) nicht unterscheiden, d. h., je zwei geordnete Stichproben ergeben eine ungeordnete Stichprobe.

Somit gibt es nur noch $\frac{4 \cdot 3}{2} = 6$ Möglichkeiten, dass von den vier Fahrern zwei die ersten zwei Plätze erreichen und damit einen Preis erhalten.

#### Beispiel

➲ Aus einer Urne mit $n = 5$ unterscheidbaren Kugeln werden mit einem Griff $k = 3$ Kugeln entnommen. Wie viele Möglichkeiten gibt es?

#### Lösung

Die Produktregel liefert $5 \cdot 4 \cdot 3 = 60$ Möglichkeiten.

Auf die Reihenfolge kommt es nicht an. Je $6 = 3!$ geordnete Stichproben ergeben eine ungeordnete Stichprobe: $\frac{5 \cdot 4 \cdot 3}{3!} = 10$ Möglichkeiten

Andere Schreibweise: $\frac{5 \cdot 4 \cdot 3}{3!} = \frac{5 \cdot 4 \cdot 3}{1 \cdot 2 \cdot 3} = \binom{5}{3}$ **Binomialkoeffizient**

Der Ausdruck $\binom{5}{3}$ (gelesen 5 über 3) bedeutet, dass man aus 5 Elementen 3 Elemente mit einem Griff entnimmt.

**Hinweis:** WTR: $\binom{5}{3}$ : 5 **nCr** 3

:..... 
**Beispiel**

⮕ Lotto „6 aus 49"
Beim Lotto werden
6 Zahlen aus einer
Trommel (Urne) mit
49 Zahlen ohne Zu-
rücklegen gezogen.

a) Wie viele mögliche
Ziehungen gibt es?

b) Wie groß ist die
Wahrscheinlichkeit für
„6 Richtige"?

**Lösung**

a) Die Ergebnismenge S besteht aus allen möglichen Ziehungen. Dabei spielt die
Reihenfolge keine Rolle und jede Zahl darf nur einmal vorkommen.
Es handelt sich also um eine **ungeordnete Stichprobe ohne Zurücklegen.**
Ungeordnete Stichprobe von $k = 6$ aus $n = 49$
Anzahl der möglichen Ziehungen: $\binom{49}{6} = 13\,983\,816$

b) Wahrscheinlichkeit für „6 Richtige":

$$P(\text{„6 Richtige"}) = \frac{1}{\binom{49}{6}} = \frac{1}{139\,813\,816} = 0{,}000\,000\,0715$$

Die Wahrscheinlichkeit für „6 Richtige" beträgt etwa $1:14$ Millionen.
**Lösung ohne Binomialkoeffizient:**

$$P(\text{„6 Richtige"}) = \frac{6}{49} \cdot \frac{5}{48} \cdot \frac{4}{47} \cdot \frac{3}{46} \cdot \frac{2}{45} \cdot \frac{1}{44} = 0{,}000\,000\,0715$$

---

**Beachten Sie**

Entnimmt man k Elemente aus einer Menge von n Elementen, so gibt es

$$\frac{n \cdot (n-1) \cdot (n-2) \cdot \ldots \cdot (n-k+1)}{k!} = \frac{n!}{k! \cdot (n-k)!} = \binom{n}{k} \text{ \textbf{ungeordnete Stichproben ohne Zurücklegen.}}$$

Die Zahl $\binom{n}{k}$ heißt **Binomialkoeffizient** (gelesen: n über k).

---

## Aufgaben

**1** Beim Lotto 6 aus 45 werden aus 45 Kugeln, die von 1 bis 45 beschriftet sind, 6 Kugeln
gezogen. Wie groß ist die Wahrscheinlichkeit für 6 „Richtige"?

**2** Die Firma AGT GmbH stellt Ventile her. Ein Test ergab, dass 10 % der produzierten Ventile
defekt sind. Der laufenden Produktion werden 7 Ventile entnommen.
Mit welcher Wahrscheinlichkeit sind genau 2 Ventile defekt?

## Zusammenfassung

Aus einer Menge von n Elementen entnimmt man k Elemente.
Berechnung der Anzahl der Möglichkeiten (Stichproben)

|  | geordnete Stichprobe Beachtung der Reihenfolge (Variation) | ungeordnete Stichprobe ohne Beachtung der Reihenfolge (Kombination) |
|---|---|---|
| mit Zurücklegen | $n^k$ Beispiel: Toto | |
| ohne Zurücklegen | $\dfrac{n!}{(n-k)!}$ | $\dfrac{n!}{k! \cdot (n-k)!} = \binom{n}{k}$ Beispiel: Lotto |

## Beispiele zur Kombinatorik im Überblick

### Beispiel 1

Aus 5 (verschiedenen) Buchstaben des Alphabets werden nacheinander blind drei Buchstaben mit Zurücklegen entnommen. Wie viele Möglichkeiten gibt es?

Ziehungsart:  **Geordnete Stichprobe mit Zurücklegen:**

$n = 5$;  $k = 3$

Anzahl:  $5 \cdot 5 \cdot 5 = 5^3 = 125$

> Anzahl: $n^k$

### Beispiel 2

Die Firma AGT GmbH stellt Ventile auf 5 Anlagen her. Der laufenden Produktion werden 3 Ventile entnommen. Wie viele Anordnungsmöglichkeiten gibt es, wenn die 3 Ventile von verschiedenen Anlagen hergestellt wurden?

Ziehungsart:  **Geordnete Stichprobe ohne Zurücklegen:**

$n = 5$;  $k = 3$

Anzahl:  $5 \cdot 4 \cdot 3 = 60 = \dfrac{5!}{(5-3)!}$

> Anzahl: $\dfrac{n!}{(n-k)!}$

Der laufenden Produktion werden 5 Ventile entnommen.
Wie viele Anordnungsmöglichkeiten gibt es, wenn die 5 Ventile von verschiedenen Anlagen hergestellt wurden?

Ziehungsart:  **Geordnete Stichprobe ohne Zurücklegen:**

$n = 5$;  $k = 5$

Anzahl:  $5 \cdot 4 \cdot 3 \cdot 2 \cdot 1 = 5! = 120$

> Anzahl: $n!$

### Beispiel 3

In einer Box befinden sich 5 unterschiedliche Ventile. Es werden 2 Ventile mit einem Griff gezogen. Wie viele Möglichkeiten gibt es?

Ziehungsart:  **Ungeordnete Stichprobe ohne Zurücklegen:**

$n = 5$;  $k = 2$

Anzahl:  $\dfrac{5 \cdot 4}{2} = \binom{5}{2} = 10$

> Anzahl: $\binom{n}{k}$

## Aufgaben

**1** In einer Urne befinden sich vier Kugeln mit den Buchstaben A, B, C und D.
Wie viele Buchstabenfolgen mit zwei Buchstaben sind ohne Zurücklegen möglich? Wie
groß ist die Wahrscheinlichkeit, die Buchstabenfolge BA ohne Zurücklegen zu ziehen?

**2** Die Firma E. & U. Metzel stellt Dichtungsringe
her. Ein Test ergab, dass 4,2 % der
produzierten Dichtungsringe defekt sind.
Herr Hemper entnimmt 5 Dichtungsringe aus
der Produktion.
Berechnen Sie die Wahrscheinlichkeit der
folgenden Ereignisse:
A: Kein Dichtungsring ist defekt.
B: Genau ein Dichtungsring ist defekt
C: Höchstens zwei Dichtungsringe sind defekt.

**3** Die Sekretärin der Firma Akulup hat fünf
Briefe zufällig in fünf adressierte Kuverts
gesteckt.
Mit welcher Wahrscheinlichkeit sind vier Briefe in den richtigen Kuverts?
Berechnen Sie die Wahrscheinlichkeit, dass
nicht alle Briefe in den richtigen Kuverts sind.

**4** Die Firma Merkel & Söhne stellt eine neue Salbe her. Aus Kostengründen werden von
6 möglichen (verschiedenen) Wirkstoffen jedoch nur 3 beigemischt.
Wie viele Kombinationen sind möglich?

**5** Gegen Ende des Novembermarktes im Schulzentrum sind von der Tombola noch zehn
Lose übrig. Davon ist ein Los ein Hauptgewinn, vier Lose enthalten einen Trostpreis und
fünf Lose sind Nieten. Der Mathelehrer zieht drei Lose mit einem Griff.
Berechnen Sie die Wahrscheinlichkeiten der Ereignisse.
A: Alle drei Lose sind Nieten.
B: Alle drei Lose sind verschieden.
C: Genau zwei Lose sind Nieten.

**6** In einer Urne befinden sich drei weiße, drei rote und drei schwarze Kugeln. Es werden drei
Kugeln nacheinander ohne Zurücklegen gezogen.
Berechnen Sie die Wahrscheinlichkeit für das Ereignis:
A: Drei gleichfarbige Kugeln werden gezogen.
B: Es werden drei verschiedenfarbige Kugeln gezogen.
Mit welcher Wahrscheinlichkeit werden beim 20-maligen Ziehen mit Zurücklegen keine
bzw. genau eine schwarze Kugel gezogen?

# 5 Zufallsvariable

## 5.1 Einführung

Bei einer Qualitätskontrolle werden der Produktion nacheinander Waren entnommen und geprüft, ob sie schadhaft oder einwandfrei sind. Hierbei spielt z.B. die Reihenfolge der schadhaften und einwandfreien Produkte keine Rolle, während die Anzahl der schadhaften Produkte von Interesse ist.

### Beispiel

➲ Ein Automat produziert Stifte. Es werden zwei Stück aus der Produktion zufällig entnommen und geprüft, ob sie schadhaft (s) oder einwandfrei ($\bar{s}$) sind. Zeichnen Sie das zugehörige Baumdiagramm und ordnen Sie jedem Ergebnis die Anzahl der schadhaften Stifte zu.

**Lösung**

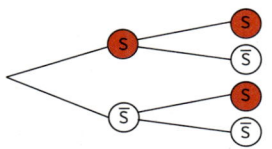

Ergebnis $e_i \rightarrow$ Anzahl der schadhaften Stifte

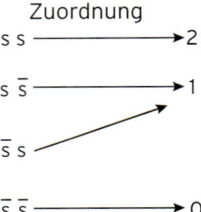

Jedem Ergebnis wird genau eine Zahl zugeordnet, d.h., diese Zuordnung ist eine Funktion, die man oft (aus historischen Gründen) mit großen Buchstaben bezeichnet wie z.B. X, Y oder Z. **Die Funktion X heißt Zufallsvariable.**

**Erläuterung:**

Zuordnung: Ergebnisraum $\mapsto$ reelle Zahl   Funktionswert
z.B. s s $\quad\mapsto 2$   $X(s\,s) = 2$
Weitere Funktionswerte:   $X(s\,\bar{s}) = X(\bar{s}\,s) = 1;\ X(\bar{s}\,\bar{s}) = 0$
Wertemenge von X:   $W = \{0; 1; 2\}$

**Schreibweise:**

$X = 2$ steht für das Ergebnis: zwei schadhafte Stifte, d.h. für das Ergebnis ss.
$X = 1$ steht für $\{s\,\bar{s};\ \bar{s}\,s\}$.

---

### Definition

Unter einer Zufallsvariablen X eines Zufallsexperiments versteht man eine Funktion, die jedem Ergebnis $e_i$ eine Zahl zuordnet.
$X: e_i \mapsto X(e_i)$ (in Analogie zur Funktion f: $x \mapsto f(x)$)

## Beispiel 1

Beim „Mensch ärgere dich nicht"-Spiel darf zu Beginn ein Spieler einen Würfel solange werfen, bis die Zahl Sechs erscheint, jedoch höchstens dreimal.

Die Zufallsvariable X soll die Anzahl der notwendigen Würfe beschreiben.

| Ergebnis $e_i$ | | Funktionswert $x_i$ |
|---|---|---|
| 6 | $\longrightarrow$ | 1 |
| $\bar{6}\,6$ | $\longrightarrow$ | 2 |
| $\bar{6}\,\bar{6}\,6$ | $\longrightarrow$ | 3 |

Tabelle

| Ergebnis $e_i$ | 6 | $\bar{6}\,6$ | $\bar{6}\,\bar{6}\,6$ |
|---|---|---|---|
| $X(e_i) = x_i$ | 1 | 2 | 3 |

**Bemerkung:** Die Funktionswerte $X(e_i)$ werden auch mit kleinen Buchstaben $x_i$ bezeichnet: $X(e_i) = x_i$.

## Beispiel 2

Werfen von zwei Würfeln

Zufallsvariable X: Augensumme der beiden Würfel

Wertemenge von X: {2; 3; 4; ...; 12}

Mit z.B. X = 6 werden die Ergebnisse beschrieben, die zur Augensumme 6 führen.

Es sind dies die Ergebnisse (1 5); (2 4); (3 3); (4 2); (5 1).

## Beispiel 3

Eine Urne enthält eine rote, eine schwarze und eine weiße Kugel. Es wird nacheinander eine Kugel nach der anderen ohne Zurücklegen gezogen, bis die weiße Kugel erscheint.

a)  X sei die Zufallsvariable, welche die Anzahl der benötigten Züge angibt.

Die Wertemenge von X kann auch als Tabelle angegeben werden.

| Ergebnis $e_i$ | w | rw; sw | srw | rsw |
|---|---|---|---|---|
| $X(e_i) = x_i$ | 1 | 2 | 3 | 3 |

b)  Peter schlägt Maria ein Spiel vor.

Ist die erste gezogene Kugel weiß, erhält Peter von Maria 3 €, ist die zweite weiß, erhält er 1 €. Wenn die dritte Kugel weiß ist, muss er 7 € an Maria zahlen.

Zufallsvariable X: Gewinn in € für Peter

**Hinweis:** −7 bedeutet: Peter muss an Maria 7 € bezahlen; er macht einen Verlust von 7 €.

| Ergebnis $e_i$ | w | rw; sw | srw; rsw |
|---|---|---|---|
| $X(e_i) = x_i$ | 3 | 1 | − 7 |

## Beispiel 4

Ein Förderband transportiert Flaschen. Bei einer Stichprobe werden 3 Flaschen entnommen.

d: defekte Flasche; $\bar{d}$: nicht defekte Flasche

X sei die Zufallsvariable, die die Anzahl der defekten Flaschen angibt.

| Ergebnis $e_i$ | $\bar{d}\,\bar{d}\,\bar{d}$ | $d\,\bar{d}\,\bar{d}$ | $d\,d\,\bar{d}$ | $d\,d\,d$ |
|---|---|---|---|---|
| $X(e_i) = x_i$ | 0 | 1 | 2 | 3 |

## Aufgaben

**1** Geben Sie an, welche Werte die Zufallsvariable X annehmen kann (Wertemenge).

a) X: Anzahl der Wappen beim viermaligen Werfen einer Münze.

b) X: Die kleinere der beiden Augenzahlen beim Wurf zweier Würfel.

c) In einer Schachtel sind 4 defekte und 2 nicht defekt Bolzen.
Der Schachtel werden zufällig 5 Bolzen entnommen.
X sei die Zufallsvariable, die die Anzahl der nicht defekten Bolzen angibt.

**2** Die Zufallsvariable X und ein Wert für X sind festgelegt. Geben Sie die zugehörige Ergebnismenge an.

a) X: Augensumme beim Wurf zweier Würfel: $X = 4$

b) Ein Schraubensortiment enthält drei Arten von Schrauben. Eine kleine Schraube kostet 10 ct, eine mittelgroße 15 ct und eine große 20 ct. Dem Schraubensortiment werden Schrauben mit einem Griff entnommen.
X: Kosten der Schrauben in ct: $X = 40$

**3** Aus einer Sendung mit Batterien werden zwei Batterien entnommen und auf ihre Funktionsfähigkeit überprüft. Eine Batterie ist entweder brauchbar (b) oder unbrauchbar (u).

a) Bestimmen Sie die Ergebnismenge S.

b) Legen Sie eine sinnvolle Zufallsvariable X fest. Bestimmen Sie die Wertemenge von X.

**4** Ein Käfer beginnt zur Zeit $t = 0$ im Ursprung eines Koordinatensystems zu laufen. In jeder Minute ändert er seine Position um eine Einheit nach rechts, links, oben oder unten (mit der gleichen Wahrscheinlichkeit). Die Zufallsvariable X beschreibt den Abstand des Käfers vom Ursprung nach drei Minuten.
Welche Werte kann X annehmen?

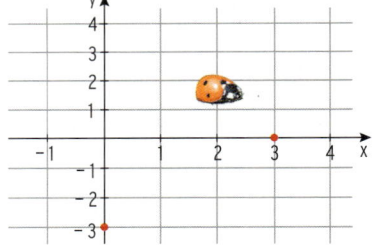

**5** Beim Schulfest dürfen die Gäste auf eine Torwand schießen. Bernhard und Christian versuchen ihr Glück. Sie vereinbaren ein Spiel: Bernhard schießt dreimal auf die Torwand. Er zahlt pro Spiel an Christian 4 €. Er erhält von Christian bei 1 Treffer 2 €, bei 2 Treffern 6 € und bei 3 Treffern 14 €. Die Zufallsvariable X beschreibt Bernhards Gewinn (bzw. Verlust).

a) Stellen Sie X in Form einer Tabelle dar.

b) Interpretieren Sie X(3).

**6** Eine Urne enthält vier Kugeln, die mit den Ziffern 1, 2, 2, 3 beschriftet sind.
Es werden zwei Kugeln ohne Zurücklegen gezogen.

a) Zeichnen Sie ein Baumdiagramm und ermitteln Sie die Ergebnismenge.

b) Die Zufallsvariable X ordnet jedem Ergebnis die Summe der gezogenen Zahlen zu.
Stellen Sie X in Form einer Tabelle dar.

## 5.2 Wahrscheinlichkeitsverteilung

### Beispiel

⮕ Ein Automat produziert Stifte. Erfahrungsgemäß ist ein Stift mit der Wahrscheinlichkeit $p = 0{,}2$ schadhaft. Es werden zwei Stifte aus der Produktion zufällig entnommen und geprüft, ob sie schadhaft (s) oder einwandfrei ($\bar{s}$) sind.
Die Variable X wird hierbei durch die Anzahl der schadhaften Stifte definiert.
Geben Sie die zugehörigen Wahrscheinlichkeiten an.

### Lösung

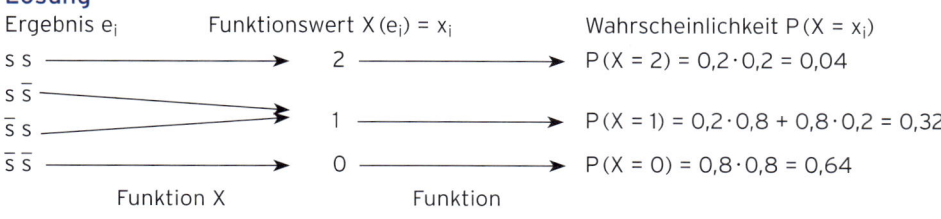

| Ergebnis $e_i$ | Funktionswert $X(e_i) = x_i$ | Wahrscheinlichkeit $P(X = x_i)$ |
|---|---|---|
| s s | 2 | $P(X = 2) = 0{,}2 \cdot 0{,}2 = 0{,}04$ |
| s $\bar{s}$ / $\bar{s}$ s | 1 | $P(X = 1) = 0{,}2 \cdot 0{,}8 + 0{,}8 \cdot 0{,}2 = 0{,}32$ |
| $\bar{s}$ $\bar{s}$ | 0 | $P(X = 0) = 0{,}8 \cdot 0{,}8 = 0{,}64$ |

Funktion X          Funktion

### Erläuterung

Hierbei handelt es sich um zwei Funktionen. Die erste Funktion X (Zufallsvariable) ordnet jedem Ergebnis $e_i$ den Wert $X(e_i) = x_i$ zu.

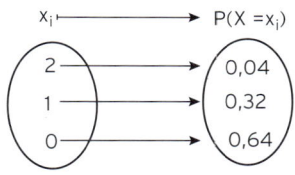

Die zweite Funktion ordnet jedem Wert $X(e_i)$ der Zufallsvariablen seine Wahrscheinlichkeit $P(X = x_i)$ zu.
Diese Funktion heißt **Wahrscheinlichkeitsfunktion** bzw. **Wahrscheinlichkeitsverteilung.**

Darstellung der Wahrscheinlichkeitsverteilung in Form einer Tabelle.

| $x_i$ | 0 | 1 | 2 |
|---|---|---|---|
| $P(X = x_i)$ | 0,64 | 0,32 | 0,04 |

---

### Definition

Unter einer **Wahrscheinlichkeitsverteilung** der Zufallsvariablen X versteht man die Funktion: $x_i \mapsto P(X = x_i)$.
Der Funktionswert $P(X = x_i)$ gibt die Wahrscheinlichkeit dafür an, dass X den Wert $x_i$ annimmt.

18 Bohner, Ihlenburg, Ott, Deusch - ISBN 978-3-8120-0206-6

## Beispiel

➲ Eine Box enthält drei große und zwei kleine Schrauben.
Man entnimmt drei Schrauben mit einem Griff. Mit welcher Wahrscheinlichkeit sind unter den drei gezogenen Schrauben 0, 1 oder 2 kleine Schrauben?
Stellen Sie die Wahrscheinlichkeitsfunktion in einer Wahrscheinlichkeitstabelle dar.

### Lösung

Festlegung der Zufallsvariablen X: Anzahl der kleinen Schrauben.

X kann die Werte 0, 1 oder 2 annehmen.

**Wahrscheinlichkeitsverteilung**

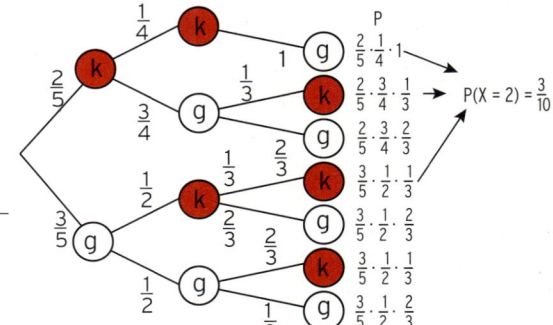

| $x_i$ | 0 | 1 | 2 |
|---|---|---|---|
| $P(X = x_i)$ | $\frac{3}{5} \cdot \frac{2}{4} \cdot \frac{1}{3}$ | $\frac{2}{5} \cdot \frac{3}{4} \cdot \frac{2}{3} \cdot 3$ | $1 - \frac{1}{10} - \frac{6}{10}$ |
| | $= \frac{1}{10}$ | $= \frac{3}{5}$ | $= \frac{3}{10}$ |

## Beispiel

➲ Ein Schütze trifft die Scheibe mit der Wahrscheinlichkeit 0,7. Er hat höchstens drei Versuche und hört nach dem ersten Treffer auf.
Mit welcher Wahrscheinlichkeit schießt er 0-, 1-, 2- oder 3-mal daneben?

### Lösung

Festlegung der Zufallsvariablen X: Anzahl der Fehlversuche bis zum ersten Treffer bzw. bis zum Ende des Schießens.

X kann die Werte 0; 1; 2 oder 3 annehmen.

Berechnung der Wahrscheinlichkeit mithilfe des **Multiplikationssatzes** bzw. der **Pfadmultiplikationsregel**.

Tabelle:

| Ergebnisse | T | $\overline{T}\,T$ | $\overline{T}\,\overline{T}\,T$ | $\overline{T}\,\overline{T}\,\overline{T}$ |
|---|---|---|---|---|
| $x_i$ | 0 | 1 | 2 | 3 |
| $P(X = x_i)$ | 0,7 | $0,3 \cdot 0,7 = 0,21$ | $0,3^2 \cdot 0,7 = 0,063$ | $0,3^3 = 0,027$ |

**Lösungsstrategie zur Bestimmung einer Wahrscheinlichkeitsverteilung**

1. Festlegung der Zufallsvariablen X
2. Bestimmung der Werte $X(e_i) = x_i$
3. Berechnung der Wahrscheinlichkeiten $P(X = x_i)$ mithilfe

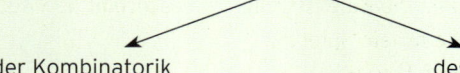

    der Kombinatorik                des Additions- und Multiplikationssatzes.

## Aufgaben

**1** Ein Automat produziert 15 % Ausschuss. Es werden 3 produzierte Stücke zufällig entnommen. Geben Sie die Wahrscheinlichkeitsverteilung für die Anzahl der defekten Stücke in dieser Stichprobe als Tabelle an.

**2** Bei der Abi-Abschlussfeier werden 100 Lose für jeweils 5 € verkauft.
Zu gewinnen gibt es den 1. Preis im Wert von 100 €, zwei Preise im Wert von jeweils 25 € und 4 Preise im Wert von jeweils 10 €.
Jeder, der keinen dieser Gewinne bekommt, erhält einen Trostpreis in Höhe von 1 €.
Frau Jung kauft sich ein Los. Die Zufallsvariable X beschreibt den Gewinn von Frau Jung.
Stellen Sie die zugehörige Wahrscheinlichkeitsfunktion durch eine Wertetabelle dar.

**3** Die Wahrscheinlichkeit für die Geburt eines Jungen ist 0,514.
Eine Familie mit 3 Kindern wird zufällig ausgewählt. Die Zufallsvariable X legt die Anzahl der Jungen fest. Mit welcher Wahrscheinlichkeit ist $X = 0$; $X = 1$; $X = 2$; $X = 3$?

**4** Herbert und Susi vereinbaren ein Würfelspiel.
Zeigt der Würfel von Herbert eine kleinere Augenzahl als der Würfel von Susi, muss Herbert an Susi 1 € zahlen und umgekehrt. Wenn beide Würfel die gleiche Augenzahl haben, dann muss keiner etwas bezahlen. Die Zufallsvariable X beschreibt den Gewinn (bzw. den Verlust) von Herbert in einer Spielrunde.
Bestimmen Sie die Wahrscheinlichkeitsverteilung.

**5** Eine Box enthält 7 Schrauben, zwei von ihnen sind defekt. Man entnimmt nacheinander 3 Schrauben aus der Box. Mit welcher Wahrscheinlichkeit sind unter den drei gezogenen Schrauben 0, 1 oder 2 defekt?
Stellen Sie die Wahrscheinlichkeitsfunktion in einer Wahrscheinlichkeitstabelle dar.
Ändert sich etwas, wenn man die Schrauben mit einem Griff entnimmt? Begründen Sie.

**6** An einem Lotteriestand werden Rubbelkarten angeboten. Eine Rubbelkarte besteht aus 16 Feldern, zwei Felder tragen den Buchstaben A und vier Felder den Buchstaben B. Die restlichen Felder sind Leerfelder. Die Lage der einzelnen Buchstaben- bzw. Leerfelder ist zufällig. Die nebenstehende Skizze zeigt ein (mögliches) Beispiel. Die Karte ist mit einer undurchsichtigen Schicht überzogen.

|   | A |   |   |
|---|---|---|---|
|   |   | A | B |
| B |   |   | B |
| B |   |   |   |

Für ein Spiel werden zwei Felder einer Karte freigerubbelt. Für jeden freigerubbelten Buchstaben A werden 6 €, für jeden freigerubbelten Buchstaben B werden 2 € ausgezahlt. Für die Leerfelder gibt es keine Auszahlung. Die Zufallsvariable X beschreibt den Auszahlungsbetrag in €. Geben Sie die Ergebnisse für ein Spiel an.
Bestimmen Sie die Wahrscheinlichkeitsverteilung von X.

## 5.3 Erwartungswert einer Zufallsvariablen

Mithilfe von Wahrscheinlichkeiten möchte man z. B. bei Glücksspielautomaten Aussagen über den zu erwartenden Gewinn bzw. Verlust machen. Es stellt sich die Frage: Welchen Gewinn pro Spiel kann man bei häufiger Durchführung erwarten?

### Beispiel: Durchschnittlicher Gewinn

➲ Hans schlägt Lucia ein Spiel mit einem Würfel vor.

Die Tabelle zeigt die Gewinne für Hans und die absoluten Häufigkeiten der geworfenen Augenzahlen.

| Augenzahl | gerade | 1 oder 3 | 5 |
|---|---|---|---|
| Gewinn in € | 3 | −2 | −2,5 |
| absolute Häufigkeit | 33 | 22 | 15 |

a) Berechnen Sie den durchschnittlichen Gewinn pro Spiel für Hans auf zwei Arten.

b) Mit welchem durchschnittlichen Gewinn pro Spiel kann Hans bei sehr vielen Durchführungen dieses Spiels rechnen?

### Lösung

a) Gewinn pro Spiel:

$$\bar{x} = \frac{3 \cdot 33 - 2 \cdot 22 - 2,5 \cdot 15}{70} = 0,25$$

Mithilfe der relativen Häufigkeiten:

$$\bar{x} = 3 \cdot \frac{33}{70} - 2 \cdot \frac{22}{70} - 2,5 \cdot \frac{15}{70} = 0,25$$

b) Bei sehr vielen Durchführungen **stabilisieren** sich die **relativen Häufigkeiten** in der Nähe der entsprechenden Wahrscheinlichkeiten:

$P(\text{gerade}) = \frac{1}{2}$;  $P(1 \text{ oder } 3) = \frac{1}{3}$;  $P(5) = \frac{1}{6}$

**Durchschnittlicher Gewinn:**  $\bar{x} = 3 \cdot \frac{1}{2} - 2 \cdot \frac{1}{3} - 2,5 \cdot \frac{1}{6} = 0,42$

Dieser Wert 0,42 besagt, dass Hans bei sehr vielen Durchführungen einen durchnittlichen Gewinn pro Spiel von 0,42 € erwarten kann.

Man nennt diese Zahl Erwartungswert E = 0,42.

**Erwartungswert der Zufallsvariablen X**

X: Gewinn/Verlust in € für Hans

Tabelle mit $x_i$ und $P(X = x_i)$:

| $x_i$ | 3 | −2 | −2,5 |
|---|---|---|---|
| $P(X = x_i)$ | $\frac{1}{2}$ | $\frac{1}{3}$ | $\frac{1}{6}$ |

**Erwartungswert**  $E(X) = 3 \cdot \frac{1}{2} - 2 \cdot \frac{1}{3} - 2,5 \cdot \frac{1}{6} = 0,42$

$E(X) = x_1 \cdot P(X = x_1) + x_2 \cdot P(X = x_2) + x_3 \cdot P(X = x_3)$

### Definition

Ist X eine Zufallsvariable, die die Werte $x_1, x_2, \ldots, x_n$ annehmen kann, so heißt die Zahl

$$E(X) = x_1 \cdot P(X = x_1) + x_2 \cdot P(X = x_2) + \ldots + x_n \cdot P(X = x_n) = \sum_{i=1}^{n} x_i \cdot P(X = x_i)$$

**Erwartungswert der Zufallsvariablen X.**

**Bemerkung:** Der Erwartungswert $E(X)$ ist der zu erwartende Mittelwert von X, wobei jeder Wert $x_i$ mit seiner Wahrscheinlichkeit $P(X = x_i)$ gewichtet wird.

Bei einem Spiel ist der **Erwartungswert des Gewinns $E(X)$** für jeden Spieler von großem Interesse. Ist $E(X) > 0$, so nennt man das Spiel **günstig** für den Spieler, ist $E(X) < 0$, so heißt es **ungünstig** und im Fall $E(X) = 0$ nennt man das **Spiel fair.** Bei einem fairen Spiel macht der Spieler pro Spiel weder Gewinn noch Verlust.

## Beispiel: Faires Spiel

⮑ In einer Lotterie gewinnen 5 % der Lose 15 €, 10 % der Lose 10 € und 15 % der Lose 1 €. Ein Los kostet 2,50 €.
Wie viel muss ein Los kosten, wenn das Spiel fair ist?

### Lösung
Die Zufallsvariable X beschreibt den Betrag, der von der Lotterie ausgezahlt wird.
Tabelle mit $x_i$ und $P(X = x_i)$

| Auszahlungsbetrag $x_i$ | 15 | 10 | 1 | 0 |
|---|---|---|---|---|
| $P(X = x_i)$ | 5 % = 0,05 | 10 % = 0,1 | 15 % = 0,15 | 70 % = 0,7 |

**Erwartungswert:** $E(X) = 15 \cdot 0{,}05 + 10 \cdot 0{,}1 + 1 \cdot 0{,}15 + 0 \cdot 0{,}7 = 1{,}9$
Der durchschnittliche Auszahlungsbetrag beträgt 1,90 €.
Das Spiel ist fair, wenn ein Los 1,90 € kostet.

## Beispiel: Durchschnittliche Folgekosten bei Produktionsfehler

⮑ Die Firma Aiglo Bekleidung GmbH stellt Hosen her. In der Qualitätskontrolle fällt auf, dass 5 % der Hosen einen Farbfehler und 7 % einen Nahtfehler haben. Beide Fehler treten bei einer Hose nicht auf. Bei einem Farbfehler entstehen Folgekosten von 20 €, bei einem Nahtfehler von 15 €. Wie hoch sind die zu erwartenden Folgekosten?

### Lösung
Die Zufallsvariable X beschreibt die Folgekosten in €.
Tabelle mit $x_i$ und $P(X = x_i)$

| | Farbfehler | Nahtfehler |
|---|---|---|
| Folgekosten in €: $x_i$ | 20 | 15 |
| $P(X = x_i)$ | 0,05 | 0,07 |

**Erwartungswert:** $E(X) = 20 \cdot 0{,}05 + 15 \cdot 0{,}07 = 2{,}05$
Die zu erwartenden Folgekosten betragen 2,05 € pro verkaufter Hose.

## Beispiel: Prüfen einer Investition

➲ Die Firma M & S stellt Fensterdichtungen her. Erfahrungsgemäß sind 13 % der Dichtungen defekt. Um Kosten zu sparen, sollen die Dichtungen vor dem Einbau in das Fenster mit einem Gerät geprüft werden. Das Prüfgerät zeigt bei 95 % der defekten Dichtungen einen Fehler an, es zeigt jedoch mit eine Wahrscheinlichkeit von 2 % auch einwandfreie Dichtungen als fehlerhaft an. Der Austausch einer defekten Dichtung verursacht Kosten von 4 €. Wird jedoch eine defekte Dichtung in den Rahmen eingebaut und muss dann ausgetauscht werden, betragen die Kosten 6,50 €. Der Einsatz des Gerätes kostet je Prüfung 13 Cent. Lohnt sich das Prüfgerät?

### Lösung
Baumdiagramm
d: Dichtung ist defekt                    e: Dichtung ist einwandfrei
F: Prüfgerät zeigt einen Fehler an.       $\overline{F}$: Prüfgerät zeigt keinen Fehler

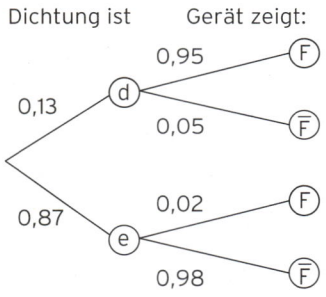

| Dichtung ist | Gerät zeigt: | | P |
|---|---|---|---|
| | 0,95 → F | | $0{,}13 \cdot 0{,}95 = 0{,}1235$ |
| 0,13 → d | 0,05 → $\overline{F}$ | | $0{,}13 \cdot 0{,}05 = 0{,}0065$ |
| 0,87 → e | 0,02 → F | | $0{,}87 \cdot 0{,}02 = 0{,}0174$ |
| | 0,98 → $\overline{F}$ | | $0{,}87 \cdot 0{,}98 = 0{,}8526$ |

### Durchschnittliche Kosten mit Prüfgerät

$$K_{Vor} = \underbrace{4\,€ \cdot 0{,}1235}_{P(d\,F)} + \underbrace{4\,€ \cdot 0{,}0174}_{P(e\,F)} + \underbrace{6{,}50\,€ \cdot 0{,}0065}_{P(d\,\overline{F})} + \underbrace{0{,}13\,€}_{\text{Fixe Kosten}} = 0{,}74\,€$$

### Durchschnittliche Kosten ohne Prüfgerät nach dem Einbau:

$K_{Nach} = 6{,}50\,€ \cdot 0{,}13 = 0{,}85\,€$

Kostenersparnis:  $0{,}85\,€ - 0{,}74\,€ = 0{,}11\,€$

Das Prüfgerät lohnt sich.

## Aufgaben

**1** Heike und Daniela vereinbaren, eine Münze zu werfen, bis Zahl erscheint. Sie wollen jedoch maximal viermal werfen. Daniela setzt 2 € ein. Heike zahlt an Daniela für jeden Wurf 1,50 €. Ist nach dem 4. Wurf keine Zahl gefallen, muss Heike zusätzlich 4 € bezahlen. Ist das Spiel fair?

**2** Bei einem Glücksspiel wird das abgebildete Glücksrad benutzt. Als Einsatz bezahlt man 3 €. Das Glücksrad wird einmal gedreht. Man erhält den Betrag ausbezahlt, dessen Sektor über dem Pfeil zu stehen kommt.
Bestimmen Sie den Erwartungswert für den Gewinn.

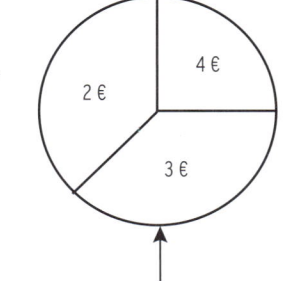

**3** Die Firma Mithuber stellt Antriebswellen her. Bei einer Abweichung von der Solllänge entstehen

| Abweichung | bis 0,5 mm | bis 0,8 mm | bis 1 mm |
|---|---|---|---|
| Folgekosten in € | 20 | 30 | 150 |
| Wahrscheinlichkeit | 5 % | 2 % | 0,5 % |

Folgekosten. Die Folgekosten und die zugehörigen Wahrscheinlichkeiten können der Tabelle entnommen werden. Ermitteln Sie die durchschnittlichen Folgekosten.

**4** In einer Töpferei werden Keramikschalen produziert. Die Produktion geschieht in zwei Arbeitsgängen; zunächst werden die geformten Schalen gebrannt und anschließend wird die Oberfläche mit einer Glasur überzogen. In beiden Arbeitsprozessen können Fehler auftreten: Erfahrungsgemäß haben 7 % der Schalen nach dem Brennen einen Sprung, 4 % haben nach dem Glasieren Haarrisse in der Oberfläche. Schalen mit Haarrissen, die keinen Sprung haben, können noch als Pflanzschalen (Schalen 2. Wahl) verkauft werden. Schalen mit Sprung werden sofort entsorgt.

**a)** Für einwandfreie Schalen erzielt die Töpferei einen Gewinn von je 1,50 €. Schalen, die einen Sprung haben, bringen der Töpferei jeweils einen Verlust von 15 € ein. Berechnen Sie, wie groß der Verlust bei Schalen 2. Wahl höchstens sein darf, damit die Produktion insgesamt noch Gewinn abwirft.

**b)** Bisher wurden die Schalen nach jedem Arbeitsgang (Brennen, Glasieren) kontrolliert. Nun überlegt man, ob es nicht preiswerter ist, beide Kontrollen gleichzeitig durchzuführen. Untersuchen Sie, ob es sich lohnt, die Zwischenkontrolle einzustellen, wenn die Töpferei ihre Kosten pro Schale wie folgt kalkuliert:

| | |
|---|---|
| Material für Rohling, Formen und Brennen der Schale | 12,00 € |
| Glasur (Material und Aufwand) | 2,00 € |
| Lohnkosten Kontrolle Keramik | 0,20 € |
| Lohnkosten Kontrolle Glasur | 0,40 € |
| Lohnkosten bei gleichzeitiger Kontrolle von Keramik und Glasur | 0,55 € |

**5** Ein 30-jähriger Mann schließt für ein Jahr eine Lebensversicherung über 100 000 € ab. Der Mann überlebt dieses Jahr mit einer Wahrscheinlichkeit von 0,985. Wie hoch ist die Versicherungsprämie, wenn die Versicherung 500 € Gewinn erzielt?

**6** Die Firma Hirscher & Söhne stellt Spezialbetonfertigteile her. Die Tabelle gibt die Anzahl X der täglich

| Anzahl $x_i$ | 0 | 1 | 2 | 3 | 4 |
|---|---|---|---|---|---|
| $P(X = x_i)$ | 10 % | 20 % | 45 % | ? | ? |

verkauften Bauteile und die zugehörigen Wahrscheinlichkeiten (unvollständig) an. Geben Sie eine passende Wahrscheinlichkeitsverteilung an, sodass $E(X) = 2$.

**7** Bei der Produktion eines Schnellkochtopfes treten prozentual erfahrungsgemäß Materialfehler, Farbfehler und Fehler, die die Betriebssicherheit beeinträchtigen, auf.

| Materialfehler und Farbfehler | Nur Materialfehler | Nur Farbfehler | mangelnde Betriebssicherheit |
|---|---|---|---|
| 1 % | 2 % | 6 % | 0,5 % |

Schnellkochtöpfe mit mangelnder Betriebssicherheit werden als Ausschuss entsorgt. Liegen ein Materialfehler und ein Farbfehler vor, so kann das Modell mit einem Preisnachlass von 40 % verkauft werden. Liegt nur ein Materialfehler vor, beträgt der Preisnachlass 30 %. Liegt nur ein Farbfehler vor, wird ein Preisnachlass von 20 % gewährt. Der Verkaufpreis beträgt 90 €.

**a)** Ermitteln Sie den durchschnittlich zu erwartenden Erlös je produziertem Kochtopf.

**b)** Bestimmen Sie den Verkaufspreis des Kochtopfs, wenn der durchschnittliche Erlös je produziertem Kochtopf bei 90 € liegen soll.

**8** Die Firma Bruder in Bamberg produziert Zündkerzen. Erfahrungsgemäß sind 3 % der Zündkerzen defekt. Das Qualitätsmanagement will nun die Kosten mithilfe eines Prüfgeräts senken. Das Prüfgerät zeigt bei 96 % der defekten Zündkerzen einen Fehler an, es stuft aber mit eine Wahrscheinlichkeit von 2 % auch einwandfreie Zündkerzen als fehlerhaft ein. Der Austausch einer vom Prüfgerät als fehlerhaft eingestuften Zündkerze vor dem Einbau kostet 50 Ct.
Wird jedoch eine defekte Zündkerze in den Motor eingebaut und muss dann ausgetauscht werden, betragen die Kosten 4 €. Dieses Prüfgerät kostet 25 000 €. Am Tag können mit diesem Gerät 4000 Zündkerzen geprüft werden.
Nach wie viel Tagen hat sich das Prüfgerät bezahlt gemacht?

**9** In der Schule bietet Max seinen Klassenkameraden folgendes Spiel an:
Es werden gleichzeitig zwei Würfel geworfen. Stimmen die beiden Augenzahlen überein, dann erhält der Mitspieler 12 Spielchips von Max. Im anderen Fall muss der Mitspieler Max so viele Spielchips geben, wie die Differenz der Augenzahlen beträgt.
Die Zufallsvariable X wird definiert durch die Anzahl der Spielchips, die Max erhält.
Stellen Sie die zugehörige Wahrscheinlichkeitsfunktion durch eine Wertetabelle dar.
Ist das Spiel für Max günstig?

## 5.4 Varianz und Standardabweichung einer Zufallsvariablen

Der Erwartungswert E (X) ist der Mittelwert einer Zufallsgröße X, mit dem auf lange Sicht zu rechnen ist. Er sagt nichts aus über die Streuung der $x_i$-Werte der Zufallsvariablen X um den Erwartungswert.

Gebräuchliche **Streuungsmaße** einer Häufigkeitsverteilung sind die **Varianz** und die **Standardabweichung.**

### Beispiel

➲ Für die Produktion von Schrauben ist eine Kontrolle notwendig. Eine Maschine produziert Schrauben mit dem Soll-Durchmesser d = 8,5 mm.
Eine Stichprobe ergab folgende Tabelle:

| Durchmesser $x_i$ | 8,2 | 8,3 | 8,4 | 8,5 | 8,6 | 8,7 | 8,8 |
|---|---|---|---|---|---|---|---|
| relative Häufigkeit $h_i$ | 0,02 | 0,08 | 0,15 | 0,60 | 0,10 | 0,03 | 0,02 |

Berechnen Sie die Varianz und die Standardabweichung.

### Lösung

X: Durchmesser einer Schraube in mm

Mittelwert $\bar{x} = 8{,}2\cdot 0{,}02 + 8{,}3\cdot 0{,}08 + 8{,}4\cdot 0{,}15 + 8{,}5\cdot 0{,}6 + 8{,}6\cdot 0{,}1 + 8{,}7\cdot 0{,}03 + 8{,}8\cdot 0{,}02$
$\bar{x} = 8{,}485$

Varianz $\sigma^2 = \sum_{i=1}^{7}(x_i - \bar{x})^2\cdot h_i = (8{,}2 - 8{,}485)^2\cdot 0{,}02 + ... + (8{,}8 - 8{,}485)^2\cdot 0{,}02$
$\sigma^2 = 0{,}010\,275$

Standardabweichung $\sigma = \sqrt{0{,}010\,275} = 0{,}1014$ (gelesen: Sigma)
Die Standardabweichung beträgt etwa 0,10 mm.
Da sich die relativen Häufigkeiten bei einer großen Anzahl von Durchführungen stabilisieren, überträgt man die Begriffe Varianz und Standardabweichung auf die Zufallsvariable X.

Übergang von der Häufigkeitstabelle zur Wahrscheinlichkeit
$h_i \mapsto P(X = x_i)$ und $\bar{x} \mapsto E(X)$

### Definition

Ist X eine Zufallsvariable, welche die Werte $x_1, ..., x_n$ annehmen kann und die den **Erwartungswert E (X)** hat, so heißt die reelle Zahl $\sigma^2$ mit
$$\sigma^2 = (x_1 - E(X))^2\cdot P(X = x_1) + ... + (x_n - E(X))^2\cdot P(X = x_n) = \sum_{i=1}^{n}(x_i - E(X))^2\cdot P(X = x_i)$$
die **Varianz** der Zufallsvariablen X.
Für die **Standardabweichung** $\sigma$ gilt: $\sigma = \sqrt{\text{Varianz}}$.

## Bedeutung der Standardabweichung

Gegeben sind die Schaubilder von zwei Wahrscheinlichkeitsfunktionen.

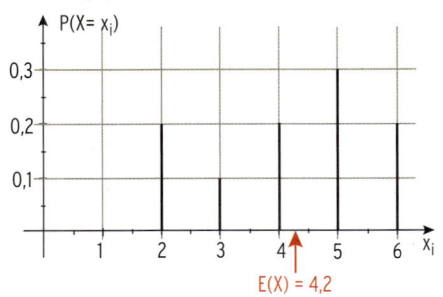
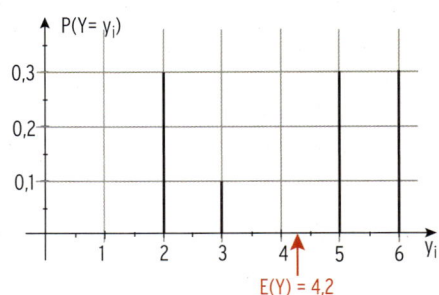

### Erwartungswert

$E(X) = 2 \cdot 0{,}2 + 3 \cdot 0{,}1 + 4 \cdot 0{,}2 + 5 \cdot 0{,}3 + 6 \cdot 0{,}2$

$E(X) = 4{,}2$

Man erkennt, dass die Werte $x_i$ „nicht so stark" vom Erwartungswert $E(X)$ abweichen.

### Erwartungswert

$E(Y) = 2 \cdot 0{,}3 + 3 \cdot 0{,}1 + 5 \cdot 0{,}3 + 6 \cdot 0{,}3$

$E(Y) = 4{,}2$

Man erkennt, dass die Werte $y_i$ „stark" vom Erwartungswert $E(Y)$ abweichen.

### Varianz

$\sigma^2 = \sum_{i=1}^{5} (x_i - E(X))^2 \cdot P(X = x_i)$

$\sigma^2 = 1{,}96$

### Varianz

$\sigma^2 = \sum_{i=1}^{4} (y_i - E(Y))^2 \cdot P(Y = y_i)$

$\sigma^2 = 2{,}76$

### Standardabweichung

$\sigma = \sqrt{1{,}96} = 1{,}40$

### Standardabweichung

$\sigma = \sqrt{2{,}76} = 1{,}66$

Trotz des gleichen Erwartungswertes sind die Verteilungen sehr unterschiedlich.
Der Erwartungswert kann somit nicht als Streuungsmaß dienen.
Die Standardabweichung von X ist kleiner (Streuung geringer) als die Standardabweichung von Y (Streuung größer). Daher kann man die **Standardabweichung** als ein **Maß für die Streuung** ansehen.

> **Bemerkung:**
> Die Standardabweichung ist groß, wenn stark vom Erwartungswert $E(X)$ abweichende Werte $x_i$ mit großen Wahrscheinlichkeiten auftreten.
> Die Standardabweichung einer Zufallsvariablen ist eine auf die Zukunft gerichtete Größe, während die Standardabweichung einer Häufigkeitsverteilung eine statistische Größe ist, die beschreibt, wie sich eine Stichprobe verhält.
> Die Standardabweichung wird mit $\sigma$ (gelesen: sigma) oder s bezeichnet.

Lösung mit WTR:

Dateneingabe

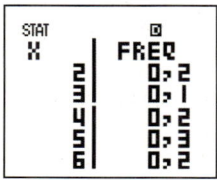

Mittelwert

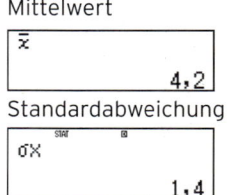

Dateneingabe

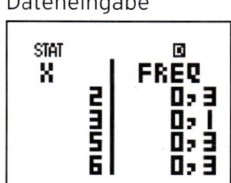

Mittelwert

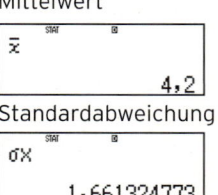

## Beispiel

➲ Beim Herbstfest des Schulzentrums bietet die SMV zwei Glücksspiele an. Die Tabellen geben die Gewinne/Verluste der SMV und die zugehörigen Wahrscheinlichkeiten an.

Glücksspiel I

| Gewinn/Verlust in € | 10 | −2 | −6 |
|---|---|---|---|
| Wahrscheinlichkeit | 0,5 | 0,25 | 0,25 |

Glücksspiel II

| Gewinn/Verlust in € | 5 | −1 | 3 |
|---|---|---|---|
| Wahrscheinlichkeit | 0,4 | 0,2 | 0,4 |

Berechnen Sie jeweils den Mittelwert und die Standardabweichung.
Vergleichen Sie diese Werte. Interpretieren Sie.

## Lösung

X bzw. Y: Gewinn/Verlust in €

Glücksspiel I

$E(X) = 10 \cdot 0,5 - 2 \cdot 0,25 - 6 \cdot 0,25 = 3$

$\sigma^2 = 51$; Standardabweichung $\sigma = 7,14$

Glücksspiel II

$E(Y) = 5 \cdot 0,4 - 1 \cdot 0,2 + 3 \cdot 0,4 = 3$

$\sigma^2 = 4,8$; Standardabweichung $\sigma = 2,19$

Die Mittelwerte sind gleich, die Standardabweichungen sind unterschiedlich.
Die Streuung der Gewinne um den Mittelwert ist beim Glücksspiel I größer als beim Glücksspiel II. Die Gewinnspanne (von 10 € Gewinn bis 6 € Verlust) ist größer als beim Glücksspiel II und liefert einen Hinweis auf das größere $\sigma$.

## Beispiel

➲ Der Firma Emich GmbH stellt Schmierstoffe her und verkauft ein mängelfreies Produkt mit einem Gewinn von 8 €. Die Produkte mit kleinen bzw. geringen Mängeln können zu einem reduzierten Preis verkauft werden. Bei erheblichen Mängeln kann das Produkt nicht mehr verkauft werden und es muss entsorgt werden.
Anhand von Erfahrungswerten kann die kaufmännische Abteilung folgende Wahrscheinlichkeitsverteilung angeben:

| Gewinn/Verlust in € | 8 | 7 | 5 | −1 |
|---|---|---|---|---|
| Wahrscheinlichkeit | 0,842 | 0,092 | 0,061 | 0,005 |

$E(X)$ ist der durchschnittliche Gewinn. Überprüfen Sie, ob für 90 % der verkauften Schmierstoffe ein Gewinn im Bereich von $E(X) - \sigma$ bis $E(X) + \sigma$ erzielt wird.

## Lösung

X: Gewinn/Verlust in €.

Erwartungwert: $E(X) = \sum_{i=1}^{4} x_i \cdot P(X = x_i) = 8 \cdot 0,842 + 7 \cdot 0,092 + 5 \cdot 0,061 - 1 \cdot 0,005 = 7,68$

Der Erwartungswert des Gewinns beträgt 7,68 €.

Varianz:

$\sigma^2 = (8 - 7,68)^2 \cdot 0,842 + (7 - 7,68)^2 \cdot 0,092 + (5 - 7,68)^2 \cdot 0,061 + (-1 - 7,68)^2 \cdot 0,005$

$\sigma^2 = 0,944$          Standardabweichung: $\sigma = 0,971$

Im Intervall [6,709; 8,651] liegen die Gewinne von 7 € und 8 €.

Für 93,4 %, also für mehr als 90 % der verkauften Schmierstoffe liegt der Gewinn im angegebenen Bereich.

## Aufgaben

**1** Berechnen Sie für folgende Wahrscheinlichkeitsverteilung den Erwartungswert und die Standardabweichung der Zufallsvariablen X.

a)

| $x_i$ | 1 | 2 | 5 |
|---|---|---|---|
| $P(X = x_i)$ | 0,5 | 0,3 | 0,2 |

b)

| $x_i$ | −2 | 5 | 7 |
|---|---|---|---|
| $P(X = x_i)$ | 30 % | 45 % | 25 % |

**2** Einem Karton, der 6 ganze und 2 defekte Transistoren enthält, werden zufällig drei Transistoren nacheinander entnommen. Wie groß ist die erwartete Anzahl defekter Transistoren und die zugehörige Standardabweichung?

**3** Auf einem CNC-Automaten werden Teile eines Motorblocks gefräst. Dabei treten Abweichungen zum Sollmaß auf. Die Tabelle gibt die Wahrscheinlichkeiten

| Abweichung in µm | 10 | 15 | 20 |
|---|---|---|---|
| Wahrscheinlichkeit | 5 % | 3 % | 4 % |
| Folgekosten in € | 220 | 320 | ? |

und die Folgekosten an außer bei einer Abweichung von 20 µm (20 Mikrometer). Wie hoch sind die Folgekosten bei eine Abweichung von 20 µm, wenn die durchschnittlichen Folgekosten 50 € betragen? Berechnen Sie die zugehörige Standardabweichung.

**4** Ein Würfel wird zweimal geworfen. Die Zufallsvariable X beschreibt den Betrag der Differenz der Augenzahlen. Bestimmen Sie die Wahrscheinlichkeitsverteilung, den Erwartungswert, die Varianz und die Standardabweichung dieser Zufallsvariablen.

**5** Die Firma Huber stellt unter anderem Dübel her. Diese werden in Schachteln zu je 800 Stück verpackt. Aufgrund von Reklamationen möchte die Firmenleitung eine Materialkontrolle durchführen. Hierzu werden nacheinander 10 Dübel einer Schachtel entnommen und geprüft, ob sie einen Materialfehler haben. Anschließend untersucht man die nächste Schachtel. Die Zufallsvariable X sei die Anzahl der schadhaften Dübel.

Die Kontrolle (Ziehung) wurde zwölfmal durchgeführt; dabei ergab sich folgende Tabelle:

| Ziehung | 1 | 2 | 3 | 4 | 5 | 6 | 7 | 8 | 9 | 10 | 11 | 12 |
|---|---|---|---|---|---|---|---|---|---|---|---|---|
| Anzahl schadhafter Dübel | 4 | 2 | 3 | 4 | 5 | 3 | 3 | 4 | 3 | 6 | 3 | 2 |

Geben Sie eine begründete Prognose für die Anzahl der schadhaften Dübel in einer Schachtel an.

**6** Ein Hausmeister hat einen Schlüsselbund mit vier (ähnlichen) Schlüsseln. Er möchte am Abend bei schlechter Sicht eine Türe abschließen und probiert einen Schlüssel nach dem anderen aus. Hierbei benützt er keinen Schlüssel zweimal. Die Zufallsvariable X sei die Anzahl der Schlüssel, die er ausprobieren muss, bis die Türe abgeschlossen ist. Geben Sie die Wahrscheinlichkeitsverteilung von X an und berechnen Sie die Standardabweichung von X.

**7** Die Brauerei Ott hat zwei Abfüllautomaten A und B. Hierbei gibt es Abweichungen in der Abfüllmenge. Aufgrund langjähriger Erfahrung kann die Firma die Wahrscheinlichkeiten für die jeweiligen Abweichungen angeben. Weiterhin entstehen bei falscher Abfüllmenge Folgekosten.

Die Tabelle gibt die Wahrscheinlichkeiten und die Folgekosten an.

Automat A

| Abweichung in ml | 10 | 20 | 30 |
|---|---|---|---|
| Wahrscheinlichkeit | 9% | 3% | 2% |
| Folgekosten in € | 2,10 | 3,70 | 5,00 |

Automat B

| Abweichung in ml | 10 | 20 | 30 |
|---|---|---|---|
| Wahrscheinlichkeit | 7% | 4% | 3% |
| Folgekosten in € | 1,20 | 2,90 | 7,00 |

Aufgrund guter Absatzzahlen möchte die Firma einen zusätzlichen Automaten vom Typ A oder B kaufen. Beraten Sie die Firma.

**8** Ein Handyhersteller will ein neues Modell auf den Markt bringen. Das neue Handy besteht aus 3 voneinander unabhängigen Bauteilen: der Mechanik, der Elektronik und dem Akku. Das Handy funktioniert fehlerfrei, wenn alle 3 Bauteile in Ordnung sind.

In einer zweijährigen Probephase wurde ermittelt, dass bei 5% der eingebauten mechanischen Bauteile, bei 0,5% der elektronischen Bauteile und bei 1% der Akkus ein Defekt auftritt. Es wird davon ausgegangen, dass jedes Bauteil innerhalb von zwei Jahren nur einmal defekt sein kann.

**a)** Der Handyhersteller plant für die ersten zwei Jahre einen kostenlosen Reparaturservice anzubieten. Die Reparaturkosten für die Mechanik betragen 19€, die Reparatur der Elektronik kostet 34€ und der Austausch des Akkus kostet 25€. Mit welchen Reparaturkosten ist durchschnittlich zu rechnen, wenn 450 der neuen Handys verkauft werden?

**b)** Der Mobilfunkhersteller plant die Qualität seiner Handys zu verbessern. Es sollen 98% aller Handys in den ersten 2 Jahren einwandfrei funktionieren. Begründen Sie rechnerisch, dass durch alleinige Verbesserung der Akkus die gewünschte Quote nicht erreicht werden kann.

**9** Ein Automat besteht aus zwei Scheiben mit je vier gleich großen Ausschnitten. Diese Ausschnitte sind mit Zahlen beschriftet. Ein Durchgang besteht darin, dass beide Scheiben unabhängig voneinander in Drehung versetzt und gestoppt werden. Am Ende des Durchgangs stehen zwei Zahlen im rot umrandeten Feld.

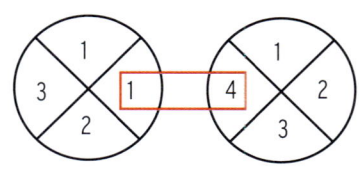

**a)** Berechnen Sie die Wahrscheinlichkeit folgender Ereignisse.

A: Im Fenster erscheint 1 2.

B: Im Fenster stehen zwei gleiche Zahlen.

C: Im Fenster erscheint keine 1.

**b)** Der Hersteller dieses Automaten möchte ein Spiel anbieten. Ein Spieler zahlt einen Einsatz von 1,50€. Wenn bei einem Durchgang das Ereignis B eintritt, erhält der Spieler die Summe der beiden Zahlen im Fenster in €. In allen anderen Fällen wird nichts ausbezahlt. Ist das Spiel fair?

## Test zur Überprüfung Ihrer Grundkenntnisse

**1**  Die Firma Alpha GmbH stellt Ventile her. Ein Test ergab, dass 3,1 % der produzierten Ventile defekt sind. Herr Spiegel entnimmt 3 Ventile aus der Produktion.
Berechnen Sie die Wahrscheinlichkeiten der folgenden Ereignisse:
A: Kein Ventil ist defekt.
B: Genau ein Ventil ist defekt.

**2**  Ein Glücksrad hat gleich große Sektoren: vier rote, drei gelbe und einen blauen.
Beim Stillstand des Glücksrades zeigt ein Pfeil auf genau einen Sektor.
Ein Spiel besteht darin, das Glücksrad zweimal zu drehen.
**a)**  Zeichnen Sie für ein Spiel ein geeignetes Baumdiagramm und berechnen Sie zu jedem Spielausgang die zugehörige Wahrscheinlichkeit.
**b)**  Berechnen Sie die Wahrscheinlichkeit folgender Ereignisse:
A: Es wird zweimal die gleiche Farbe angezeigt.
B: Es treten verschiedene Farben auf.
C: Es wird höchstens einmal blau angezeigt.
Formulieren Sie das Gegenereignis zu C.

**3**  In einer bestimmten Sportart sind 12 % aller Sportler in einem Wettkampf gedopt.
Ein Institut entwickelt ein Verfahren, mit dem man einen gedopten Sportler mit 98 % Sicherheit erkennt. Leider werden jedoch 4 % derjenigen Sportler, die nicht gedopt sind, auch positiv getestet.
Stellen Sie die Zusammenhänge in einem Baumdiagramm dar.
Bestimmen Sie die Wahrscheinlichkeiten der folgenden Ereignisse:
$E_1$: Der Sportler ist gedopt und wird positiv getestet.
$E_2$: Der Sportler ist nicht gedopt und wird positiv getestet.
$E_3$: Die Untersuchung fällt negativ aus.

**4**  Ein Spielcasino bietet ein Glücksspiel an, bei dem zwei ideale Würfel gleichzeitig geworfen werden. Ein Spiel besteht aus einem Wurf. Ein Spieler gewinnt, wenn sich die Augenzahlen der beiden Würfel um genau zwei unterscheiden, andernfalls verliert er.
**a)**  Ein Spieler spielt einmal. Mit welcher Wahrscheinlichkeit zeigt ein Würfel die Augenzahl 2 und der andere Würfel die Augenzahl 4?
Mit welcher Wahrscheinlichkeit gewinnt der Spieler?
**b)**  Der Spieler spielt zehnmal. Mit welcher Wahrscheinlichkeit gewinnt er mindestens einmal?

# III Grundwissen

## 1 Intervalle als Teilmengen der reellen Zahlen

### Beispiele

$[0; 5] = \{x \in \mathbb{R} \mid 0 \leq x \leq 5\}$      alle reellen Zahlen von 0 bis 5, einschließlich 0 und 5

$]-2; 2] = \{x \in \mathbb{R} \mid -2 < x \leq 2\}$      alle reellen Zahlen zwischen $-2$ bis 2,
     ausschließlich $-2$ und einschließlich 2

$]1; 6[ = \{x \in \mathbb{R} \mid 1 < x < 6\}$      alle reellen Zahlen größer als 1 und kleiner als 6

$[1; \infty[ = \{x \in \mathbb{R} \mid x \geq 1\}$      alle reellen Zahlen größer oder gleich 1

**Geschlossenes Intervall:** $[a; b] = \{x \in \mathbb{R} \mid a \leq x \leq b\}$

**Offenes Intervall:** $]a; b[ = \{x \in \mathbb{R} \mid a < x < b\}$

**Halboffenes Intervall:** $[a; b[ = \{x \in \mathbb{R} \mid a \leq x < b\}$

## Aufgaben

**1** Schreiben Sie als Intervall.

**a)** $\{x \in \mathbb{R} \mid 0 \leq x \leq 4\}$      **b)** $\{x \in \mathbb{R} \mid x \leq 2{,}5\}$      **c)** $\{x \in \mathbb{R} \mid -2 < x < 1\}$      **d)** $\{x \in \mathbb{R} \mid 1 \leq x < 7\}$

**2** Stellen Sie das Intervall in Mengenschreibweise dar.

**a)** $[-2; 3]$      **b)** $]-5; 1]$      **c)** $]-\infty; 3]$      **d)** $]1; 10[$

**3** Beschreiben Sie die markierten Mengen.

**a)** (Zahlengerade: markiert von 0 bis 3, $\mathbb{R}$)

**b)** (Zahlengerade: markiert von 1 bis 6, $\mathbb{R}$)

**c)** (Zahlengerade: markiert bis 5, $\mathbb{R}$)

**d)** (Zahlengerade: markiert von $-2$ bis 6, $\mathbb{R}$)

# 2 Algebraische Begriffe und Vorübungen

## 2.1 Begriffe

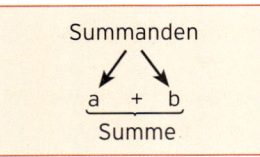

$$\underbrace{a \;-\; b}_{}$$
Differenz von a und b

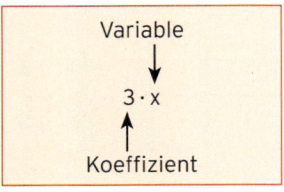

$$\underbrace{x + x + x}_{\text{Summe}} = \underbrace{3 \cdot x}_{\text{Produkt}}$$

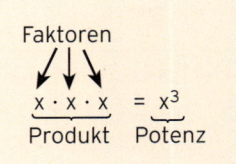

Zähler ⟶ Quotient
$$\left.\frac{a}{b}\right\}$$ (Bruch)
Nenner ⟋   $b \neq 0$

$\frac{1}{a}$; $a \neq 0$

Kehrwert von a

## 2.2 Rechnen mit Summen und Differenzen

**Beispiele**

$7 + (-5) = 7 - 5 = 2$

$5a + (-6a) = 5a - 6a = -1a = -a$

$5a - 3(-4a) = 5a + 12a = 17a$

$12a + 4b - (-3a - 5b) = 12a + 4b + 3a + 5b = 12a + 3a + 4b + 5b = 15a + 9b$

**Minuszeichen** vor der Klammer beachten.

## Aufgaben

**1** Lösen Sie die Klammern auf und fassen Sie zusammen.

a) $5a - 5b - (8a + 2b) + (6a - 7b)$    b) $(6x - 4) - (-8x + 12) + 20x$

c) $(12x + 6y) + (-3x - 4y) - (-2x - 4y)$    d) $15x + 7y + (-4x - 12y) - (9x - 7y)$

**2** Fassen Sie zusammen.

a) $-3 \cdot (-3) \cdot a + 2a$    b) $2ab - 5ab$

c) $-18x - 7x \cdot (-2)$    d) $-(3x \cdot (-2) - (-x + 5))$

e) $20a - (7a - (2a + 3))$    f) $3ax - (5x - 2ax) + 9x$

## Multiplikation von Summen

### Beispiele

$5 \cdot (2a - 4b)$        $= 5 \cdot 2a - 5 \cdot 4b = 10a - 20b$

$(4x + 3) \cdot 2x$        $= 4x \cdot 2x + 3 \cdot 2x = 8x^2 + 6x$

$(x - 2)(x - 5)$        $= x^2 - 2x - 5x + 10 = x^2 - 7x + 10$

---

**Ausmultiplizieren** heißt, jeden Summanden der einen Summe mit jedem Summanden der anderen Summe multiplizieren.

---

### Sonderfall Binom

$(x - 4)(x - 4) = x^2 - 4x - 4x + 16 = x^2 - 8x + 16$    $(x - 4)^2 = x^2 - 8x + 16$

$(x + 3)(x + 3) = x^2 + 3x + 3x + 9 = x^2 + 6x + 9$    $(x + 3)^2 = x^2 + 6x + 9$

$(x + 5)(x - 5) = x^2 + 5x - 5x - 25 = x^2 - 25$    $(x + 5)(x - 5) = x^2 - 25$

Diese drei **Sonderfälle** treten in vielen Umformungen auf. Deshalb ist es sinnvoll, diese drei Sonderfälle zu verallgemeinern.

---

**Binomische Formeln:**  $(a + b)^2 = a^2 + 2ab + b^2$

$(a - b)^2 = a^2 - 2ab + b^2$

$(a - b)(a + b) = a^2 - b^2$

---

## Aufgaben

**1**  Multiplizieren Sie aus und fassen Sie gegebenenfalls zusammen.

a)  $-3(5 - 2a)$

b)  $(4x - 2y)(-5)$

c)  $2b(-4 - 5b)$

d)  $(7a - 2)(-a)$

e)  $-5a(-a + 3b)$

f)  $-3a(5a - 6) - 17a$

g)  $4(2a - 3b) - 2(-3a + 5b)$

h)  $6(3u - 5v) + (-2u - 7v)$

**2**  Füllen Sie die Lücken aus.

a)  $(2x - 4) \cdot \blacksquare = 3x - 6$

b)  $\blacksquare \cdot (4 - 0,5x) = \blacksquare - 1,5x$

c)  $(\blacksquare - 6) \cdot 2a = 8a^2 + \blacksquare$

d)  $\blacksquare \cdot (7b - 2) = 10 - 35b$

**3**  Multiplizieren Sie aus und fassen Sie wenn möglich zusammen.

a)  $\frac{3}{2}(x + 4)(x + 4)$

b)  $(x - 8)\left(\frac{1}{4}x + 1\right)$

c)  $(x + 3)^2 + 2(x + 3)$

d)  $4x(x - 4) + x$

e)  $3 - (3 - 2x)(-2x + 3)$

f)  $4(x - 4)(x + 1) - 2(x - 4)$

**4**  Schreiben Sie in Produktform.

a)  $x^2 + 14x + 49$

b)  $x^2 - 10x + 25$

c)  $x^2 - 1$

d)  $-x^2 - 2x - 1$

19 Bohner, Ihlenburg, Ott, Deusch - ISBN 978-3-8120-0206-6

## 2.3 Rechnen mit Brüchen

**Beispiele**

**a)** $\frac{3}{5} + \frac{4}{5} = \frac{3+4}{5} = \frac{7}{5}$

**b)** $\frac{x}{3} - \frac{2x}{3} = \frac{x - 2x}{3} = -\frac{x}{3}$

> Gleichnamige Brüche addieren, heißt Zähler addieren und Nenner beibehalten.

**a)** $\frac{1}{2} + \frac{3}{5} = \frac{5}{10} + \frac{6}{10} = \frac{11}{10}$

**b)** $\frac{x}{4} + \frac{3x}{2} = \frac{x}{4} + \frac{6x}{4} = \frac{7x}{4} = \frac{7}{4}x$

> Ungleichnamige Brüche werden gleichnamig gemacht und dann addiert.

**a)** $\frac{5}{8} \cdot \frac{3}{4} = \frac{5 \cdot 3}{8 \cdot 4} = \frac{15}{32}$

**b)** $\frac{3}{4} \cdot \frac{x}{5} = \frac{3 \cdot x}{4 \cdot 5} = \frac{3}{20}x = \frac{3x}{20}$

> Brüche werden multipliziert, indem man Zähler mit Zähler und Nenner mit Nenner multipliziert.

**a)** $\frac{\frac{3}{8}}{\frac{9}{4}} = \frac{3}{8} \cdot \frac{4}{9} = \frac{1}{2} \cdot \frac{1}{3} = \frac{1}{6}$

**b)** $\frac{\frac{3a}{8b}}{\frac{9c}{2b}} = \frac{3a}{8b} \cdot \frac{2b}{9c} = \frac{a}{4 \cdot 3c} = \frac{a}{12c}$

> Man dividiert durch einen Bruch, indem man mit dessen Kehrwert multipliziert.

> **Beachten Sie:** $\frac{0}{4} = 0$, aber $\frac{4}{0}$ ist nicht definiert.

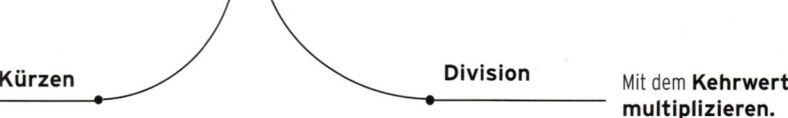

### Mind Map zur Bruchrechnung

Erweitern

Addition — gleichnamige Brüche Zähler addieren bzw. subtrahieren

Subtraktion — ungleichnamige **Brüche** gleichnamig machen

**Bruchrechnen**

Multiplikation — Zähler mal Zähler, Nenner mal Nenner

Kürzen

Division — Mit dem **Kehrwert** multiplizieren.

## Aufgaben

**1** Fassen Sie zusammen und vereinfachen Sie soweit wie möglich (ohne Hilfsmittel).

**a)** $2 - 2 \cdot \left(-\frac{3}{5}\right)^2$
**b)** $\frac{4}{9}\left(-\frac{27}{8}\right) + \frac{4}{9}$
**c)** $4 - \frac{4}{5 - 5^2}$
**d)** $\frac{a}{5} + \frac{a}{5}$
**e)** $\frac{x}{\frac{3}{5}}$
**f)** $\frac{3}{2} \cdot \frac{7}{2} \cdot \frac{x}{2}$

**2** Vereinfachen Sie.

**a)** $\frac{a}{8} : \frac{a}{4}$
**b)** $-\frac{x}{7} - \frac{9x}{7}$
**c)** $\frac{x}{2} + \frac{x}{3} - 3x$
**d)** $\frac{1}{2}(x - 1) + \frac{x - 3}{4}$
**e)** $3 \cdot \frac{x}{4} + \frac{x}{-2} - \frac{1}{2}x$

## 2.4 Vereinfachung durch Ausklammern

**Beispiele**

$27x - 9 = 9 \cdot 3x - 9 \cdot 1 = 9(3x - 1)$

$7x^2 + 42x = 7x \cdot x + 7 \cdot 6x$

$\qquad = 7x(x + 6)$

$-10a - 12b = -2(5a + 6b)$

$-\frac{3}{5} + x - \frac{8}{5}y = -\frac{3}{5} + \frac{5}{5}x - \frac{8}{5}y$

$\qquad = -\frac{1}{5}(3 - 5x + 8y)$

$\frac{3x + 6}{6} = \frac{3(x + 2)}{6} = \frac{x + 2}{2} = \frac{1}{2}(x + 2)$

> **Gemeinsamen Faktor ausklammern.**
> **Probe durch Ausmultiplizieren.**
>
> **Die Zeichen + und − in der Klammer**
> **beachten.**
>
> **Nur Faktoren kürzen.**

---

### Aufgaben

**1** Klammern Sie einen gemeinsamen Faktor aus.

a) $8a + 16$      b) $2a - 6$      c) $9x + 9$

d) $16a - 12b$      e) $21r - 7s$      f) $24n - 8m$

g) $\frac{4}{5} - \frac{6}{5}x$      h) $\frac{x^2}{2} + \frac{x}{2} + \frac{5}{2}$      i) $3x^2 + x$

**2** Vereinfachen Sie.

a) $\frac{5}{2}(x + 4) - 3(x + 4)$      b) $\frac{4 - 2x}{2}$      c) $\frac{3x - 12y + 9}{3}$

d) $3x(x + 2) - 3x$      e) $-x^2 - 2x(x + 1)$      f) $-\frac{5}{2}(x + 1) - \frac{3}{2}(x + 2)$

g) $1 - x - \frac{5}{3}(4x - 3)$      h) $x - \frac{10x - 5}{5}$      i) $2 - 3 \cdot \frac{2x - 5}{6}$

**3** Klammern Sie den Faktor (−1) aus.

a) $-6 + a$      b) $-4a - 5$      c) $-x^2 + 2x + 1$

d) $-7 - 5a$      e) $-x^2 - 3x + 7$      f) $4 - 9a + b$

**4** Bestimmen Sie den Klammerinhalt.

a) $a^2 - 5a = a(\ \ )$      b) $8x^2 - 8xy = 8x(\ \ )$      c) $24(\ \ ) = 24x - 24y$

d) $-(\ \ ) = 4 - 3x$      e) $3a^2 + 6a = 3a(\ \ )$      f) $6a^2b + ab = ab(\ \ )$

**5** Welche Terme sind gleichwertig?

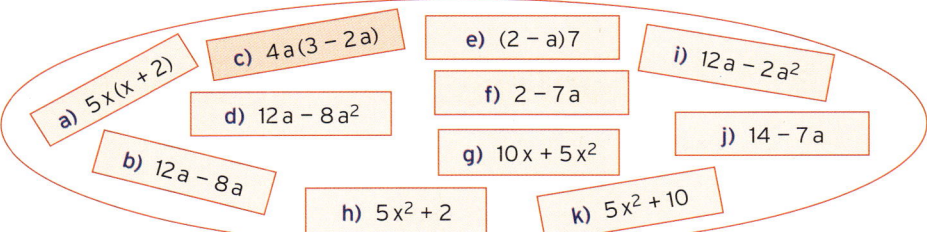

a) $5x(x + 2)$    b) $12a - 8a$    c) $4a(3 - 2a)$    d) $12a - 8a^2$    e) $(2 - a)7$    f) $2 - 7a$    g) $10x + 5x^2$    h) $5x^2 + 2$    i) $12a - 2a^2$    j) $14 - 7a$    k) $5x^2 + 10$

## 2.5 Rechnen mit Potenzen

**Potenz zur Basis a mit Hochzahl x:** $\qquad a^x$

a: Grundzahl oder Basis $\qquad$ x: Hochzahl oder Exponent

---

**Potenzgesetze**

- Potenzen mit **gleicher Basis:** $a^n \cdot a^m = a^{n+m}$ $\qquad$ Hochzahlen addieren

  $a^n : a^m = a^{n-m}$ $\qquad$ Hochzahlen subtrahieren

- Potenzen mit **gleichem Exponent:** $a^n \cdot b^n = (a\,b)^n$ $\qquad$ Grundzahlen multiplizieren

  $a^n : b^n = \left(\frac{a}{b}\right)^n$ $\qquad$ Grundzahlen dividieren

- **Potenzieren** $\qquad (a^n)^m = a^{n \cdot m}$ $\qquad$ Hochzahlen multiplizieren

---

### Beispiele für Exponenten aus $\mathbb{N}$

**1)** $3^4 \cdot 3^7 = 3^{4+7} = 3^{11}$

**2)** $x^4 \cdot x = x^4 \cdot x^1 = x^{4+1} = x^5$

**3)** $2^x \cdot 2 = 2^x \cdot 2^1 = 2^{x+1}$

**4)** $2^7 : 2^x = 2^{7-x}$

**5)** $2^4 \cdot 5^4 = (2 \cdot 5)^4 = 10^4$

**6)** $\left(\frac{x}{3}\right)^3 = \frac{x^3}{3^3} = \frac{x^3}{27}$

**7)** $(-3^2)^2 = (-3^2) \cdot (-3^2) = 3^4$   oder   $(-3^2)^2 = 3^{2 \cdot 2} = 3^4$

**8)** $(3^x)^2 = 3^x \cdot 3^x = 3^{2x}$   oder   $(3^x)^2 = 3^{2 \cdot x} = 3^{2x}$

> $x^2 \cdot x = x^3$
>
> $x^2 \cdot x^2 = x^4$
>
> $x^3 \cdot x = x^4$

### Beispiele für weitere Exponenten

**1)** $2^5 : 2^5 = 2^{5-5} = 2^0 = 1$

**2)** $2^2 : 2^3 = 2^{2-3} = 2^{-1}$ $\qquad$ $\frac{2^2}{2^3} = \frac{1}{2^1} = \frac{1}{2}$

**3)** $3^2 \cdot 3^{-4} = 3^{2-4} = 3^{-2}$ $\qquad$ $\frac{3^2}{3^4} = \frac{1}{3^2} = 3^{-2}$

**4)** $(5^{0,5})^2 = 5^{0,5 \cdot 2} = 5^1 = 5$ $\qquad$ $(\sqrt{5})^2 = 5$

**5)** $\left(6^{\frac{1}{3}}\right)^3 = 6^{\frac{1}{3} \cdot 3} = 6^1 = 6$ $\qquad$ $(\sqrt[3]{6})^3 = 6$

**6)** $\left(9^{\frac{1}{4}}\right)^4 = 9^{\frac{1}{4} \cdot 4} = 9^1 = 9$ $\qquad$ $(\sqrt[4]{9})^4 = 9$

> $2^0 = 1$
>
> $2^{-1} = \frac{1}{2}$
>
> $3^{-2} = \frac{1}{3^2} = \frac{1}{9}$
>
> $\sqrt{5} = 5^{0,5}$
>
> $\sqrt[3]{6} = 6^{\frac{1}{3}}$
>
> $\sqrt[4]{9} = 9^{\frac{1}{4}}$

---

**Beachten Sie:** $\qquad a^0 = 1$ $\qquad\qquad$ $a^{-1} = \frac{1}{a}$ $(a \neq 0)$ $\qquad\qquad$ $a^{-2} = \frac{1}{a^2}$ $(a \neq 0)$

$\sqrt{a} = a^{\frac{1}{2}}$ $(a \geq 0)$ $\qquad\qquad$ $\sqrt[3]{a} = a^{\frac{1}{3}}$ $\qquad\qquad$ $\sqrt[4]{a} = a^{\frac{1}{4}}$ $(a \geq 0)$

## Aufgaben

**1** Vereinfachen Sie.

a) $7^2 \cdot 7^2$

b) $4x^2 \cdot x$

c) $\dfrac{x^3 \cdot x^2}{4}$

d) $3^{2x} \cdot 3^x$

e) $5e^x \cdot e^x$

f) $3^{-x} \cdot 3^x$

g) $3 \cdot 4^{2x} \cdot 4^{-x}$

h) $1{,}5 \cdot 2^x \cdot 2^{-3x}$

i) $\left(-\dfrac{2}{3}\right)^2$

j) $\left(\dfrac{x}{3}\right)^2$

k) $\dfrac{10^6}{2^6}$

l) $(3^{-x})^2$

**2** Wenden sie ein geeignetes Potenzgesetz an.

a) $(x^2)^2 + 2x^4$

b) $(5x)^2 \cdot x$

c) $8^{-2x} \cdot 8^{-2x}$

d) $(0{,}5x^2)^2$

e) $-0{,}5(x^2)^2$

f) $\dfrac{x^5}{3x^2}$

g) $(2^x)^2 : 2^6$

h) $e^{-x} \cdot e^{2x}$

i) $(6 \cdot 2^x)^2$

j) $\left(\dfrac{2^{-2x}}{4}\right)^2$

k) $(3^{-0{,}5x})^2 \cdot 3$

l) $(2^{-1})^3$

**3** Berichtigen Sie die Rechnung.

a) $x^2 \cdot (x + 1) = x^3 + 1$

b) $7e^{2x} \cdot e^{-x} = 8e^{2x-1}$

**4** Schreiben Sie ohne Bruchstrich.

a) $\dfrac{1}{2}$

b) $\dfrac{1}{2^3}$

c) $\dfrac{5}{4^2}$

**5** Schreiben Sie mit einer positiven Hochzahl.

a) $3^{-2}$

b) $5^{-3}$

c) $e^{-1}$

**6** Schreiben Sie mit einem Wurzelzei chen.

a) $7^{0{,}5}$

b) $2^{\frac{1}{5}}$

c) $5 \cdot 4^{\frac{1}{3}}$

**7** Schreiben Sie ohne Hochzahl.

a) $10^4$

b) $5 \cdot 10^{-2}$

c) $\dfrac{1}{2} \cdot 10^{-4}$

d) $3{,}2 \cdot 10^6$

**8** Vereinfachen Sie.

a) $(3^{-1})^3$

b) $(2^x)^3 + 5 \cdot 2^{3x}$

c) $(2^{-x})^2 \cdot 2^{2x}$

d) $2^{-x} \cdot 2^x - 2$

e) $2^x \cdot 5^x$

f) $3^{2x} \cdot 3^{-2}$

g) $(4 \cdot 5)^{0{,}5}$

h) $\dfrac{3}{2^3}$

i) $3^{2x} : 3^{-2x}$

**9** Schreibt man die Zahl $(10^5)^2$ aus, so folgen auf die Eins eine Anzahl von Nullen. Ein Drucker gibt 100 Zeichen pro Sekunde aus. Wie lange braucht er, um die ausgeschriebene Zahl zu drucken. Schätzen S e zuerst.

**10** Gegeben ist der Term $f(x)$. Berechnen Sie $f(x)$ für den gegebenen x-Wert.

a) $f(x) = \dfrac{1}{2}x^4 - x^2 + 1;\ x = -1;\ x = \sqrt{2}$

b) $f(x) = x^3 - 3x;\ x = -2;\ x = \sqrt{5}$

# 3 Gleichung und Gleichungssystem

## 3.1 Lineare Gleichungen

### Beispiel

➲ Gegeben ist die Gleichung $4x - 2 = 8$.
Bestimmen Sie die Lösungsmenge für $x \in \mathbb{R}$.

### Lösung

Umformung der Gleichung zur Bestimmung der Lösungsmenge L.

| | | |
|---|---|---|
| Auf beiden Seiten 2 addieren | $4x - 2 = 8$ | $\vert + 2$ |
| | $4x - 2 + 2 = 8 + 2$ | |
| Beide Seiten durch 4 teilen | $4x = 10$ | $\vert : 4$ |
| | $\frac{4x}{4} = \frac{10}{4}$ | |
| Lösung: | $x = 2,5$ | |
| Lösungsmenge: | $L = \{2,5\}$ | |
| **Probe:** $x = 2,5$ einsetzen ergibt | $4 \cdot 2,5 - 2 = 8$ | |
| | $8 = 8$ wahre Aussage | |

**Alle Elemente,** die zu einer **wahren Aussage** führen, gehören zur Lösungsmenge L.

---

Eine Gleichung **(äquivalent) umformen heißt,**
– **beide Seiten der Gleichung mit der gleichen Zahl** ($\neq 0$) **multiplizieren,**
– **beide Seiten durch die gleiche Zahl** ($\neq 0$) **dividieren,**
– **auf beiden Seiten die gleiche Zahl addieren oder subtrahieren.**

---

### Beispiel

➲ Bestimmen Sie die Lösung der Gleichung:   $\frac{1}{2}x - \frac{3}{2}(x + 1) = 2x - 5$  $(x \in \mathbb{R})$

### Lösung

| | | |
|---|---|---|
| Beide Seiten mit 2 multiplizieren: | $\frac{1}{2}x - \frac{3}{2}(x + 1) = 2x - 5$ | $\vert \cdot 2$ |
| (Brüche eliminieren) | | |
| Klammer ausmultiplizieren: | $x - 3(x + 1) = 4x - 10$ | |
| | $x - 3x - 3 = 4x - 10$ | |
| Auf beiden Seiten $(4x)$ subtrahieren: | $-2x - 3 = 4x - 10$ | $\vert - 4x$ |
| Auf beiden Seiten 3 addieren: | $-6x - 3 = -10$ | $\vert + 3$ |
| Beide Seiten durch $(-6)$ teilen: | $-6x = -7$ | $\vert : (-6)$ |
| Lösung: | $x = \frac{7}{6}$ | |

## Aufgaben

**1** Prüfen Sie, ob der gegebene x-Wert eine Lösung der Gleichung ist.

a) $6x - 5 = x$; $x = -1; 0; 1$

b) $-2(x - 2) = x + 2$; $x = \frac{2}{3}; 2$

**2** Lösen Sie die Gleichung.

a) $2x - 7 = 1$

b) $4(2 - 2x) = 0$

c) $6x + 5 = -3$

d) $\frac{3}{2}x + \frac{4}{5} = 0$

e) $-\frac{2}{13}(x - 9) = 0$

d) $\frac{15}{2} - 4x = 0$

**3** Bestimmen Sie die Lösung.

a) $2 - 3x = 5x + 4$

b) $3 - \frac{1}{2}x = x + 1$

c) $-\frac{1}{3}(x + 5) - 3 = 5$

d) $2(1 - x) = 5(x + 1)$

e) $-2(x - 1) = 0,5x - 3$

f) $1 - 4x = \frac{5}{2}x + 1$

**4** Bestimmen Sie die Lösungsmenge ($x \in \mathbb{R}$).

a) $20x - 3(5x + 7) = -2(3 - x)$

b) $5x - (8 + 9x) = 12$

c) $6(x - 4) - 2(x - 4) = 0$

d) $3(6x - 14) = 12x + 6(x - 3)$

e) $\frac{1}{2}x - \frac{3}{2} = 4x - 1$

f) $\frac{1}{4}x + \frac{3}{4} = x + 4$

g) $\frac{4}{5}x + 1 = \frac{2}{5}(x + 1)$

h) $-(2x + 3) - \frac{1}{2}x = \frac{7}{2}$

i) $\frac{1}{2}x - \frac{3}{4} = \frac{1}{4}x + \frac{2}{3}$

j) $\frac{2}{3}x + 2 = \frac{7}{6} - \frac{1}{6}x$

k) $\frac{3x - 1}{6} = 6 - \frac{x - 1}{3}$

l) $\frac{2x - 5}{2} = 3 + \frac{2 - x}{3}$

m) $3x - 2(5x - 8) = 9 - 4(7 + 3x)$

n) $-x - (3 + 4x) = 3 - 3\left(\frac{16}{3} - 2x\right)$

o) $\frac{x}{3} - 5 = \frac{x}{5} - 3$

p) $\frac{x}{16} - \frac{5}{2} = \frac{3x + 5}{8} - 6$

**5** Vereinfachen Sie und bestimmen Sie die Lösung.

a) $16x - 9 - (13 - 9x) + 17 = 15x - 22 - (7 - 4x)$

b) $2x - 3 - (5x - 3) - (4x - 1)(x - 3) = -(2x - 3)(2x + 5)$

c) $(x + 3)^2 - (x - 4)^2 = -(x - 1)^2 + (x + 2)^2$

**6** Untersuchen Sie die Gleichung auf Lösbarkeit. Geben Sie, wenn möglich, eine Lösung an.

a) $\frac{1}{4}x - 3 = \frac{1}{2}(x + 2)$

b) $3x + 2 - 3(x + 1) = 0$

c) $5x + 2 = 2(x + 1) + 3x$

## 3.2 Lineare Gleichungssysteme

**Beispiel**

➲ Lösen Sie das lineare Gleichungssystem (LGS).

**a)** $y = -2x - 4$          **b)** $y = -8x - 6$                    **c)** $3x - 2y = 14$

   $y = -x + 1$                    $3x + y = 4$                           $x + y = -2$

**a) Lösung mit dem Gleichsetzungsverfahren**

| | |
|---|---|
| **Gleichsetzen**: | $-2x - 4 = -x + 1$    $\vert + 4$ |
| | $-2x = -x + 5$    $\vert + x$ |
| x auf eine Seite bringen: | $-x = 5$    $\vert \cdot (-1)$ |
| **x-Wert**: | $x = -5$ |
| Einsetzen von $x = -5$ in z.B. $y = -x + 1$: | $y = -(-5) + 1$ |
| ergibt | $y = 6$ |
| **Lösung des LGS**: | $x = -5;\ y = 6$ |

**Hinweis:** Das LGS hat genau eine Lösung.

**b) Lösung mit dem Einsetzungsverfahren**

Den y-Wert der Gleichung $y = -8x - 6$

setzt man in die Gleichung $3x + y = 4$ ein:      $3x + (-8x - 6) = 4$

Dadurch erhält man eine Gleichung mit der Unbekannten x.

| | |
|---|---|
| Klammer auflösen: | $3x - 8x - 6 = 4$ |
| | $-5x - 6 = 4$    $\vert + 6$ |
| | $-5x = 10$    $\vert : (-5)$ |
| **x-Wert**: | $x = -2$ |
| Einsetzen von $x = -2$ z.B. in $y = -8x - 6$: | $y = -8 \cdot (-2) - 6$ |
| ergibt | $y = 10$ |
| **Lösung des LGS**: | $x = -2;\ y = 10$ |

**Hinweis:** Das LGS hat genau eine Lösung.

**c) Lösung mit dem Additionsverfahren**

| | |
|---|---|
| | $3x - 2y = 14$ |
| Gleichung mit 2 multiplizieren | $x + y = -2$    $\vert \cdot 2$ |
| | $3x - 2y = 14$ |
| **Addition** | $2x + 2y = -4$ |
| ergibt **eine Gleichung** mit der Unbekannten x: | $5x = 10$    $\vert : 5$ |
| Nach x auflösen: | $x = 2$ |
| Einsetzen von $x = 2$ in z. B. $x + y = -2$, ergibt: | $2 + y = -2$    $\vert - 2$ |
| Nach y auflösen: | $y = -4$ |
| **Lösung des LGS**: | $x = 2;\ y = -4$ |

**Hinweis:** Das LGS hat genau eine Lösung.

## Beispiel

➲ Lösen Sie folgendes Gleichungssystem:   $3x - 6y = 12$
$4x + 5y = 3.$

### Lösung **mit dem Additionsverfahren**

| | | |
|---|---|---|
| Gleichung mit 4 multiplizieren: | $3x - 6y = 12$ | $\mid \cdot 4$ |
| Gleichung mit $(-3)$ multiplizieren: | $4x + 5y = 3$ | $\mid \cdot (-3)$ |
| | $12x - 24y = 48$ | |
| **Addition** | $-12x - 15y = -9$ | $+$ |
| **ergibt eine Gleichung mit der Unbekannten y**: | $-39y = 39$ | $\mid : (-39)$ |
| Nach y auflösen: | $y = -1$ | |
| Einsetzen von $y = -1$ in z. B. $4x + 5y = 3$ ergibt: | $4x + 5(-1) = 3$ | $\mid + 5$ |
| | $4x = 8$ | $\mid : 4$ |
| Nach x auflösen: | $x = 2$ | |
| **Lösung des LGS**: | $x = 2; \; y = -1$ | |

---

**Die drei Verfahren zur Lösung von linearen Gleichungssystemen im Überblick:**

**Beispiele**

| | | |
|---|---|---|
| $y = -2x - 4$ | $y = -2x - 4$ | $3x - 2y = 14$ |
| $y = -0,5x + 0,5$ | $x + 2y = 1$ | $x + y = -2$ |
| Lösung mit dem | Lösung mit dem | Lösung mit dem |
| **Gleichsetzungsverfahren** | **Einsetzungsverfahren** | **Additionsverfahren** |

**Hinweis:** Grundsätzlich kann das Lösungsverfahren frei gewählt werden.

---

## Aufgaben

**1** Lösen Sie das folgende lineare Gleichungssystem.

a) $x + y = 6$
$x - y = 4$

b) $3x - 2y = 8$
$x + 2y = 4$

c) $7x + 3y = 8$
$-7x + 2y = 2$

d) $-4y - 5x = 8$
$4y + 6x = 7$

e) $5x - 3y = 13$
$x + 2y = 13$

f) $9x + 2y = -15$
$-5x + 4y = -7$

g) $3x + 3y = 0$
$-4x + 2y = 1$

h) $2x - 3y = 0$
$-5x - 4y = 0$

i) $-a + 3b = 3$
$-7a - 3b = 1$

**2** Bestimmen Sie die Lösung des Gleichungssystems.

a) $\frac{x}{2} + y = 2$
$\frac{x}{4} - \frac{y}{2} = 3$

b) $\frac{x}{3} - \frac{y}{2} = 1$
$\frac{2x}{3} + \frac{y}{4} = 7$

c) $\frac{x}{4} + \frac{y}{3} = 5$
$\frac{x}{8} + \frac{y}{4} = 3$

**3** Wählen Sie ein geeignetes Lösungsverfahren. Bestimmen Sie die Lösung.

a) $y = -2x - 3$
$y = 3x + 7$

b) $y + x = -7$
$x = 2y - 1$

c) $7x + y = 22$
$7x - y = 34$

## 3.3 Quadratische Gleichungen

**Lösung durch Wurzelziehen**

**Beispiel**

➲ Lösen Sie die Gleichungen.      a) $x^2 - 16 = 0$      b) $-\frac{1}{4}x^2 + \frac{3}{2} = 0$

**Lösung**

a) $x^2 - 16 = 0$     $| + 16$
$x^2 = 16$     $| \sqrt{\ }$
$x_{1|2} = \pm\sqrt{16} = \pm 4$

b) $-\frac{1}{4}x^2 + \frac{3}{2} = 0$     $| \cdot (-4)$
$x^2 - 6 = 0$     $| + 6$
$x^2 = 6$     $| \sqrt{\ }$
$x_{1|2} = \pm\sqrt{6}$

Die Gleichungen haben jeweils **zwei Lösungen.**

**Bemerkung:** $\sqrt{6}$ ist die reelle Zahl, die mit sich selbst multipliziert, 6 ergibt: $\left(\sqrt{6}\right)^2 = 6$.
$\sqrt{6}$ ist die **Quadratwurzel** aus 6.
Es gilt: $\sqrt{a}$ ist für $a \geq 0$ die **positive Zahl** mit $\left(\sqrt{a}\right)^2 = a$.

**Beispiel**

➲ Lösen Sie die Gleichungen.      a) $3x^2 = 0$      b) $x^2 + 4 = 0$

**Lösung**

a) $3x^2 = 0$
$x^2 = 0$
$x_{1|2} = 0$
Die Gleichung hat
**eine (doppelte) Lösung.**

b) $x^2 + 4 = 0$
$x^2 = -4$
Da $x^2 \geq 0$ für alle $x \in \mathbb{R}$ ist,
hat die Gleichung
**keine** Lösung.

**Beachten Sie:** Die Gleichung $x^2 = d$ hat für $d > 0$ **zwei** Lösungen: $x_{1|2} = \pm\sqrt{d}$
für $d = 0$ **eine** Lösung: $x_{1|2} = 0$
für $d < 0$ **keine** Lösung.

## Aufgaben

**1** Lösen Sie die quadratischen Gleichungen.
a) $\frac{1}{2}x^2 - 9 = 0$
b) $4 - 4x^2 = 0$
c) $\frac{4}{5}x^2 = x^2$
d) $6x^2 = 0$
e) $3x^2 + 5 = -x^2 + 1$
f) $7(x - 8)^2 = 0$

**2** Bestimmen Sie a $(a \in \mathbb{R})$ so, dass die Gleichung $x^2 + a = 0$ zwei Lösungen besitzt.

## Lösung mit der abc-Formel

> **Beachten Sie:** Lösung der Gleichung $a x^2 + b x + c = 0$; $a \neq 0$
>
> mithilfe der **Lösungsformel:** $x_{1|2} = \dfrac{-b \pm \sqrt{b^2 - 4 a c}}{2 a}$
>
> **$D = b^2 - 4 a c$ heißt Diskriminante.**
> Die Anzahl der Lösungen hängt von der **Diskriminante D** ab.

### Beispiel

⮑ Lösen Sie die Gleichungen.

a) $3 x^2 + 14 x - 5 = 0$ ⠀⠀⠀ b) $-0,5 x^2 + 5 x - 12,5 = 0$ ⠀⠀⠀ c) $\frac{3}{2} x^2 - 3 x + 6 = 0$

### Lösung

a) Für die Formel $a = 3$, $b = 14$, $c = -5$: $x_{1|2} = \dfrac{-14 \pm \sqrt{196 - 4 \cdot 3 (-5)}}{2 \cdot 3} = \dfrac{-14 \pm \sqrt{256}}{6}$

**D = 256 > 0** ⠀⠀⠀⠀⠀⠀⠀⠀⠀⠀ $x_{1|2} = \dfrac{-14 \pm 16}{6}$

**zwei** Lösungen: ⠀⠀⠀⠀⠀⠀ $x_1 = \dfrac{-14 + 16}{6} = \dfrac{1}{3}$; $x_2 = \dfrac{-14 - 16}{6} = -5$

Die quadratische Gleichung hat zwei Lösungen $x_1 = \frac{1}{3}$ und $x_2 = -5$.

b) Mit $(-2)$ multiplizieren: ⠀⠀⠀⠀⠀⠀⠀⠀⠀⠀⠀ $-0,5 x^2 + 5 x - 12,5 = 0$ ⠀ $| \cdot (-2)$
⠀⠀⠀⠀⠀⠀⠀⠀⠀⠀⠀⠀⠀⠀⠀⠀⠀⠀⠀⠀⠀⠀⠀⠀⠀⠀⠀ $x^2 - 10 x + 25 = 0$

Für die Formel $a = 1$, $b = -10$, $c = 25$: ⠀⠀⠀ $x_{1|2} = \dfrac{10 \pm \sqrt{100 - 100}}{2} = \dfrac{10 \pm \sqrt{0}}{2}$

**D = 0** ⠀⠀⠀⠀⠀⠀⠀⠀⠀⠀⠀⠀⠀⠀⠀⠀⠀⠀ $x_{1|2} = 5$

Die quadratische Gleichung hat **eine** (doppelte) Lösung: $x_{1|2} = 5$

c) Für die Formel $a = \frac{3}{2}$, $b = -3$, $c = 6$: $x_{1|2} = \dfrac{3 \pm \sqrt{9 - 36}}{2 \cdot \frac{3}{2}} = \dfrac{3 \pm \sqrt{-27}}{3}$

**D = −27 < 0**
Die Gleichung hat **keine** Lösung, da die Wurzel aus einer negativen Zahl nicht gezogen werden kann.

## Aufgaben

**1** Lösen Sie die quadratischen Gleichungen.

a) $x^2 + x - 12 = 0$ ⠀⠀⠀⠀ b) $\frac{1}{2} x^2 - 4 x + 8 = 0$ ⠀⠀⠀⠀ c) $3 - 2 x + \frac{1}{3} x^2 = 0$

**2** Ermitteln Sie alle Lösungen.

a) $x^2 + 2 x + 6 = -2 x + 1$ ⠀⠀⠀ b) $2 x^2 = -x + 5$ ⠀⠀⠀⠀⠀⠀ c) $-x^2 - 1,5 x = 1,25$

d) $(x - 3)^2 - 4 = 0$ ⠀⠀⠀⠀⠀⠀⠀ e) $0,5 x^2 + x = 1,5 x (x + 2) - 3$ ⠀ f) $\frac{1}{2} (x^2 - 5) = 0$

Lösung durch Ausklammern und Anwendung des Satzes vom Nullprodukt.

### Beispiel

➲ Lösen Sie die Gleichung.      a) $x^2 + 3x = 0$          b) $2x^2 = 3x$

### Lösung

a) Quadratische Gleichung:              $x^2 + 3x = 0$

Ausklammern:                            $x(x + 3) = 0$

Satz vom Nullprodukt:                   $x = 0$    $x + 3 = 0$

Lösungen der Gleichung:                 $x_1 = 0$; $x_2 = -3$

b) Quadratische Gleichung:              $2x^2 = 3x$          $| -3x$

Gleichung in Nullform:                  $2x^2 - 3x = 0$

Ausklammern:                            $x(2x - 3) = 0$

Satz vom Nullprodukt:                   $x = 0$  oder  $2x - 3 = 0$

Lösungen der Gleichung:                 $x_1 = 0$; $x_2 = 1,5$

---

**Beachten Sie:** Bei quadratischen Gleichungen der Form   $ax^2 + bx = 0$  $(a, b \neq 0)$
erhält man die Lösungen **durch Ausklammern** von x:
$$x(ax + b) = 0$$
Man setzt jeden einzelnen Faktor null **(Satz vom Nullprodukt).**
$$x = 0 \quad \text{oder} \quad x(ax + b) = 0$$
Daraus ergeben sich **zwei Lösungen:** 1. Lösung: $x_1 = 0$
aus  $ax + b = 0$: 2. Lösung: $x_2 = -\frac{b}{a}$

---

**Satz vom Nullprodukt:** Ein Produkt ist null, wenn mindestens ein Faktor null ist:
$$u \cdot v = 0 \Leftrightarrow u = 0 \quad \text{oder} \quad v = 0$$

---

### Beispiel

➲ Lösen Sie die Gleichung.      a) $(x + 3)(x - 2) = 0$      b) $\frac{1}{4}(2x - 3)(5 - x) = 0$

### Lösung

a) **Die Gleichung ist in Faktorform gegeben:**  $(x + 3)(x - 2) = 0$

   **Satz vom Nullprodukt** anwenden:      $x + 3 = 0$  oder  $x - 2 = 0$

   Lösungen:                               $x_1 = -3$; $x_2 = 2$

b) Gleichung **in Faktorform:**           $\frac{1}{4}(2x - 3)(5 - x) = 0$

   **Satz vom Nullprodukt** anwenden:      $2x - 3 = 0$  oder  $5 - x = 0$

   Lösungen:                               $x_1 = 1,5$; $x_2 = 5$

**Hinweis:** $(x + 3)$, $(x - 2)$, $(2x - 3)$, $(5 - x)$ sind **Linearfaktoren.**

## Lösung durch Anwendung einer binomischen Formel

#### Beispiel

➲ Lösen Sie die Gleichung. **a)** $x^2 + 6x + 9 = 0$ **b)** $x^2 - 8x + 16 = 0$

#### Lösung

Man erkennt eine **binomische Formel:**  **a)** $(x + 3)^2 = 0$ **b)** $(x - 4)^2 = 0$

Satz vom Nullprodukt: $(x + 3)(x + 3) = 0$ $(x - 4)(x - 4) = 0$

Die Gleichung hat **eine** doppelte Lösung: $x_{1|2} = -3$ $x_{1|2} = 4$

**Beachten Sie:** $a^2 \pm 2ab + b^2 = (a \pm b)^2$ $\qquad x^2 \pm 2ax + a^2 = (x \pm a)^2$

## Aufgaben

**1** Lösen Sie die quadratische Gleichung.

a) $8x^2 + 3x = 0$

b) $x^2 = x$

c) $1{,}5x - 0{,}5x^2 = 0$

d) $-\frac{1}{5}x - \frac{1}{2}x^2 = 0$

e) $x^2 + 7x = -2x^2 + \frac{3}{2}x$

f) $x(2x - 3) = \frac{x^2 - 5x}{2}$

g) $-6x + 4x^2 = 0$

h) $3x(x - 6) = 0$

i) $x(x + 1) = x$

**2** Lösen Sie mithilfe einer binomischen Formel.

a) $x^2 - 4x + 4 = 0$

b) $x^2 = -2x - 1$

c) $x^2 - 12x + 36 = 0$

**3** Geben Sie zwei verschiedene Gleichungen mit den Lösungen 0 und $-8$ an.

**4** Lösen Sie ohne Lösungsformel.

a) $2x^2 - 5x = 0$

b) $x^2 = -2x$

c) $x^2 - 2x + 1 = 0$

d) $x^2 + 8x + 16 = 0$

e) $x^2 - 24x + 144 = 0$

f) $\frac{1}{4}x^2 - 3x = 2x$

g) $\frac{1}{7}(x + 4)(x - 5) = 0$

h) $(1 - 3x)^2 = 0$

i) $(2x + 7)(x - a) = 0$

**5** Lösen Sie mit der Lösungsformel.

a) $2x^2 - 5x + 1 = 0$

b) $-2x + 6 - x^2 = 0$

c) $7x^2 - x - 2 = 0$

**6** Lösen Sie folgende quadratische Gleichungen auf zwei verschiedene Arten und vergleichen Sie die Verfahrensweise.

a) $5x^2 + 5 = 10x$

b) $3x = x^2$

c) $-3x(3x - 8) = 0$

**7** Bestimmen Sie a so, dass $x^2 - ax = 0$

a) genau eine Lösung hat,

b) die Lösung $x = 4{,}5$ hat.

**8** Zeigen Sie, die quadratische Gleichung hat keine Lösung.

a) $x^2 + 4 = 0$

b) $x^2 - x + 3 = 0$

c) $\frac{1}{4}x^2 - x = x - 6$

# Anhang

## Lösungen

### Lösungen der Modellierungen und Tests

#### Modellierung einer Situation Einführung in die Funktionen, Lehrbuch Seite 9

Das **Schaubild B** beschreibt für $0 \leq t \leq 42{,}5$ einen linearen Zusammenhang zwischen der Zeit und der Wasserhöhe. Dieser Zusammenhang ist bei konstantem Wasserzufluss nur gegeben, wenn die Querschnittsfläche des Gefäßes unabhängig von der Höhe ist. Das gilt nur für den **Eimer.**

Nach 42,5 Sekunden steigt die Wasserhöhe nicht mehr an (das Wasser läuft über), die dann erreichte Wasserhöhe ist auch die Innenhöhe des Eimers.
Der Eimer ist also innen 60 cm hoch.
Die **Tabelle gehört zum Kolben,** da für die Höhenzunahme von 5 cm immer weniger Zeit benötigt wird.

Somit muss das **Schaubild A die Wasserhöhe der Kugel** beschreiben. Die Kugel ist bereits nach 35 Sekunden voll, der Eimer nach 42,5 Sekunden und der Kolben erst nach über 50 Sekunden. Da alle Behälter gleichmäßig mit 1 ℓ/s gefüllt werden, ist die Kugel der Behälter mit dem kleinsten Volumen.

#### Modellierung einer Situation Polynomfunktionen Lineare Funktion Lehrbuch Seite 21

A) Den Preis kann man mithilfe von Geraden beschreiben.
   y in €, x in 100 kg

**Darstellung mit Geradengleichungen**

Stahlhandel Gruber: $g_S$: y = 30 x
Blime Stahl:          $g_B$: y = 25 x + 80
Metall und Eisen:   $g_M$: y = 25 x + 120

**Darstellung im Koordinatensystem**

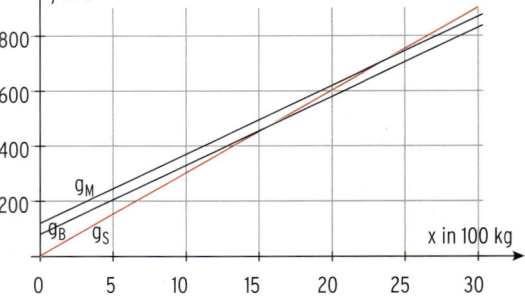

**Beratung**
Blime Stahl ist immer günstiger als Metall und Eisen GmbH. Die Gerade $g_B$ liegt unterhalb der Geraden $g_M$. Somit sind nur noch Blime Stahl und Stahlhandel Gruber zu betrachten.
Schnittpunkt von $g_S$ und $g_B$: S (16 | 480)
Für x < 16  (1600 kg) ist Stahlhandel Gruber günstiger als Blime Stahl.
Für x > 16  (1600 kg) ist Blime Stahl günstiger als Stahlhandel Gruber.

B) Koordinatenursprung festlegen, z. B. rechts unten.
Die Geradengleichungen von g und h bestimmen und
den Schnittpunkt S berechnen.
Die Gerade g verläuft durch den Punkt P(0|6) und hat
die Steigung m = tan(32°) = 0,62
Gleichung von g: y = 0,62 x + 6

Die Gerade h verläuft durch den Punkt P(0|7,5)
und hat die Steigung m = tan(50°) = 1,19
Gleichung von h: y = 1,19 x + 7,5

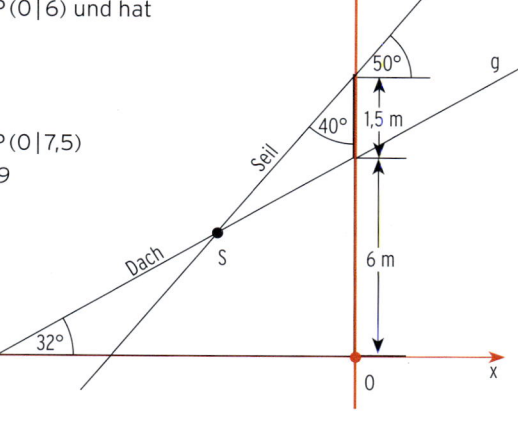

Schnittpunkt von g und h:
y-Werte gleichsetzen:                    $0,62 x + 6 = 1,19 x + 7,5$
Schnittstelle:                           $x = -2,63$
Schnittpunkt von g und h:                $S(-2,63 | 4,37)$
Das Seil muss 2,63 m links vom Eckpunkt 0 in einer Höhe von 4,37 m befestigt werden.

## Test zur Überprüfung Ihrer Grundkenntnisse, Lehrbuch Seite 50

**1** **a)** $x = -2$          **b)** $x = \frac{17}{25}$          **c)** $x = 0$

**2** **a)** $m = \frac{1,2 - (-4,5)}{-2 - 1} = -1,9$   $y = -1,9 x - 2,6$
   Oder mithilfe einer linearen Regression: $a = -1,9$; $b = -2,6$; $y = -1,9 x - 2,6$

  **b)** $m_g = 1$; $y = x + 6$

  **c)** $m_g = -\frac{1}{m_h} = -\frac{1}{2}$; $y = -\frac{1}{2} x + 1$

  **d)** $y = -3(x + 3) + 2$; $y = -3 x - 7$

**3** **a)** g: y-Achsenabschnitt b = 4

   Punkte: $P(0|4)$; $Q(6|2)$; Steigung $m = -\frac{1}{3}$   Geradengleichung: $y = -\frac{1}{3} x + 4$

   h: Punkte: $P(-3|0)$; $Q(1|1)$; Steigung $m = \frac{1}{4}$   Geradengleichung: $y = \frac{1}{4} x + \frac{3}{4}$

  **b)** $\frac{\Delta y}{\Delta x} = -\frac{1}{2}$; Die Wertetabelle gehört zu einer linearen Funktion.
   Der Funktionsterm kann z. B. mithilfe einer linearen Regression bestimmt werden.
   $a = -0,5$; $b = 3$; $r^2 = 1$; Funktionsterm: $f(x) = -\frac{1}{2} x + 3$
   **Hinweis:** Der Funktionsterm kann auch mithilfe von 2 Punkten bestimmt werden.

**4** **a)** Bedingung: $f(x) = 0$                $\frac{7}{12} x + 1 = 0$          $| -1$

                                              $\frac{7}{12} x = -1$            $| \cdot 12$   $| : 7$

   Nullstelle von f:                          $x = -\frac{12}{7}$

   Winkel zwischen Gerade und x-Achse:
   $\tan(\alpha) = m = \frac{7}{12}$                $\alpha = 30,26°$

**b)** x-Wert des Schnittpunktes von $K_f$
und $K_g$ bestimmen
Bedingung: $f(x) = g(x)$

$\frac{7}{12}x + 1 = -x - 1 \qquad | \cdot 12$

$7x + 12 = -12x - 12 | +12x \quad | -12$

$19x = -24 \qquad\qquad | : 19$

Schnittstelle: $x = -\frac{24}{19}$

$f(x) < g(x)$ für $x < -\frac{24}{19}$

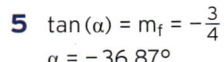

**5**   $\tan(\alpha) = m_f = -\frac{3}{4}$

$\alpha = -36{,}87°$

$\beta = 90° - 36{,}87° = 53{,}13°$

Winkel $\delta$ von $K_f$ und $K_g$:

$\delta = 2 \cdot 53{,}13° = 106{,}26° \neq 90°$

Jahn hat nicht recht.

Oder

$m_g = \frac{3}{4}$        $m_f \cdot m_g = -\frac{3}{4} \cdot \frac{3}{4} = -\frac{9}{16} \neq -1$

Damit schneiden sich die Geraden $K_f$ und $K_g$ nicht
senkrecht.

Oder

Der Schnittwinkel bei einer Spiegelung an der y-Achse kann nur 90° betragen, wenn der
Steigungswinkel 45° bzw. −45° (entspricht 135°) ist, d.h. bei einer Steigung von 1 oder −1.
Da die Steigung von $K_f$ ungleich ±1 ist, schneiden sich $K_f$ und $K_g$ nicht senkrecht.

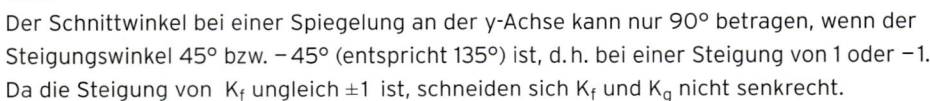

**6**   x: Versicherungssumme in €

g(x): Gehalt in €

Funktionsterm: $g(x) = 0{,}05x + 2200$

Interpretation:

g(120 000) ist das Gehalt von Herrn Krug,
bei einer abgeschlossenen Versicherungssumme von 120 000 €.

g(x) = 3500: Das Gehalt von Herrn Krug
beträgt 3500 €.

x = 26 000: Er erhält das Gehalt von 3500 €
bei einer abgeschlossenen Versicherungssumme von 26 000 €.

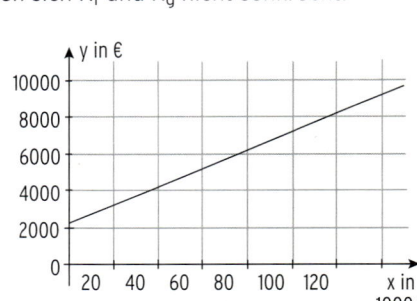

### Modellierung einer Situation Quadratische Funktionen, Lehrbuch Seite 51

- Herstellkosten $K(x) = 0{,}1x2 + 0{,}025x + 8$; $K(x)$ in 1000 €; $E(x) = 2{,}425x$
  Gewinn $G(x) = E(x) - K(x) = -0{,}1x^2 + 2{,}4x - 8$
  Gewinnschwelle: $x_{GS} = 4$;          Gewinngrenze: $x_{GG} = 20$ Gewinnzone [4; 20]

  x-Wert des Gewinnmaximums: $x_{max} = \frac{4 + 20}{2} = 12$

  $G_{max} = G(12) = 6{,}4$
- Konkurrenzprodukt
  $E^*(x) = 1{,}825x$; Gewinnzone [8; 10]
  neues $G_{max} = G(9) = 0{,}1$

Der Preis von 1825 € deckt gerade die Kosten.

Selbst bei einer Produktion von 9 Geräten kann kein Gewinn erzielt werden.

Die Firma Waldner startet eine Qualitätsoffensive,

versucht ihre Kosten zu senken.

Den Preis von 1825 € kann sie nicht halten.

- Schildfläche $A(x) = x \cdot y = x\left(-\frac{5}{4}x + 5\right);\ 0 \leq x \leq 4$

  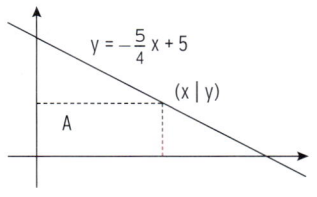

  Nullstellen von A: $x_1 = 0;\ x_2 = 4$

  $x_{max} = \frac{0 + 4}{2} = 2$

  $A_{max} = A(2) = 5$

  Preis des Schildes: $5 \cdot 900\,€ = 4500\,€ > 4000\,€$

  Der Betrag reicht nicht aus für die größte Fläche.

## Test zur Überprüfung Ihrer Grundkenntnisse, Lehrbuch Seite 87

**1** K: Ansatz:                                    $f(x) = a(x + 3)(x - 2)$

Punktprobe mit $P(0|3)$:                $3 = a \cdot 3 \cdot (-2)$

$a = -\frac{1}{2}$

Parabelgleichung:                          $y = -\frac{1}{2}(x + 3)(x - 2)$

G: Ansatz:                                    $f(x) = a(x - 2)^2$

Punktprobe mit $P(0|2)$:                $2 = a \cdot (-2)^2$

$a = \frac{1}{2}$

Parabelgleichung:                          $y = \frac{1}{2}(x - 2)^2$

**2** Die Gerade A ist eine Ursprungsgerade und schneidet die Parabel B zweimal.

Die Gerade C berührt die Parabel B in $P(3|6)$.

Gerade A: $f(x) = 3x$;  Gerade C: $g(x) = 2x$

Die Parabel B verläuft durch die Punkte $P_1(0|2{,}25)$, $P_2(1|3)$ und $P_3(3|6)$

Parabel B:                                    $h(x) = 0{,}25x^2 + 0{,}5x + 2{,}25$

Gemeinsamer Punkt von B und C:     $h(x) = g(x)$

$0{,}25x^2 + 0{,}5x + 2{,}25 = 2x$

$0{,}25x^2 - 1{,}5x + 2{,}25 = 0$

Doppelte Schnittstelle $(D = 0)$:      $x_{1|2} = 3$  Berührstelle

Berührpunkt:                                $P(3|6)$

Die Gerade A schneidet die Parabel B in    $x_1 = 1;\ x_2 = 9$

**3** a) Nullstellen von f: $x_1 = -1;\ x_2 = 2$

b) Skizze, Parabel ist nach unten
geöffnet.

H: $h(x) = 3$

Schnittstelle von K und H bestimmen.

$f(x) = h(x)$

Schnittstellen: $x_1 = 0;\ x_2 = 1$

$f(x) < 3$ für $x < 0$ oder $x > 1$

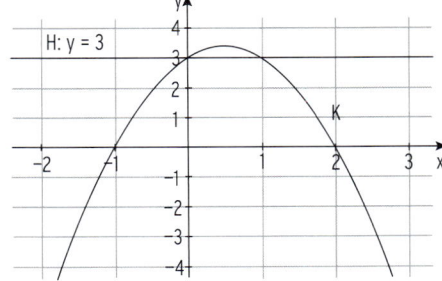

c) Schnittpunkte von K und dem Graphen von g

Bedingung: $f(x) = g(x)$ $\qquad \frac{1}{2}(x+1)(6-3x) = x^2 - 1$

Umformung: $\qquad -5x^2 + 3x + 8 = 0$

Schnittpunkte: $\qquad S_1(-1|0); S_2(1,6|1,56)$

**4**  a) $x_1 = -4; x_2 = 3$ b) $x_{1|2} = 4$ c) $x_1 = 0; x_2 = 6$

**5**  $f(x) = x^2 - 1$

Streckung in y-Richtung mit dem Faktor $\frac{1}{2}$: $\quad y = \frac{1}{2}f(x) = \frac{1}{2}(x^2 - 1) = \frac{1}{2}x^2 - \frac{1}{2}$

Verschiebung um 3 nach links: $\qquad y = \frac{1}{2}(x+3)^2 - \frac{1}{2}$

Die Schnittpunkte der verschobenen Parabel lassen sich ohne Rechung bestimmen.
Schnittpunkte von $K_f$ mit der x-Achse: $\qquad N_1(-1|0); N_2(1|0)$
Bei einer Streckung in y-Richtung bleiben diese Schnittpunkte mit der x-Achse erhalten.
Verschiebung um 3 nach links: $\qquad S_1(-4|0); S_2(-2|0)$

## Modellierung einer Situation Polynomfunktionen, Lehrbuch Seite 88

Durch Punktprobe oder mit kubischer Regression:
$K(x) = x^3 - 5x^2 + 10x + 9; x \geq 0$
Aus $K(1) = 15$ Kostendeckung ergibt sich der Stückpreis von 15 GE, also $E(x) = 15x$
Aus $K(1) = E(1)$ und $K(5,6) = 83,816 \approx E(5,6) = 84$
und $K(2) = 17 < E(2) = 30$ folgt:
Die Gewinnzone beginnt bei 1 ME und endet etwa bei 5,6 ME.
Der Marktpreis kann gesenkt werden, bis die Erlösgerade die Kostenkurve berührt.
Berührt die Erlösgerade mit $E(x) = 7x$ die Kostenkurve?
Gleichsetzen: $K(x) = E(x)$ $\qquad x^3 - 5x^2 + 10x + 9 = 7x$
$\qquad x^3 - 5x^2 + 3x + 9 = 0$

Multipliziert man $(x-3)^2(x+1) = 0$ aus,
so ergibt sich $(x^2 - 6x + 9)(x+1) = x^3 - 5x^2 + 3x + 9$
Lösung von $\qquad (x-3)^2(x+1) = 0$
doppelte Schnittstelle = Berührstelle: $x_1 = 3$
($x_2 = -1 < 0$ nicht relevant)
Der Preis kann auf 7 GE/ME gesenkt werden, um
bei einer Produktion von 3 ME keinen Verlust zu
machen.
Situation mithilfe der Abbildung:

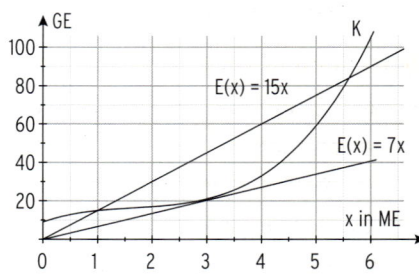

## Test zur Überprüfung Ihrer Grundkenntnisse, Lehrbuch Seite 130

**1**  Durch Ablesen: $x_{1|2} = 1$ doppelte Nullstelle, $x_3 = 2$ einfache Nullstelle; $S_y(0|-4)$
Ansatz: $f(x) = a(x-1)^2(x-2)$; Punktprobe mit $S_y(0|-4)$ ergibt $a = 2$
Funktionsterm $f(x) = 2(x-1)^2(x-2)$

**2 a)** K: $f(x) = x^4 - 5x^2 + 4$; Symmetrisch zur y-Achse, nach oben geöffnet;

Durch Substitution $u = x^2$ ergeben sich die Nullstellen von f: $x_{1|2} = \pm 1$; $x_{3|4} = \pm 2$

**b)** Gleichsetzen $x^4 - 5x^2 + 4 = 3(x^2 - 4) \Leftrightarrow x^4 - 8x^2 + 16 = 0 \Leftrightarrow (x^2 - 4)^2 = 0$

$(x^2 - 4)^2 = (x - 2)^2(x + 2)^2 = 0$ Zwei doppelte Schnittstellen $x_{1|2} = 2$; $x_{3|4} = -2$

Die Parabel berührt K in zwei Punkten.

**3** K: $f(x) = \frac{1}{2}x(x - 3)^2$

**a)** $f(x) = 0 \Leftrightarrow x_{1|2} = 3$; $x_3 = 0$

Aus der Skizze: $f(x) > 0 \Leftrightarrow x > 0 \wedge x \neq 3$

**b)** Gleichsetzen: $\frac{1}{2}x(x - 3)^2 = \frac{1}{2}x$

Ausklammern: $\frac{1}{2}x((x - 3)^2 - 1) = 0$

Nullprodukt: $x = 0 \vee (x - 3)^2 = 1$

NR: Wurzelziehen: $x - 3 = \pm 1$

Schnittstellen: $x_1 = 0$; $x_2 = 2$; $x_3 = 4$

Schnittpunkte: $S_1(0|0)$; $S_2(2|1)$; $S_3(4|2)$

**4 a)** $x^3 + 2x^2 - 24x = 0 \Leftrightarrow x(x^2 + 2x - 24) = 0 \Leftrightarrow x(x + 6)(x - 4) = 0$

Lösungen: $x_1 = 0$; $x_2 = -6$; $x_3 = 4$

**b)** $\frac{1}{12}x^4 - \frac{3}{2} = 0 \Leftrightarrow x^4 - 18 = 0 \Leftrightarrow x_{1|2} = \pm\sqrt[4]{18}$

**c)** $2x^2 = \frac{1}{3}x^4 \Leftrightarrow 2x^2 - \frac{1}{3}x^4 = 0 \Leftrightarrow x^2\left(2 - \frac{1}{3}x^2\right) = 0 \Leftrightarrow x^2 = 0 \vee 2 - \frac{1}{3}x^2 = 0$

Lösungen: $x_{1|2} = 0$; $x_{3|4} = \pm\sqrt{6}$

**5** $f(x) = x^3 - 2x + c$.

**a)** Punktprobe mit $P(2|3)$: $8 - 4 + c = 3 \Rightarrow c = -1$

**b)** Für $c = 0$ ist der Graph von f symmetrisch zum Ursprung.

Für $c = -2$ ist der Graph von f symmetrisch zu $S(0|-2)$.

**c)** $c = 1$: $f(x) = x^3 - 2x + 1$.

$f(-2) = -3$; $f(0) = 1$; $f(1) = 0$

Ansatz für die Parabel 2. Ordnung: $g(x) = ax^2 + bx + c$

Parabelgleichung $y = -x^2 + 1$

## Modellierung einer Situation: Exponentialfunktion, Lehrbuch Seite 131

**1** Exponentialfunktion durch exponentielle Regression: $w(t) = 1,2\,e^{-0,40\,t}$ oder mit dem

Ansatz: $w(t) = a \cdot b^t$

Den Wachstumsfaktor b erhält man aus: $\frac{w(t + 1)}{w(t)} = $ konstant

$\frac{0,54}{0,80} \approx \frac{2}{3}$; $\frac{0,36}{0,54} = \frac{2}{3}$; $\frac{0,24}{0,36} = \frac{2}{3} = \frac{0,16}{0,24}$

Punktprobe mit z.B. $(1|0,80)$ ergibt: $a \cdot \frac{2}{3} = 0,80 \Rightarrow a = 1,20$

- Wachstumsgeschwindigkeit in Abhängigkeit von der Zeit: $w(t) = 1,20 \cdot 0,67^t$

und mit $\frac{2}{3} = e^{\ln\left(\frac{2}{3}\right)} = e^{-0,40}$

$w(t) = 1,2\,e^{-0,40\,t}$

- Schaubild der Exponentialfunktion Messwerte
  $e^{-0,40} \approx 0,667$ (Zerfallsfaktor),
  also ändert sich die Wachstumsgeschwindigkeit jedes Jahr um
  etwa 33 %.

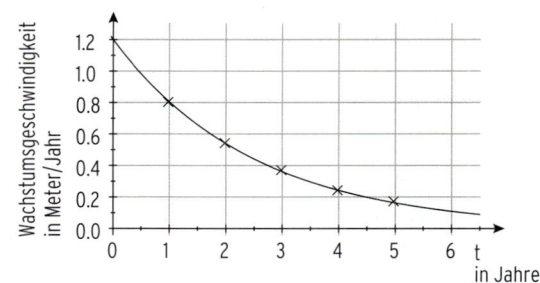

**2** Bedingung: $v(t) < 0,01$

$v(t) = 0,01 \Leftrightarrow 1,2\,e^{-0,4t} = 0,01 \Leftrightarrow$

$e^{-0,4t} = 0,00833$

$-0,4t = \ln(0,00833)$

$t = 11,97$

Nach ca. 12 Jahren ist die Pflanze ausgewachsen.

- Mittlere Wachstumsgeschwindigkeit in den ersten 5 Jahren:

  Annahme: Die Wachstumsgeschwindigkeit ist über das Jahr konstant

  Näherung: $\dfrac{1,2 + 0,80 + 0,54 + 036 + 0,24}{5} = 0,628$

  Die mittlere Wachstumsgeschwindigkeit beträgt 0,628 m/Jahr.

  Der Kirschbaum ist nach 5 Jahren etwa $1 + 5 \cdot 0,628$ m = 4,15 m hoch.

## Test zur Überprüfung Ihrer Grundkenntnisse, Lehrbuch Seite 163

**1**  a) $e^{x-4} = 2 \Leftrightarrow x - 4 = \ln(2) \Leftrightarrow x = 4 + \ln(2)$

  b) $e^x = 2e^{-x} \qquad |\cdot e^x$

  $e^{2x} = 2 \Leftrightarrow 2x = \ln(2) \Leftrightarrow x = \frac{1}{2}\ln(2)$

  c) $\left(2 + \frac{3}{2}x\right)e^{x+1} = 0 \Leftrightarrow 2 + \frac{3}{2}x = 0 \Leftrightarrow x = -\frac{4}{3}$

**2**  a) $g(x) = a\,e^{-x} + b$; Punktprobe mit $A(0|4)$: $a + b = 4$

  Punktprobe mit $B(1|2)$: $a\,e^{-1} + b = 2$; „Addition" ergibt $a - a\,e^{-1} = 2$

  Also $a = \frac{2}{1-e^{-1}} \approx 3,16$; einsetzen ergibt $b = 0,84$.

  b) $f(x) = a\,e^{kx} + b$; Asymptote: $y = 2$, also $b = 2$; für $x \to -\infty$; also $k > 0$

  Punktprobe mit $A(0|1,5)$: $a + 2 = 1,5$, also $a = -0,5$

**3** Gleichsetzen: $f(x) = g(x)$

$\qquad\qquad\qquad\qquad\qquad -2e^{-x} + 4 = 2e^x \qquad |\cdot e^x$

$\qquad\qquad\qquad\qquad\qquad -2 + 4e^x - 2e^{2x} = 0 \quad |:(-2)$

$\qquad\qquad\qquad\qquad\qquad 1 - 2e^x + e^{2x} = 0$ (Lösung mit Substitution)

oder als binomische Formel $\qquad (1 - e^x)^2 = 0$

$\qquad\qquad\qquad\qquad\qquad 1 - e^x = 0$ für $x = 0$ (doppelte Schnittstelle)

$K_f$ und $K_g$ berühren sich.

**4** $K_f$ : $f(x) = (3 - x)e^x$ schneidet die x-Achse in 3.

$K_f$ wird um 2 nach rechts verschoben und mit Faktor 2 in y-Richtung gestreckt, also
schneidet $K_g$ die x-Achse in 5. Streckung in y-Richtung verändert die Nullstelle nicht.

**5** C: $f(x) = -\frac{1}{2}e^x + 3$

  a) C hat eine waagrechte Asymptote mit $y = 3$ für $x \to -\infty$; $S_y(0|2,5)$.
  Nullstelle: $x = \ln(6)$; C verläuft unterhalb der x-Achse für $x > \ln(6)$.

**b)** $f(2) = -\frac{1}{2}e^2 + 3 \approx -0{,}69$

C muss um $-\left(-\frac{1}{2}e^2 + 3\right) \approx 0{,}69$ in y-Richtung verschoben werden

Funktionsterm: $g(x) = -\frac{1}{2}e^x + \frac{1}{2}e^2$

**6** Wachstumsgleichung $f(t) = 6{,}8 \cdot 1{,}018^t = 6{,}8\,e^{0{,}0178\,t}$

$t = 0$ entspricht 01.01.2009; $f(t)$ in Milliarden

$f(t) = 10$ für $t = 21{,}666$

Etwa im August 2030 überschreitet die Erdbevölkerung die 10-Milliarden-Grenze.

Die Vereinten Nationen gehen von einem geringeren Wachstum als 1,8 % aus.

## Modellierung einer Situation Trigonometrische Funktionen, Lehrbuch Seite 164

**a)** Trigonometrische Funktion: $h(t) = a\cos(kt) + b$ wegen $h(0) = 64{,}75$ größter Wert

Größte Höhe: 64,75; kleinste Höhe: 3,75

also Mittellinie $y = 34{,}25$: $\dfrac{64{,}75 + 3{,}75}{2} = 34{,}25$

Periode 300 s ergibt aus $p = \dfrac{2\pi}{k}$: $k = \dfrac{\pi}{150}$

Amplitude: $\dfrac{61}{2} = 30{,}5 = a$

$h(t) = 30{,}5\cos\left(\dfrac{\pi}{150}t\right) + 34{,}25$

**b)** $h(60) = 43{,}675$

A ist nach einer Minute 43,675 m hoch.

**c)** Umfang der Umdrehung in m:

$U = 2\pi \cdot 30{,}5 = 191{,}64$

Geschwindigkeit von Punkt A: $v = \dfrac{s}{t} = \dfrac{191{,}4\,\text{m}}{300\,\text{s}} = 0{,}638\,\dfrac{\text{m}}{\text{s}} = 2{,}2968\,\dfrac{\text{km}}{\text{h}}$

Punkt A legt in einer Stunde etwa 2,3 km zurück.

**d)** Vereinfachung: Eine Gondel entspricht einem Punkt.

$\dfrac{360°}{15} = 24°$; $r = 30{,}5$

Es gilt: $\sin(12°) = \dfrac{\frac{e}{2}}{30{,}5} \Rightarrow e = 12{,}68$

Die Gondeln haben eine Entfernung von etwa 12,7 m.

**oder** als Überschlag: Abstand $= \dfrac{\text{Umfang}}{15} \approx 12{,}77$

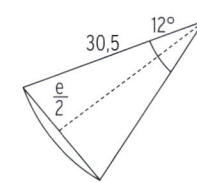

## Test zur Überprüfung Ihrer Grundkenntnisse, Lehrbuch Seite 205

**1  a)** $\sin(2x) = \dfrac{1}{2}$; $2x = \dfrac{\pi}{6}; \dfrac{5}{6}\pi; \dfrac{13}{6}\pi; \dfrac{17}{6}\pi; \dfrac{25}{6}\pi; \ldots$

$x = \dfrac{\pi}{12}; \dfrac{5}{12}\pi; \dfrac{13}{12}\pi; \dfrac{17}{12}\pi; \dfrac{25}{12}\pi > 5$

Für $x \in [0;\,5]$: $x_1 = \dfrac{\pi}{12};\ x_2 = \dfrac{5}{12}\pi;\ x_3 = \dfrac{13}{12}\pi;\ x_4 = \dfrac{17}{12}\pi$

**b)** $\cos(1 + x) = -1 \Rightarrow 1 + x = \pm\pi;\ \pm 3\pi;\ \pm 5\pi\ldots \Leftrightarrow x = \pm\pi - 1;\ \pm 3\pi - 1$

Für $x \in [0;\,10]$: $x_1 = \pi - 1;\ x_2 = 3\pi - 1$

**c)** $4\cos(2x) = 0 \Rightarrow 2x = \pm\dfrac{\pi}{2}; \pm\dfrac{3}{2}\pi; \pm\dfrac{5}{2}\pi; \ldots \Leftrightarrow x = \pm\dfrac{\pi}{4}; \pm\dfrac{3}{4}\pi; \pm\dfrac{5}{4}\pi; \ldots$

Für $x \in \mathbb{R}$: $x = \dfrac{\pi}{4} + k \cdot \dfrac{\pi}{2};\ k \in \mathbb{Z}$

**2  a)** Amplitude 4, Periode $p = \dfrac{2\pi}{\frac{2}{3}} = 3\pi$; Wertebereich: $[-1;\,7]$

Das Schaubild von f entsteht aus der Kosinuskurve durch Streckung in y-Richtung mit Faktor 4; Spiegelung an der x-Achse; Streckung in x-Richtung mit Faktor $\dfrac{3}{2}$; Verschiebung um 3 nach oben.

**b)** Amplitude $\frac{5+2}{2} = 3{,}5$, Mittellinie $y = \frac{5-2}{2} = 1{,}5$; Periode $p = 4 \Rightarrow k = \frac{\pi}{2}$

$a = 3{,}5$; $b = 1{,}5$ und $k = \frac{\pi}{2}$ und damit $g(x) = 3{,}5\sin\left(\frac{\pi}{2}x\right) + 1{,}5$

**c)** Funktionsterm $f(x) = 2\cos\left(\frac{1}{2}x\right) - 1$

**3** $K_f$: $f(x) = -2\sin(3x)$; $K_g$: $f(x) = -2\cdot4\sin(3(x-1)) - 2$;

$\sin(3(x-1)) = 1 \Rightarrow$ Funktionswert $-10$; $\sin(3(x-1)) = -1 \Rightarrow$ Funktionswert $6$;

Wertebereich von g: $[-10; 6]$

**4** Periode $p = 12$; $t = 0$: 21. März

Amplitude $a = \frac{16{,}5 - 8}{2} = 4{,}25$, Mittellinie $y = \frac{16{,}5 + 8}{2} = 12{,}25$

$a = 4{,}25$; $d = 12{,}5$ und damit $f(t) = 4{,}25\,310\sin\left(\frac{\pi}{6}t\right) + 12{,}5$

21. April: $t = 1$, $f(1) = 4{,}25\sin\left(\frac{\pi}{6}\right) + 12{,}25 = 14{,}375$

6. Juli: $t = 3{,}5$, $f(3{,}5) = 4{,}25\sin\left(\frac{\pi}{6}\cdot3{,}5\right) + 12{,}25 = 16{,}355$

Tageslängen am 21. April 14,38 Stunden und am 6. Juli 16,36 Stunden.

## Modellierung einer Situation Stochastik, Lehrbuch Seite 220

**a)** X: Anzahl der defekten Geräte in einer Stichprobe von vier Geräten.

$P(E_1) = P(X = 0) = 0{,}9^4 \approx 0{,}6561$

$P(E_2) = P(X \leq 1) = P(X = 0) + P(X = 1) = 0{,}9^4 + 4\cdot0{,}1\cdot0{,}9^3 \approx 0{,}9477$

$P(E_3) = P(X \leq 3) = 1 - P(X = 4) = 1 - 0{,}1^4 = 0{,}9999$

**b1)** Ereignis F: Fehler wird entdeckt und Gerät wird aussortiert.

Wahrscheinlichkeit, dass ein fehlerhaftes Gerät die

Endkontrolle passiert:

$0{,}3\cdot0{,}1\cdot0{,}05 = 0{,}0015 = 0{,}15\,\%$

Wahrscheinlichkeit, dass ein defektes Gerät erst im

Prüfverfahren C aussortiert wird:

$0{,}3\cdot0{,}1\cdot0{,}95 = 0{,}0285 = 2{,}85\,\%$

Durchschnittliche Dauer der Endkontrolle eines Gerätes

mindestens: $0{,}9\cdot55\,\text{h} = 49{,}5\,\text{h}$

(90 % einwandfreie Geräte durchlaufen alle 3 Verfahren)

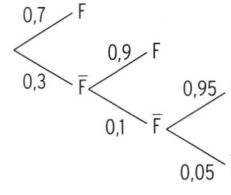

**b2)** Ereignis B bzw. C:

Das Gerät wird mit Verfahren B bzw. C geprüft.

Die Wahrscheinlichkeit, dass ein fehlerhaftes Gerät

nicht entdeckt und aussortiert wird, beträgt nun

$0{,}3\cdot0{,}5\cdot0{,}05 + 0{,}3\cdot0{,}5\cdot0{,}1 = 0{,}0225 = 2{,}25\,\%$

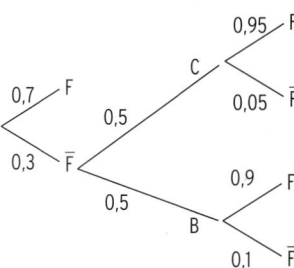

## Test zur Überprüfung Ihrer Grundkenntnisse, Lehrbuchseite 286

**1** $p = 3{,}1\,\%$; X: Anzahl der defekten Ventile unter 3 Ventilen

$P(A) = P(X = 0) = 0{,}969^3 = 0{,}9099$

$P(B) = P(X = 1) = 3\cdot0{,}031\cdot0{,}969^2 = 0{,}0873$

**2** $P(\text{rot}) = \frac{1}{2}$; $P(\text{gelb}) = \frac{3}{8}$; $P(\text{blau}) = \frac{1}{8}$

Zweimal drehen, also zweimal Ziehen mit
Zurücklegen

a) Baumdiagramm

b) $P(A) = \frac{1}{4} + \frac{9}{64} + \frac{1}{64} = \frac{13}{32}$

$P(B) = 1 - \frac{13}{32} = \frac{19}{32}$

$P(C) = 1 - P(\text{zwei blau}) = 1 - \frac{1}{64} = \frac{63}{64}$

Gegenereignis zu C:

Es wird zweimal blau angezeigt.

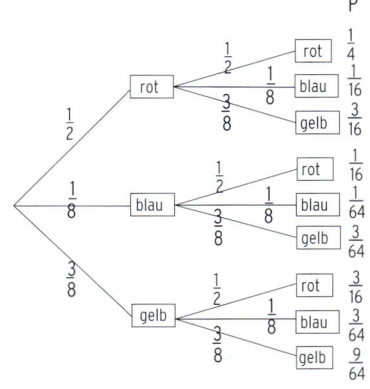

**3** Baumdiagramm

d: gedopt

p: Testergebnis ist positiv

$P(E_1) = 0{,}12 \cdot 0{,}98 = 0{,}1176$

$P(E_2) = 0{,}88 \cdot 0{,}04 = 0{,}0352$

$P(E_3) = 0{,}12 \cdot 0{,}02 + 0{,}88 \cdot 0{,}96 = 0{,}8472$

Testergebnis

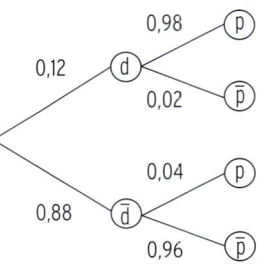

**4** Spieler gewinnt bei (3; 1) (4; 2), (5; 3), (6; 4), (1; 3), (2; 4), (3; 5), (4; 6) andernfalls verliert er.

a) A: ein Würfel zeigt 2 und der andere Würfel zeigt

4: $P = \frac{2}{36} = \frac{1}{18} = 0{,}056$

$P(\text{gewinnt}) = \frac{8}{36} = \frac{2}{9} = 0{,}22$

b) X: Anzahl der Gewinne bei zehn Spielen:

$P(X \geq 1) = 1 - P(X = 0) = 1 - \left(\frac{7}{9}\right)^{10} = 0{,}919$

Mit einer Wahrscheinlichkeit von 91,9 % gewinnt er mindestens einmal.

# Lösungen der Aufgaben im Kapitel Grundwissen

## Lehrbuch Seite 287

**1** a) $[0; 4]$  b) $]-\infty; 2{,}5]$  c) $]-2; 1[$  d) $[1; 7[$

**2** a) $\{x \in \mathbb{R} \mid -2 \leq x \leq 3\}$ b) $\{-5 < x \leq 1\}$  c) $\{x \leq 3\}$  d) $\{1 < x < 10\}$

**3** a) $\{x \in \mathbb{R} \mid 0 \leq x \leq 3\}$  b) $\{1 \leq x < 6\}$  c) $\{x \leq 5\}$  d) $\{-2 < x < 6\}$

## Lehrbuch Seite 288

**1** a) $3a - 14b$  b) $34x - 16$  c) $11x + 6y$  d) $2x + 2y$

**2** a) $11a$  b) $-3ab$  c) $-4x$  d) $5x + 5$  e) $15a + 3$  f) $5ax + 4x$

## Lehrbuch Seite 289

**1** a) $-15 + 6a$  b) $-20x + 10y$  c) $-8b - 10b^2$  d) $-7a^2 + 2a$
   e) $5a^2 - 15ab$  f) $-15a^2 + a$  g) $14a - 22b$  h) $16u - 37v$

**2** a) $(2x - 4) \cdot 1{,}5 = 3x - 6$  b) $3 \cdot (4 - 0{,}5x) = 12 - 1{,}5x$
   c) $(4a - 6) \cdot 2a = 8a^2 - 12a$  d) $-5 \cdot (7b - 2) = 10 - 35b$

**3**  a) $\frac{3}{2}x^2 + 12x + 24$   b) $\frac{1}{4}x^2 - x - 8$   c) $x^2 + 8x + 15$

d) $4x^2 - 15x$   e) $-4x^2 + 12x - 6$   f) $4x^2 - 14x - 8$

**4**  a) $(x + 7)^2$   b) $(x - 5)^2$   c) $(x - 1)(x + 1)$   d) $-(x + 1)^2$

## Lehrbuch Seite 290

**1**  a) $\frac{32}{25}$   b) $-\frac{19}{18}$   c) $\frac{21}{5}$   d) $\frac{2a}{5}$   e) $\frac{5x}{3}$   f) $\frac{21}{8} \cdot x$

**2**  a) $\frac{1}{2}$   b) $-\frac{10x}{7}$   c) $-\frac{13}{6}x$   d) $\frac{3}{4}x - \frac{5}{4}$   e) $-\frac{x}{4}$

## Lehrbuch Seite 291

**1**  a) $8(a + 2)$   b) $2(a - 3)$   c) $9(x + 1)$   d) $4(4a - 3b)$   e) $7(3r - s)$

f) $8(3n - m)$   g) $\frac{2}{5}(2 - 3x)$   h) $\frac{1}{2}(x^2 + x + 5)$   i) $x(3x + 1)$

**2**  a) $-\frac{1}{2}(x + 4)$   b) $2 - x$   c) $x - 4y + 3$   d) $3x^2 + 3x$   e) $-3x^2 - 2x$

f) $-4x - \frac{11}{2}$   g) $6 - \frac{23}{3}x$   h) $-x + 1$   i) $-x + \frac{9}{2}$

**3**  a) $-(6 - a)$   b) $-(4a + 5)$   c) $-(x^2 - 2x - 1)$

d) $-(7 + 5a)$   e) $-(x^2 + 3x - 7)$   f) $-(-4 + 9a - b)$

**4**  a) $a(a - 5)$   b) $8x(x - y)$   c) $24(x - y)$   d) $-(3x - 4)$   e) $3a(a + 2)$   f) $ab(6a + 1)$

**5**  gleichwertige Terme: a) und g); c) und d); e) und j)

## Lehrbuch Seite 293

**1**  a) $7^4$   b) $4x^3$   c) $\frac{x^5}{4}$   d) $3^{3x}$   e) $5e^{2x}$   f) $1$

g) $3 \cdot 4^x$   h) $1{,}5 \cdot 2^{-2x}$   i) $\frac{4}{9}$   j) $\frac{x^2}{9}$   k) $5^6$   l) $3^{-2x}$

**2**  a) $3x^4$   b) $25x^3$   c) $8^{-4x}$   d) $0{,}25x^4$   e) $-0{,}5x^4$   f) $\frac{x^3}{3}$

g) $2^{2x-6}$   h) $e^x$   i) $36 \cdot 2^{2x}$   j) $\frac{2^{-4x}}{16}$   k) $3^{-x+1}$   l) $2^{-3}$

**3**  a) $x^2 \cdot (x + 1) = x^3 + x^2$   b) $7e^{2x} \cdot e^{-x} = 7e^x$

**4**  a) $2^{-1}$   b) $2^{-3}$   c) $5 \cdot 4^{-2}$

**5**  a) $\frac{1}{3^2} = \left(\frac{1}{3}\right)^2$   b) $\frac{1}{5^3} = \left(\frac{1}{5}\right)^3$   c) $\frac{1}{e}$

**6**  a) $\sqrt{7}$   b) $\sqrt[5]{2}$   c) $5 \cdot \sqrt[3]{4}$

**7**  a) $10000$   b) $\frac{5}{100}$   c) $\frac{1}{20000}$   d) $3200000$

**8**  a) $3^{-3}$   b) $6 \cdot 2^{3x}$   c) $1$   d) $-1$   e) $10^x$

f) $3^{2x-2}$   g) $\sqrt{20}$   h) $\frac{3}{8}$   i) $3^{4x}$

**9**  $(10^5)^2 = 10^{10}$;   $10^{10} : 100 = 10^8$ Sekunden $\triangleq 3{,}21$ Jahre  (1 Jahr $\triangleq 360$ Tage)

**10**  a) $f(-1) = \frac{1}{2}$; $f(\sqrt{2}) = 1$   b) $f(-2) = -2$; $f(\sqrt{5}) = 5\sqrt{5} - 3\sqrt{5} = 2\sqrt{5}$

## Lehrbuch Seite 295

**1**  a) $1$   b) $\frac{2}{3}$

**2**  a) $4$   b) $1$   c) $-\frac{4}{3}$   d) $-\frac{8}{15}$   e) $9$   f) $\frac{15}{8}$

**3**  a) $-\frac{1}{4}$   b) $\frac{4}{3}$   c) $-29$   d) $-\frac{3}{7}$   e) $2$   f) $0$